生物学
第2版

石川　統　編
守　隆夫・大森正之・藤島政博
赤坂甲治・嶋田正和　著

東京化学同人

第 2 版 まえがき

　本書,石川 統編"生物学"の初版が出版されてから,13年の歳月が流れた.その間,生物学の分野でも分子生物学の発展にみられるような大きな変革があった.生物学は,生きているということを科学的に理解することを目的とする学問であり,人類が長い歴史のなかで蓄積してきた知識体系である.生物学の本質はここ数十年の爆発的な進歩を包含しても大きく変わるものではない.とはいえ,10年を超える月日の経過は,本書の記述内容にも,いくつかの見直しの必要性を生じさせている.

　初版は,石川 統 先生が時流に左右されない基礎的な教科書を目指して,目次の詳細な組立て,原稿の査読と改稿指示など,きめ細かな編集をして下さったお蔭で,今日まで大変よく利用されてきた.このたびの改訂で,分子生物学の進歩や地球生態系の保全の重要性を考慮し,一部の章では大幅な書き換えがなされたが,初版の理念を変えることなく,新しい知識を加えつつも分量の増加を極力抑えて,読みやすい教科書となるよう心掛けた.生物学は記憶することが多くて大変であるとはよく学生から聞くことではあるが,現在の生物学は以前と比べて,より論理的,体系的となっており,しっかりとした基礎を身につけたうえでより高度な知識を学ぶように組立てられている.すなわち,基礎生物学の学習をおろそかにすると,現代の進んだ生物学を理解することは難しい.本書の内容をよく理解して基礎生物学の知識をしっかりと身につけていただきたい.本書が現代生物学を学ぶ読者の皆さんのお役に立つことを願って止まない.

　最後に,石川 統 先生を偲びつつ,本改訂にあたって多大の尽力を惜しまれなかった,東京化学同人の井野未央子氏をはじめ,村上貴子氏,住田六連氏に心から感謝したい.

　2008 年 1 月

執筆者を代表して
大 森 正 之

初版まえがき

　生物学，特に分子レベルの生物科学はいま，大きな転回期を迎えつつある．バクテリア，あるいはさらに下ってウイルスやファージから，上はヒトまで，あらゆる生物に共通する現象こそ研究に値するという価値観が，いま大きく変わりつつある．種を超えて生物の遺伝子 DNA が二重らせん構造をもつことが発見されたのは 1950 年代初頭であり，生物が等しく分けもつと考えられる遺伝暗号が解明されたのは 1960 年代の後半である．これらの時期を通じ，おそらく 1980 年ごろまでは，異なる生物を実験材料としていても，研究者は既知の生命法則に矛盾しない結果を得ると安堵し，喜びを感じていたといってもよかろう．ところが，いまやどうであろうか．RNA やタンパク質を扱う研究者でさえも，それまで信じられていた法則から逸脱した性質をもつ生物に遭遇することにこそ，生きがいを感じているのではなかろうか．もはや，ファージからヒトまでとはいわないにしても，真核生物に共通する原理でさえもほぼ出尽くした感があり，古典的分子生物学が終幕を迎えつつあるという認識の浸透もその一因であろう．しかし，そればかりではない．これまで，うわべの扮装の違いにすぎないとして等閑視されてきた，生物の多様性のもつ重要性に，漸く人々の注目が集まろうとしているのである．これまでもマクロ分野では当たり前のことであったが，分子のレベルにおいても，"生物の名をもつ" 生物学が始まったのである．

　このようなとき，生物学の教科書はどうあるべきであろうか．もとより，いたずらに生物間の違いを強調してみせるだけでは，たとえ DNA の言葉で語っても，それは分子博物学でしかない．目的に到達できるか否かはさておき，生物の多様性をもたらした法則性を探る姿勢こそ，これからの生物学教育に求められる，太い柱の一つではなかろうか．本書の執筆をお願いした五人の方々は，いずれもそれぞれの分野で研究と教育の第一線で活躍中の，いわば脂ののり切った研究者ばかりである．しかも，この方々は研究分野ばかりでなく，研究の姿勢においても相補い合う関係にある．その意味で，上に述べた新しい時代の生物学教科書をまとめるのに，きわめてふさわしいメンバーであったと確信している．

　本書は，いわゆる大学教養課程の教科書としては，少し内容が重いかもしれない．むしろ，生物学関連の専門課程では，この程度は学んでほしいという下限を提示していると思っていただくのが適当であろう．本書のレベルを一つの閾値として，各分野で必要に応じてそれに肉づけがなされれば，専門課程の講義として十分な水準に達すると思われる．最後になったが，本書の出版にねばり強くご尽力下さった，東京化学同人の住田六連氏に対し，執筆者一同とともにこの場で心より感謝を申し述べたい．

　1994 年 11 月

東京大学大学院理学系研究科
石　川　　　統

目次

1章 生体物質 ……………………………………………大森正之…1
- 1・1 水 …………………………………………………………………1
- 1・2 アミノ酸とタンパク質 ……………………………………………1
- 1・3 核酸 …………………………………………………………………5
- 1・4 糖質 …………………………………………………………………6
- 1・5 脂質 …………………………………………………………………8
- 1・6 物質から生命へ ……………………………………………………11

2章 細胞と細胞分裂 ……………………………………藤島政博…15
- 2・1 原核細胞 ……………………………………………………………15
- 2・2 真核細胞 ……………………………………………………………17
- 2・3 細胞の増殖 …………………………………………………………24
- 2・4 細胞骨格 ……………………………………………………………30

3章 代謝とエネルギー …………………………………大森正之…35
- 3・1 酵素 …………………………………………………………………35
- 3・2 反応エネルギーとATP ……………………………………………38
- 3・3 光合成 ………………………………………………………………39
- 3・4 呼吸 …………………………………………………………………45
- 3・5 窒素代謝 ……………………………………………………………51
- 3・6 酸化と還元 …………………………………………………………54
- 3・7 生合成以外のATPの利用 …………………………………………55
- 3・8 代謝系の調節 ………………………………………………………56

4章 遺伝 …………………………………………………藤島政博…61
- 4・1 メンデルの法則 ……………………………………………………61
- 4・2 連鎖と染色体地図 …………………………………………………65
- 4・3 性染色体と伴性遺伝 ………………………………………………66
- 4・4 非メンデル性遺伝 …………………………………………………67
- 4・5 染色体異常 …………………………………………………………68
- 4・6 ハーディ・ワインベルグの法則 …………………………………69

5章 遺伝子とその働き ……………………赤坂甲治…71
- 5・1 遺伝情報はDNAにある …………………………………71
- 5・2 DNAの複製 ……………………………………………75
- 5・3 DNAの変異と修復 ……………………………………78
- 5・4 遺伝情報の流れⅠ──原核生物の遺伝子発現 ……………80
- 5・5 遺伝情報の流れⅡ──真核生物の遺伝子発現 ……………92
- 5・6 遺伝子操作 ……………………………………………103

6章 発生と分化 ……………………………赤坂甲治…115
- 6・1 生 殖 ……………………………………………………115
- 6・2 受 精 ……………………………………………………118
- 6・3 初期発生 …………………………………………………119
- 6・4 初期発生での細胞分化の分子機構 ……………………123
- 6・5 ホメオティック遺伝子 …………………………………127
- 6・6 調節的分化 ………………………………………………129
- 6・7 発生における細胞間相互作用機構 ……………………134

7章 ホメオスタシス ………………………守 隆夫…139
- 7・1 神経系の働き ……………………………………………139
- 7・2 ホルモンの働き（§7・2・12 植物ホルモン…大森正之）……152
- 7・3 免疫系の働き ……………………………………………168

8章 行動と生態 ……………………………嶋田正和…175
- 8・1 環境と生物 ………………………………………………175
- 8・2 動物個体間の相互作用と社会性 ………………………176
- 8・3 個体群の成り立ちと個体数変動 ………………………182
- 8・4 異種間の相互作用 ………………………………………187
- 8・5 生物群集の構成と多様な種の共存 ……………………191
- 8・6 植物網と生態系 …………………………………………196
- 8・7 生物多様性の保全 ………………………………………199

9章 変わりゆく生物 ………………………嶋田正和…205
- 9・1 進化の要因 ………………………………………………205
- 9・2 自然選択による生物の適応 ……………………………207
- 9・3 量的形質の進化 …………………………………………211
- 9・4 生物種間の相互作用と共進化 …………………………213
- 9・5 分子進化と分子系統 ……………………………………215
- 9・6 生物界の変遷 ……………………………………………218

索 引 ……………………………………………………………223

1 生体物質

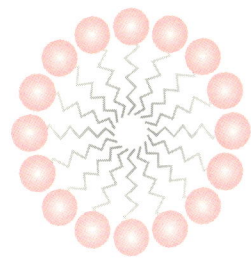

1・1 水

　この広い宇宙の中で，地球に生命が誕生した最大の理由は，この惑星に水が存在したことである．水とは H_2O 分子が液体として存在している状態をいう．H_2O は 373 K（100 ℃）以上では気体の水蒸気として，273 K（0 ℃）以下では固体の氷として存在する．地球は太陽からおよそ 1 億 5000 万 km の距離にあり，太陽からの熱放射を受けて大部分の表面温度が 273 K から 373 K の間に保たれている．そのため地球の引力圏にある H_2O は水として地表を覆うことになる．現在，地表の約 70％ は水すなわち海で覆われている．

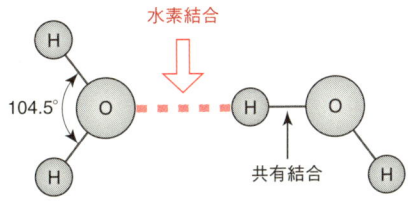

図 1・1　水分子と水素結合

ちなみにわれわれの体の水分もほぼ 60〜70％ である．地表が水に覆われると，大気中の化学成分や地殻を形成している岩石の成分が海水に溶け込み，海水は塩類溶液となる．現在の海水は，約 0.5 M の NaCl を含む溶液である．水は多くの物質を溶解させる性質をもっているために水の中で化学反応が進行し，さらに糖やアミノ酸，核酸やタンパク質を複雑に組合わされて生命の誕生を可能にしたと考えられている．いろいろな物質を溶かし込む水の特徴的な性質は，水分子のもつ双極性とその結果生じる**水素結合**とにある．双極性は簡単にいえば H_2O の水素がやや＋に荷電し酸素がやや－に荷電することである．水素結合とは H_2O 分子内に含まれる水素分子と他の H_2O 分子に含まれる酸素原子との間に形成される弱い結合で（図 1・1），この弱い結合力のために水は互いの H_2O 分子が緩く結合し，その中に他の物質を共存させること，すなわち溶解させることができるのである．特に，イオン化しやすい化合物は水によく溶解する．生命活動を支える代謝の反応システムは水なしでは成り立たない．したがって，水がなければ生命は存在しない．水の惑星地球だからこそ生命が生まれたのである．

1・2　アミノ酸とタンパク質

　タンパク質は生体物質の中でも特に重要な物質であり，生命現象のすべてに関与している．タンパク質の英語名 protein は，ギリシャ語の *proteios*（第一等）に由来する．タンパクは漢字で蛋白と書かれ，卵の白身を意味する．タンパク質の立体構造は複雑で変化に富んでいるが，基本的には約 20 種類のアミノ酸から構成されている．

1・2・1　アミノ酸

　アミノ酸は，アミノ基（$-NH_2$）とカルボキシ基（$-COOH$）が一つの炭素原子（α 炭素）に結合している化合物である．この炭素原子にはほかに水素原子が一つと，それぞれのアミノ酸に固有の**側鎖**（$-R$）とよばれる原子団が結合している．この側鎖の性質によりアミノ酸の特性が決まる（表 1・1）．グリシン以外のアミノ酸には D 形と L 形の光学異性体が存在しうるが，天然に存在するタンパク質に含まれるアミノ酸

はすべてL形である.

アミノ酸は，そのアミノ基が水素イオンと結合して陽イオン($-NH_3^+$)となり，カルボキシ基は水素イオンを放出して陰イオン($-COO^-$)となる**両性電解質**である（図1・2）.

アミノ酸には，水に対する親和性の高い**親水性**のアミノ酸と親和性の低い**疎水性**のアミノ酸がある．アミノ酸の親水性は，側鎖がイオン化していたり，ヒド

酸性 pH
中性 pH
アルカリ性 pH

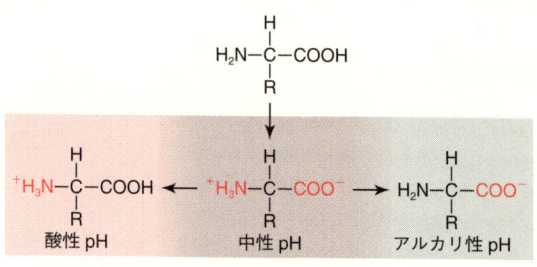

図1・2　中性アミノ酸の水溶液中でのイオン化状態

表1・1　アミノ酸の構造

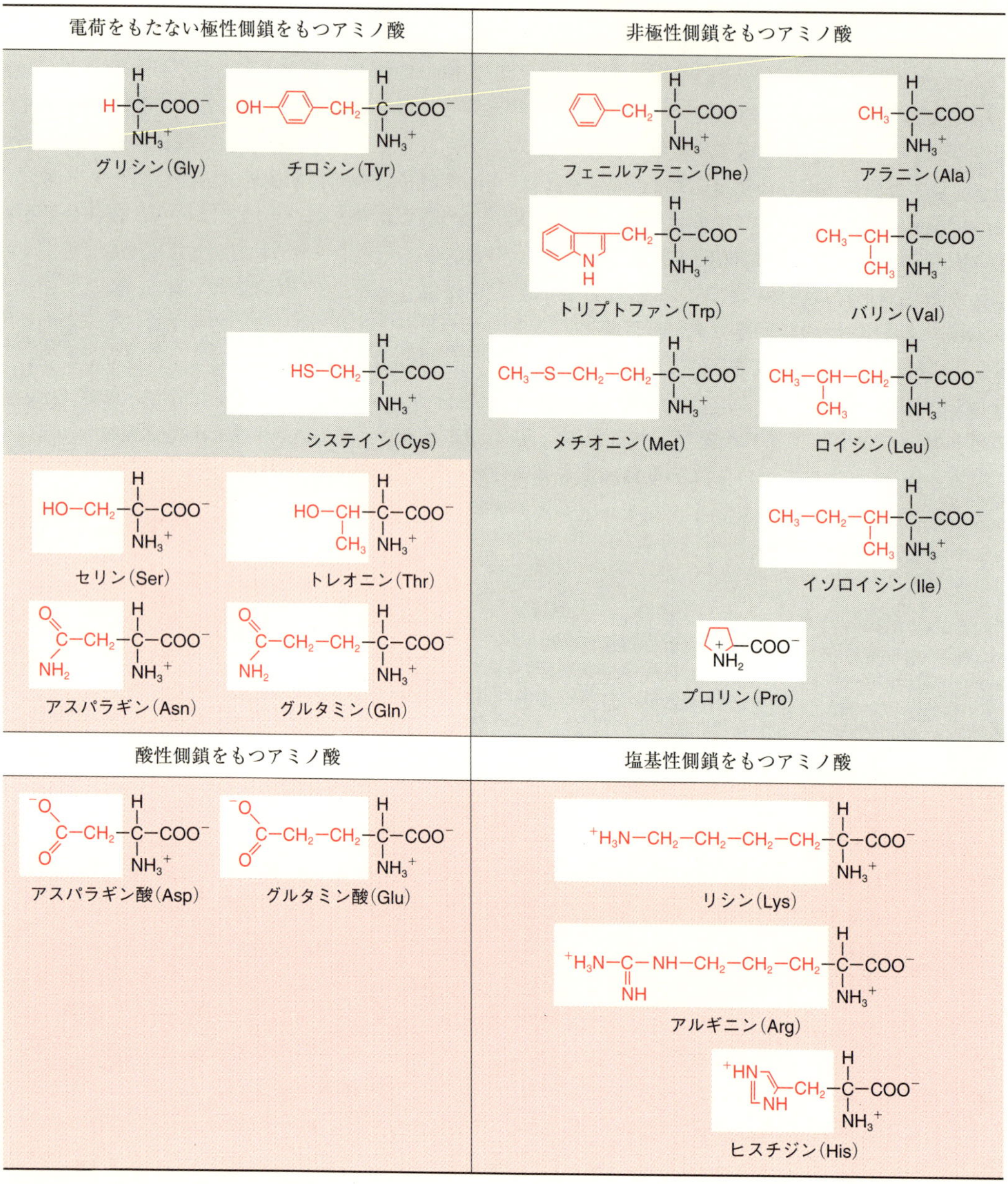

電荷をもたない極性側鎖をもつアミノ酸
グリシン(Gly)
チロシン(Tyr)
システイン(Cys)
セリン(Ser)
トレオニン(Thr)
アスパラギン(Asn)
グルタミン(Gln)
非極性側鎖をもつアミノ酸
フェニルアラニン(Phe)
アラニン(Ala)
トリプトファン(Trp)
バリン(Val)
メチオニン(Met)
ロイシン(Leu)
イソロイシン(Ile)
プロリン(Pro)
酸性側鎖をもつアミノ酸
アスパラギン酸(Asp)
グルタミン酸(Glu)
塩基性側鎖をもつアミノ酸
リシン(Lys)
アルギニン(Arg)
ヒスチジン(His)

ロキシ基をもつため水分子と構造が似ていたり，あるいはグルタミン，アスパラギンのように分子内に-CONH$_2$のような構造をもち，水分子と水素結合をつくりやすかったりするために生じる．一方，疎水性は，側鎖に炭化水素やフェニル基のような疎水基をもつために生じる．疎水性アミノ酸は互いに集合して水から離れようとする性質をもつ．

1・2・2 ポリペプチド

一つのアミノ酸のアミノ基ともう一つのアミノ酸のカルボキシ基からH$_2$Oが除かれてできる結合を**ペプチド結合**という（図1・3）．ペプチド結合により多くのアミノ酸が直鎖状に結合したものが**ポリペプチド**で

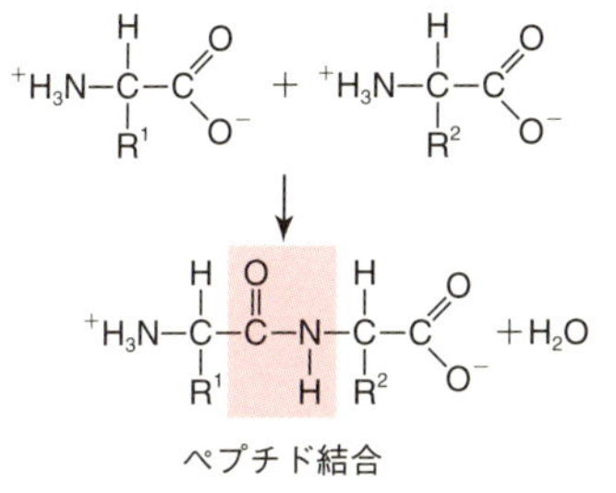

図1・3 ペプチド結合

ある（図1・4）．ポリペプチドのアミノ基が残っている端を**N末端**，カルボキシ基が残っている端を**C末端**という．ペプチド結合は，酸やアルカリ，酵素などによって加水分解され個々のアミノ酸になる．

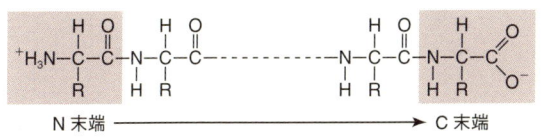

図1・4 ポリペプチド

1・2・3 タンパク質の構造

タンパク質は一つまたは複数のポリペプチドから成る．ポリペプチドを構成するアミノ酸の配列のことをタンパク質の**一次構造**という．一次構造はつぎのようにして決定する．まずタンパク質をペプチド断片に分

解し，各断片のアミノ酸配列をN末端から一つずつ決めていく．つぎに断片をうまくつなぎ合わせて全アミノ酸配列を決定する．一次構造は，N末端を左に，C末端を右に記述するのがふつうである．

タンパク質のポリペプチドは，その種類によって特有の立体構造をとっている．立体構造は非常に複雑であるが，規則的な基本構造を一部に含んでいることが多い．これをタンパク質の**二次構造**という．二次構造のおもなものには，**αヘリックス**と**βシート**がある．αヘリックスは，ポリペプチド鎖が右巻きのらせん構造をなしている（図1・5）．らせん1巻きに3.6ア

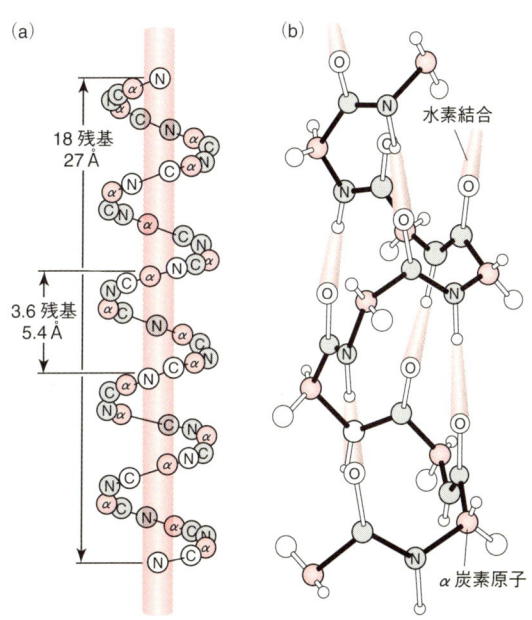

図1・5 αヘリックスの構造 (a) らせんの模式図．◯は紙面より上，◯は紙面より下にある原子．(b) 分子構造．

ミノ酸残基を含み，それぞれのアミノ酸残基の-COが，四つ先のアミノ酸残基の-NHと水素結合をつくり安定な構造となる．この構造は，L. C. PaulingとR. Coreyにより理論的に提唱され，その後ミオグロビンやヘモグロビンなどに含まれていることが証明された．

βシートは，ポリペプチド鎖が伸びて横に何本も並んでおり，隣合うポリペプチド鎖の-NHと-COの間に水素結合をつくり，固い波板状になる構造である

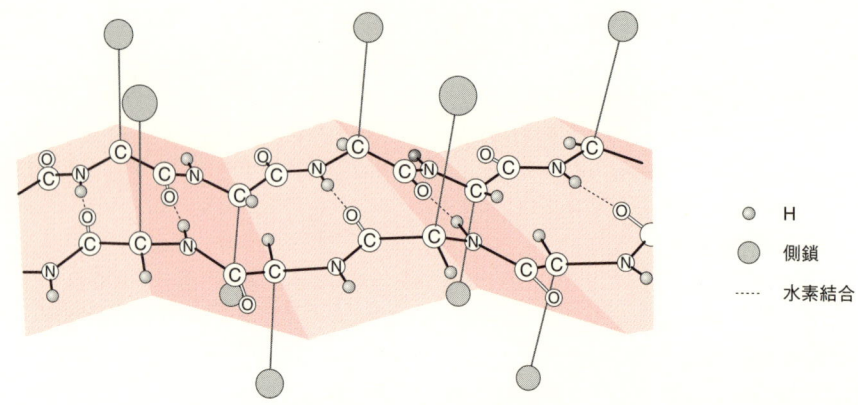

図1・6 βシートの構造

（図1・6）．絹の成分であるフィブロインなどに多くこの構造が含まれている．

　タンパク質の一次構造上互いに離れたアミノ酸が，水素結合や静電作用によるイオン結合，非極性側鎖間の疎水作用，およびジスルフィド結合（-S-S-）などをすることにより，ポリペプチド鎖は特異的に折りたたまれ立体構造がつくられる．多くのタンパク質は分子の内部に疎水性アミノ酸が集合して芯をつくり，そのまわりを親水性アミノ酸で覆って，水中で安定した立体構造を保っている．これを**三次構造**という（図1・7）．

一つのタンパク質が数個のポリペプチド鎖からつくられているとき，個々のポリペプチド鎖を**サブユニッ**トという．サブユニットどうしの空間的配置を**四次構造**といい，ヘモグロビンのような大きなタンパク質はこの構造をもっている（図1・8）．

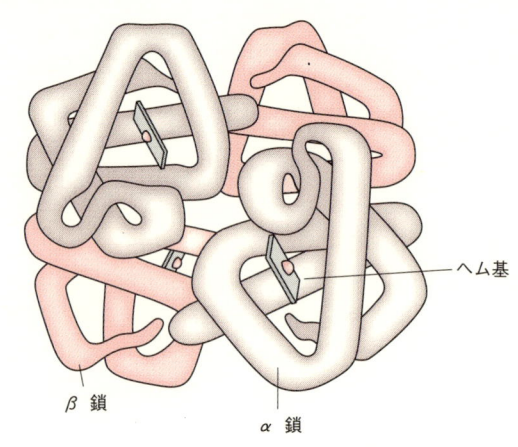

図1・8 ヘモグロビンの四次構造

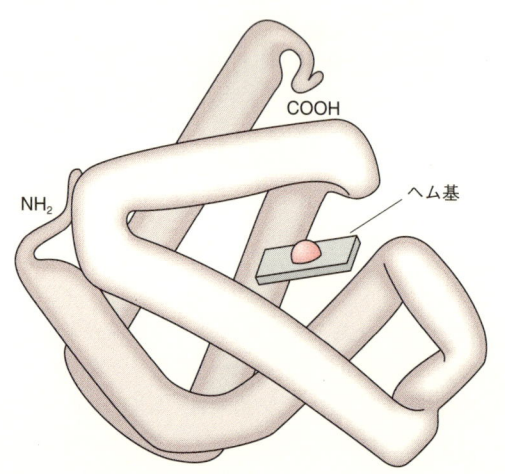

図1・7 ミオグロビンの三次構造

1・2・4 生体におけるタンパク質の機能

　生体内で最も重要なタンパク質の一つは**酵素**である．生体内の触媒である酵素は，その立体構造が触媒機能に重要な意味をもつ．酵素の機能と立体構造との関係は，X線解析法によりタンパク質の構造が明らかにされ，より具体的に理解されるようになった．酵素については第3章で詳しく述べる．

　タンパク質は，酵素としての働きのほかに，細胞の構造，栄養，運動，輸送，情報の伝達など，生命の維持や活動にさまざまな役割を果たしている．

1·3 核　　酸

　地球上のすべての生物は，生体を構成するタンパク質を**核酸**という巨大分子のもつ遺伝情報に従ってつくっている．遺伝情報はどの生物にも共通な方法で暗号化され核酸に蓄えられている．そして新しい核酸を複製することにより遺伝情報は子孫へと伝えられていく．

1·3·1 核酸の構成成分

　核酸はヌクレオチドの重合体，**ポリヌクレオチド**である．ヌクレオチドは，糖と塩基から成る**ヌクレオシド**にリン酸がエステル結合したものである（図1·9）.

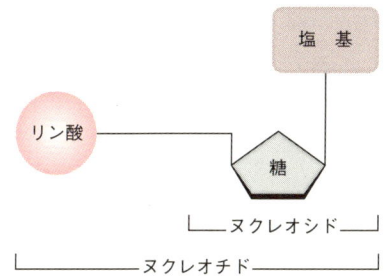

図1·9　核酸の基本構成要素

　ヌクレオシドを形成する糖は，ペントース（五炭糖）のリボースまたはデオキシリボースである．これらのペントースは五員環（フラノース環）を形成しており，リボースの2位の炭素原子に結合している –OH が，デオキシリボースでは –H になっている（図1·10）．RNA（リボ核酸）にはリボースが，DNA（デオ

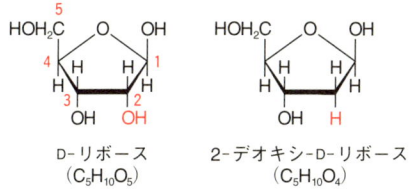

図1·10　核酸を構成するペントース

キシリボ核酸）にはデオキシリボースが含まれる．
　ヌクレオシドの塩基成分はプリンやピリミジンの誘導体である．プリン塩基である**アデニン**(A)，**グアニン**(G)は，DNA, RNAの両者に含まれる．ピリミジ

ン塩基には**シトシン**(C)，**チミン**(T)，**ウラシル**(U)がある．DNAにはシトシンとチミンが，RNAにはシトシンとウラシルが含まれる（図1·11）.

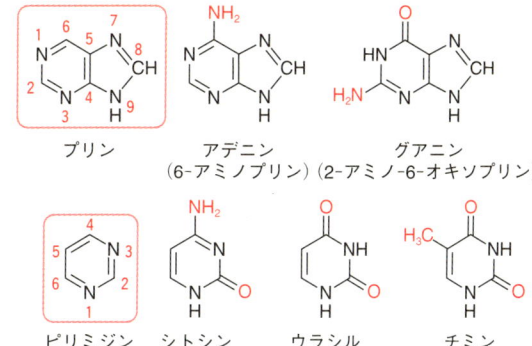

図1·11　核酸を構成する塩基

　ヌクレオチドは，アデノシン，グアノシン，シチジン，ウリジン，チミジンなどのようなヌクレオシドの糖成分の1′炭素に塩基が結合し，さらに5′炭素のヒドロキシ基とリン酸がエステル結合したものである（図1·12）.

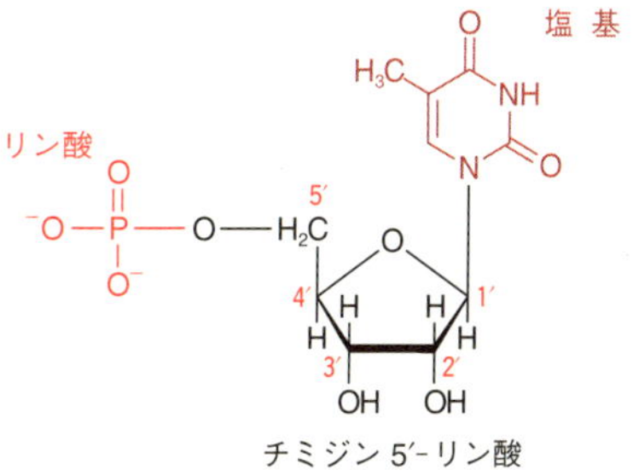

図1·12　ヌクレオチドの構造

1·3·2 核酸の基本構造

　ヌクレオチドがリン酸基を介して，3′位と5′位の間でホスホジエステル結合し，–糖–リン酸–糖–リン酸–糖–の主鎖をつくり，塩基が側鎖としてついているのが核酸の基本構造である（図1·13）．核酸のもつ遺伝情報，暗号は塩基の並ぶ順序により決められている．したがって，核酸の**塩基配列**を解析することが非常に重要となる．習慣として，糖の5′末端が左に，3′末端が右になるように塩基を並べて核酸の塩基配列を表す．

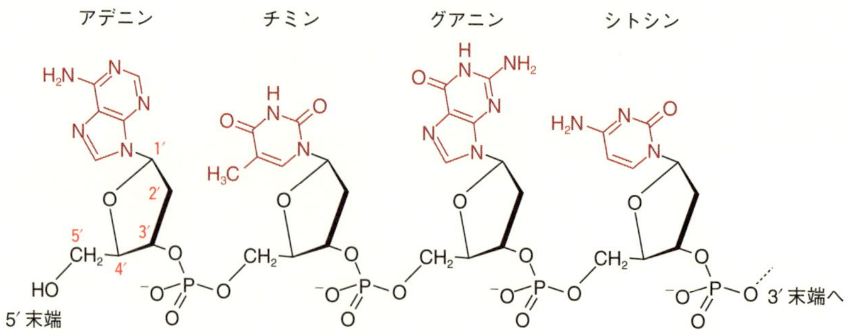

図1・13 DNAの構造

1・4 糖　質

糖質は生命の維持に不可欠なエネルギー生産の材料の一つである．また植物などでは，細胞構造を維持する役割ももっている．糖質は，基本的に C, H, O の三元素から成り，一般には $C_n(H_2O)_m$ で表されるので**炭水化物**ともいわれる．糖質は，単糖，オリゴ糖，多糖に大別される．

1・4・1 単　糖

単糖は，それ以上加水分解されない糖の基本単位で，その分子の炭素数によって，トリオース（三炭糖），テトロース（四炭糖），**ペントース**（五炭糖），**ヘキソース**（六炭糖）などがある．このうち，アルデヒド基を含むものを**アルドース**とよび，グリセルアルデヒド，エリトロース，リボース，グルコース，ガラクトース，マンノースなどがある（図1・14）．一方，

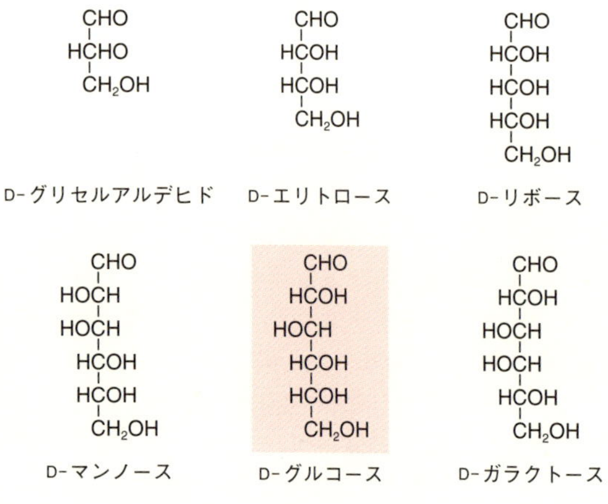

ケトン基を含むものを**ケトース**とよび，ジヒドロキシアセトン，エリトルロース，リブロース，フルクトースなどがある（図1・15）．

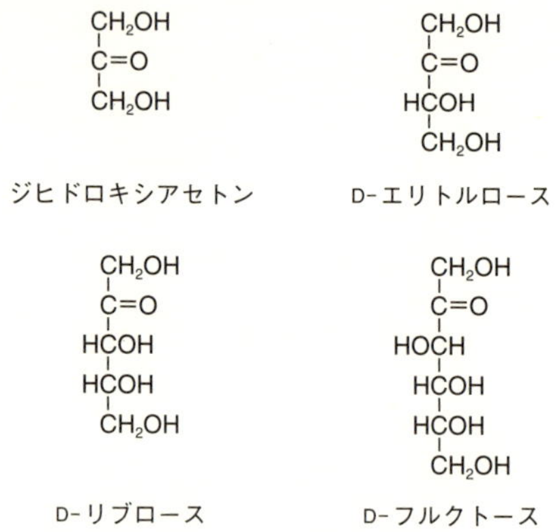

図1・14 アルドースの化学式

図1・15 ケトースの化学式

ペントースやヘキソースは，実際は鎖状ではなく環状の構造をとっていることが多い．グルコースは**ピラノース**とよばれる六員環構造をしている（図1・16）．

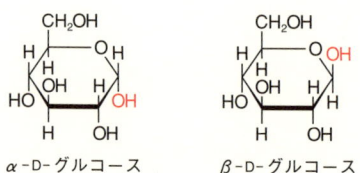

図1・16 ピラノース構造の例

リボースやフルクトースは**フラノース**とよばれる五員環構造をしている（図1・17）．

1・4 糖 質

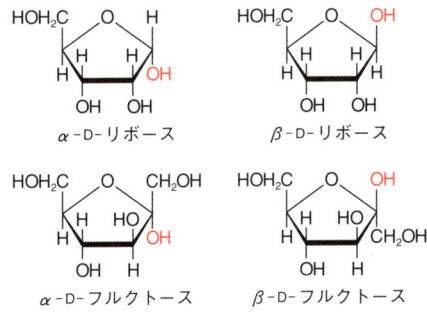

図1・17 フラノース構造の例

1・4・2 オリゴ糖

オリゴ糖（少糖）は，2～6分子の単糖がつながったものであり，最も多い二糖は2個の単糖より成る．一般に家庭で使われている砂糖はスクロース（ショ糖）とよばれ，グルコースとフルクトースが結合したものである．デンプンが酵素アミラーゼにより加水分解されて生じるマルトース（麦芽糖）は，2分子のグルコースが結合したものである．また，乳汁に含まれるラクトース（乳糖）はガラクトースとグルコースが結合したものである（図1・18）．

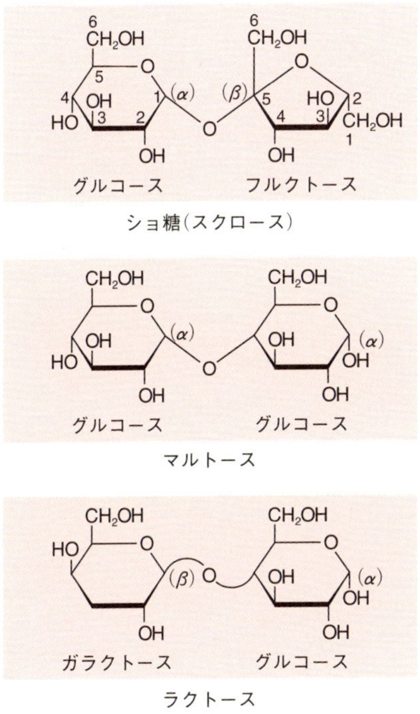

1・4・3 多 糖

多糖は多くの単糖がつながったものであり，エネルギーの貯蔵や生体構造の維持をしている．

貯蔵物質としての多糖には，デンプンとグリコーゲンがある．高等植物の貯蔵栄養物質である**デンプン**は，**アミロース**と**アミロペクチン**の混合物である．アミロースはD-グルコースが図1・19のようにα-1,4結合で直鎖状につながったもので，ヨウ素と反応して青色を呈する．この反応は**ヨウ素-デンプン反応**とよばれ，アミロースが図1・20のようならせん状をしているため，この中にヨウ素が入り込んで起こる．アミロペクチンは，α-1,4結合から成るグルコース鎖に別のグルコース鎖がα-1,6結合でつながっており，ヨウ素-デンプン反応で赤色を呈する（図1・21）．

動物組織の貯蔵栄養物質である**グリコーゲン**は，肝臓や筋肉に含まれる．グリコーゲンもアミロペクチン同様，枝分かれした多糖であるが，一つの枝分かれからつぎの枝分かれまでのグルコース鎖の長さが短く枝分かれが多い．

セルロースは植物の細胞壁に存在し，細胞の形を維持している多糖で，自然界に最も多く存在する有機物である．セルロースは，デンプンと異なり，グルコースがβ-1,4結合で直鎖状につながった構造をしている（図1・22）．セルロースは束になって丈夫な繊維をつくり，植物体を支えている．一般に，高等動物はセルロースのβ-1,4結合を加水分解できないので，セルロースを直接消化して栄養源とすることはできない．しかし，草食動物の胃やシロアリの消化管には，セルロースをグルコースに分解する微生物がすんでいるた

図1・18 二糖の例

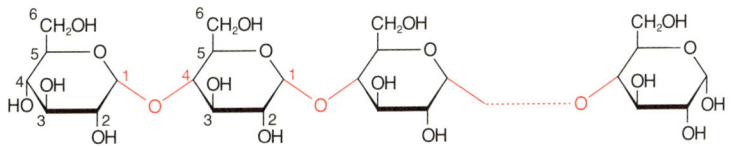

図1・19 アミロースの構造（α-1,4結合）

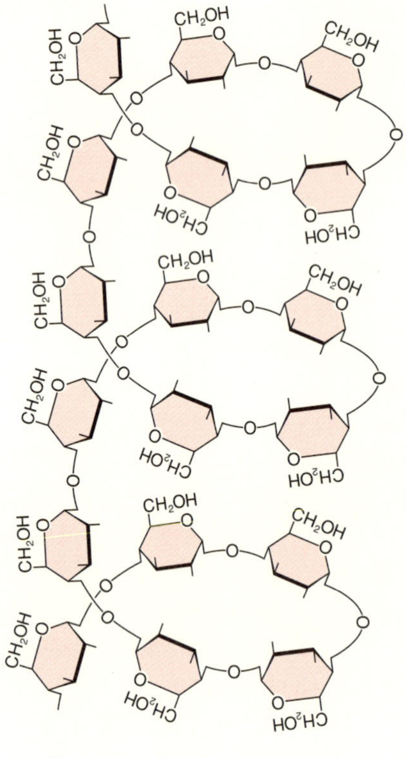

図1・20 アミロースのらせん構造

め，セルロースを栄養源として利用することができる．

1・5 脂　　質

生体エネルギーのおもな原料としては，糖質のほかに脂質がある．脂質とは水に溶けず，種々の有機溶媒に溶ける脂肪酸エステルの総称であり，エネルギー源としてだけでなく，生体膜の主要な構成成分である．また，ビタミンやホルモンとしての生理作用を示すものもある．

1・5・1 脂　肪　酸

脂肪酸は多くの脂質に共通な成分で，ふつう偶数個の炭素原子から成る．特に C_{16}, C_{18} のものが多く，直鎖状である．水素原子により飽和されているもの（**飽和脂肪酸**）と不飽和のもの（**不飽和脂肪酸**，二重結合をもつ）とがある（表1・2）．脂肪酸は疎水性の長い炭化水素鎖の一端に親水性のカルボキシ基（-COOH）をもつため，疎水性，親水性の両方の性質を示す．水の中では，カルボキシ基は解離するため，脂肪酸は負に

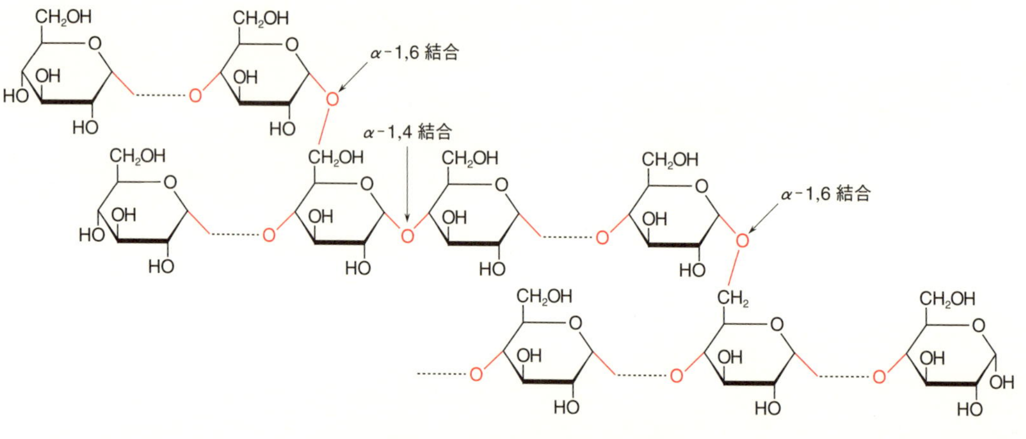

図1・21　アミロペクチンの構造

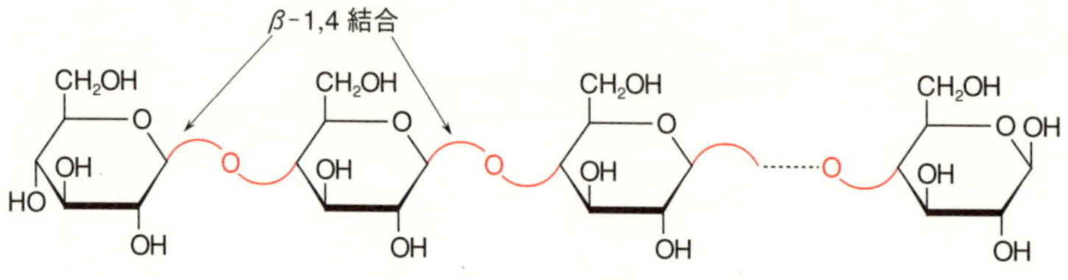

図1・22　セルロースの構造（β-1,4 結合）

1・5 脂 質

表1・2 脂肪酸の構造

飽和度	脂肪酸	炭素数	構造	融点〔℃〕	
飽和脂肪酸	カプリル酸	8	$CH_3(CH_2)_6COOH$	16	常温で液体
	カプリン酸	10	$CH_3(CH_2)_8COOH$	31	
	ラウリン酸	12	$CH_3(CH_2)_{10}COOH$	44	常温で固体
	ミリスチン酸	14	$CH_3(CH_2)_{12}COOH$	54	
	パルミチン酸	16	$CH_3(CH_2)_{14}COOH$	63	
	ステアリン酸	18	$CH_3(CH_2)_{16}COOH$	70	
	アラキジン酸	20	$CH_3(CH_2)_{18}COOH$	75	
不飽和脂肪酸					
二重結合1個	オレイン酸	18	$CH_3(CH_2)_7CH\overset{cis}{=}CH(CH_2)_7COOH$	13	
二重結合2個	リノール酸	18	$CH_3(CH_2)_4(CH\overset{cis}{=}CHCH_2)_2(CH_2)_6COOH$	-5	常温で液体
二重結合3個	α-リノレン酸	18	$CH_3CH_2(CH\overset{cis}{=}CHCH_2)_3(CH_2)_6COOH$	-10	
二重結合4個	アラキドン酸	20	$CH_3(CH_2)_4(CH\overset{cis}{=}CHCH_2)_4(CH_2)_2COOH$	-50	

イオン化している. 疎水性の部分は互いに寄り集まってミセルとよばれる構造をつくる（図1・23）. 生体膜の構造を形成するうえで, この性質は重要である.

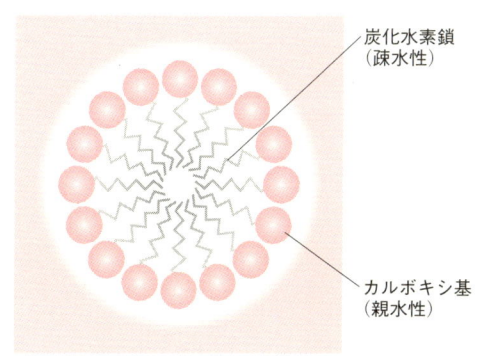

図1・23 脂肪酸によるミセルの形成

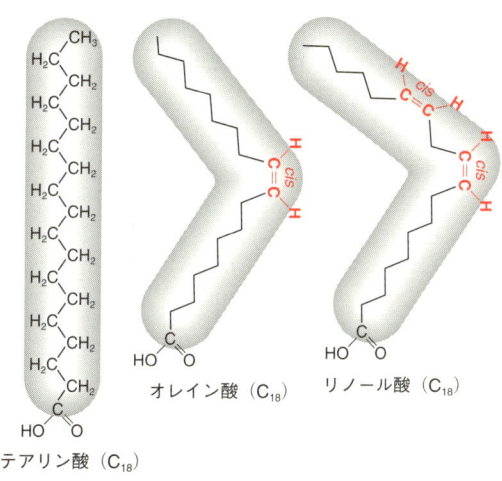

図1・24 脂肪酸の構造

脂肪酸の物理的性質はその炭素数によって大きく変化する. 天然に存在する飽和脂肪酸の中で, 炭素数が8以下のものは常温では液体であり, それより長いものは固体として存在する. また, 不飽和度が増加する（二重結合の数が増える）のに従って融点が低下する. 炭素数18のステアリン酸は, 融点が70℃であるが, 二重結合を一つ含むオレイン酸では融点が13℃, 二つ含むリノール酸では-5℃, 三つ含むリノレン酸では-10℃にまで下がる. 二重結合があると, 脂肪酸はシス型, トランス型のどちらかの形をとりうるが, 天然脂肪酸の多くはシス型である（図1・24）. 動物, 植物, 細菌はそれぞれ特徴的な脂肪酸をもっている.

1・5・2 中性脂質

中性脂質は, グリセロールの三つのヒドロキシ基（-OH）に, パルミチン酸, ステアリン酸などの高級脂肪酸がエステル結合をしたものでトリアシルグリセロールあるいはトリグリセリドともよばれる. 自然界にはまれだが, いろいろな生合成反応の中間体としてモノアシルグリセロールやジアシルグリセロールも存在する（図1・25）.

植物のトリアシルグリセロールは, オレイン酸, リノール酸, リノレン酸のような不飽和脂肪酸を多く含み, 室温で液体である. 動物のトリアシルグリセロールは, パルミチン酸, ステアリン酸のような飽和脂肪酸を含むものが多く, 室温で固体か, 半固体である.

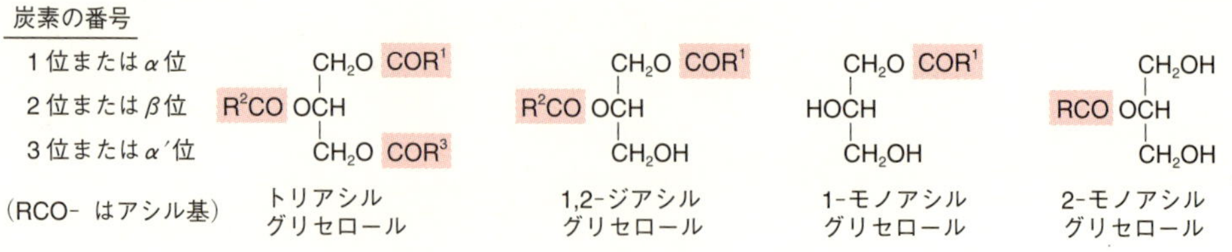

図1・25 トリアシルグリセロールの構造

トリアシルグリセロールを燃焼した場合，発生する熱量は9 kcal/gであり，炭水化物やタンパク質の燃焼により発生する熱量が4 kcal/gであるのと比較して，熱発生の効率が高い．エネルギーの貯蔵形態として，中性脂質は非常に有効である．

1・5・3 ろ　　う

ろうは脂肪酸と長鎖のアルコールがエステル結合したものを主成分とする複雑な化合物で水に不溶の固形物である．昆虫の体表や植物の葉の表面を覆い，生物体を保護する役割をもっている．

1・5・4 複合脂質

複合脂質とは，グリセロールに脂肪酸だけでなくリン酸，糖，窒素化合物などが結合したもので，生体成分として重要である．

a. リン脂質　リン脂質は動植物組織や細菌に広く分布している．リン脂質分子は親水性の極性基と疎水性の非極性基をもっているので両親媒性である（図1・26）．

b. 糖脂質　糖脂質は糖とジアシルグリセロールを主成分とする．**グリセロ糖脂質**と**スフィンゴ糖脂質**があり，グリセロ糖脂質には，ジガラクトシルジア

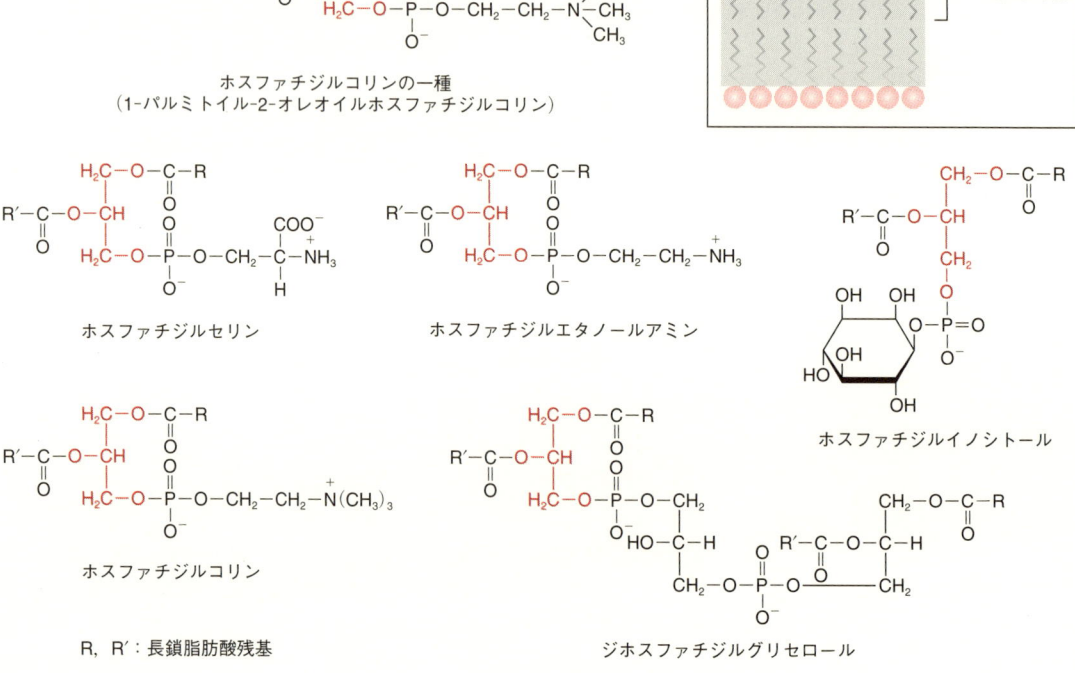

図1・26 リン脂質の構造とリン脂質二分子膜

シルグリセロール（DGDG）やモノガラクトシルジアシルグリセロール（MGDG），またスルホキノボシルジアシルグリセロール（SQDG）がある．グリセロ脂質は葉緑体膜に存在する（図1・27）．スフィンゴ脂質は4-スフィンゲニン（スフィンゴシンともいう）と脂肪酸から成り，動物に多く含まれる（図1・28）．

1・5・5 テルペノイド，ステロール

テルペノイドは，炭素数5のイソプレンあるいはイソペンタンが n 個結合したもので，β-カロテンなどがよく知られている（図1・29）．ステロイドは互い

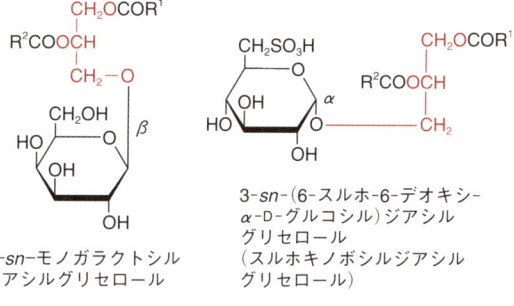

図1・29 β-カロテンとビタミン A_1 の構造

に結合した四つの環を基本構造とした疎水性化合物の総称である．ステロイドはホルモンとして多様な生理作用をもつ．コレステロール（図1・30）は，動脈血管中にたまると血圧を上昇させるので危険であると考えられているが，生体にとって必要な生理活性をもつことも知られている．

図1・30 コレステロールの構造

1・6 物質から生命へ

生物体を構成する物質には何があるかと問われたら，まず自分自身の体の構成成分を思い浮かべる人が多いだろう．そして，タンパク質とか脂質とか，あるいはカルシウムとかの答えがなされるだろう．さらにはわれわれが日ごろ，栄養源として摂取しているデン

プンや糖，アミノ酸，ビタミンなどが加えられるかもしれない．これらの生体物質はすべて地球上の生物によりつくられているが，生物が出現する以前にも存在していたのであろうか．

1・6・1 生命の起原

タンパク質などの複雑な生体成分も，元素の段階にまで分解すると，炭素(C)，窒素(N)，水素(H)，酸素(O) などの基本的な種類に限られてしまう．これらの元素はこの地球だけでなく，広大な宇宙のどこにでも存在する．そして，放射線や宇宙線の作用によって，元素どうしが反応し，メタン(CH_4)，アンモニア(NH_3)，水(H_2O) がつくられ，そのほかにも CH，CN，CO，NO，COH などのような，反応性に富んだ不完全な分子が宇宙にただよっている．

生命の存在しない誕生間もなくの地球上でも，さまざまな元素の組合わせがつくられては消えていく反応の繰返しが行われていたことだろう．さて，これらの原始地球の表面を覆っていたと考えられる簡単な物質から，どのようにして現在われわれの知っているような複雑な分子がつくられたのであろうか．

旧ソ連の科学者 A. I. Oparin (1894～1980) はメタンのような単純な物質がアンモニアと反応して窒素化合物ができ，つぎにアミノ酸が，さらにはタンパク質が合成されるという説を提唱した．この考え方は1950年代に入り，アメリカの H. Urey と S. Miller によるつぎのような実験によって証明された．彼らは，図1・31 に示すような装置を用いて，メタン，アンモニア，水素，水蒸気の混合ガスの中で放電させ，冷却後どのような物質ができたかを分析した．その結果，実験開始後 2～3 日までは，シアン化水素(HCN)とホルムアルデヒド(HCHO)が大量にできるが，1 週間ほど経過するとごくわずかのアミノ酸が生じることが明らかとなった．おそらく，

$$HC\equiv N + HC{\overset{O}{\underset{H}{\diagdown}}} + H_2O \xrightarrow{放電エネルギー} H_2N-\underset{H}{\overset{H}{|}}{\underset{|}{C}}-{\overset{O}{\diagdown}}{\underset{OH}{}}$$

のような反応をはじめ，いくつかの分子の組合わせ反応が起こったと考えられる．

その後多くの研究者の実験から，核酸や脂肪酸，糖などさまざまな化合物が化学的に合成されることが証明された．また，原始大気は，N_2，CO，CO_2，H_2O，H_2 などから成っていたと考えられるようになった．

Oparin らは，さらにアミノ酸や核酸塩基が重合して高分子ができ，高分子を高濃度で溶かし込んだ原始スープの一部は周囲の溶液から独立し，表面は膜のような性質をもち，ある特定の分子だけが出入りできるような分子の集合体ができたと考えた．そして，この組織化された分子の集合体を**コアセルベート**と名づけた．コアセルベートの中では，酵素のような触媒機能をもつタンパク質が形成され，物質の合成や分解，エネルギーの生産などが活発に行われ，コアセルベート自身を永続的に保持するようになった．さらに，生命としての重要な要素である自己の複製という作業が，核酸によってなされるようになったとき，単に組織化された分子の集合であったコアセルベートは，生命という新しい概念をまとった原始細胞へと飛躍的な発展を遂げたものと思われる．

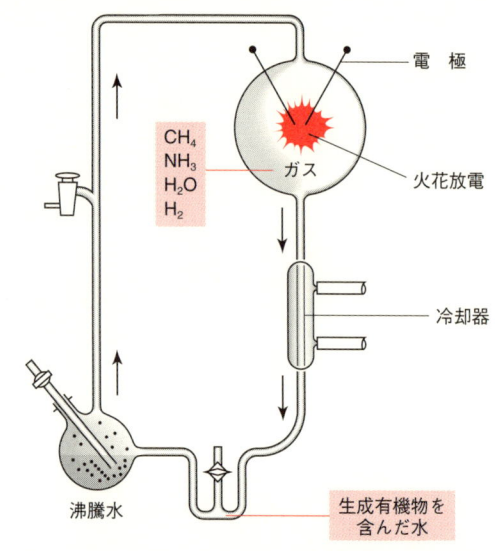

図1・31　Miller の装置

1・6・2　RNA から DNA へ

核酸の中でも，原始生命体には RNA のみが存在していたのではないかと考えられている．RNA はアミノ酸と結びつき，またアミノ酸どうしを結びつけてタンパク質をつくる酵素のような働きをもち，さらには一つの RNA をもとに似たような新しい RNA をつくり出していったのであろう．このような RNA を中心

とした生命の世界を**RNA**ワールドとよぶこともできる．やがて，RNAより安定なDNAが発達し，遺伝情報はすべてDNAに蓄えられ，RNAはDNAの情報を読取ってタンパク質をつくる役割を果たすようになる．現存の生命の世界，**DNA**ワールドが出現したのである．

これまで発見された生物の化石の中で最も古いものは，30数億年前の地層に含まれていた細菌（現在のラン藻の仲間と考えられている）である．それ以前は，化学的な物質として進化が起こっていたのであろう．細菌は細胞の中に核とよばれる器官をもたない原核生物である．われわれ動物や植物のように細胞の中に核をもった生物，真核生物が出現するのは今から10数億年前であったろうといわれている．

単純な物質から，より複雑な物質へ，複雑な物質から単純な生命体へ，単純な生命体からより複雑な生命体へと，生命はその進化の歴史をたゆみなく歩んできたのである．

2 細胞と細胞分裂

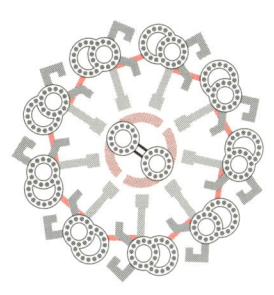

細胞を核膜の有無の違いから,原核細胞(細菌)と真核細胞に分けることができる.最も小さな細菌のリケッチアやマイコプラズマのサイズは0.1〜0.3 μmであるが,最も大きい細胞のダチョウの卵は,直径10^5 μm,体積は約$5×10^{14}$ μm^{3}もある.形態もさまざまで,赤血球のように滑らかで一定の形をしているものもあれば,単細胞生物のゾウリムシのように,口,肛門,繊毛,収縮胞などの複雑な凹凸構造をもつ細胞や,アメーバや白血球のように一定の形をもたずに形態を自由に変える細胞,さらに神経細胞のように長さが1 mにもなるものまである.また,嫌気的条件を好む細胞,温泉の熱水や飽和食塩水中でも増殖可能な細胞,他の細胞内でしか増殖できない細胞など,生息環境もさまざまである.原核細胞と真核細胞では,抗生物質に対する感受性も異なっている.例としてRNAやタンパク質の合成を阻害する抗生物質を表2・1に示した.

2・1 原核細胞

2・1・1 原核細胞の構造

原核細胞は,一般に自己複製に必要な機能を完備し,二本鎖環状DNAを遺伝物質としてもっている.マイコプラズマには細胞壁がないが,他の原核細胞をグラム染色すると細胞壁の性質の違いによって**グラム陽性菌**と**グラム陰性菌**のグループに大別できる.グラム陽性菌は厚いペプチドグリカンとテイコ酸から成る厚い細胞壁をもっているが,グラム陰性菌の細胞壁は薄いペプチドグリカンと,厚い外層からできている.

原核細胞には,後述する真核細胞と異なって膜で囲まれた内部構造がほとんどない.原核細胞は,ゲノムDNAのほかに,細胞膜,非セルロース性の細胞壁,リボソーム,細胞膜の陥入による**メソソーム**と**チラコイド**,細胞膜の陥入部が小胞化したクロマトホアから成る(図2・1).このほかに,鞭毛をもつ種類もいるが,真核細胞の鞭毛とは同名異物で,構成するタンパク質は,分子量30,000〜60,000ダルトン(Da)の**フラジェリン**である.細胞はらせん形の鞭毛を回転させて遊泳する.鞭毛のほかにより細い**ピリ繊毛**をもつ場合がある.これは,機能面から2種類に分けられる.一つは,細胞や組織表面に付着する性質をもつもので,もう一つは,遺伝子の伝達に関与する性繊毛(sex pili)である.ピリ繊毛は,ピリンとよばれる分子量約20,000のタンパク質が管状構造をつくったものであ

表2・1 原核細胞と真核細胞に特異的な RNA 合成阻害剤とタンパク質合成阻害剤[†]

	RNA 合成阻害剤	タンパク質合成阻害剤
原核細胞特異的	リファンピシン	テトラサイクリン ストレプトマイシン クロラムフェニコール カナマイシン
真核細胞特異的	α-アマニチン	シクロヘキシミド エメチン アニソマイシン
両方に共通	アクチノマイシン D	ピューロマイシン

[†] ミトコンドリアと葉緑体は,原核細胞と同じ阻害剤で阻害される.

る．**シアノバクテリア（ラン藻類）**は，膜性の光合成器官チラコイドをもっており，その成分は植物の葉緑体と似ている．細胞膜と細胞壁の間隙のペリプラズムにはヌクレアーゼ，ホスファターゼ，β-ラクタマーゼなどの酵素が貯留され，浸透圧変化で容易に遊離する．

表2・2　リボソームの構造

	rRNAの種類	タンパク質の種類
原核生物　70S		
大サブユニット(50S)	23S, 5S	34種類
小サブユニット(30S)	16S	21種類
ミトコンドリア†　70S		
大サブユニット(50S)	21S	約44種類
小サブユニット(37S)	15S	約33種類
葉緑体　70S		
大サブユニット(50S)	23S, 5S, 4.5S	よくわかっていない
小サブユニット(30S)	16S	よくわかっていない
真核生物　80S		
大サブユニット(60S)	28S, 5.8S, 5S	約49種類
小サブユニット(40S)	18S	約33種類

† *Saccharomyces cerevisiae*

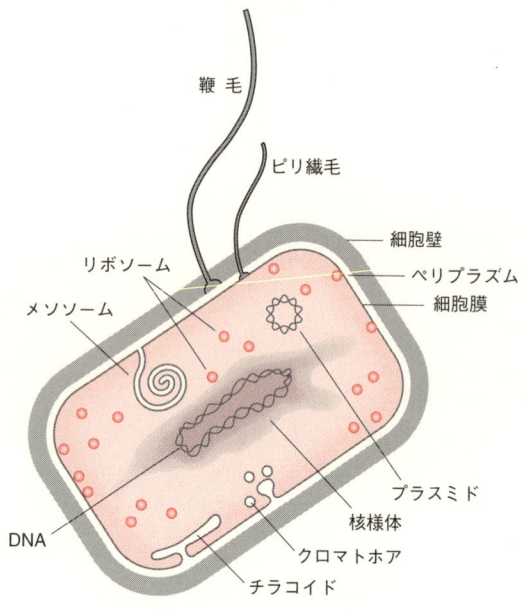

図2・1　原核細胞の構造モデル

原核細胞には核膜がない．また，一般にヌクレオソーム構造も存在しないが，電子顕微鏡で見るとDNAはタンパク質等が結合した電子密度のやや高い**核様体（ヌクレオイド）**として存在する．また，自己複製能力をもつ**プラスミドDNA**をもつ場合があり，組換えDNA実験のベクターに利用されている．原核細胞のリボソーム（70S，Sは沈降定数 Svedberg unit で，ここでは分子量のめやすと考えてよい）は，二つのサブユニット（50Sと20S）から成る．50Sサブユニットは5S rRNA（リボソーム RNA）と23S rRNAを1本ずつと複数のリボソームタンパク質から成り，30Sサブユニットは，16S rRNAを1本とタンパク質から成る（表2・2）．リボソームは，細胞質に遊離した状態と細胞膜に結合した状態で存在する．細胞外に分泌されるタンパク質は，後者のリボソームで合成される．

2・1・2　古　細　菌

嫌気性の**メタン細菌**，飽和に近い食塩水中でも生育できる**高度好塩細菌**，熱水で生育可能な**好熱性細菌**は，原始地球上の環境を推測させる環境で生育するので**古細菌**とよばれている．古細菌は形態的には明らかに細菌であるが，一般細菌とは違って真核生物に近い特徴をもつ．そこで，一般細菌を古細菌とは区別して**真正細菌**とよぶ．古細菌は，真正細菌より新しいという意味で，**後生細菌**ともよばれている．

古細菌で見つかった真核細胞の特徴は下記のとおりである．古細菌の遺伝子は，真正細菌と同様にいくつかのシストロンがつながったオペロン構造（第5章参照）をとっているが，真正細菌のrRNA遺伝子が，16S-23S-5Sの順に並んでいるのに対して，好熱性細菌では5S rRNA遺伝子が，真核生物と同様に独立して存在している．また，古細菌のある種では，tRNAとrRNAの遺伝子に真核生物の遺伝子構造の特徴であるイントロンが見つかっている．さらに，古細菌では真核生物のヌクレオソームよりはやや小さいが，ヌクレオソーム様構造が見つかっている．超好熱細菌のDNA合成は，真核生物のDNAポリメラーゼαの阻害剤のアフィジコリンに感受性である．これらは真核細胞の起原を考えるうえで注目すべき特徴である（p.26，コラム"細胞内共生説"参照）．

2・2 真核細胞

真核細胞は，多種類の膜で包まれた内部構造（核，小胞体，ゴルジ体，リソソーム，ミトコンドリア，葉緑体，ペルオキシソーム等）と細胞骨格（微小管，ミクロフィラメント，中間径フィラメント）とよばれる繊維をもち，これらは**細胞小器官**（**オルガネラ**）とよばれる（図2・2）．

2・2・1 細胞膜（原形質膜）

細胞質を外界から隔てている**細胞膜（原形質膜）**は，脂質二重層から成る**単位膜**とよばれる膜で，細胞内のすべての膜系はこの単位膜からできている．単位膜の脂質は，1個の脂質分子中に疎水性と親水性の領域をもっている両親媒性で，疎水性の尾部どうしを内側に，親水性の頭部を外側に向けた二重層構造である．S. J. Singer と G. L. Nicolson は，1972年に生体膜の**流動モザイクモデル**を提唱した（図2・3）．単位膜の細胞膜に浮かぶタンパク質には，複数のサブユニットから成るものや，細胞の外側に糖鎖を伸ばした糖タンパク質や，細胞質側で他のタンパク質と結合したものなどが存在する．糖タンパク質の炭水化物は，短い親水性鎖（オリゴ糖）で，15個以下の糖が1糖鎖を形成している．細胞膜の膜タンパク質は，細胞質側で

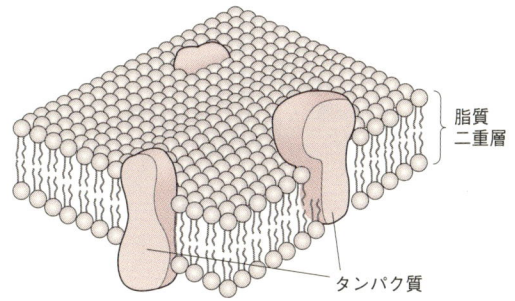

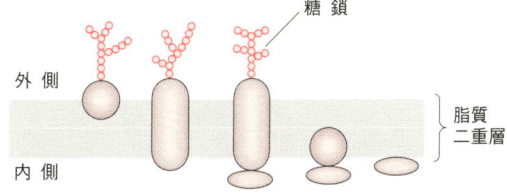

図2・3　生体膜の流動モザイクモデル(a)と膜タンパク質の存在様式(b)

他のタンパク質に固定されていないかぎり，海に浮かぶ氷山のように自由に流動できると考えられる．実際にそうであることが，図2・4の細胞融合の実験などで証明されている．

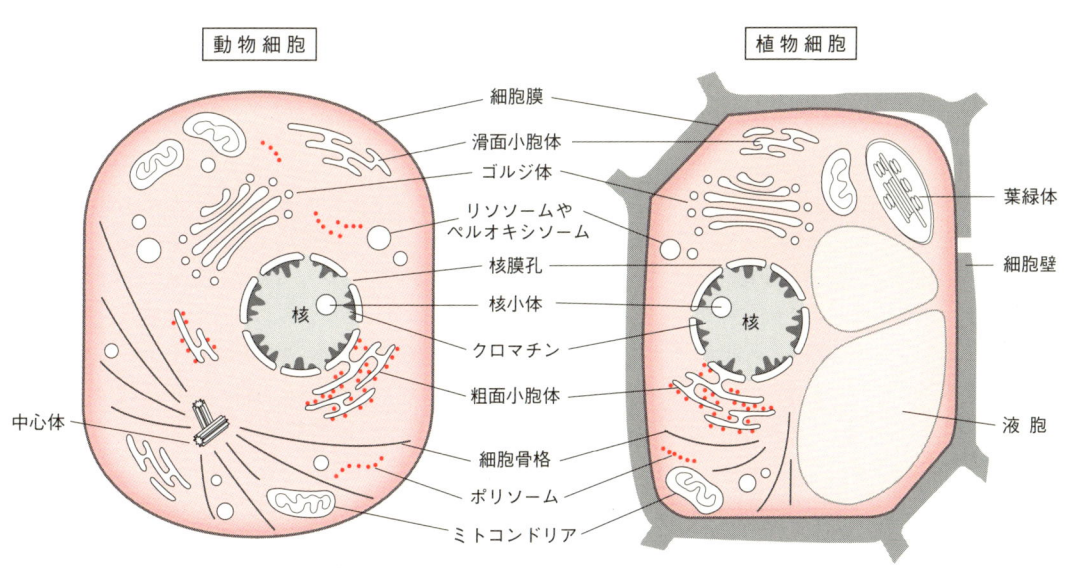

図2・2　真核細胞の構造

を輸送できる．

細胞膜の外側は，細胞膜の糖タンパク質の糖鎖や糖脂質から成る細胞膜構成成分としての**細胞外被**（ペリクル）や，分泌した細胞外表面結合物質で覆われている場合がある．後者は炭水化物を含む巨大分子を主成分とする強い粘着性物質で，フィブロネクチン，ラミニン，コラーゲンなどが知られている．

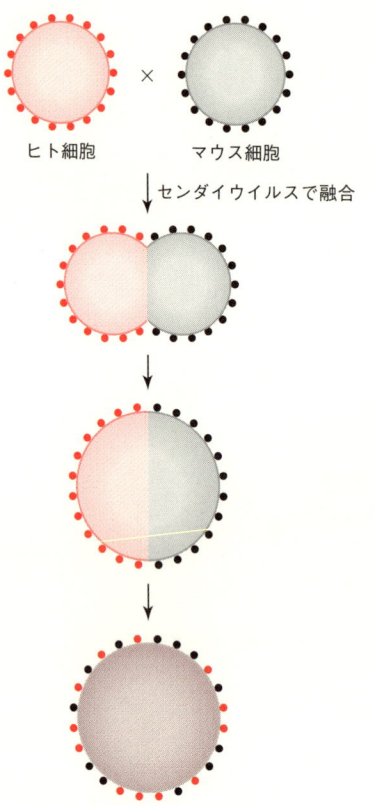

図2・4 **細胞膜の流動性** ヒトとマウスの細胞膜タンパク質それぞれに特異的な抗体を用意し，それぞれを異なる色の蛍光色素で標識して細胞膜に結合させた．そして，センダイウイルスで2種の細胞を融合させ，時間変化に伴う細胞膜タンパク質の存在場所を蛍光顕微鏡で追跡した．融合直後は，半分に分かれていた細胞膜タンパク質が40分後には均一に分布することが確認された．

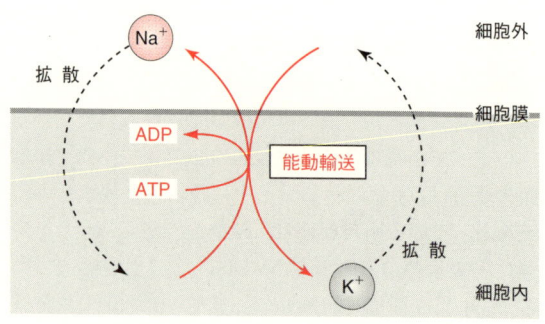

図2・5 Na^+とK^+の能動輸送

2・2・2 細 胞 壁

植物は，細菌とは異なり，ヘミセルロース，ペクチン，リグニン，タンパク質から成る支持構造としての**細胞壁**をもっている．成長中の細胞の細胞壁は**一次細胞壁**とよばれ，成長し終わった細胞の**二次細胞壁**とは組成が異なる．二次細胞壁は一次細胞壁より伸縮性がなく，セルロースの含量が高い．また，二次細胞壁は一次細胞壁には存在しないリグニンを含むことで硬さを増している．

2・2・3 核

核は細胞内の最も大きい構造で，クロマチンを収納している．一般に球形であるが，単細胞動物では，数珠状や馬蹄形の核をもつ種が知られている．また，白血球では分葉した核がみられ，哺乳類の赤血球のように分化過程で核を失った無核細胞もある．

a. 核 膜 核膜は，核質と細胞質を隔てる膜で，二重の単位膜（外膜と内膜）と膜間隙からできている．外膜と内膜は性質が異なり，内膜のクロマチン側には厚さ30〜100 nmの**核ラミナ**とよばれるタンパク質の網目構造が結合している．核ラミナは，**ラミンA，ラミンB，ラミンC**とよばれる細胞骨格の中間径フィラメントに属する分子量60,000〜75,000 Daのタ

細胞膜は，外界と接触する場であるのでさまざまな刺激に対する受容体，細胞認識物質，イオンポンプなどがここに備わっている．たとえば，K^+の細胞外濃度と細胞内濃度は，それぞれ約5 mMと100 mMであるが，Na^+の細胞外濃度と細胞内濃度は，150 mMと10〜20 mMである．細胞膜を隔ててこのような極端な濃度勾配を維持できるのは，ATPのエネルギーを利用した**能動輸送**が行われているからである（ATPについては§3・2参照）．この能動輸送を行うのは**Na^+,K^+-ポンプ**とよばれる，Na^+,K^+-ATPアーゼである（図2・5）．このポンプはATPを加水分解するたびに，3個のNa^+を細胞外にくみ出し，2個のK^+を細胞内にくみ入れる．細胞1個当たりのポンプ数は200〜300個で，各ポンプは1分間に約6000個のK^+

2・2 真核細胞

ンパク質から成る. 核ラミナは核膜を支える構造体と考えられ, 細胞分裂のときにラミンがリン酸化されると核膜は崩壊する. 核膜の外膜は, 細胞質の小胞体と連続していることが電子顕微鏡で観察され, リボソームの付着も観察される (図2・6).

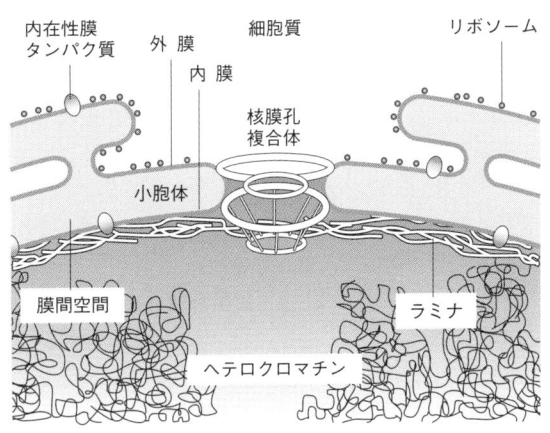

図2・6 核膜の構造 [G. Karp, "Cell and Molecular Biology", 4th ed., John Wiley & Sons, Inc.(2005), [邦訳] 山本正幸ほか訳, "カープ分子細胞生物学 (第4版)", 東京化学同人(2006)の図12・2を改変]

核質と細胞質の間は, 直径100 nmの**核膜孔複合体**で連絡している. この複合体は, 核膜孔とその周縁部に等間隔で配列した8個の顆粒からできている. 核膜孔の数は生理的状態で変動するが, 哺乳類の細胞では3000〜4000個/核 (約11個/μm² 核膜) である. 細胞質に既知の分子量のタンパク質を注射して核内に現れる時間を調べると, 分子量60,000 Da以上のタンパク質は核内に入りにくいことがわかっている. これから推測される核膜孔の開口部の直径は約9 nmである. しかし, リボソームサブユニットなどのように, かなり大きなサイズでも核膜孔を通過できるので, 大きくても選択的に通過させることがわかる.

一般に, 細胞質から核へ輸送されるタンパク質にはシグナルの役目を果たすアミノ酸配列 (**核移行配列**) が存在する. これは, 4〜8個の正に荷電したアミノ酸のリシン, アルギニン, プロリンを多く含む配列で, SV40ウイルスがつくるT抗原とよばれるタンパク質で最初に見つかった. T抗原のシグナルペプチドを他のタンパク質に結合させると, その融合タンパク質は核に輸送される. この核移行配列は, 核内で除去されることがない. したがって, 核分裂時に核膜が崩壊し核タンパク質が細胞質と混じり合っても, 再び核膜が再構成されたときには核タンパク質は速やかに核内に戻ってくることができる.

逆に, 核内から細胞質への物質輸送にも類似の仕組みが存在する. 直径20 nmの金粒子は, 核内から細胞質に輸送されないが, tRNAやrRNAの5S RNAでこの金粒子をコートしてカエル卵母細胞の核内に注射すると, 直ちに細胞質に輸送される.

b. クロマチン (染色質) 細胞を酢酸オルセインなどの色素で染めると, 核は濃く染まる部分と薄く染まる部分に分かれる. 色素で染まる領域を**クロマチン (染色質)** とよぶ. 濃染する部分はクロマチンが凝縮している部分で, 特に**ヘテロクロマチン (異質染色質)** とよばれる. 一方, 薄く染まる部分は**ユークロマチン (真正染色質)** とよばれる. ヘテロクロマチンはさらに, つねに凝縮している**構成ヘテロクロマチン**と, 特定の状態のみで凝縮する**随意ヘテロクロマチン**に分けられる. 構成ヘテロクロマチンは, 永久に遺伝的に不活性な部分で, 2本の相同染色体の同じ部分に生じる. 染色体の**動原体**領域がそれである. 随意ヘテロクロマチンは, 哺乳類の雌の性染色体でみられ, **バー小体** (Barr body) とよばれる. これは, 2本のX染色体の片方が発生初期に不可逆的にヘテロクロマチンになり, 以後遺伝子発現ができなくなったもので, 2本のどちらがヘテロクロマチンになるかはランダムに決まる. 哺乳類の雄ではバー小体が形成されないので, バー小体の有無は男女の性の識別にも利用でき, **性染色質**ともよばれる.

クロマチンは, DNA, RNA, タンパク質の複合体である. クロマチンに含まれるタンパク質は, **ヒストン**と**非ヒストン**に分けられる. ヒストンは, DNAに強く結合する塩基性タンパク質で, DNAを巻きとる糸巻きのような役割をする. 塩基性アミノ酸のアルギニンとリシンの含量の違いから, 5種類に大別される (表2・3). ヒストンタンパク質は, 異なる生物間でもアミノ酸配列の共通性が高く, 突然変異体の生存を

表2・3 ヒストンの分子種

特徴	ヒストンの種類
高リシン型	H1
中間型	H2A, H2B
高アルギニン型	H3, H4

許さないほどそのアミノ酸配列が機能上重要であることを示している（§5・1・3参照）.

非ヒストンタンパク質は，ヒストンとは異なりさまざまな機能をもつ多種類のタンパク質である．DNAポリメラーゼ，RNAポリメラーゼ，ヌクレアーゼ，ヌクレオチドリガーゼ，DNAメチラーゼ，プロテアーゼ，アセチラーゼ，プロテインキナーゼなどの酵素のほかに，遺伝子発現の調節機能をもつさまざまなDNA結合タンパク質が含まれている．同じ個体でも発生の時期や組織によって非ヒストンタンパク質の組成が異なることは，これら一連のタンパク質のもつ重要な役割を示唆している．

c. 核小体 核小体は，球形または不規則な形態の構造で，分裂期には分散消失する．ヒトの核小体には，10本の染色体に存在するrRNA遺伝子部分（**核小体形成部位**）がループを形成して核小体内部に入り込んでいる．核小体内では，4種類あるrRNAのうちの3種類（18S，5.8S，28S）がrRNA前駆体を経てつくられる．そして，核小体外の染色体に存在する残り1種類のrRNA（5S）遺伝子から合成された5S rRNAと細胞質で合成された約70種類のリボソームタンパク質が核小体に輸送されて，大小2種類のリボソームサブユニット（40Sと60S）をここで組立てる．リボソームサブユニットは，核膜孔を通じて細胞質に運ばれ，ここで大小のサブユニットが結合してタンパク質合成に携わる（図2・7）.

2・2・4 ミトコンドリア

ミトコンドリアは**ATP**合成を行う細胞小器官で，二重の単位膜（**外膜**と**内膜**）で包まれ，**マトリックス**にはDNAをもっている（図2・8a）．ATP合成酵素が分布する内膜は部分的にマトリックスに突き出て**クリステ**とよばれるひだをつくり，表面積を広くしている．外膜と内膜は形態だけでなく性質も異なる（ミトコンドリアの機能は，第3章参照）.

ミトコンドリアDNAは，原生動物の繊毛虫類では二本鎖線状であるが，一般には二本鎖環状である．さらに，1個のミトコンドリア内に多数のゲノムコピーが存在する特徴をもっている．ヒトやマウスではミトコンドリアの全塩基配列が決定されていて，2種のrRNAと22種のtRNA，13種のmRNAをコードしていると思われる遺伝子座が存在する．ミトコンドリア

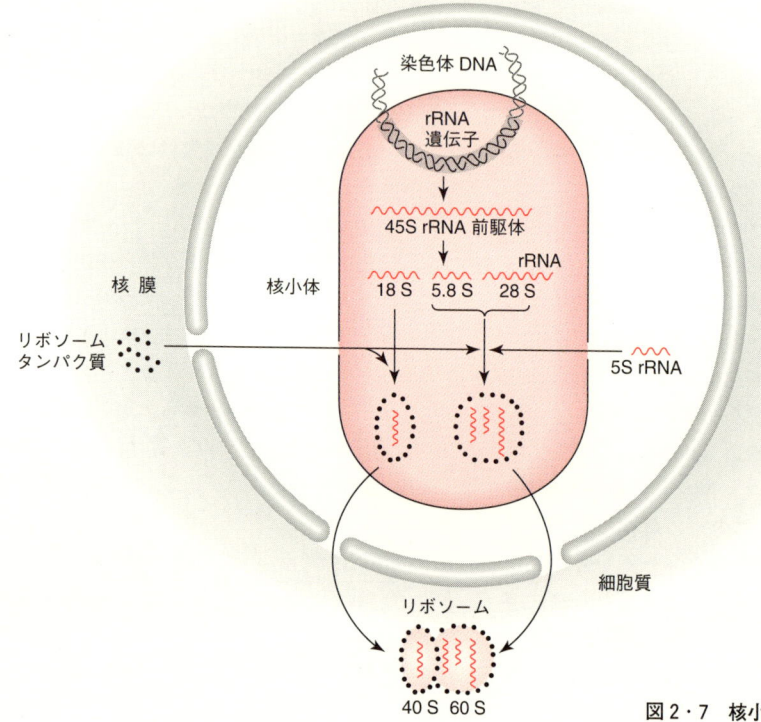

図2・7 核小体でのリボソーム合成

DNA のゲノムサイズは，細胞核 DNA に比べてはるかに小さいので（p.27，表 1），ミトコンドリアのタンパク質の大部分は細胞核 DNA にコードされ，細胞質で合成されたのちにミトコンドリアに輸送されたものである．たとえば，ミトコンドリアの DNA ポリメラーゼγと RNA ポリメラーゼは，細胞核にコードされている．

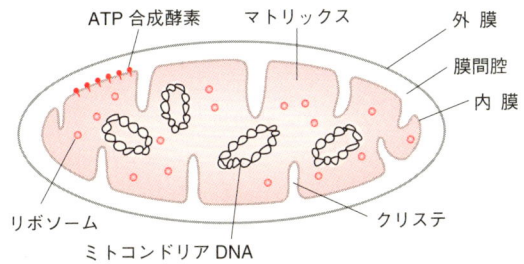

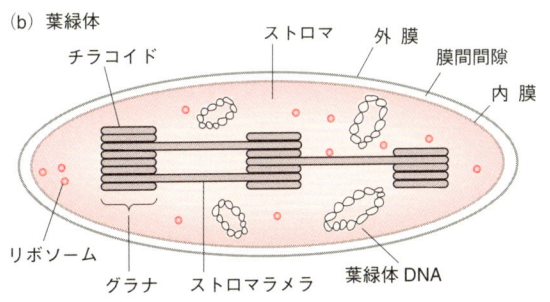

図 2・8　ミトコンドリア(a)と葉緑体(b)の構造

出芽酵母（*Saccharomyces cerevisiae*）のミトコンドリアのリボソームは，細胞質のリボソームと同じ 70S で，21S rRNA を 1 個含む 50S サブユニットと，15S rRNA を 1 個含む 38S サブユニットから成っている（表 2・2 参照）．細胞質リボソームや原核細胞リボソームの 5S rRNA と，細胞質リボソームの 5.8S rRNA に相当するものはもっていない．また，タンパク質も，細胞質のリボソームとは異なっている．

ミトコンドリアは筋細胞のように多量の **ATP** を必要とする細胞では数が多く，精子では繊毛運動のエネルギーを供給するために繊毛の付け根の中片とよばれる部位に存在している．

ミトコンドリアの役割は，細胞内エネルギー代謝だけではなく，アポトーシスにおいても重要な役割を果

している．また，生殖細胞の分化にもミトコンドリアの関与が明らかにされている．

2・2・5　葉緑体（クロロプラスト）

葉緑体は光合成の場であり，細胞小器官の中でも大きな構造で，植物に存在する．ミトコンドリアと同様に，単位膜 2 枚（**外膜と内膜**）の構造をもつが，内部の空間の**ストロマ**には**チラコイド**とよばれる扁平な袋が存在し，同じサイズの円盤状のチラコイドが重なって，**グラナ**とよばれる構造をつくっている．グラナどうしの間は，**ストロマラメラ**でつながっている（図 2・8b）．葉緑体のチラコイド膜には，光（合成的）リン酸化反応に関する ATP 合成酵素と，光エネルギーの吸収に関与する色素のクロロフィルが存在する．クロロフィルは，青と赤色の波長の光を最もよく吸収し，中間の緑色の波長を吸収しないので，植物は緑色に見える（光合成の仕組みは，§3・3 参照）．

ストロマには，ミトコンドリアと同様に，二本鎖の環状 DNA のコピーが多数存在する．葉緑体 DNA は，自分自身の tRNA，rRNA（23S と 16S），リボソームタンパク質，RNA ポリメラーゼ，リブロースビスリン酸カルボキシラーゼのサブユニットの一部と，光合成に関与する数種類のタンパク質をコードしている．しかし，葉緑体のタンパク質の多くは細胞核 DNA にコードされている．

2・2・6　小 胞 体

細胞質に最も多い膜系は**小胞体**（endoplasmic reticulum, **ER**）である．単位膜 1 枚から成る扁平な袋で，膜の細胞質側にリボソームを付着させた**粗面小胞体**とリボソームのない**滑面小胞体**とがある．滑面小胞体は，肝細胞やステロイド分泌性の内分泌腺細胞に多く，前者では外来性の化学物質の解毒作用の機能を果たし，後者ではリン脂質の合成の場となっている．また，骨格筋細胞の滑面小胞体は**筋小胞体**を形成し，カルシウム貯蔵の場となっている．粗面小胞体では，リボソームで合成されたタンパク質に膜腔内で糖が添加され糖タンパク質が合成される．

細胞内で合成されるタンパク質には，細胞外に分泌されるものと，細胞内にとどまるものがある．この運命の違いは，細胞質中の遊離リボソームで合成されるか，粗面小胞体上のリボソームで合成されるかで決まる（§5・5・7 参照）．粗面小胞体内では，小胞体膜の

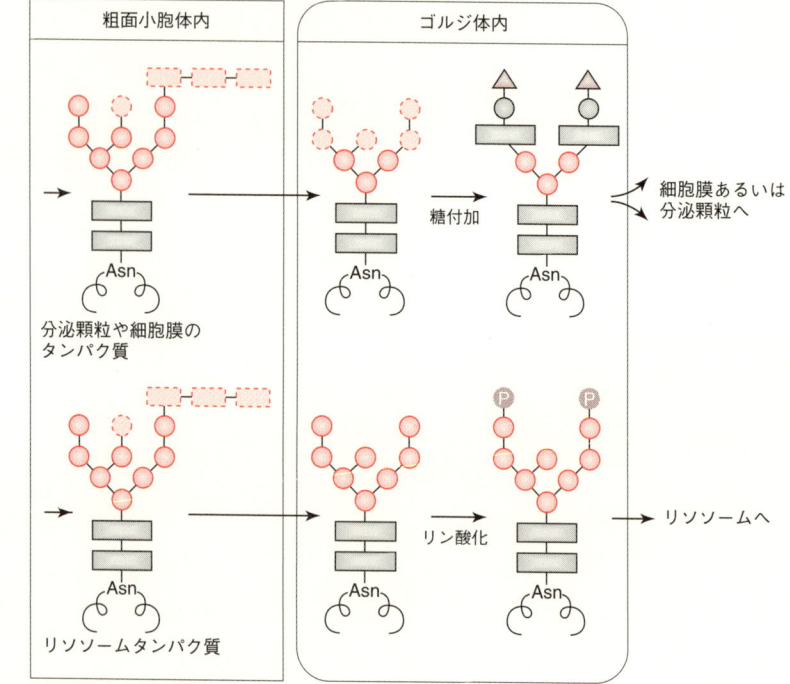

図 2・9 粗面小胞体内とゴルジ体内でのタンパク質への糖の添加　ゴルジ体に行くタンパク質には，粗面小胞体内で同一のオリゴ糖鎖がアスパラギン酸に添加される．つぎに，3個のグルコースと1個のマンノースが除去され，ゴルジ体に輸送される．ゴルジ体内では，分泌タンパク質と細胞膜タンパク質が，リソソームタンパク質とは異なった糖の修飾を受ける．

ドリコールリン酸とよばれる脂質担体上で組立てられた14分子の糖から成るオリゴ糖（2分子のN-アセチルグルコサミン，9分子のマンノース，3分子のグルコース）が，タンパク質のアスパラギン酸残基に転移される（図2・9）．その後，オリゴ糖鎖末端の3分子のグルコースが除去され，糖タンパク質は，小胞体膜由来の膜小胞に包まれて，ゴルジ体に輸送される（図2・10）．

2・2・7　ゴルジ体

ゴルジ体は，発見者の C. Glogi の名にちなんだ細胞小器官で，扁平囊が層状に積み重なった構造をしている（図2・10）．ゴルジ体内では粗面小胞体で合成された糖タンパク質などが修飾され，これらは最終目的地の細胞膜や細胞外，その他の細胞小器官へと輸送される．ゴルジ体は粗面小胞体に近い扁平囊から，**シス扁平囊，中間扁平囊，トランス扁平囊**の3区画に分けられる．粗面小胞体からの糖タンパク質を包んだ膜小胞は融合してシス扁平囊を新生する．内部の分泌タンパク質は，中間扁平囊とトランス扁平囊を経て分泌小胞に包まれ，最終目的地に輸送される．この過程で分泌タンパク質は酵素によるさまざまな修飾を受ける．一方，ゴルジ扁平囊は，シス，中間，トランス扁平囊を経て新生と消失を繰返す．シス扁平囊にはホスホトランスフェラーゼが，中間扁平囊にはマンノシダーゼと N-アセチルグルコサミルトランスフェラーゼが，トランス扁平囊にはガラクトシルトランスフェラーゼとシアリルトランスフェラーゼが存在する．ゴルジ体に局在する酵素は，新生と消失を繰返す扁平囊の間を膜小胞に包まれて，トランスからシスの方向に送り返されることにより各囊の成熟が行われる．

シス扁平囊の糖タンパク質のうち，リソソームタンパク質となるものは，ここでリン酸化されてリソソームに輸送される．一方，細胞膜の糖タンパク質や分泌顆粒になる運命の糖タンパク質は，中間扁平囊で5分子のマンノースが除去され，さらにトランス扁平囊で2分子のガラトースと2分子のシアル酸が付加される（図2・9）．

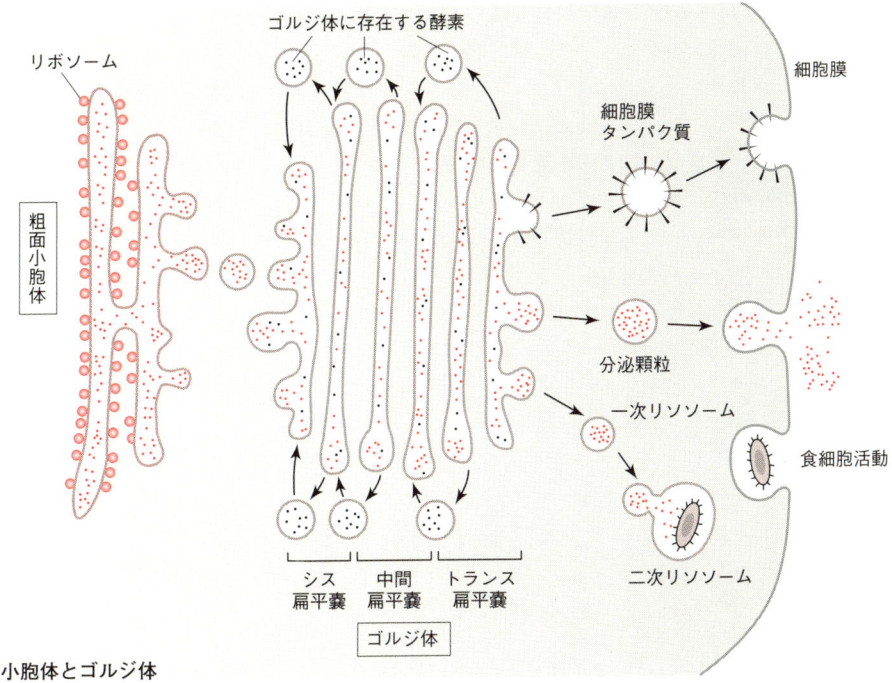

図2・10　粗面小胞体とゴルジ体

2・2・8　リソーム

リソームの機能は，細胞内に取込んだ物質や侵入した異物の分解と，不要になった細胞構造の分解作用である．リソームは，電子密度の高い内容物を含んだ単位膜1枚の球形の膜小胞で，**デンスボディー**ともよばれている．また，内部には40種以上の加水分解酵素が存在し（表2・4），この膜小胞が壊れると細胞構造自身が消化される．細胞内の他の小胞との区別は，**酸性ホスファターゼ**活性の有無で行われる．リソームはゴルジ体のトランス扁平囊からつくられる．これを**一次リソーム**とよぶ．この一次リソームが**食細胞活動**や**飲細胞活動**で生じた他の膜小胞と融合したものを**二次リソーム**とよぶ．二次リソームでは基質の消化が行われる．リソーム酵素の最適pHはおよそ5である．リソーム膜は，そこに存在するH^+-ATPアーゼによって，内部を酸性化してpHを約4.6にしている．リソーム膜とリソーム酵素タンパク質は，自身がもつ加水分解酵素に対して耐性である．

リソーム膜は，食胞などの特定の膜とのみ融合する．アメーバの細胞内共生細菌やミドリゾウリムシの細胞内共生生物のクロレラは，宿主の食胞由来の膜で包まれて細胞質に存在しているが，リソームが融合しないよう膜を変化させている．

2・2・9　ペルオキシソーム

ペルオキシソームは，電子顕微鏡では単位膜1枚の直径約0.2〜1.7 μmの球形の小胞で，DNAはないが，内部に電子密度の高い顆粒粒状の構造や結晶状の構造

表2・4　リソームに存在する加水分解酵素

酵素の種類	酵素名
ホスファターゼ	酸性ホスファターゼ
	酸性ホスホジエステラーゼ
グリコシダーゼ	マルターゼ
	ヘキソサミニダーゼ
	β-ガラクトシダーゼ
	α-マンノシダーゼ
	α-グルコシダーゼ
	β-グルクロニダーゼ
	リゾチーム
	アリールスルファターゼ
	ヒアルロニダーゼ
ヌクレアーゼ	デオキシリボヌクレアーゼ
	リボヌクレアーゼ
プロテアーゼ	カテプシン
	ペプチダーゼ
	コラゲナーゼ
リパーゼ	エステラーゼ
	スフィンゴミエリナーゼ
	ホスホリパーゼ

をもっている．肝臓や腎臓の細胞では数が多い．植物では，ペルオキシソームがグリオキシル酸回路の酵素群をもつので，グリオキシソームともよばれている．この細胞小器官はすべての真核細胞に存在する．ペルオキシソームには，尿素やアミノ酸を酸化して過酸化水素を生成する一群の**オキシダーゼ**と，過酸化水素を水に還元する**カタラーゼ**，および脂肪酸のβ酸化系が含まれている．ペルオキシソームのタンパク質は，遊離リボソームで成熟型の分子として合成される．ペルオキシソームへの輸送のシグナルペプチドはC末端の3個のアミノ酸配列（[Ser,Ala]-[Lys,Arg,His]-Leu；[ ]の中はいずれか一つ）である．ペルオキシソームは，成長と分裂で新しいペルオキシソームをつくる．そこで，ペルオキシソームもミトコンドリアや葉緑体と同様に細胞内共生細菌に由来するのではないかという可能性が検討されている．

2・3 細胞の増殖

細胞は，その内容物をすべて倍加して成長と分裂で2個の娘細胞になる．細胞の増殖には，2種類の独立した調節機構が存在する．一つは細胞の寿命の調節で，もう一つは細胞周期の各時期の進行の調節である．細菌やアメーバでは寿命の存在が確認されていないが，ゾウリムシやヒトの正常細胞には寿命があり，無限には増殖できない．ゾウリムシでは，短寿命の突然変異体が取られ，寿命が遺伝的に調節されていることが明らかになっている．一方，細胞周期の調節機構は，最近目ざましい進歩を遂げ，真核生物に共通の調節物質が明らかになってきた．ここでは，真核生物の細胞周期の調節と，体細胞分裂と減数分裂での染色体の行動の違いを説明する．

2・3・1 細胞周期の調節

細胞周期は，分裂期の**M期**（有糸分裂 mitosis の頭文字M），DNA合成期の**S期**（synthesis の頭文字S）を交互に繰返す周期で，M期とS期の間をG_1期（ギャップ1期），S期とM期の間をG_2期（ギャップ2期）とよぶ（図2・11）．G_1期とG_2期は，見かけ上，不活発にみえるが，DNA合成開始とM期開始の準備がなされる重要な時期である．M期以外のG_1期，S期，G_2期を**間期**とよんでいる．細胞周期における各時期の長さは，細胞の種類によって異なる．分裂周期の短い初期胚の発生では，G_1期とG_2期はほとんどない．一方，脳の神経細胞のように高度に分化した細胞は，G_1期で細胞周期を停止した状態にある．培養系の細胞でも，増殖曲線の定常期で分裂を停止する（図2・11）．このような状態の細胞は一般に生体内にあろうと培養系であろうと，細胞周期から外れたG_0期にあるといい，G_1期とは区別している．

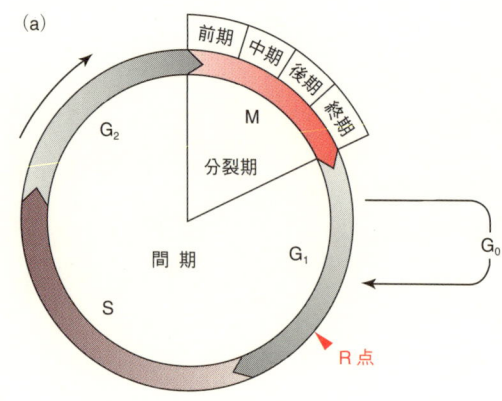

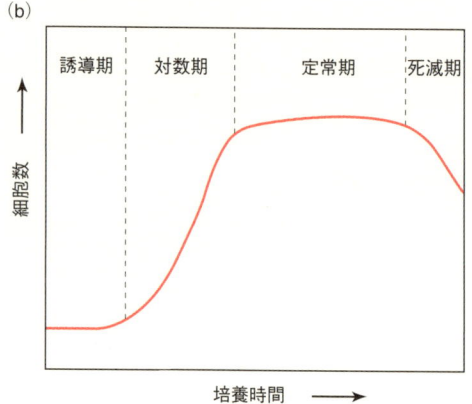

図2・11　細胞周期(a)と増殖曲線(b)

細胞周期の各時期の移行の中心的役割を演ずる物質は，**サイクリン**とサイクリン依存性プロテインキナーゼ（**Cdk**, cyclin-dependent kinase）の複合体とその関連物質で，タンパク質をリン酸化・脱リン酸することで細胞周期の活性を制御する．これまでに，サイクリンには，G_1**サイクリン**（D, E），**Sサイクリン**（A），**Mサイクリン**（B）が見つかり，Cdkには，Cdk1, Cdk2, Cdk4, Cdk6の分子種が見つかっている．これらのCdkは，サイクリンと結合して初めてプロテ

インキナーゼ活性を発現するようになる．また，Cdk のキナーゼ活性の制御にもタンパク質のリン酸化，脱リン酸による制御がなされている．細胞周期の進行の制御に関与するサイクリン・Cdk 複合体と，それらが機能する時期を図 2・12 に示した．

a. G_0/G_1 期，G_1/S 期の移行　G_0/G_1 期の移行には，単細胞生物では栄養の供給が必要であるが，哺乳類の培養細胞では，そのほかに**細胞増殖因子**による細胞外からの刺激が必要である．細胞に細胞増殖因子を添加すると，G_0 期から G_1 期を経由して S 期に入る．G_1 期には，**R 点**（restriction point, または **G_1 期チェックポイント** G_1 phase checkpoint, 図 2・11a 参照）が存在し，この点を過ぎると細胞増殖因子なしで S 期へと進行するが，後戻りはできない．再び G_0 期に入るためには細胞周期を 1 周回って再び G_1 期に入らなければならない．がん細胞は，G_0 期で細胞周期を止める制御ができなくなった細胞と考えることができる．

R 点の移行は，サイクリン D・Cdk4 複合体によって調節される．この標的タンパク質としては，がん抑制遺伝子産物の **Rb タンパク質**が考えられている．Rb 遺伝子は，小児で多い網膜芽細胞腫で欠失遺伝子として見つかったが，他のがんでも Rb 遺伝子の異常が明らかになっている．Rb タンパク質がサイクリン D・Cdk4 複合体によってリン酸化されると，細胞は G_0 期で停止できなくなり，細胞周期は R 点を乗越えて進行する．G_1 期の後期では，サイクリン E・Cdk2 複合体が S 期への進行を制御する．S 期内の進行の制御はサイクリン A・Cdk2 複合体によって行われている．

b. G_2/M 期の移行　DNA 合成が完了して G_2 期になると，サイクリン B・Cdk1 複合体が出現する．サイクリン B は G_2 期で合成され，Cdk1 と複合体を形成して，**MPF**（M phase promoting factor）前駆体になる．この前駆体の Cdk1 が脱リン酸され，サイクリン B がリン酸化されると **MPF 活性**（セリン/トレオニンキナーゼ活性）が出現する．これによって，核膜ラミンのリン酸化による核膜崩壊，ヒストン H1 のリン酸化によるクロマチン凝縮が誘導されて細胞は M 期に入る．また，細胞骨格の微小管やミクロフィラメントも M 期様に変化する．MPF 前駆体の Cdk1 の脱リン酸は，**Cdc25 ホスファターゼ**によって誘導される．

c. M/G_1 期の移行　MPF のサイクリン B が分解・消失すると細胞は G_1 期に入る．Cdk1 が細胞周期を通じてほぼ等量存在するのに比べて，サイクリン B は，M 期の終わりに分解・消失してしまうタンパク質として見いだされた．このように，M 期の開始と終了は MPF 活性の消長によって調節されている．

サイクリン B の N 末端の 90 個のアミノ酸残基を除去して分解されないサイクリン B をつくると，細胞周期は M 期には入れるが M 期を終了できなくなる．細胞周期でのサイクリン B の分解の開始前にはユビキチンが結合する．MPF 活性の出現自体がユビキチン依存性タンパク質分解システムを活性化する可能性がある．

一方，細胞内で MPF 活性を安定化させる因子も知られている．がん遺伝子産物の **Mos**（プロテインキナーゼの一種）は，MPF の活性化と安定化の機能をもっている．両生類の卵母細胞が第二減数分裂中期で核分裂を停止して受精を待つのは，Mos が MPF 活性を安定化しているからである（図 2・13）．受精によって，卵母細胞内のカルシウム濃度が高まると Mos は失活し，その結果 MPF も失活して核分裂が再開し第二極体が放出される．

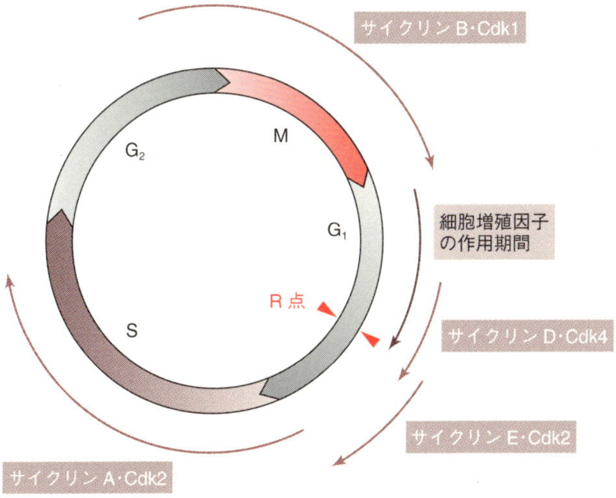

図 2・12　サイクリン・Cdk 複合体による細胞周期の制御

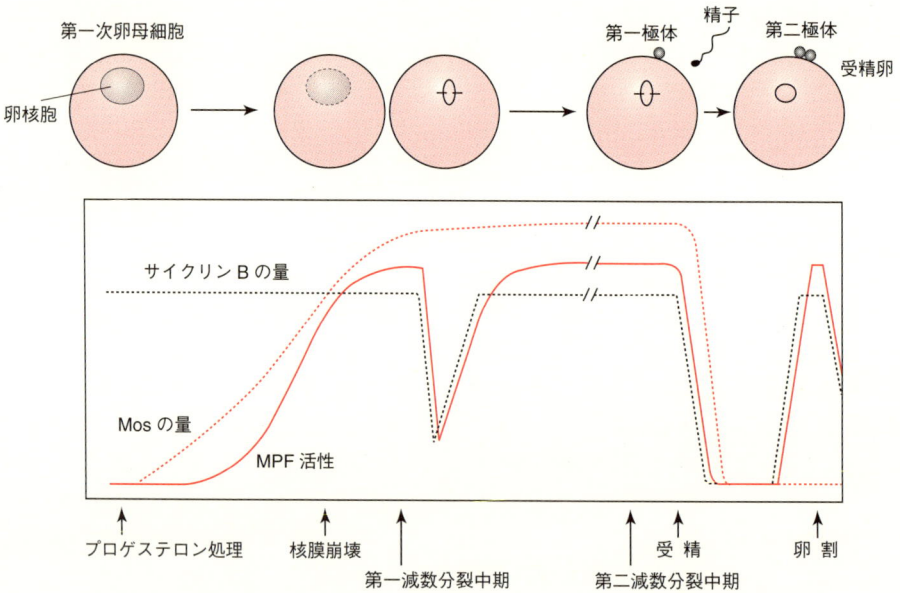

図2・13 アフリカツメガエルの卵成熟におけるMPF活性, Mosの量の変動
[佐方功幸, 蛋白質 核酸 酵素, 38(6), 992, 994(1993)の図を改変]

細胞内共生説

　大昔に, 細菌が他の細胞内に取込まれて細胞内共生を行い, のちにその共生細菌が現在のミトコンドリアや葉緑体などに進化したとする説を細胞内共生説という (図1). 長い進化の過程で起こった現象なので, それを実験的に再現することはほぼ不可能である. しかし, この説が正しければ,
1) かつて細菌であったミトコンドリアと葉緑体は細菌の特徴を残しているはずである.

また,

2) 同様な細胞内共生細菌から細胞小器官への進化が繰返し起こりうるとすれば, 細菌とオルガネラの中間段階の細胞内共生細菌が現在でも見つかるはずである.

さらに,

3) 大昔に宿主になった細胞が現在でもどこかに生存していることが期待できる.

これらの問いに対して, これまでの研究結果は, いずれも細胞内共生説に肯定的である.

　分子系統学的研究は, ミトコンドリアの起原がプロテオバクテリアのαサブグループの一種 (グラム陰性菌) で, 葉緑体の起原が真正細菌のラン藻 (シアノバクテリア) であることを示唆している. また,

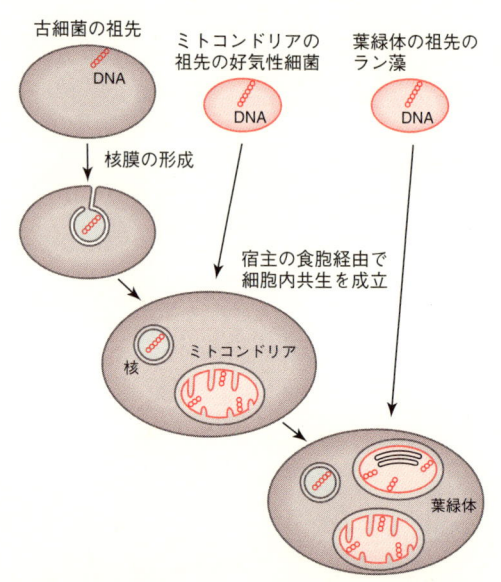

図1 細胞内共生による真核細胞の進化 古細菌の祖先細胞が細胞膜の貫入によって核膜を形成し, これに好気性細菌が細胞内共生してミトコンドリアをもつ真核細胞が誕生した. さらに, 光合成細菌のラン藻が細胞内共生して葉緑体をもつ植物細胞が誕生した. ミトコンドリアと葉緑体は, 宿主食胞膜由来の外膜と, 細菌の細胞膜由来の内膜の二重膜で包まれ, そのDNAは短縮し, コピーをもつようになる.

現在見つかっている細胞内共生細菌は，宿主には不用な単なる寄生的細菌から，宿主の生存に必須の機能をもち，自身もまた宿主外では増殖できない細菌まで，一連の適応段階の細菌が見つかっている．さらに，アメーバプロテウスの細胞内共生細菌のXバクテリアは，それが新しいアメーバに感染すると，短期間で宿主を共生細菌依存性に不可逆的に変化させる能力をもっている．独立して生活できた真核生物を細胞内共生細菌依存性に実験的に変えることができる細菌は今のところXバクテリアだけであるが，侵入者の細菌が宿主にとって必須の細胞内構造になりうることを証明している．細胞内共生細菌の多くの形態は明らかにまだ細菌であるが，ミトコンドリアや葉緑体に進化するためには，細胞壁を失ってその代わりにもう一枚の単位膜を獲得する必要がある．単細胞動物のトリパノソーマの細胞内共生細菌の細胞壁は，電子顕微鏡でも認められず，その代わりに単位膜2枚で包まれている．さらには，現在見つかっている細胞内共生細菌の多くで，ゲノムサイズの減少，GC%の減少，ゲノムコピーの存在といった細胞小器官DNAの特徴が見いだされている（表1）．

一方，1970年代に発見された古細菌は，細胞内共生説の宿主細胞の有力候補と考えられている．古細菌は，今なお原始地球を想像させる環境に生息する細菌で，真正細菌よりも真核細胞に似た特徴をもっているからである（§2・1・2参照）．しかし，ミトコンドリアや葉緑体の起原の真正細菌の最初の宿主がどの古細菌なのか，あるいは現在の古細菌のどんな祖先細胞が宿主となったのかについては，よくわかっていない．単細胞生物の中には，核はあるがミトコンドリアをもたないものが存在する．たとえば，ヒトなどに寄生する赤痢アメーバやランブル鞭毛虫，シロアリに共生するトリコニンファはミトコンドリアをもたない．しかし，これらは，ミトコンドリアの痕跡の**マイトソーム**（mitosome）や**ヒドロゲノソーム**（hydrogenosome）をもつので，元来ミトコンドリアをもっていなかったわけではなく，ミトコンドリアを失いつつある細胞である．

表1 原生動物の細胞内共生細菌と一般細菌，ウイルス，細胞小器官のゲノムの比較[†]

		GC%	ゲノムサイズ〔Da〕	ゲノムのコピー数	コードされるタンパク質数[††]
細胞内共生細菌	ヒメゾウリムシの共生細菌				
	パイ	35.6	0.81×10^9	5〜6	約1000
	ミュー	36	3.3×10^9	1	約4000
	ミュー	34.2	7.8×10^8	5〜6	約1000
	ラムダ	26	3.9×10^8	10〜20	約500
	ユープロテスの共生細菌				
	オミクロン	47.7	5.7×10^8	5〜6	約700
	パラウロネマの共生細菌				
	キセノソーム	33.9〜34.7	3.4×10^8	9	約400
	トリパノソーマの共生細菌				
	ディプロソーム	35.7	6.72×10^8	10	約8000
一般細菌・ウイルス	大腸菌	51.0	2.5×10^9	1	約3000
	マイコプラズマ ホミニス	32.0	8.4×10^8	1	約1000
	バクテリオファージ T4	34.0	1.7×10^8	1	約200
細胞小器官	ミトコンドリア				
	酵母菌（二倍体）	18	23×10^6	2〜50	約30
	ヒト（HeLa）	—	10×10^6	10	約12
	マウス（L細胞）	—	—	5〜10	—
	ゾウリムシ	40	35×10^6	8〜10	約40
	葉緑体				
	クラミドモナス（二倍体）	73	12×10^7	80	約150
	トウモロコシ	38	—	20〜40	—

[†] 藤島政博，遺伝，**41**(12)，51(1987)を改変．
[††] 平均的なタンパク質（分子量 45,000）が約 8.2×10^5 Da の塩基配列でコードされると仮定したときにコードされるタンパク質の数．

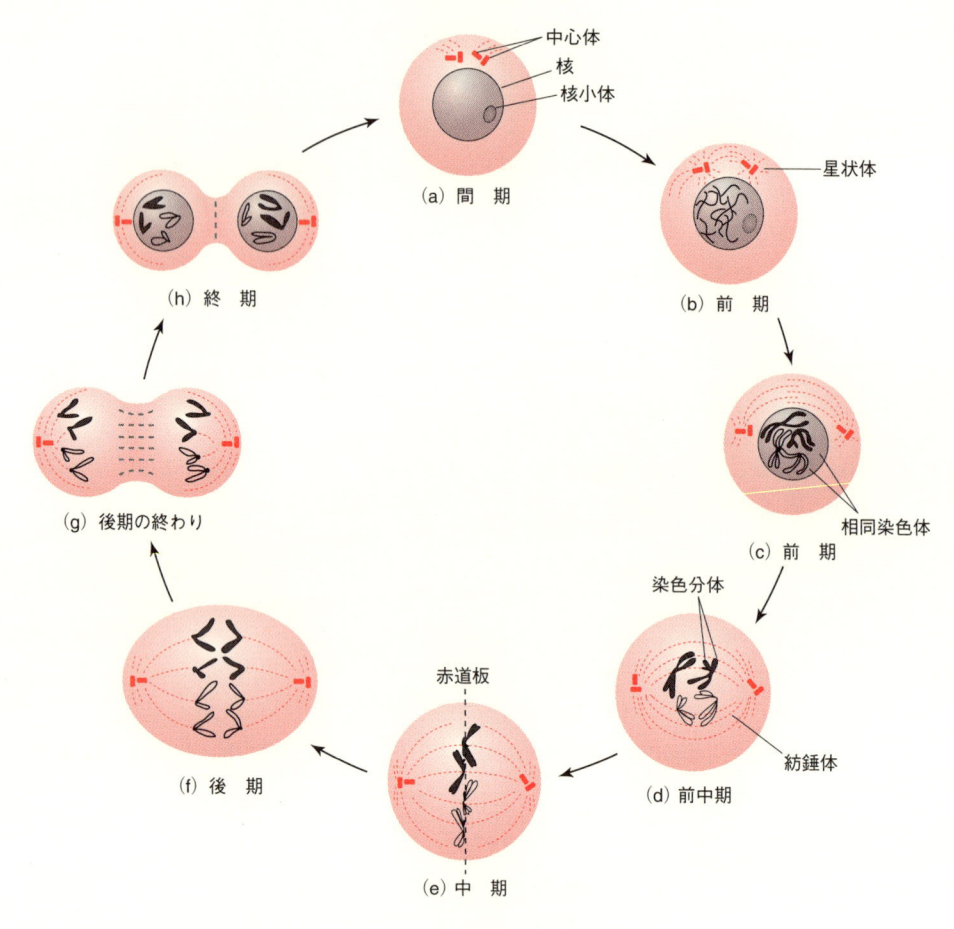

図2·14 体細胞分裂周期

2·3·2 体細胞分裂

体細胞分裂の細胞周期は，**間期，前期，中期，後期，終期**に分けることができる（図2·14）．M期の前期では，クロマチンの凝縮が起こり**染色糸**が見えるようになる．また，**中心体**の複製と両極への移動，核小体の退化，核膜の崩壊が起こる．中心体の周りには，微小管が放射状に形成され，**星状体**が形成される．星状体微小管は，中心体と直接接触しているのではなく，その周りの電子密度の高い領域から伸びている．この領域の構成成分はわかっていないが，**微小管形成中心**（microtubule organizing center, **MTOC**）とよばれている．

前中期では，中心体間を結ぶ**極微小管**と，中心体と各染色体の**動原体**（セントロメア）を結ぶ**動原体微小管**から成る**紡錘体**が形成される．紡錘体の微小管の束を**紡錘糸**とよぶ．前期の各染色体は**染色分体**2本から成り，動原体部分で結合している．各染色分体の動原体微小管は，それぞれ反対方向の中心体に伸びている．前中期になると，各染色体は**赤道板**に移動を始め，中期で赤道板に並ぶようになる．後期では，各染色体の染色分体は，動原体を先頭にして引っ張られるような形で両極に移動を開始する．その後，両極の星状体が互いの距離を増し，赤道板近くの細胞膜がくびれ始める．このくびれは，細胞骨格のミクロフィラメントから成る**収縮環**によってできる．核が間期の形態に戻った時期を終期とよぶ．

コルヒチン，コルセミド，ノコダゾールなどの微小管形成阻害剤はチューブリン二量体に結合して重合を阻害する．そのため微小管の形成が阻害され，核分裂ができなくなるので染色体数が倍加した細胞が生じる．

2・3・3 減 数 分 裂

卵や精子，胞子，花粉などの**配偶子形成**のときに行われる分裂を**減数分裂**という．この分裂を行うと，染色体数が半減した配偶子細胞（**配偶子**）が生じるが，染色体数は，受精によって倍加して元の数に戻る．受精卵や体細胞が1対の**相同染色体**をもつのは，そのおのおのが両親の配偶子に由来するからである．このように，減数分裂は，生物種固有の染色体数を有性生殖後も一定に保つために必須の分裂である．さらに，減数分裂によって，さまざまな染色体組合わせの配偶子細胞ができる．単細胞動物の中には，細胞質分裂を伴わない核分裂のみの減数分裂を行うものが知られているが，この場合は，4個の配偶核の1個だけが受精核形成に関与し，残り3個は退化する．

減数分裂過程での染色体の行動を，体細胞分裂の場合と比較して図2・15に示した．減数分裂は，体細

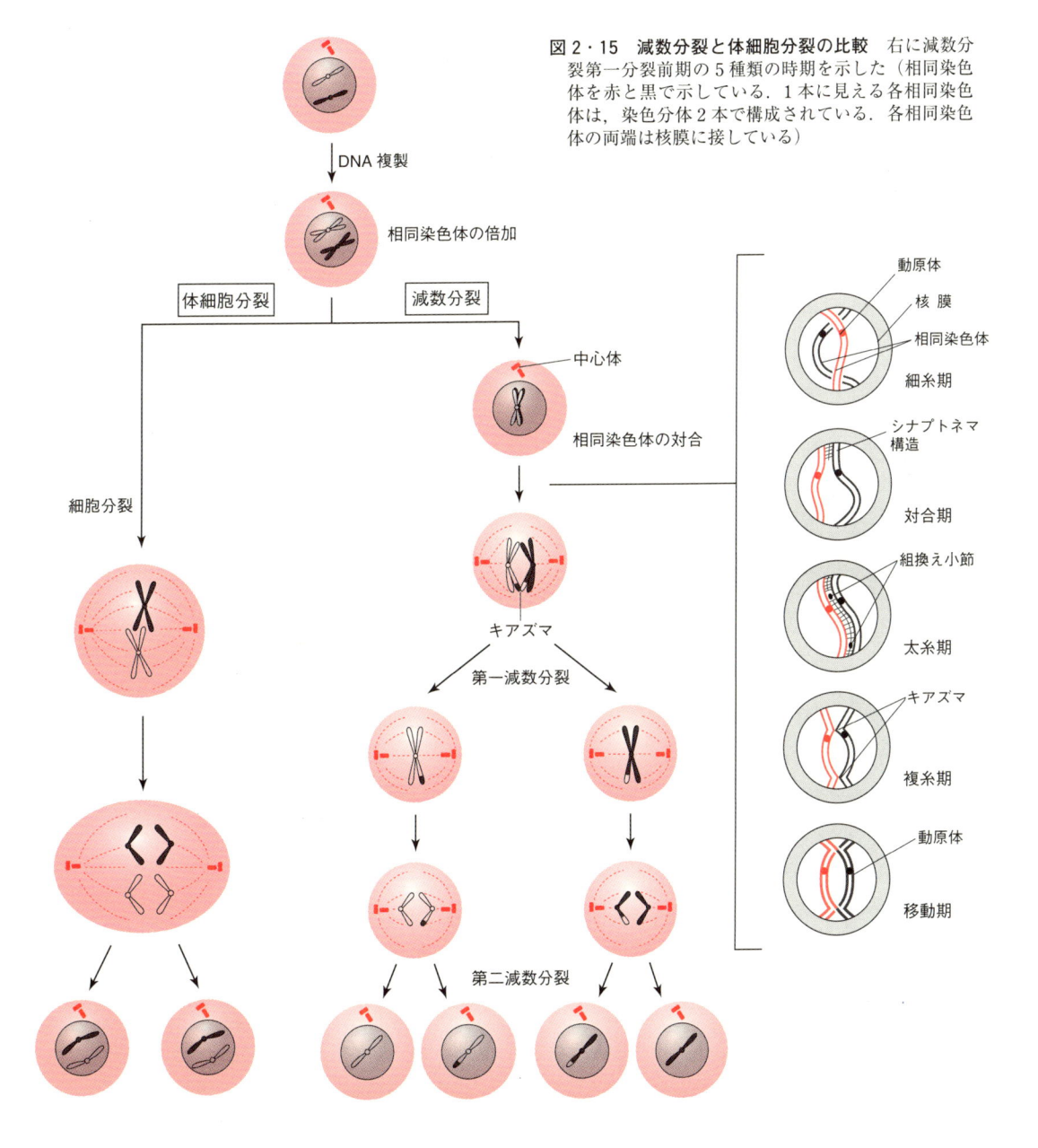

図2・15 減数分裂と体細胞分裂の比較 右に減数分裂第一分裂前期の5種類の時期を示した（相同染色体を赤と黒で示している．1本に見える各相同染色体は，染色分体2本で構成されている．各相同染色体の両端は核膜に接している）

分裂と下記の点で異なっている．

1) **減数分裂前 S 期**は，一般に体細胞分裂の S 期より長い．また，ユリの花粉母細胞では，減数分裂前 S 期で約 0.3％の DNA（**対合期 DNA**）が複製されずに残され，対合期に対合とともに複製される．

2) 減数分裂では，第一分裂と第二分裂が続けて起こるので，終期はなく，また 2 回目の分裂の前には DNA の複製が行われない．その結果，第二分裂終了後は染色体数が半減した配偶子細胞が 4 個できる．

3) 減数分裂の第一分裂前期は，**細糸期，対合期，太糸期，複糸期，移動期**に分けることができる（図 2・15）．前期の時間は体細胞分裂のそれより長い．対合期には，電子顕微鏡的構造の**シナプトネマ構造**が対合した相同染色体間に形成される（図 2・16）．

4) 複糸期では，対合した染色体が一部（**キアズマ**）を残して部分的に離れる．キアズマは相同染色体の染色分体間で乗換えが生じた部位に当たる．体細胞分裂では，キアズマは生じない．

5) 減数分裂の第一分裂では，染色体の 2 本の染色分体の動原体微小管は同じ方向の極とつながっているが，その相同染色体の動原体微小管は反対の極とつながっている．したがって，第一分裂後期では，相同染色体間で分離する．

6) たとえば，3 種類の相同染色体をもつ $2n=6$ の細胞が減数分裂を行うと，2^3 通りの染色体組合わせの配偶子ができる．同様に，ヒトは，$2n=46$ なので，2^{23} 通り（約 840 万通り）もの種類の配偶子ができることになり，子孫の遺伝子型の多様性を増やせる．精子と卵 840 万通りの染色体の組合わせパターンの精子と卵が受精すると，受精卵が受取る染色体のパターンは 840 万の 2 乗（約 70 兆）パターンとなり，これは地球上の総人口 60 億人の 1 万倍以上である．しかも，乗換えが起これば，配偶子の遺伝子型の多様性はさらに増加する．体細胞分裂では，染色体組合わせの異なる娘細胞は生じない．また，体細胞乗換えは低頻度でしか生じない．遺伝子型の多様性は，さまざまな環境に適応できる子孫を生じる可能性を増大させるので種の存続に有利な現象である．

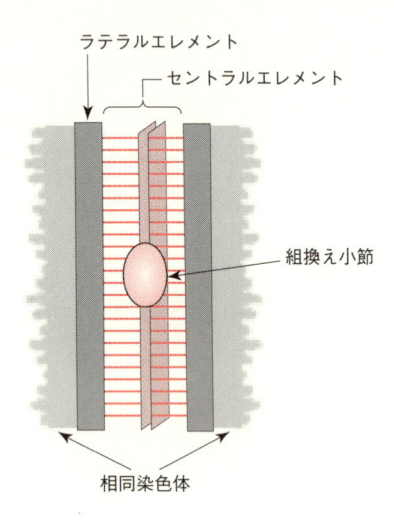

図 2・16 シナプトネマ構造 相同染色体の対合部に，電子顕微鏡的構造のシナプトネマ構造が形成される．この構造は，減数分裂前期の対合期に形成され，太糸期で相同染色体の全長にわたって形成される．ラテラルエレメントとセントラルエレメントから成り，それぞれのラテラルエレメントには染色分体 2 本から成る相同染色体が付着している．セントラルエレメントのところどころには，組換え小節とよばれる顆粒が存在し，ここで染色体交差が行われる．

太糸期では，相同染色体の全長が対合を完了するので，見かけ上，染色体数が半減したようにみえる．

各相同染色体は 2 本の染色分体で構成されているので，太糸期では 4 本の染色分体が分離せずに一つとして行動することになる．これを**二価染色体**という．

2・4 細胞骨格

細胞固有の形態の維持や変化，核膜の形態維持，鞭毛や繊毛の運動，核分裂や細胞質分裂，筋収縮，原形質流動，細胞内顆粒の輸送などには，**細胞骨格**とよばれるタンパク質繊維が重要な役割を演じている．細胞骨格は，**微小管，ミクロフィラメント（アクチンフィラメント），中間径フィラメント**の 3 種類に分類される．

2・4・1 微小管

微小管は，外径 25 nm，内径 14 nm の中空のまっすぐな管である．この管は，**チューブリン α と β**（各分子量は約 50,000）の二量体が縦に連なったプロトフィラメントが 13 本横に並んで 1 本の管をつくったもので，内径は約 14 nm ある．微小管の両末端は性

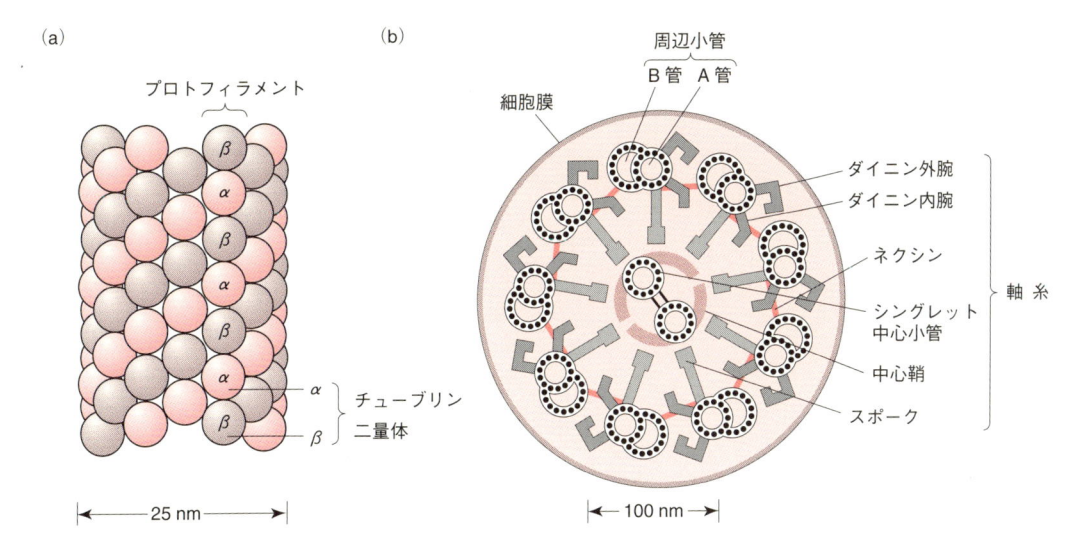

図 2・17 微小管と繊毛の軸糸の構造 (a) シングレット微小管. チューブリン α と β の二量体が重合した管. 微小管は，13 本のプロトフィラメントが管をつくっている. (b) 繊毛の断面図. 細胞膜の内側には，9 本のダブレット微小管，2 本のシングレット微小管，ダイニンを含む微小管結合タンパク質から成る軸糸（アクソネーム）がある〔B. Alberts, et al., "Molecular Biology of the Cell", 4th Ed., p. 915, 966, Garland Publishing, Inc.(2002) の Fig. 16-6, 16-77 を改変〕

質が異なり，チューブリンの重合の起こりやすい方を＋端，起こりにくい方を－端とよぶ．チューブリンはαとβの二量体の形で細胞質中に存在している．微小管には，3 種類の存在様式がある．**シングレット微小管**は，細胞質中の大部分の微小管で，紡錘体の微小管もこれである．**ダブレット微小管**は，繊毛や鞭毛の中の軸糸（アクソネーム）（図 2・17）の周辺小管でみられ，13 本のプロトフィラメントから成る A 管と 11 本のプロトフィラメントの B 管から成る．**トリプレット微小管**は，核分裂のときに星状体の中心となる**中心体**や，鞭毛や繊毛の**基底小体**がこれである．A 管と B 管に，11 本のプロトフィラメントの C 管がついた構造をしている．鞭毛藻類のクラミドモナスの基底小体は，細胞分裂時には核の近くに移動して中心小体になるので，これら 2 種類の構造は，形態の類似性だけでなく，機能面でも代行できることがわかる．シングレット微小管は，低温や高濃度のカルシウムで脱重合する性質をもっている．

2・4・2 ミクロフィラメント（アクチンフィラメント）

a. 構造と性質 直径 6 nm の繊維をミクロフィラメントとよぶ．この繊維は，分子量 42,000 Da の楕円体のサブユニットの **G アクチン**がらせん状に一列に重合したもので，このため，アクチンフィラメントまたは **F アクチン**ともよばれる．重合には，ATP とカルシウムが必要で，ミクロフィラメントの両末端には微小管と同様に＋端と－端がある．アクチンは，真核生物に広く分布し，細胞内で最も量が多いタンパク質である．その一次構造は，種間で相同性が高く，ウサギと粘菌でも 375 アミノ酸残基のうち，たった 17 残基しか違わない．アクチンは，繊毛運動と鞭毛運動を除くほとんどの筋運動と非筋運動に関与している．また，運動には関与しないが，ヒトの小腸上皮細胞の微絨毛や赤血球膜では支持構造としての機能を果たしている．

サイトカラシンは，ミクロフィラメントの＋端に結合して重合を阻害する試薬である．また，**ファロイジン**は，G アクチンには結合しないが，F アクチンには結合する．ファロイジンに蛍光色素を結合させるとミクロフィラメントの細胞内での存在場所を蛍光顕微鏡で観察できる．

b. 筋収縮 骨格筋の横紋筋は，細長い多核細胞（**筋繊維**）から成り，細胞質には**筋原繊維**とよばれる直径約 1 μm の繊維が細胞の長軸方向に走っている．筋原繊維には，**サルコメア**とよばれる収縮の単位が繊

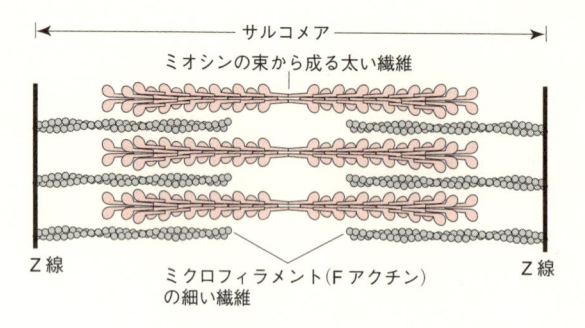

図2・18 横紋筋の構造 説明は本文参照.

維の長軸方向に繰返し配列している（図2・18）．サルコメアには，細い繊維のミクロフィラメントと，太い繊維の**ミオシン**の束が存在する．ミオシンは，ミクロフィラメント結合性タンパク質の一種で，H鎖とL鎖2分子ずつから成り，2個の頭部と尾部をもつ形態をしている．頭部にはATPアーゼ活性がある．ミオシンは，横紋筋の中では図2・18のような束になっていて，筋収縮はサルコメアの**Z線**間が縮まることによって生じる．この収縮は太いフィラメントと細いフィラメント間が滑ることによって起こる(**滑り説**)．図2・19に示したように，ミオシン頭部はATPを分解してADPとリン酸にする．すると，頭部の構造が変化して，ミクロフィラメントと結合し，さらに頭部と尾部の境目を曲げて，細いフィラメントを滑らせる．ADPが頭部から外れると，頭部の構造が元に戻り，細いフィラメントとの親和性が減少して離れる．これを繰返すことによって，Z線間が短縮して筋収縮が起こると考えられている．横紋筋はATPの化学エネルギーを効率良く機械エネルギーへと変換する装置である．

2・4・3 中間径フィラメント

微小管とミクロフィラメントの中間の直径（8〜10 nm）の繊維が**中間径フィラメント**である．微小管や

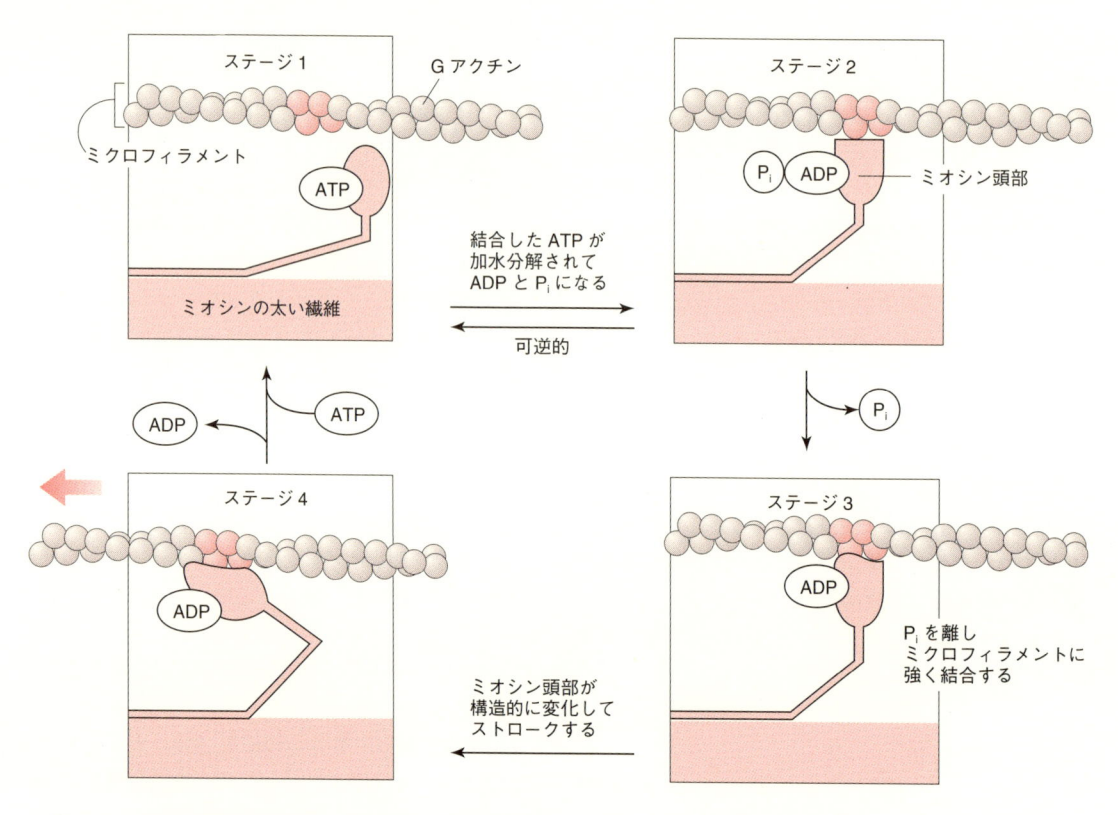

図2・19 筋収縮におけるミオシンの役割 説明は本文参照 [B. Alberts, *et al.*, "Molecular Biology of the Cell", 2nd Ed., p. 621, Garland Publishing, Inc.(1989)のFig. 11-16を改変]

2・4 細胞骨格

表 2・5 中間径フィラメントの特徴

中間径フィラメントのタイプ	サブユニット	分子量 (Da)	細胞内の存在場所
核ラミン中間径フィラメント	ラミン A, B, C	40,000〜70,000	核膜（内膜）の裏
ビメンチン様中間径フィラメント	ビメンチン	54,000	間充織由来の細胞
	デスミン	53,000	筋細胞
	神経膠酸性タンパク質	50,000	神経膠細胞（シュワン細胞, 星状膠細胞）
	ペリフェリン	66,000	神経細胞
上皮細胞中間径フィラメント	タイプIケラチン（酸性）	65,000〜75,000	上皮細胞とその由来物（毛髪, 爪など）
	タイプIIケラチン（塩基性）	40,000〜70,000	
軸索中間径フィラメント	神経繊維タンパク質 (NF-L, NF-M, NF-H)	60,000〜130,000	ニューロン

ミクロフィラメントのサブユニットの形態が球状であるのに比べて，中間径フィラメントのそれは繊維状である．中間径フィラメントは，そのアミノ酸配列の一次構造の違いから4種のタイプに分類されている（表2・5）．中間径フィラメントは，細胞や細胞小器官への力学的圧力に抵抗する機能を果たしている．たとえばラミンは核膜の形態を維持し，ケラチンは高等動物の上皮細胞に豊富に存在して張力に抵抗し，たとえ上皮細胞が死んでも，角化表皮，毛髪，爪の主要構成成分として身体保護の機能を果たしている．

3 代謝とエネルギー

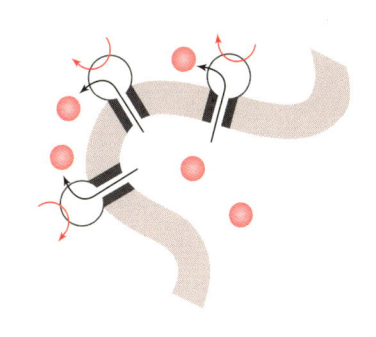

われわれは，日々を生きていくために多量のエネルギーを必要としている．"腹が減っては戦はできぬ"とは誰もがうなずけることであろう．エネルギーの補給の必要から，われわれは毎日他の動物や植物を食料として摂取している．体の中に取込まれた食料は分解されエネルギーに変えられる．エネルギーのみならず，われわれの体を構成している多くの生体成分に再構築されもする．エネルギーや生体成分の生成は，細胞内の物質代謝によって行われる．

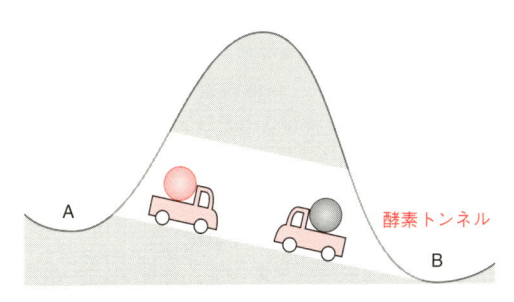

図 3・1 酵素の触媒作用 酵素があると A⇌B の反応に必要なエネルギーが少なくてもよくなり，反応が速く進行する．たとえば，A 地点から B 地点に物を運ぶとき，トンネルがあればないときに比べてはるかに速く運べるようになる．酵素は反応におけるトンネルの役割を果たす．

3・1 酵　　素

3・1・1 酵素の役割

代謝とは，生体内の化学反応によって，ある物質がさまざまな形に変化することである．代謝の過程は，多くの生物に共通している．一般に，物質を分解する反応では化学エネルギーが発生し，物質を合成する反応ではエネルギーが吸収される．細胞内では，物質の分解，合成が絶え間なく起こっており，それらの反応は**酵素**とよばれる触媒の作用により進行している．触媒とは，自分自身は変化せずに化学反応が進行するのを助ける物質であり，酵素は**生体触媒**といえる．触媒は反応物質よりもはるかに低い濃度で反応速度を増大させるが，反応の平衡を動かすことはない．すなわち，A⇌B のような化学反応では，平衡状態での A，B の濃度は決まっており，酵素の存在の有無には関係しない．しかし，酵素がなければ平衡に達するのに莫大な時間がかかる場合でも酵素があれば数秒以内で十分なことが多い（図 3・1）．

3・1・2 酵素の性質

酵素はタンパク質からできている．タンパク質のみだけでなく，金属イオンなどを含むものもある．タンパク質は単一のポリペプチドから成るものもあれば，複数のポリペプチドから成るものもある．後者の場合，それぞれのポリペプチドを酵素タンパク質の**サブユニット**という．

一般に化学反応は温度が高いほど反応が速くなる．しかし生体内での反応には，速度が最大になる温度があり，これを酵素反応の**最適温度**という．高等生物ではふつう 30〜40 ℃である．これは酵素がタンパク質

であるためにあまり高温になると変性し、その機能を失ってしまうからである（図3・2）. また、酵素には反応に最適なpH（最適pH）があり、ある範囲のpHで最大の活性を示す. ふつうはpH 5〜8のある特定の値をとる（図3・3）.

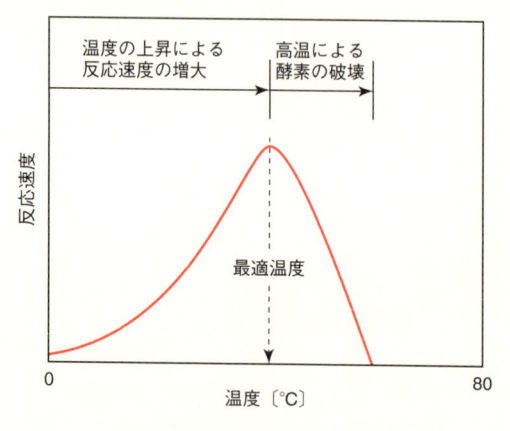

図3・2 酵素反応の速度に与える温度の影響

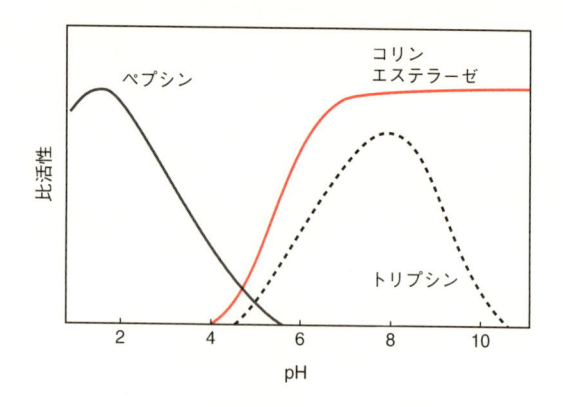

図3・3 酵素活性に与えるpHの影響

酵素反応において、酵素と結びついて反応する物質を**基質**という. 酵素は特定の基質に対してのみ働く. これを酵素の**基質特異性**といい、酵素の重要な性質である. 特異性が厳格な場合は、その酵素に触媒される基質はただ1種類であり、生成物も1種類となる. 重要な代謝経路にかかわる酵素は、ほとんどこれに当てはまる.

酵素が相手となる基質を見分けるのは、その基質の立体構造を認識できるからである. たとえば、アミノトランスフェラーゼはL-アミノ酸のみを基質とし、D-アミノ酸は基質とならない. L-アミノ酸とD-アミ

ノ酸は、沸点や融点、溶解度など化学的性質は同じであり、違っているのはその立体構造のみである. 酵素はこれを見分けることができる（図3・4）.

酵素分子全体の中で、反応活性を示すのはある限られた領域で、これを酵素の**活性部位**という. 活性部位には二つの役割がある. 一つは、特定の基質を見分けて結合する役割であり、もう一つは結合した基質の化学反応を触媒する役割である.

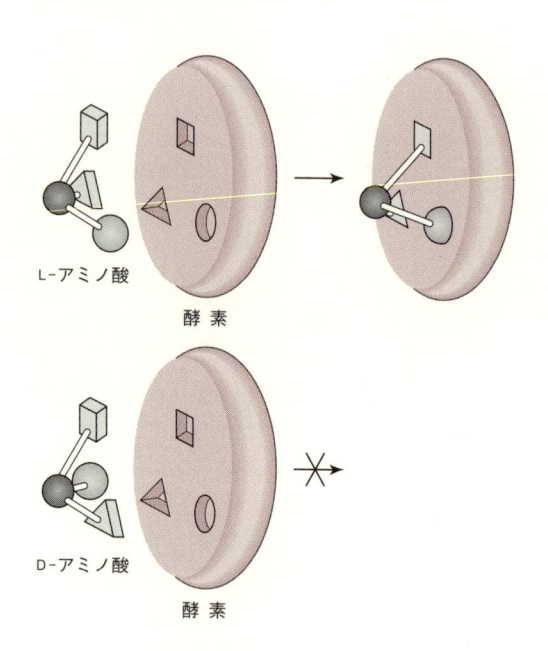

図3・4 酵素の基質特異性 酵素はL-アミノ酸とD-アミノ酸の立体構造の違いを見分けて結合するような反応部位の構造をもっており、L-アミノ酸としか結合しない.

3・1・3 酵素の反応速度

酵素が触媒する反応では、基質の濃度[S]によって反応速度vが変化する. 酵素濃度が一定の場合, vと[S]の関係を示すグラフは直角双曲線に似た曲線になる. これを説明するのが**ミカエリス・メンテンの式**である.

$$v = \frac{V_{max}[S]}{K_m + [S]}$$

酵素の反応速度は、反応の最大速度V_{max}と基質濃度[S]の積を、ミカエリス定数K_mと基質濃度[S]との和で割ったものとして表すことができる. ミカエリス定数K_mは最大反応速度の1/2の速度を与える基質の濃度と考えてよく、それぞれの酵素反応に固有の定数である.

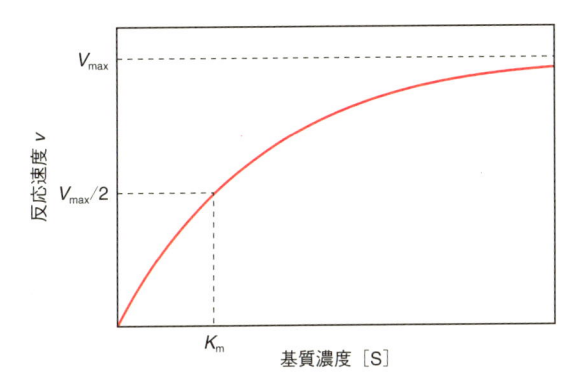

この式で，基質濃度［S］がK_mに比較して非常に小さいときは，K_mに対して［S］を無視できるので，$K_m+[S] \fallingdotseq K_m$となり，$v = V_{max}[S]/K_m$となる．すなわち$v$は［S］に比例する．［S］が非常に大きくなると$K_m$を事実上無視できるので，$K_m+[S] \fallingdotseq [S]$となり，$v = V_{max}$となる．すなわち基質濃度にかかわらず，$v$は一定の最大値をとる（図3・5）．

図3・5 基質濃度と酵素反応速度の関係

3・1・4 酵素活性の調節

酵素の活性はいろいろな物質により阻害されたり，促進されたりする．酵素と結びついてその活性を阻害する物質を**阻害剤**という．阻害剤には酵素と一度結びついたら離れないもの（**不可逆阻害**）と，結びついたり離れたりするもの（**可逆阻害**）がある．

阻害剤が基質と競合して酵素の活性部位に結合し，基質が酵素に結合するのを妨げ，反応を阻害する場合を**競合阻害**という．この場合，基質濃度が阻害剤より高いときには基質は阻害剤を押しのけて酵素と結合するので，阻害剤が存在しても最大速度まで達する（図3・6）．

阻害剤が活性部位以外の場所で酵素と結合し，酵素の反応活性を抑える場合を**非競合阻害**という．阻害剤は基質とは関係なく酵素と結合するので，基質の濃度を増しても阻害の程度に影響はなく，阻害剤がない場合と同じ最大速度には到達しない（図3・7）．

ある種類の酵素では，基質あるいは基質とは異なる物質が結合することにより，その立体構造が変化し，結果的に酵素と基質との結合の仕方に変化が生じる場合がある．この場合反応速度は速くなったり，遅くなったりする．このような効果を**アロステリック効果**という．基質自身の濃度により酵素と基質の結合しや

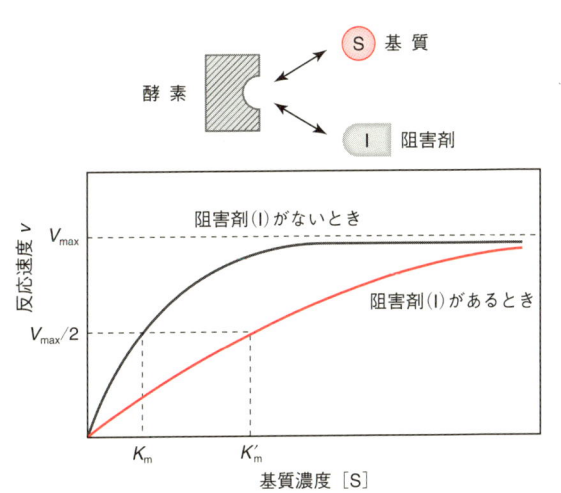

図3・6 競合阻害剤（I）があるときの基質濃度と酵素反応速度の関係 K_mは変わるが，V_{max}は変化しない．

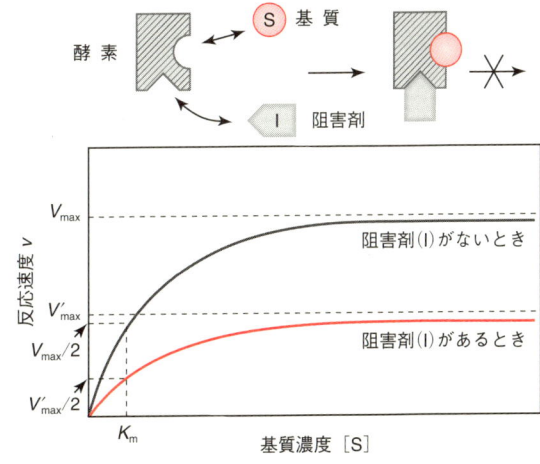

図3・7 非競合阻害剤（I）があるときの，基質濃度と酵素反応速度の関係 K_mは変化しないが，V_{max}が小さくなる．

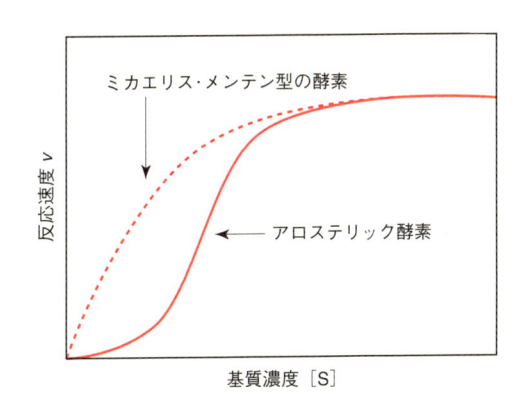

図3・8 アロステリック酵素の基質濃度と反応速度の関係

すさに変化が起こる場合，酵素はある基質濃度までほとんど活性を示さないが，ある濃度を超えると急激に反応速度が増大する（図3・8）．アロステリック効果を示す酵素を**アロステリック酵素**という．

3・2 反応エネルギーとATP

生物が生命活動を行うために必要な食物や光のエネルギーは，いったんアデノシン三リン酸（ATP）に蓄えられ，必要に応じて取出される．ATPは"エネルギーの通貨"ともよばれている．

3・2・1 反応の自由エネルギー変化

化学反応で物質Aが物質Bに変化するとき，そこでは必ずエネルギーの発生あるいは吸収が起こっている．これは，物質Aがもっているエネルギーと，物質Bのもっているエネルギーとの間に差があることを示している（図3・9）．このエネルギーの差を自由エネルギーの差（ΔG）という．すなわちA⇌Bの反応において

$$\Delta G = G_B - G_A \quad \begin{pmatrix} G_A > G_B \text{ ならば } \Delta G \text{ は負} \\ G_B > G_A \text{ ならば } \Delta G \text{ は正} \end{pmatrix}$$

となる．ΔG が負ということはAからBを生成する反応によって自由エネルギーが減少することを意味する．自然に起こる反応は，すべて ΔG が負である．一方，ΔG が正の場合，何らかの方法で外からエネルギーを与えないとAがBに変化することはない．このときエネルギーの供給源として利用されるのがATPである．

3・2・2 ATP

ATP（adenosine triphosphate）は，図3・10に示すような構造をもっている．アデニン，D-リボース，三つのリン酸から成るヌクレオチドであるATPからリン酸基が一つ外れたのが**ADP**，二つ外れたのが**AMP**である．

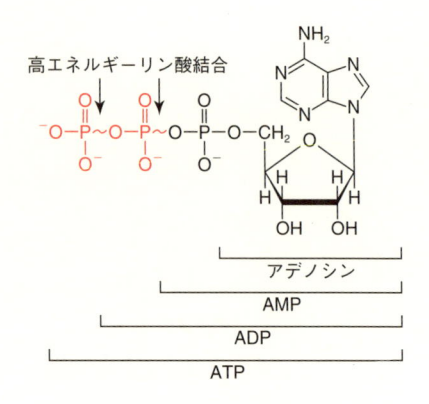

図3・10 アデノシン三リン酸（ATP）と高エネルギーリン酸結合

3・2・3 ATPの加水分解

ATPのリン酸基どうしの結合は，**高エネルギーリン酸結合**とよばれ，しばしば図3・10にみられるように波型で示される．この結合が加水分解されるとき，大きな自由エネルギー変化が起こる．末端のリン酸基が加水分解反応によって外れ，ATPがADPと無機リン酸（H_3PO_4）になるとき，ATP 1 mol 当たり 7.3 kcal のエネルギーが発生する．

$$ATP + H_2O \longrightarrow ADP + H_3PO_4$$

また，末端から2番目のリン酸結合が加水分解されてAMPとピロリン酸（$H_4P_2O_7$）になるとき，ATP 1 mol 当たり 10.0 kcal のエネルギーが発生する．

$$ATP + H_2O \longrightarrow AMP + H_4P_2O_7$$

ATPの分解反応における自由エネルギー変化（ΔG）は負である．したがって，ATPはたやすくADPやAMPとなってエネルギーを放出できる．放出されたエネルギーを利用して，生物は，より自由エネルギーのレベルの高い物質を合成できるのである．

高エネルギーリン酸結合をつくるには，多量のエネルギーの供給が必要である．そのエネルギーを，動物

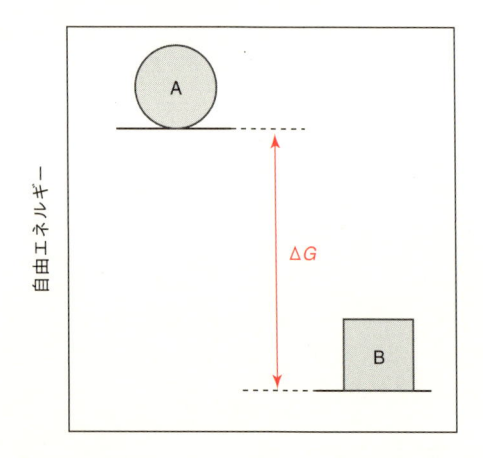

図3・9 自由エネルギーの変化 物質Aが物質Bに変化するときは自由エネルギーの放出が，BがAに変化するときは自由エネルギーの吸収が起こる．

は呼吸により，植物はおもに光合成によって得ている．今日みられる呼吸系や光合成光化学系は，より効率良くATPを生産するために進化してきた代謝系である．

3・3 光 合 成

光合成とは，広い意味では，光のエネルギーを利用して生体の有機物を合成することである．植物のように，光のエネルギーに依存して生活している生物においては，生合成反応はすべて光合成ということになる．しかし，ふつうは二酸化炭素（CO_2）の光エネルギーによる固定と炭水化物の生成を光合成とよんでいる．植物による光合成は，現在に至るまで多量の有機物をもたらし，その有機物に依存してわれわれ人類を含むすべての動物が生存している．光合成は地球上の生物にとって最も基本的な反応といえる．

光合成反応をまとめるとつぎのようになる．

$$6\,CO_2 + 12\,H_2O \xrightarrow{\text{光のエネルギー}} C_6H_{12}O_6 + 6\,H_2O + 6\,O_2$$

この反応で大事なことは，二酸化炭素が固定されてグルコースができるだけでなく，同時に酸素が発生することである．地球上の酸素の大部分は，太古の時代から光合成によってつくられ，蓄積されたものである．動物は植物の生成した有機物のみでなく酸素にも依存して生きている．

3・3・1 葉緑体：光合成の場

高等植物では，光合成は緑色の葉で行われている．葉の組織をさらに詳しく調べると，光合成は葉の細胞に含まれる**葉緑体**（クロロプラスト）という細胞小器官で行われていることがわかる．葉緑体は，通常長径が4〜6 μm，短径が2〜3 μmの楕円体をしている（図3・11）．光学顕微鏡で見ると，キラキラと輝いたとても美しい顆粒である．

葉緑体は内外二層の膜に包まれており，その中には**チラコイド**という扁平な袋が重なり合った，**ラメラ**（層状）構造をもつ．特に密に重なっているラメラ構造の部分を**グラナ**とよんでいる．チラコイドの膜には光のエネルギーを吸収し，それを還元力やATPなどに変換する機構である**光化学反応系**が埋込まれている．葉緑体の中で，チラコイド以外の部分を**ストロマ**といい，ここには二酸化炭素を固定し炭水化物を合成する多くの酵素が存在している．

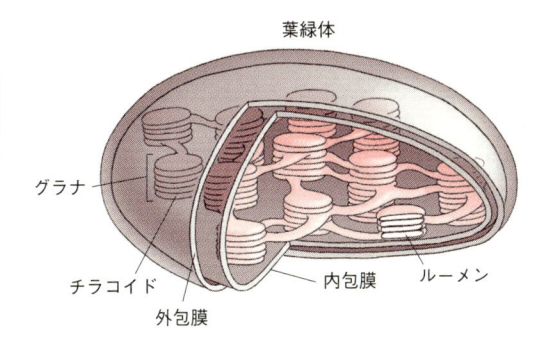

図3・11 葉緑体の模式図 ［M. Cain, "Discover Biology", 2th, Sinauer Associates (2002) の図8・3より改変］

3・3・2 光エネルギーの補捉と水の分解

光は**光子**（フォトン）としての粒子の性質と電磁波としての波の性質を合わせもつと考えられる．光子のエネルギーは波長に反比例するため，短波長の光の方が長波長の光よりエネルギーが大きい．つまり，紫や青い光の方が赤い光よりエネルギーは大きい．夏，紫外線による日焼けは，紫よりさらに波長の短い光のエネルギーの強さを示している．光合成は，紫外線と長波長の赤外線との間の可視光線を利用して行われる．波長の範囲はおよそ400 nmから700 nmである．

植物は光を**クロロフィル**という色素によって吸収し，化学エネルギーに変換している．クロロフィルは図3・12に示すように，ポルフィリン環を骨格とし，

R: CH_3（クロロフィル a）
CHO（クロロフィル b）

R': $CH_2CH=C-CH_2CH_2CH\text{―}_3CH_3$ （CH_3 CH_3）

図3・12 クロロフィルの構造

マグネシウムをその中心にもつ．さらにフィトールという長鎖の炭化水素を結合している．このクロロフィル分子に光が当たると赤色と青色の部分が吸収される（図3・13）．植物の葉が緑色をしているのは，吸収され残った可視光の波長がちょうど緑色の部分に相当するためである．

光のエネルギーを吸収したクロロフィル a 分子中の電子は励起され，分子の外に飛出し，すぐそばにあるQとよばれる物質に渡される．その結果クロロフィル分子は電子不足の状態となり，電子を吸込む強い力が生じる．この力によって水の分子が分解され，電子が引抜かれる．

$$H_2O \longrightarrow 2H^+ + 2e^- + \frac{1}{2}O_2$$

クロロフィル a は**光化学系Ⅱタンパク質複合体**という，大きなタンパク質集団の中に包み込まれている．それぞれのタンパク質は，光のエネルギーをクロロフィル a に渡したり，水を分解してクロロフィル a に電子を供給する役割を分担している．

光のエネルギーを吸収するクロロフィル a とタンパク質の複合体は，光化学系Ⅱのほかにもう一つある．これは**光化学系Ⅰタンパク質複合体**とよばれ，ここで発生した電子はフェレドキシンという物質を介して $NADP^+$ に渡され，NADPH が生成される．NADPH（図3・44参照）は二酸化炭素を固定する際の還元力として使われる．

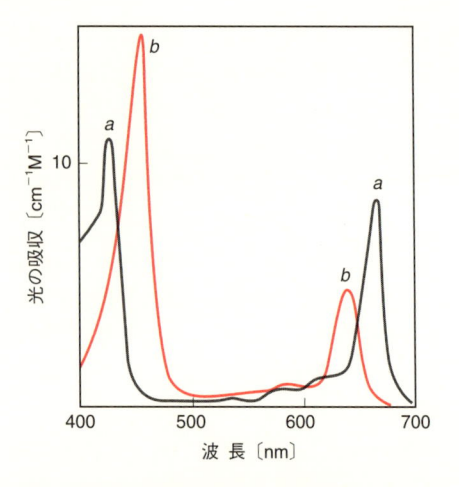

図3・13 クロロフィル a, b の吸収スペクトル

3・3・3 葉緑体の電子伝達系とATP合成

葉緑体のチラコイド膜には，光化学系Ⅱや光化学系Ⅰのほかにも多くのタンパク質が存在し，水の分解によって生じた電子を $NADP^+$ に渡すまでの一連の電子の流れを支えている．これを**電子伝達系**という．

光化学系Ⅱで発生した電子は，プラストキノンを経てシトクロム b/f 複合体に渡される．このタンパク質の中を電子が移動するときに，プロトン（H^+）がチラコイド膜の外側（ストロマ）から内側（ルーメン）に運ばれる．電子はさらにプラストシアニンを経て光化学系Ⅰに渡り，光のエネルギーによって再び励起さ

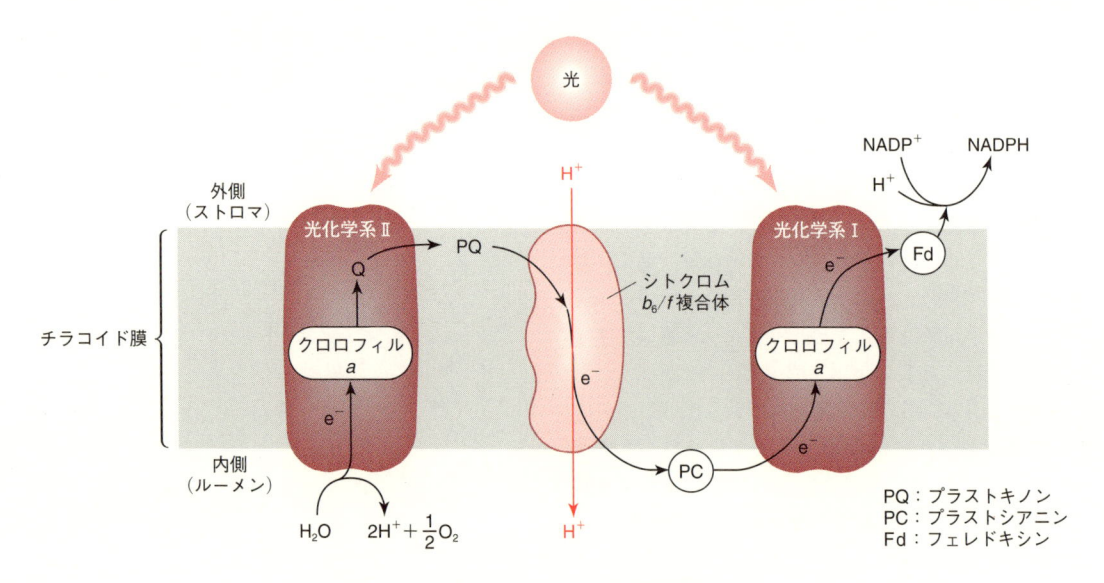

図3・14 光化学反応における非循環的電子の流れ

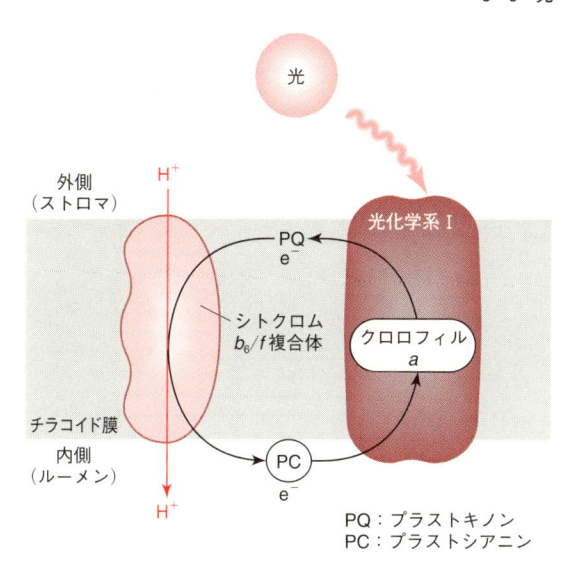

図3·15 光化学反応における循環的電子の流れ

PQ：プラストキノン
PC：プラストシアニン

を通す管の役割をもつタンパク質の複合体（CF_0CF_1）があり，ちょうどダムによってせき止められていた水が，ダムにあけられた放水管から勢いよく流れ出るように，H^+ はこのタンパク質の中を通って膜の外側（ストロマ）に出る．このとき ADP から ATP が合成される（図3·16）．これが光リン酸化反応である．

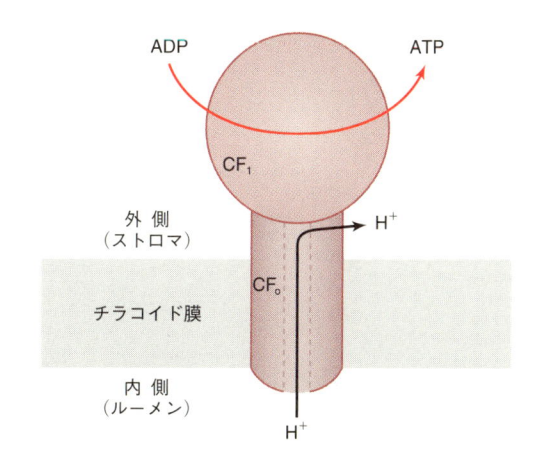

図3·16 チラコイド膜における ATP の合成

れ，フェレドキシンを経て最終的な受容物質である $NADP^+$ に渡される（図3·14）．

水から出発して，光化学系Ⅱ，Ⅰを通り，$NADP^+$ に達する電子の流れを**非循環的電子の流れ**という．一方，光化学系Ⅰから再びプラストキノンに電子が渡り，光化学系Ⅰのみを利用した電子の回路がつくられる場合がある．これを**循環的電子の流れ**という（図3·15）．通常，葉緑体では，非循環，循環双方の電子の流れがあると考えられている．

電子の伝達に伴って，チラコイド膜の内側（ルーメン）には H^+ が高濃度蓄積する．チラコイド膜には H^+

3·3·4 炭酸固定

光化学反応によりつくられた還元力（NADPH）と化学エネルギー（ATP）を用いて，二酸化炭素を還元し，グルコース（$C_6H_{12}O_6$）やデンプンをつくる反応を**炭酸固定**とよぶ．M. Calvin, A. A. Benson, J. A. Bassham らは，1954年に単細胞の緑藻を用いた実験から，**光合成炭酸固定回路（カルビン回路）**を明らかにした．

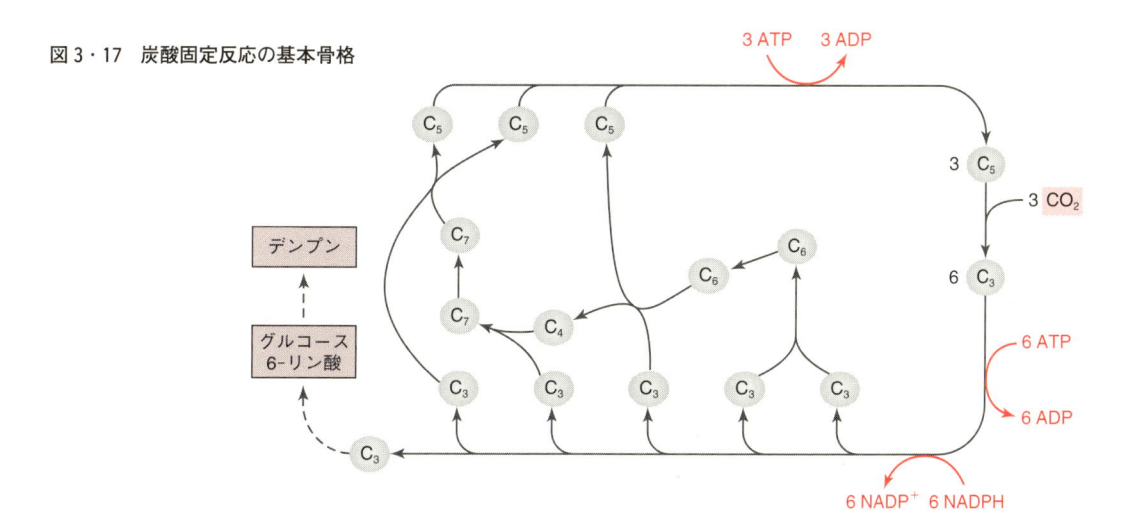

図3·17 炭酸固定反応の基本骨格

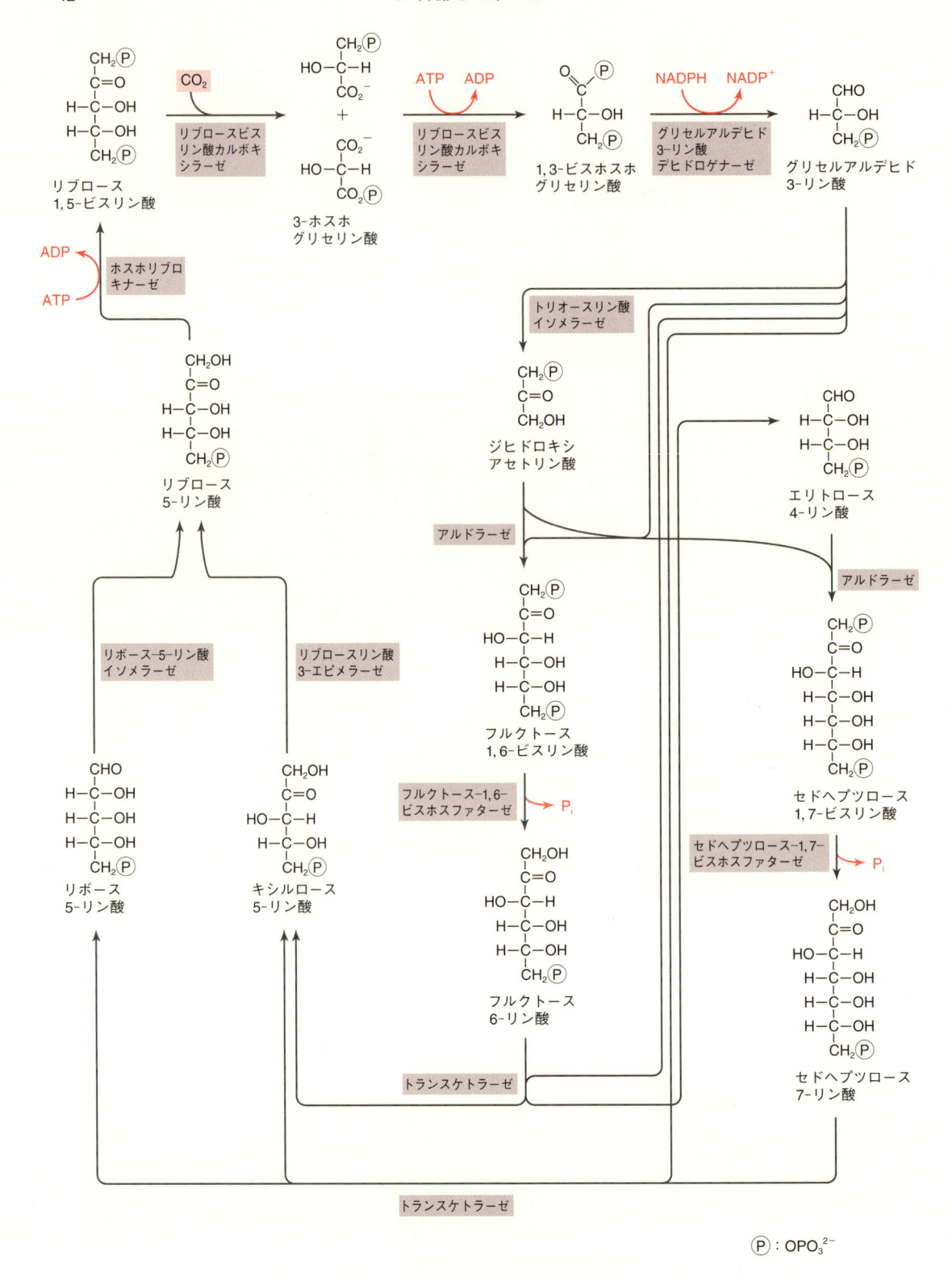

図 3・18　カルビン回路と関与する酵素

回路を構成する酵素は水可溶性であり，葉緑体のストロマ部分に存在している．反応の基本骨格は3分子のCO_2が3分子のリブロースビスリン酸と反応し，再び3分子のリブロースビスリン酸を再生するとともに，1分子のトリオースリン酸を生成することである．この過程で6分子のNADPHと9分子のATPが消費される（図3・17）．すなわち，1分子のCO_2が固定されるのに2分子のNADPHと3分子のATPが消費される．また，1分子のグルコースが新たにつくられるためには6分子のCO_2が固定されねばならず，12分子のNADPHと18分子のATPが使われる．いま，3分子のCO_2から1分子のトリオースリン酸が合成されるのに必要な自由エネルギー変化は350.4 kcalであるが，そのとき消費されるNADPHとATPから算出される自由エネルギー変化は384.5 kcalである．すなわち，エネルギーの転換効率は91%であり，非常にむだなくエネルギーが利用されていることを示している．

カルビン回路を構成する酵素は図3・18に示してある．特にCO_2とリブロースビスリン酸との反応を触媒する**リブロースビスリン酸カルボキシラーゼ/オキシゲナーゼ（RuBisCO）**は地球上に最も多く存在するタンパク質として知られている．

3・3・5 光呼吸

炭酸固定酵素のRuBisCOは，CO_2だけでなくO_2とも直接反応する．この反応はCO_2濃度が低くO_2濃度が高いときに顕著である．反応の結果生成されるグリコール酸はペルオキシソームとミトコンドリアに存在する代謝系を経てグリセリン酸となり，再び葉緑体内のカルビン回路に入る（図3・19）．この全代謝過程では，O_2を吸収しCO_2を放出するので，これを**光呼吸**とよぶ．葉緑体からグリコール酸となって放出された炭素の75%はCO_2となる．光呼吸は，一度固定した炭素をすぐにCO_2として失ってしまうので，CO_2の同化量の低下をもたらすと考えられるが，生理的条件下の炭酸固定においては光呼吸代謝系が必要であるとの考えもある．

3・3・6 C_4光合成

カルビン回路のみにより炭酸固定を行う植物を**C_3植物**といい，ホウレンソウ，イネ，コムギ，マメなど多くの植物や微細な藻類などがこの仲間である．一

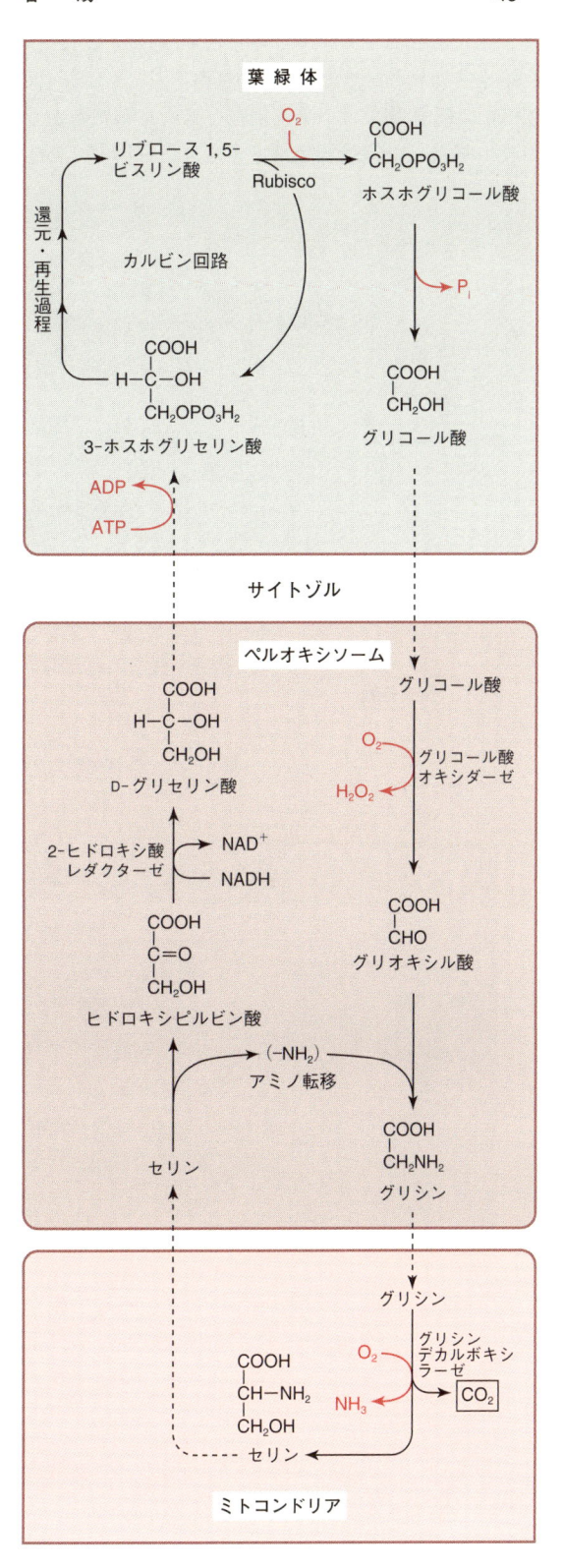

図3・19 光呼吸の代謝経路

方，トウモロコシやサトウキビは**C₄植物**とよばれ，C₃植物とは異なった炭酸固定の経路をもっている（図3・20）．C₄植物では，葉肉細胞と維管束鞘細胞がそれぞれ異なった炭酸固定酵素をもち，協同してCO_2の固定を行っている．葉肉細胞ではホスホエノールピルビン酸（PEP）カルボキシラーゼにより，CO_2が固定されオキサロ酢酸（OAA）になる．オキサロ酢酸はリンゴ酸となり維管束鞘細胞に運ばれる．ここで，

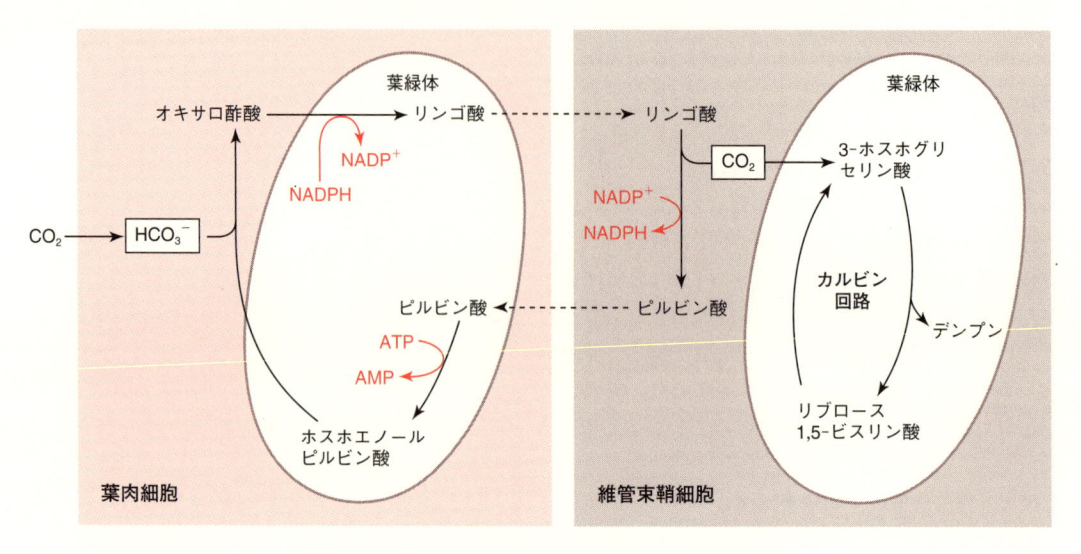

図3・20　C₄植物葉の2種の緑色細胞とC₄光合成経路

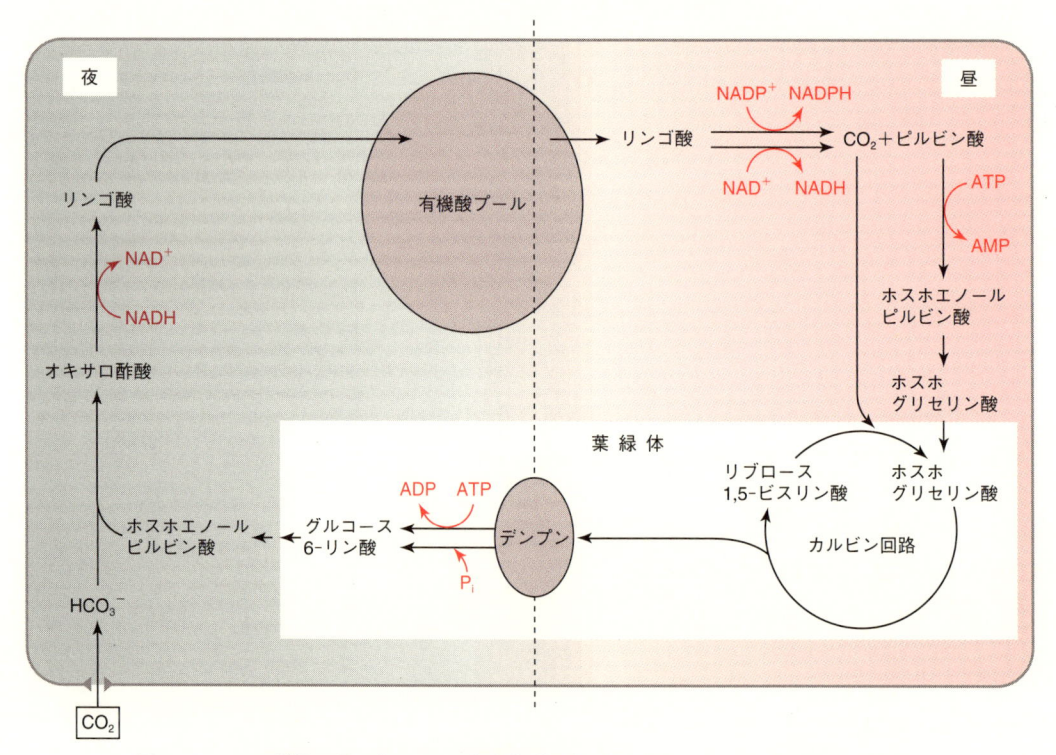

図3・21　CAM植物の昼・夜における炭素代謝経路［金井竜二，"生物の生産機能の開発"，文部省特定研究成果報告書委員会編，p.28（1980）を改変］

リンゴ酸は脱炭酸されてピルビン酸となる．放出された CO_2 は，C_3 植物と同様カルビン回路に入り，ホスホグリセリン酸に固定される．ピルビン酸は再び葉肉細胞に送られ，リン酸化されてホスホエノールピルビン酸になる．

C_4 植物の光合成では，RuBisCO の周囲の CO_2 濃度が高くなり，光呼吸による炭酸固定の効率の低下が抑制されている．その結果植物の生長が速くなる．

砂漠地帯など乾燥した地域に生育する植物の中には，昼間は C_3 植物のような炭酸固定を，夜は C_4 植物の葉肉細胞のような炭酸固定を，一つの細胞の中で二つの代謝系を使い分けている．これは，昼間の暑さのために水分を蒸発させないように気孔を閉じるからである．夜間は気孔を開けて PEP カルボキシラーゼによる炭酸固定を行い，リンゴ酸を蓄積している．このリンゴ酸が昼間の RuBisCO による炭酸固定の CO_2 源となる．このような植物を **CAM（カム）植物** という（図 3・21）．

3・4 呼 吸

私たち動物は呼吸により酸素を取入れ，有機物を酸化し，二酸化炭素として体外に放出している．ヒトなど陸上の脊椎動物では酸素と二酸化炭素の交換を行う器官は肺であるが，昆虫では気管であり，魚類ではえらである．体内に取込まれた酸素は，昆虫などでは拡散により，他の動物ではヘモグロビンのような運搬体によって生体のすべての細胞に運ばれ消費される．その結果二酸化炭素が生成される．細胞の中での呼吸を **細胞呼吸** といい，器官における個体レベルでの呼吸を **外呼吸** という（図 3・22）．

3・4・1 ヘモグロビン

肺の表面から取込まれた酸素は，血液の中の赤血球に含まれるヘモグロビン（図 3・23）というタンパク質と結合する．ヘモグロビンは鉄を含んでおり，酸素と鉄が結合することによって，オキシヘモグロビンと

図 3・23 ヘモグロビンにおけるヘムと O_2 の結合

なり鮮紅色となる．ヘモグロビンと酸素との結合の割合を図 3・24 に示す．肺の中の酸素の分圧は 133 hPa であるが，このとき，ヘモグロビンはほぼ 100% 酸素と結合している．活動している筋肉の組織は呼吸が盛んで，酸素分圧が 27 hPa ほどになっており，酸素と結合しているヘモグロビンは全体の 1/4 ほどになる．

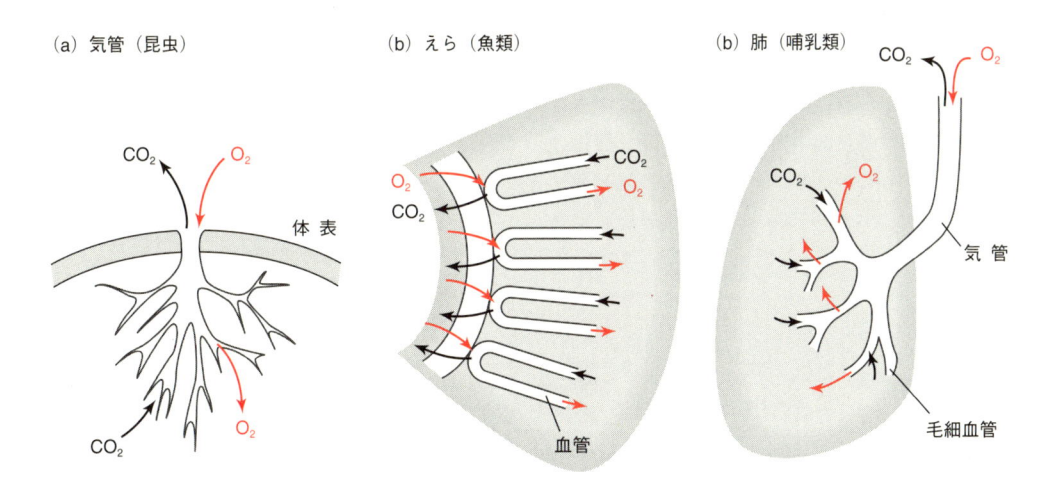

(a) 気管（昆虫） (b) えら（魚類） (b) 肺（哺乳類）

図 3・22 呼吸器官

すなわち，肺でヘモグロビンと結びついた酸素の3/4は筋肉組織の細胞で放出される．ヘモグロビンタンパク質は，水溶性タンパク質としてそのαヘリックス構造が，X線解析などの手段によって詳しく調べられている（§1・1・3）．

細胞呼吸で生じた二酸化炭素は，血液に溶けて肺に達し，空気中に放出される．

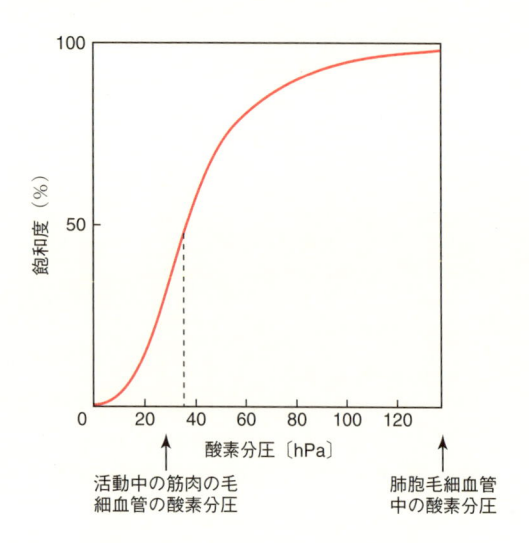

図3・24 ヘモグロビンの酸素解離曲線

3・4・2 解糖系

細胞内での呼吸は，おもに炭水化物の酸化によって生じるエネルギーをATPとして取出すことが目的である．呼吸の代謝過程は，直接酸素を必要としない嫌気過程と必要とする好気過程から成り立っている．どちらの代謝においてもATPが生成される．

呼吸の一般的な基質であるグルコースは，まず**解糖系**という嫌気的代謝経路によってピルビン酸に変えられる．解糖系における反応中間体はすべてリン酸化された糖である．はじめの反応はグルコースのリン酸化で，ヘキソキナーゼにより触媒されATPが必要である（図3・25）．

図3・25 グルコースのリン酸化

グルコース6-リン酸はグルコースリン酸イソメラーゼにより異性化され，フルクトース6-リン酸に変えられる（図3・26）．

図3・26 グルコース6-リン酸の異性化

フルクトース6-リン酸は，ホスホフルクトキナーゼの働きでATPと反応し，フルクトース1,6-ビスリン酸となる（図3・27）．

図3・27 フルクトース6-リン酸のリン酸化

フルクトース1,6-ビスリン酸はアルドラーゼにより二つのトリオース，グリセルアルデヒド3-リン酸とジヒドロキシアセトンリン酸になる．ジヒドロキシアセトンリン酸は，トリオースリン酸イソメラーゼの作用で容易にグリセルアルデヒド3-リン酸に変わることができるので，グリセルアルデヒド3-リン酸の貯蔵形態と考えることができる（図3・28）．

図3・28 フルクトース1,6-ビスリン酸の開裂

グリセルアルデヒド3-リン酸は，グリセルアルデヒド-3-リン酸デヒドロゲナーゼにより1,3-ビスホスホグリセリン酸になる．この反応は解糖系で起こる最初の酸化還元反応であり，同時に高エネルギーリン酸結合が生成する反応である（図3・29）．

図3・29　グリセルアルデヒド3-リン酸の脱水素反応

1,3-ビスホスホグリセリン酸は，ホスホグリセリン酸キナーゼにより，ADPにリン酸基を渡しATPを生成する（図3・30）．

図3・30　1,3-ビスホスホグリセリン酸のリン酸化

3-ホスホグリセリン酸はホスホグリセロムターゼにより2-ホスホグリセリン酸となり，さらにホスホエノールピルビン酸になる（図3・31）．

図3・31　ホスホエノールピルビン酸の生成

解糖系の最後の反応は，ホスホエノールピルビン酸のリン酸がピルビン酸キナーゼによりADPに転移してATPとピルビン酸を生じる反応である．このように10にも及ぶ酵素反応を経て，グルコース（$C_6H_{12}O_6$）が2分子のピルビン酸（$CH_3COCOOH$）になる代謝過程が解糖系である（図3・32）．

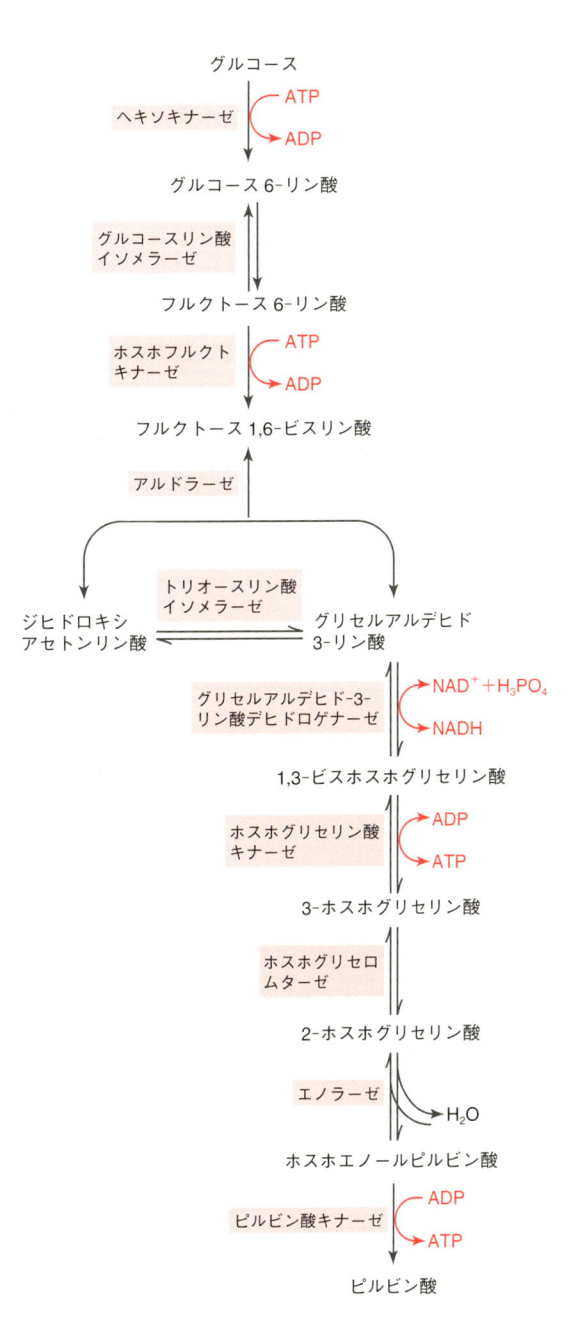

図3・32　解糖経路

3・4・3 クエン酸回路

解糖によってつくられたピルビン酸はミトコンドリアに入り,そこで二酸化炭素と水に完全に分解される.この反応も解糖系と同じように多くの代謝中間体を経る複雑な反応系をなしている.特にこの代謝系は**クエン酸回路**とよばれる閉じた代謝回路を形成しており,発見者であるイギリスの生化学者 H. A. Krebs の名をとって,**クレブス回路**ともよばれる.

ミトコンドリア内でピルビン酸は脱炭酸され,さらに**補酵素 A(CoA)**と反応してアセチル CoA となる.この反応は全部で五つの補因子が関与する複雑な不可

$$CH_3-\underset{O}{\underset{\|}{C}}-COOH + CoA-SH + NAD^+$$

$$\downarrow \text{TPP, FAD} \quad \text{リポ酸, } Mg^{2+}$$

$$CH_3-\underset{O}{\underset{\|}{C}}-S-CoA + NADH + CO_2$$

図 3・33 アセチル CoA の生成

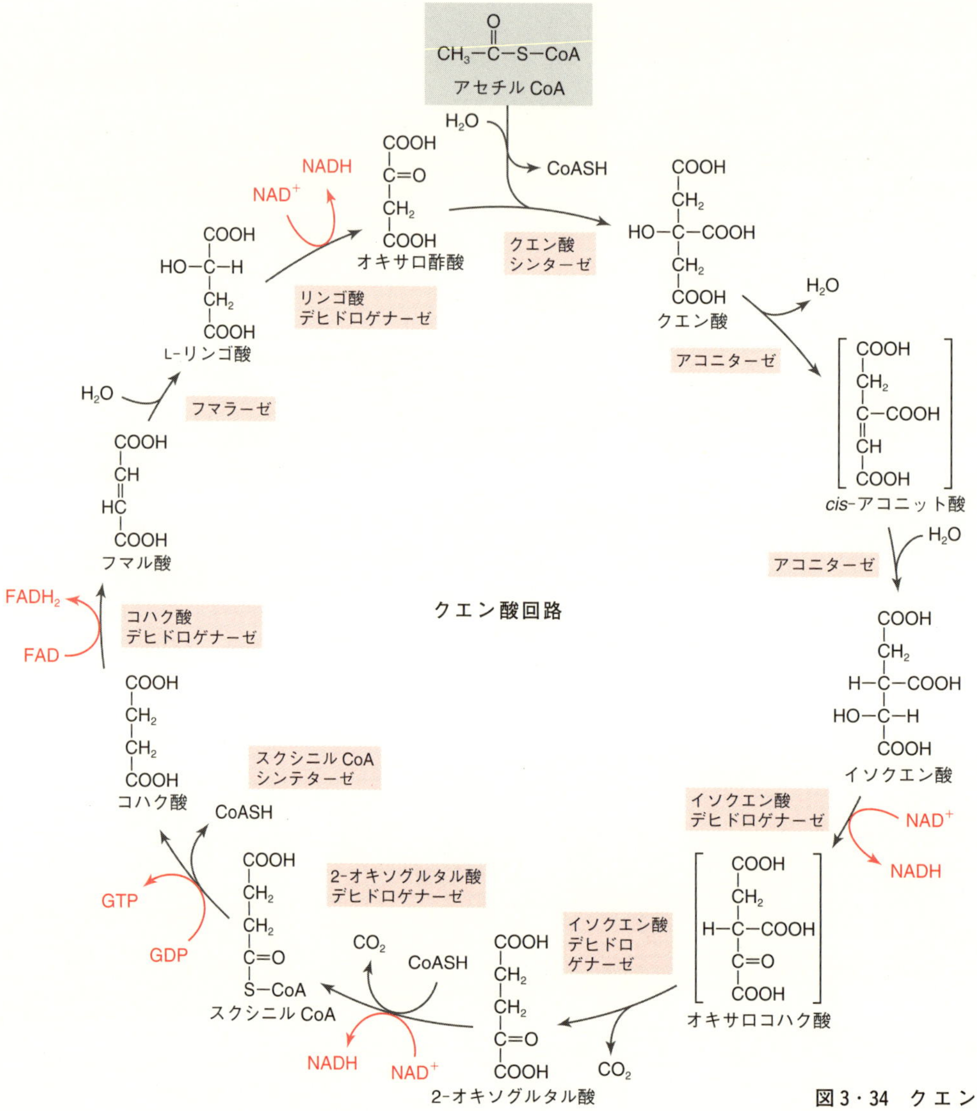

逆反応である(図 3・33).アセチル CoA はオキサロ酢酸と反応してクエン酸になる.これがクエン酸回路の最初の反応である.クエン酸は図 3・34 のように,脱水素と脱炭酸を繰返し,オキサロ酢酸となって回路

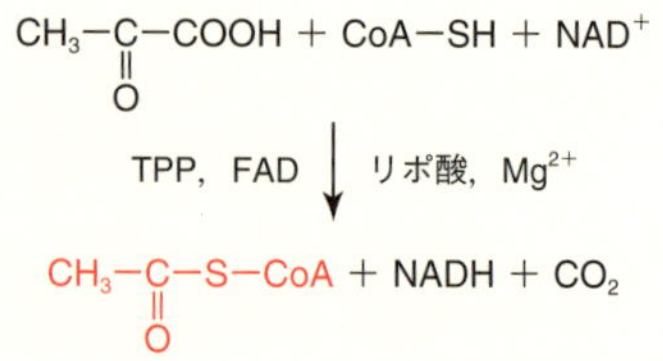

図 3・34 クエン酸回路

3·4 呼吸

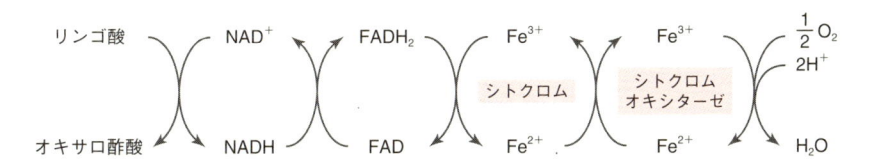

図3·35 呼吸電子伝達系

は完結する．この回路の反応のほとんどは可逆反応であるが，2-オキソグルタル酸が脱炭酸されてスクシニルCoAになる反応は，ピルビン酸がアセチルCoAになる反応と似ており，不可逆反応である．したがってクエン酸回路における逆まわりはない．

クエン酸回路が一度まわるたびにGTP1分子が生じる．このGTPはADPと反応してATPを生成する．クエン酸回路によって直接的に生成されるのはこのATPだけである．

クエン酸回路の他の大事な役割は，アミノ酸の骨格となる有機酸を合成することである．2-オキソグルタル酸はグルタミン酸に，オキサロ酢酸はアスパラギン酸の生成に使われる．

3·4·4 酸化的リン酸化

クエン酸回路によってピルビン酸1 molが完全に分解されるとき，4 molのNADHと1 molのFADH$_2$が生じる．ミトコンドリアでは，これらをO$_2$により酸化するときに得られるエネルギーを利用してATPを生成する．NADHは直接O$_2$と反応するのではなく，NADHのもつ電子はいくつかの中間的な酸化物質を経て，最後にO$_2$へと渡される．この電子の流れを支えているのが**シトクロム**という物質である．リンゴ酸の酸化を例にとれば図3·35のようになる．

電子伝達系の最後の反応は，**シトクロムオキシダーゼ**によるO$_2$の還元である．この酵素は**末端オキシダーゼ**とよばれる．

$$2\text{シトクロム } a_3\,(\text{Fe}^{2+}) + 2\,\text{H}^+ + \frac{1}{2}\text{O}_2$$
$$\longrightarrow 2\text{シトクロム } a_3\,(\text{Fe}^{2+}) + \text{H}_2\text{O}$$

NADHからO$_2$への電子伝達に伴って，ミトコンドリアの**クリステ**（図3·36）の内腔に6個のH$^+$が，FADH$_2$からの場合は4個の電子が運び込まれる．結果として，クリステの膜の内側と外側とにH$^+$の濃度勾配ができる．この濃度勾配に従ってH$^+$は膜の外に出ようとする．膜にはF$_o$というタンパク質があり，H$^+$の通路を構造の中にもっている．H$^+$がこの通路から外に放出されるときにF$_o$につながったF$_1$によって，ADPと無機リン酸からATPが合成される（図3·37）．H$^+$が3個放出されるとき1分子のATPが合成されると考えられている．

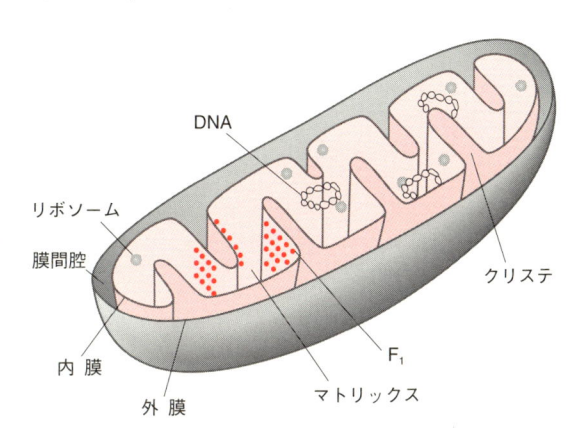

図3·36 ミトコンドリアの構造

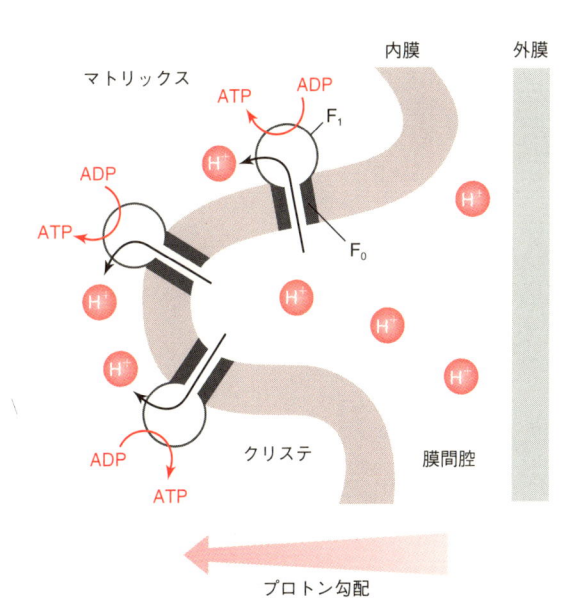

図3·37 プロトン勾配を利用したF$_1$によるATPの合成

ATPの生成に使われたリン酸の分子数と，そのときに消費された酸素の原子数（分子数ではない）との比を **P/O比** という．ミトコンドリアでは，1 mol の NADH が 1/2 mol の O_2 によって酸化され 1 mol の H_2O が生じるときに，3 mol の ATP が ADP からつくられる．したがって P/O 比は 3 となる．$FADH_2$ から O_2 への電子伝達では 2 mol の ATP がつくられる．

このようなリン酸化反応は **酸化的リン酸化** とよばれ，解糖系における ATP の生成反応である基質レベルのリン酸化反応と区別されている．これまで述べてきたように，呼吸により O_2 が消費されるのは，グルコースの分解に始まる多くの代謝過程の最後の段階で，NADH の電子が O_2 に渡され H_2O が生じるときなのである．

グルコース 1 mol が完全に酸化されて，CO_2 と H_2O になるとき，ATP が 36 mol 生成される．

$$\text{グルコース} + 36\,\text{ADP} + 36\,\text{P}_i + 36\,\text{H}^+ + 6\,\text{O}_2$$
$$\longrightarrow 6\,CO_2 + 36\,\text{ATP} + 42\,H_2O$$

この反応のうち，34 mol の ATP はミトコンドリア内でつくられる．残りの 2 mol は細胞質基質にある解糖系でつくられる．実際には，解糖系でグルコースがピルビン酸に代謝されるときに 4 mol の ATP がつくられるが，そのうち 2 mol はこの代謝過程で再び消費されるため，解糖系全体としては 2 mol の ATP がつくられることになる（表 3・1）．

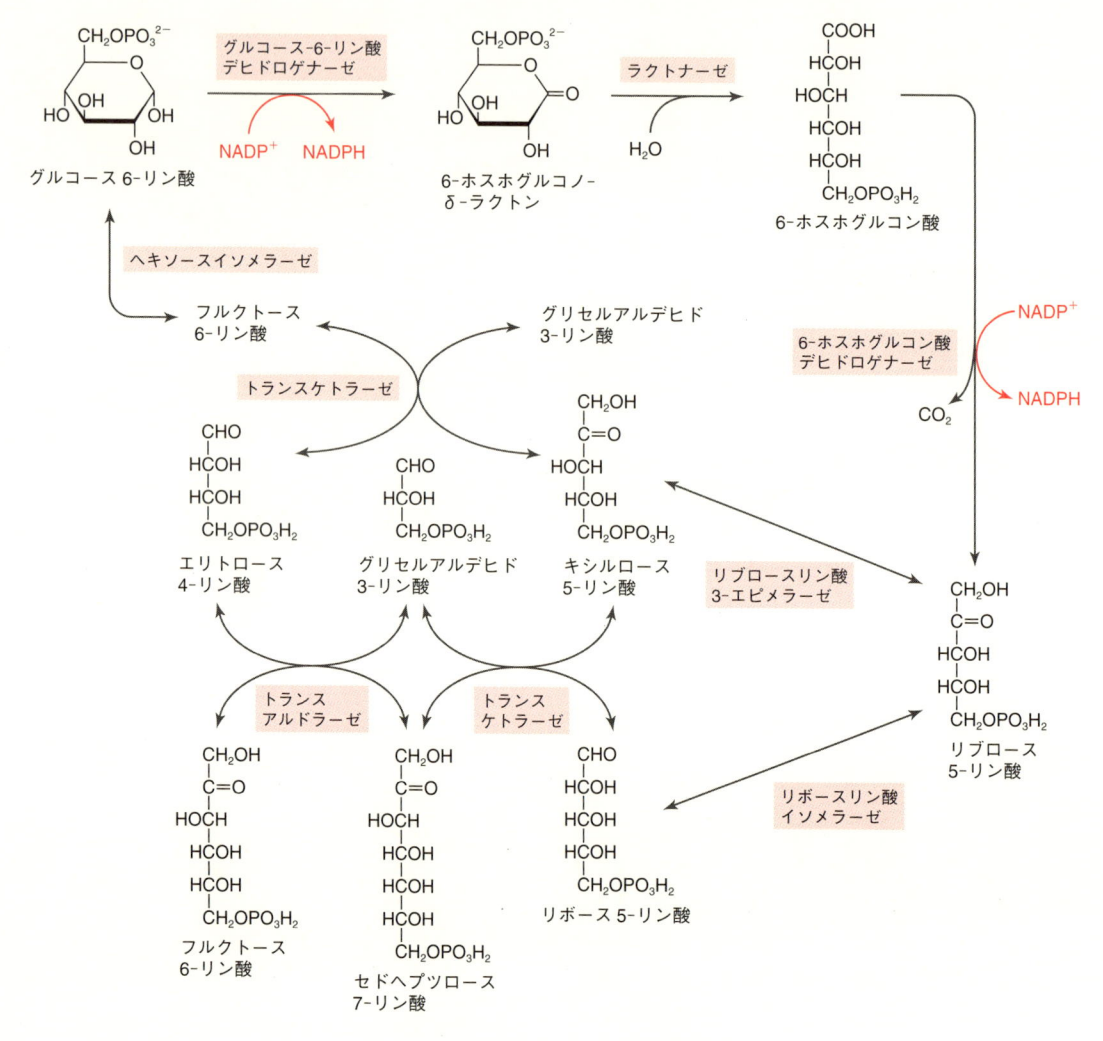

図 3・38　ペントースリン酸経路

表3・1 グルコース1molの酸化によりつくられる
NADH, FADH$_2$とATPのモル数

	NADH	FADH$_2$	ATP
細胞質基質			
解糖系	2†		2
ミトコンドリア			
解糖系より†		2†	4
	8		24
ピルビン酸の酸化		2	4
			2
合計			36

† 動物細胞では，解糖系で生成された NADH の還元力はグリセロール 3-リン酸に蓄えられてミトコンドリアに入り，FADH$_2$ として放出される．

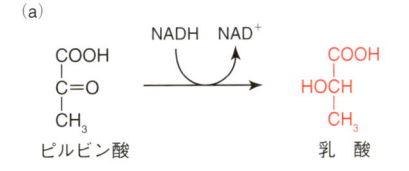

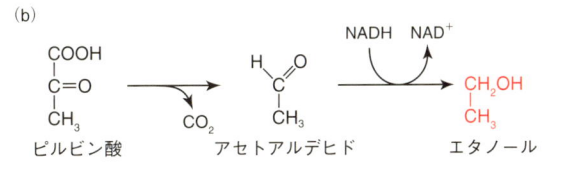

図3・39 乳酸発酵(a)とアルコール発酵(b)

3・4・5 ペントースリン酸経路

グルコースは解糖系により代謝され，ピルビン酸になるだけでなく，他の代謝系によってもさまざまな物質に代謝される．その中でも大事なものに**ペントースリン酸経路**がある．この代謝系では，グルコース 6-リン酸が，グルコース-6-リン酸デヒドロゲナーゼにより，6-ホスホグルコノラクトンに変化するときにNADPHが生ずる．経路全体ではグルコース 1 mol 当たり 2 mol の NADPH がつくられる．NADPH は生合成反応に必要な還元力であり，エネルギー合成に必要な還元力としての NADH と役割を分担している．

ペントースリン酸経路には，ヘキソースリン酸（グルコース 6-リン酸）が脱炭酸されてペントースリン酸（リブロース 5-リン酸）になる過程が含まれる．ここで生成されたペントースリン酸は核酸の合成に使われる（図3・38）．

3・4・6 発　酵

解糖系によりグルコースが代謝されてつくられたピルビン酸は，好気的条件のもとでは完全に分解され，二酸化炭素と水になるが，嫌気的条件のもとでは，アルコールや乳酸などになる．これが**発酵**であり，生産物により，**アルコール発酵**，**乳酸発酵**などという（図3・39）．酵母によるアルコール発酵は，古くから酒類の製造に利用されてきた．また，動物の筋肉などの組織でも，酸素の供給が不足すると乳酸発酵により解糖系を作動させ，筋肉の収縮に必要な ATP をつくり続けようとする．その結果乳酸が蓄積し，筋肉疲労の原因となる．

3・5 窒素代謝

窒素は炭素とともに生物体を支える重要な元素である．アミノ酸，タンパク質，核酸，ビタミンなどはすべて窒素を含む化合物である．生物体を構成する有機態の窒素は窒素ガス（N_2）や硝酸イオン（NO_3^-），あるいはアンモニア（NH_3）など無機態の窒素が代謝されたものである．

3・5・1 窒素固定

分子状の窒素（N_2）をアンモニアに還元する反応を**窒素固定**という．

$$N_2 + 3H_2 \longrightarrow 2NH_3$$

この反応は高温，高圧下で工業的に行うことができる．細菌の中には常温，常圧のもとで生物的に窒素固定を行うことができるものがある．高等植物や動物は窒素固定を行えない．

窒素固定をする細菌は生活様式によって二通りに分けられる（表3・2）．一つは窒素固定をする細菌が，

表3・2 窒素固定生物

I. 共生的窒素固定生物
　根粒菌（*Rhizobium*）とマメ科植物（ダイズの根・クローバーの根）
　Frankia と非マメ科植物（ハンノキの根・グミの根）
　ラン藻（*Cyanobacterium*）と裸子植物（ソテツの根），シダ植物（アカウキクサの葉），糸状菌（地衣類）

II. 非共生的窒素固定生物
　絶対嫌気性細菌（*Clostridium, Desulfovibrio*）
　通性嫌気性細菌（*Klebsiella, Bacillus*）
　好気性細菌（*Azotobacter, Beijerinckia*）
　光合成細菌（*Rhodospirillum, Chromatium*）
　ラン藻（*Anabaena, Nostoc*）

宿主となる高等植物の根などに侵入し，宿主と共生関係を保ちながら窒素固定を行うもので，**共生的窒素固定**という．マメ科植物と根粒細菌の共生は古くから知られている．現在でも，農業における共生的窒素固定の利用に関する研究が盛んである．

他の一つは，単独で生活できる窒素固定細菌による**非共生的窒素固定**である．この種類には，嫌気性細菌の *Clostridium* や，好気性細菌の *Azotobacter* がある．また，ラン藻類（シアノバクテリア）や光合成細菌は，光合成反応を利用して窒素固定を行っている．

窒素固定反応は，**ニトロゲナーゼ**という酵素が行う．

$$N_2 + 6H^+ + 6e^- + 12ATP \longrightarrow 2NH_3 + 12ADP + 12H_3PO_4$$

この反応には多量のATPが消費される．$N_2(N\equiv N)$ は安定な分子なので，2個の窒素原子の結合を切るのに多くのエネルギーが必要である．ニトロゲナーゼは酸素に触れると容易に活性を失ってしまう．そのため細胞内には酵素が嫌気的な環境に保たれるような仕組みがある．

3・5・2 硝酸還元

多くの植物は，土壌中の硝酸イオン（NO_3^-）を窒素源として利用している．細胞に取込まれた NO_3^- は，硝酸還元系により NH_3 に還元され，さらにアミノ酸へと代謝される．NO_3^- の還元は，硝酸レダクターゼと亜硝酸レダクターゼの二つの酵素により行われる．

$$NO_3^- \xrightarrow[\text{硝酸レダクターゼ}]{2e^-} NO_2^- \xrightarrow[\text{亜硝酸レダクターゼ}]{6e^-} NH_3$$

NO_3^- の還元は細胞質の基質で行われ，NADH や NADPH が電子供与体となる．NO_2^- の還元は葉緑体中で行われる反応で，フェレドキシンが電子供与体となる．

細菌の中には，酸素の代わりに NO_3^- を最終の電子受容体として電子伝達系を作動させ，それと共役してATPをつくるものがいる．この場合も NO_3^- は NO_2^- に還元される．これを**異化型（呼吸型）硝酸還元**という．一方，高等植物における NO_3^- の還元を**同化型硝酸還元**という．

3・5・3 アンモニアの同化

アンモニアは，窒素固定や硝酸還元により生成され，炭素化合物と結合してアミノ酸などの有機化合物になる．アンモニアの同化経路にはつぎの3通りがある．

a. グルタミン酸回路 植物はおもにこの回路によりアンモニアを同化する．反応はグルタミンの合成とグルタミン酸の合成の2段階より成る．

グルタミン + 2-オキソグルタル酸 + NADPH
$\xrightarrow{\text{グルタミン酸シンテラーゼ}}$ グルタミン酸（×2）+ NADP$^+$

NH_3 + グルタミン酸 + ATP
$\xrightarrow{\text{グルタミンシンテターゼ}}$ グルタミン + ADP + H_3PO_4

生成されたグルタミン酸のアミノ基は，他の有機酸に転移され，さまざまなアミノ酸がつくられる（図3・40）．グルタミン酸回路は植物の葉緑体の中に存在する．この反応ではNADPHの代わりに還元型フェレドキシンが用いられることもある．

b. グルタミン酸デヒドロゲナーゼ この酵素反応は，オキソグルタル酸とアンモニアよりグルタミン酸が生成される反応で，還元力としてNADHが用いられる．

NH_3 + 2-オキソグルタル酸 + NADH
$\longrightarrow$ グルタミン酸 + NAD$^+$

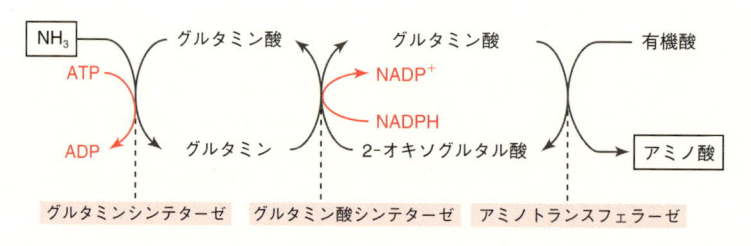

図3・40 グルタミン酸回路によるアミノ酸の合成

3・5 窒素代謝

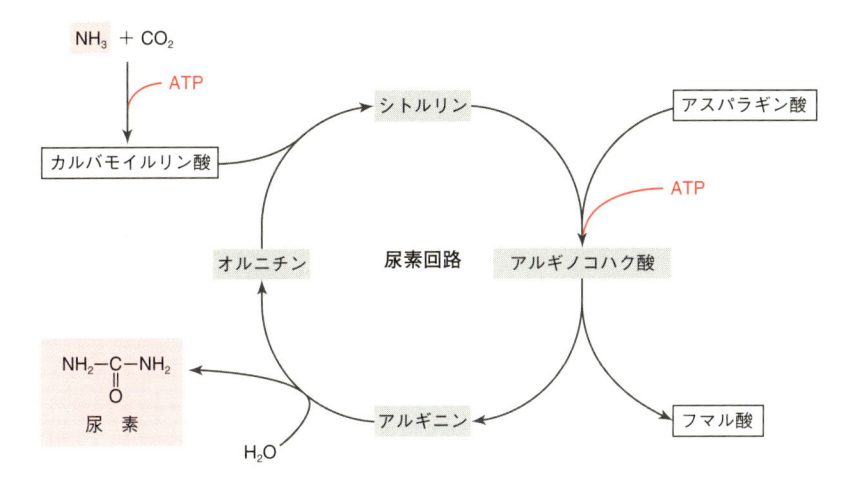

図3・41 尿素回路

c. カルバモイルリン酸の合成　この反応は，アンモニア，二酸化炭素，ATPからカルバモイルリン酸を生成する反応で，すべての生物に広く存在する．アンモニアの代わりにグルタミンが基質となることもある．

$$NH_3 + CO_2 + 2\,ATP \xrightarrow{\text{カルバモイルリン酸シンテターゼ}} \text{カルバモイルリン酸} + 2\,ATP + H_3PO_4$$

生成されたカルバモイルリン酸は，核酸塩基であるピリミジンの合成やアミノ酸のアルギニンの合成に必要である．

3・5・4 窒素の排泄

動物がアミノ酸や核酸の窒素を排泄するときは，アンモニア，尿酸，尿素のいずれかの形態をとる．水生動物はアンモニアの形で排泄するが，サメなどは例外的に尿素で排泄する．哺乳動物は尿素の形で，鳥類や爬虫類は尿酸の形で体外に排泄する．オタマジャクシは水生であるため，おもにアンモニアを排泄するが，カエルになって陸にすむようになると尿素を排泄するようになる．カメ類では，生息環境により，アンモニア，尿素，尿酸を排泄する種類に分かれる．

哺乳類では，肝臓において，アンモニアは**尿素回路**（オルニチン回路）により尿素になる（図3・41）．この回路は1932年にH. A. Krebsらによって提案された．代謝回路としては最初に発見されたものである．

3・5・5 自然界の窒素循環

窒素ガスや硝酸イオンなど無機態の窒素は植物や細菌によりアミノ酸，タンパク質などの有機態の窒素化合物となる．動物は栄養源としてアミノ酸やタンパク質を摂取し，やがてそれらを分解して体外に排泄する．排泄された窒素化合物はさらに生物的に分解されてアンモニアとなる．アンモニアは硝化細菌により再び硝酸イオンとなり，硝酸イオンの一部は脱窒菌によって窒素ガスになる．このように地球上の窒素は酸化，還元を通じた一つのサイクルを形成している（図3・42）．

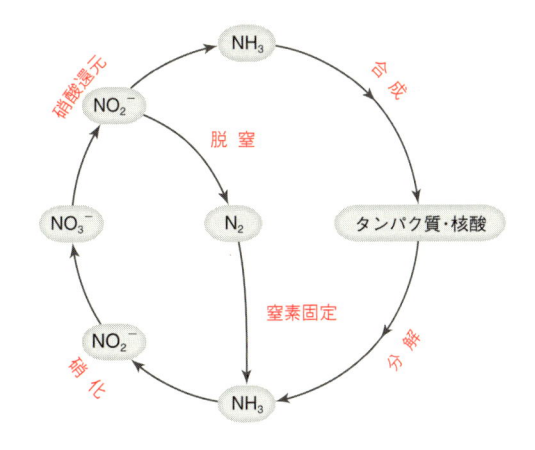

図3・42 地球上の窒素循環

3・6 酸化と還元

生物体中の化学反応も試験管中の化学反応もまったく同じ法則のもとに進行している．植物は光合成により，二酸化炭素（CO_2）を固定して炭水化物（$C_n(H_2O)_m$）をつくるが，これは水分子（H_2O）のもつプロトン（H^+）と電子（e^-）による還元反応である．動物は呼吸により炭水化物を分解して，二酸化炭素と水に変え，その分解過程からエネルギーを得て生活している．これは酸素（O_2）による酸化反応である．

還元とはある物質が他の物質から電子を得ることであり，**酸化**とはある物質が他の物質によって電子を奪われることである．

$$\text{還元型} \rightleftarrows \text{酸化型} + \text{電子}(e^-)$$

ある物質が還元されるときは，必ずそれに共役してある物質が酸化される．

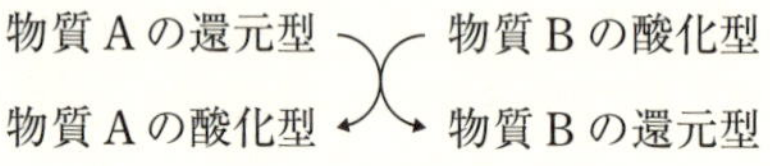

物質Aの還元型 ＼ 物質Bの酸化型
物質Aの酸化型 ／ 物質Bの還元型

このような反応が起こるとき，AはBに電子を渡せる状態にあり，BはAから電子を受取れる状態にある．すなわち，AはBより強く還元された状態にあるといえ，AはBより**酸化還元電位**が低いともいう．

3・6・1 酸化還元電位

ある物質について，その還元型に対して酸化型の割合が増加すると酸化還元電位は高くなり，逆に還元型が増加すると電位は低くなる．この物質がちょうど半分還元されたとき，つまり酸化型と還元型の比が1になったときの電位を**標準酸化還元電位**といい，その物質の還元力の強さの目やすとなる．標準酸化還元電位の低い物質は他の物質を還元しやすく，高い物質は他の物質を酸化しやすい（自身は還元されやすい）ことになる．

1気圧の H_2 のもとで 1 mol の H^+ 溶液（pH 0）に電極を浸したとき生じる電位を 0 V と定める．pH 7.0 での水素電極の標準酸化還元電位（E'_0）は -0.420 V となる．

$$H^+ + e^- \longrightarrow \frac{1}{2} H_2 \quad (E'_0 = -0.420 \text{ V})$$

これを基準にして水素と酸化還元反応を行える化合物の標準酸化還元電位を決める．ほとんどの生体酸化

表 3・3 標準酸化還元電位[1]

還元型	酸化型	E'_0 [V][2]
還元型フェレドキシン	フェレドキシン	-0.43
H_2	$2H^+$ (pH 7)	-0.42
$NADH + H^+$	NAD^+	-0.32
$NADPH + H^+$	$NADP^+$	-0.32
エタノール	アセトアルデヒド	-0.20
乳酸	ピルビン酸	-0.19
コハク酸	フマル酸	0.03
シトクロム b (Fe^{2+})	シトクロム b (Fe^{3+})	0.07
還元型ユビキノン	ユビキノン	0.10
シトクロム c (Fe^{2+})	シトクロム c (Fe^{3+})	0.22
H_2O	$1/2\, O_2 + 2H^+$	0.82

[1] L. Stryer, "Biochemistry", W. H. Freeman & Co. (1975) より．
[2] E'_0 は標準酸化還元電位である．

還元物質は，水素電極と酸素電極の間の標準酸化還元電位をもっている（表 3・3）．

$$\frac{1}{2}O_2 + 2H^+ + 2e^- \longrightarrow H_2O \quad (E'_0 = +0.816 \text{ V})$$

3・6・2 酸化還元補酵素

生体中で酸化還元を行う酵素は，ニコチンアミドアデニンジヌクレオチド（NAD），ニコチンアミドアデニンジヌクレオチドリン酸（NADP），フラビンアデニンジヌクレオチド（FAD）（図 3・43）などの非タ

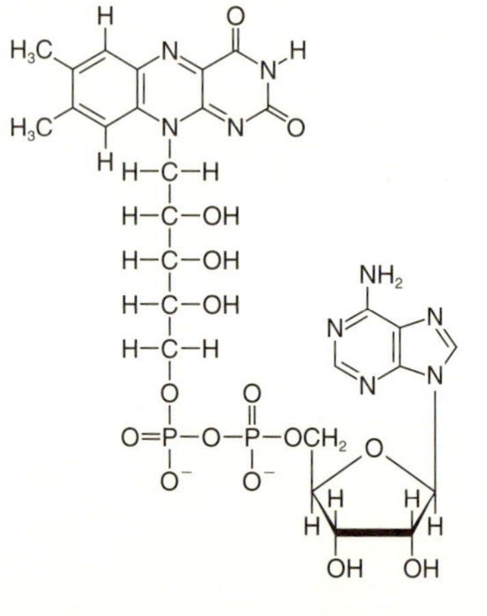

図 3・43 FAD の構造

ンパク質性の物質を補酵素として結合している．NAD，NADP，FAD の還元型である NADH，NADPH（図 3・44），$FADH_2$ は強い還元剤であり，酸化還元反応において，基質に電子を与える働きをする．

NADの酸化型はNAD$^+$と書かれ，還元型は電子2個とH$^+$2個を得てNADH + H$^+$となる．2個のH$^+$のうちの一つはNAD分子と結合せずに周囲に存在している．NADの還元型を便宜的にNADHと記すことが多い．FADの還元型はFADH$_2$となり，H$^+$は2個

図3・44 **NADH**（還元型ニコチンアミドアデニンジヌクレオチド）の構造

ともFAD分子に結合している．NADHは呼吸の電子伝達系における電子供与体として働き，NADPHは物質の生合成反応における電子の供与体として働く．

NAD$^+$やNADP$^+$はさまざまな酸化還元反応において，電子を受取ってNADHやNADPHとなり，必要なときに他の物質に電子を渡すことができる．

$$\text{A, B, C, Dの還元型} \rightleftarrows \text{NAD(P)}^+ / \text{NAD(P)H} \rightleftarrows \text{E, F, G, Dの還元型}$$

すなわち，ATPが細胞の化学反応におけるエネルギー通貨であるとすれば，NAD(P)は，酸化還元通貨である．

3・7 生合成以外のATPの利用

光合成や呼吸により生産されたエネルギーはATPとして蓄えられており，生体内の物質が合成されるときに使われる．ATPは生合成のほかに，エネルギーを必要とする生体反応に用いられる．

3・7・1 筋収縮

筋肉は動物の運動器官であり，タンパク質でできた繊維の巨大な集合体である．筋肉の中でATPの化学エネルギーは，**筋収縮**という機械的エネルギーに変換される．筋肉は横紋筋と平滑筋に分けられる．手や足のように自分の意志によって収縮させることができる筋肉（**随意筋**）は**横紋筋**であり，胃や腸のように自分の意のままに収縮させることはできない筋肉（**不随意筋**）は**平滑筋**である．心臓の筋肉は不随意筋ではあるが横紋筋である（図3・45）．

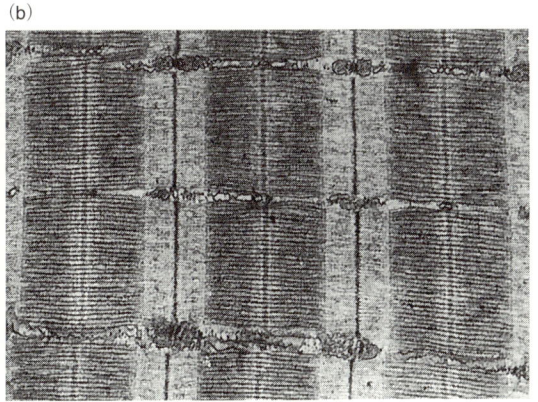

図3・45 **横紋筋と平滑筋の構造** 平滑筋(a)は長い紡錘形の単核細胞より成る．骨格筋(b)は多くの横紋を有し多核細胞より成る．写真は東京大学医学部 野々村禎昭教授のご好意による．

筋肉の収縮は，細い糸のアクチンが太い糸のミオシンの中央部に向かって滑り込み，結果的にサルコメア全体が縮むために起こる．筋収縮のエネルギー源はATPであり，ひき起こす鍵はカルシウムイオン（Ca^{2+}）である．

3・7・2 発熱，発光，能動輸送

生物の体の中では，ATPが分解されるとき熱が放出される．筋肉や肝臓など物質交代の盛んな器官での発熱は大きく，ヒトの場合，骨格筋で60%，肝臓で20%の熱が生じる．

生物の中には，ホタルやある種の細菌などのように発光するものがある．これらの生物による発光は，ATPに蓄えられた化学エネルギーを効率良く光のエネルギーに変換するため，ほとんど発熱を伴わないので冷光ともいわれる．ホタルの発光は，**ルシフェラーゼ**という酵素により，発光物質である**ルシフェリン**が酸化されるときに光のエネルギーが放出されることで起こる．この反応はATPがないと進まず，逆にこのことを利用してATP量の測定をすることができる．

$$\text{ルシフェリン} + O_2 \xrightarrow[\text{ルシフェラーゼ}]{\text{ATP} \quad \text{ADP}} \text{酸化ルシフェリン} + H_2O + \text{光エネルギー}$$

ヒトの赤血球の細胞の外側と内側は，カリウムイオン（K^+）とナトリウムイオン（Na^+）の濃度が著しく異なっている．体液中にはNa^+が多く，K^+が少ないが，赤血球の中ではK^+の方が多く含まれている．イオンは自然には細胞膜を通して内外の濃度差が消失するように移動するはずであるから，濃度に逆らってイオンが移動するためには，イオンをくみ込むポンプのような特別な装置が必要である．ポンプを動かすためにはエネルギーが必要であり，そのエネルギーはATPから供給される．このように濃度に逆らい，エネルギーを使って物質を膜の内外に移動させることを**能動輸送**という．Na^+を細胞の外にくみ出し，K^+を取込むポンプを**ナトリウムポンプ**という．ナトリウムポンプには，細胞膜にあるNa^+, K^+-ATPアーゼが関与している．この酵素でATP 1分子が分解されると，2個のK^+が取込まれ，3個のNa^+が放出される（図3・46）．

3・8 代謝系の調節

生物体内で行われているすべての生化学反応は酵素が関与している．いくつかの酵素はある目的をもった代謝的つながりの中に組込まれていることが多い．それぞれの代謝のつながり，すなわち代謝系には名前がつけられており，解糖系，クエン酸回路，カルビン-ベンソン回路，オルニチン回路などさまざまな代謝系が知られている．代謝系は，外部環境の変化や生物体自身に組込まれた成長や分化のプログラムなどに応じてその活性を変化させる．

すべての代謝系は酵素により組立てられているわけであるから，代謝系の調節は，酵素反応の調節であるといえる．酵素の反応を調節するには二つのやり方がある．一つは，酵素の量を変化させることにより代謝系全体の活性を調節するやり方である．もう一つは，すでに存在する酵素の活性を何らかの方法で変化させるやり方である．実際，生物はこの二つのやり方を巧みに組合わせて代謝系を調節し，生命を維持している．

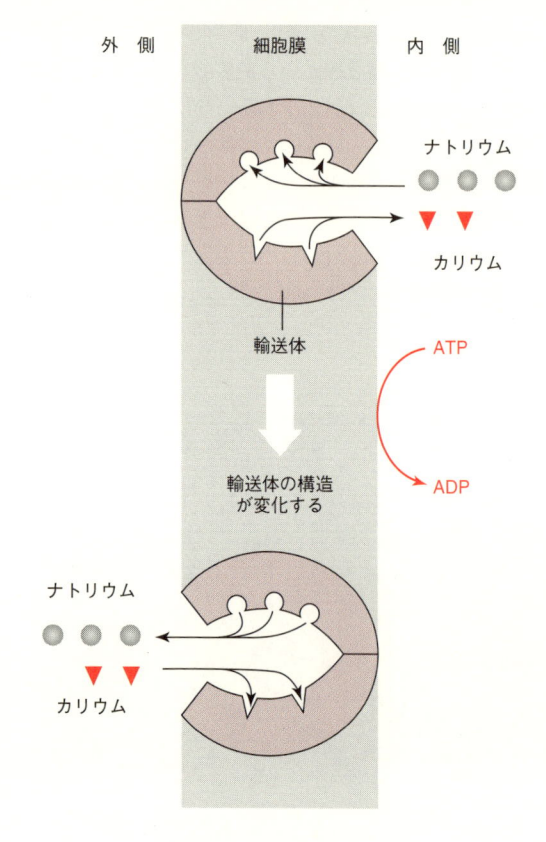

図3・46 ナトリウムポンプ

3・8・1 酵素量の調節

誘導酵素とよばれる一群の酵素は，環境の変化によって合成が促進される．大腸菌に含まれるラクトース分解系の酵素は，培地中にラクトースを加えることにより誘導される．その仕組みはつぎのように考えられている．ラクトース分解系の酵素の一つであるβ-ガラクトシダーゼの遺伝子は，**ラクトースオペロン**といわれる遺伝子のまとまりの中にある．ラクトースオペロン全体の発現は，オペロンの上流域にある遺伝子の情報によりつくられる**リプレッサー**というタンパク質により調節されている（図3・47）．すなわち，リプレッサー mRNA によりつくられたリプレッサータンパク質がラクトースオペロンのオペレーター部位に結合すると，β-ガラクトシダーゼなどの遺伝子は発現されない．しかし，ラクトースが細胞に取込まれるとアロラクトース（図3・48）に変えられ，アロラクトースはリプレッサータンパク質に結合してリプレッサーの形を変え，リプレッサーがラクトースオペロンのオペレーター部位に結合できなくする．その結果 RNA ポリメラーゼがプロモーター部位に結合できるようになり，ラクトースオペロンの構造遺伝子が発現される．このようにして，ラクトースにより，β-ガラクトシダーゼの濃度は1000倍も増加することが知られている．

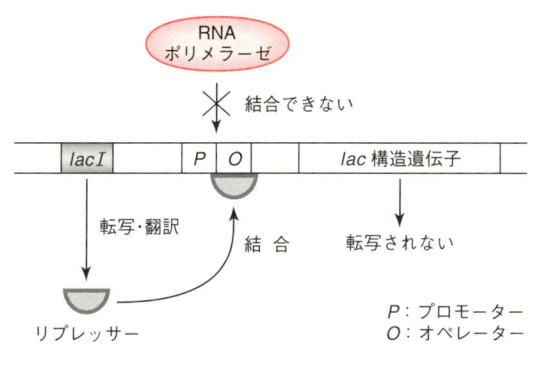

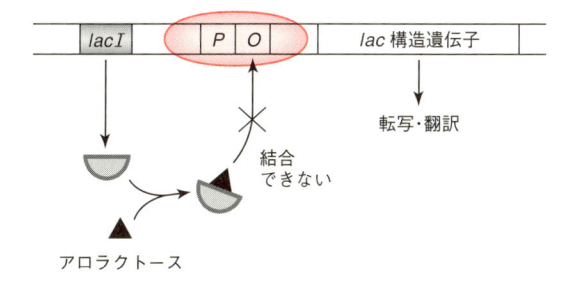

誘導の逆が**抑制**であり，アミノ酸の一種トリプトファンを合成する酵素の合成は，培地中にトリプトファンを加えることにより停止してしまう．この機構も基本的には，誘導における DNA 発現制御によく似ている（第5章参照）．

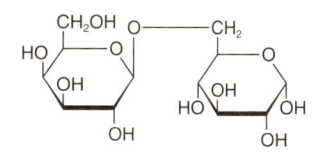

図3・47 ラクトースオペロンの発現調節

図3・48 アロラクトース

3・8・2 酵素活性の調節

代謝系に含まれる酵素のうち，いくつかのものは特別な調節機能を有しており，一般の酵素と区別して，**調節酵素**とよばれる．調節酵素には，**アロステリック酵素**（§3・1・4）や化学修飾を受ける酵素などがある．

アロステリック酵素は，解媒反応を行う**活性部位**と反応活性を調節する**アロステリック部位**とをもち，反応の基質や特別な作用因子（**エフェクター**）がアロステリック部位に結合することで酵素の活性が調節されている．

化学修飾により調節を受ける酵素では，ある特定の酵素によるタンパク質のリン酸化などが起こり，その結果酵素活性が変動する．リン酸やヌクレオチドは，酵素タンパク質のあるアミノ酸と結合し，酵素の三次構造を変える働きをもつ．この構造の変化によって酵素の活性が調節される．

3・8・3 フィードバック阻害

ある物質が代謝系の最終産物として合成されるためには，出発原料（A）から始まる多くの酵素反応を経る．いまこの最終代謝産物（Z）をこれ以上つくる必要がなくなったとき，Zが A を代謝する酵素（E_A）を阻害すれば Z の合成は止まる．また，A から Z に至る中間代謝物をむだにつくることもない．このような代謝系の調節様式を**フィードバック阻害**という．この際，原料物質（A）と最終代謝産物（Z）とではかな

り異なった化学構造をしていることが多く，Z が E_A の競合阻害剤となることはない．E_A は多くの場合アロステリック酵素であり，Z はアロステリックエフェクターである（図 3・49）．

図 3・49 代謝系のフィードバック阻害

代謝経路が単純な場合は，フィードバック阻害の機構も単純であるが，代謝経路が途中で分岐するような場合は阻害機構も複雑となる．植物のカルバモイルリン酸シンテターゼは，ピリミジンの合成とアルギニンの合成の二つの代謝系の分岐点にある（図 3・50）．ピリミジン合成経路のウリジン 5′−リン酸（UMP）の濃度が高くなるとカルバモイルリン酸シンテターゼとアスパラギン酸カルバモイルトランスフェラーゼはともに UMP によってフィードバック阻害される．しかし，植物にとってアルギニンが必要なときは，何とかしてカルバモイルリン酸をつくらねばならない．アルギニン合成系の基質であるオルニチンは UMP のカルバモイルリン酸シンテターゼに対する阻害効果を打消すことができる．したがって，オルニチン存在下では，UMP 濃度が高くなるとアルギニンのみが合成されるようになる．

代謝系によっては，細胞内のエネルギー状態によって調節される．D. E. Atkinson は，細胞のエネルギー状態を**エネルギー充足率**として表現した（図 3・51）．

$$\text{エネルギー充足率} = \frac{[\text{ATP}] + 1/2\,[\text{ADP}]}{[\text{ATP}] + [\text{ADP}] + [\text{AMP}]}$$

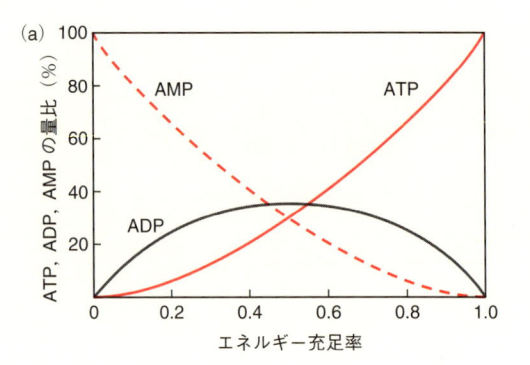

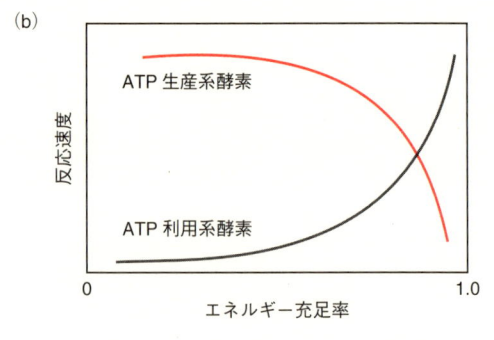

図 3・51 ATP，ADP，AMP のレベルとエネルギー充足率（a）とエネルギー充足率により制御される酵素の活性（b）

細胞内のアデニンヌクレオチドがすべて ATP ならばエネルギー充足率は 1，すべて AMP ならば 0 となる．通常の細胞では 0.7〜0.9 の値であることが多い．微生物や哺乳動物の ATP 生産系，ATP 利用系の酵素はエネルギー充足率により影響を受けるものが多い．

グルコースが豊富に供給され，酸素の供給も十分で，解糖系やクエン酸回路が活発に作動しうる環境におかれた細胞に窒素源を与えないと，細胞はタンパク質や核酸をつくることができなくなる．そのため呼吸により生成した ATP の使い道が狭まれて，細胞内は

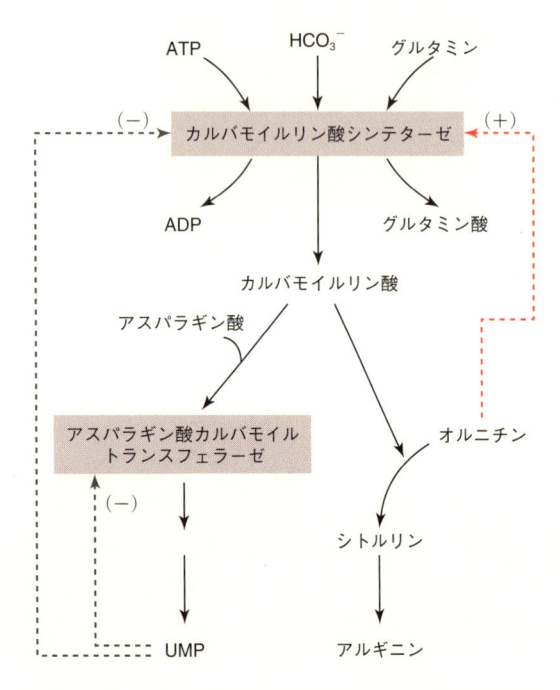

図 3・50 カルバモイルリン酸シンテターゼのフィードバック調節 （+）は活性化，（−）は阻害を表す．

ATP過剰の状態となり，AMPの濃度は低下する．すなわちエネルギー充足率はきわめて高い値となる．AMP濃度が低下すると，クエン酸回路の酵素であるイソクエン酸デヒドロゲナーゼの活性は低下する．その結果クエン酸回路全体の活性も低下し，ATPの生成は抑制されるようになる．同時にクエン酸が蓄積する．クエン酸はアセチルCoAカルボキシラーゼの活性を促進するので，アセチルCoAはクエン酸回路に入らず脂肪酸の合成に使われる．すなわち，エネルギー過剰な細胞は，グルコースをATP生産のために消費することをやめ，脂肪に形を変えて蓄積する．

また，ATP濃度が高く，AMP濃度が低くなると，解糖系の入り口付近にあるホスホフルクトキナーゼが阻害され解糖速度も低下する．その結果ピルビン酸の濃度は低下し，アセチルCoAの濃度低下とともにクエン酸回路の活性が低下する（図3・52）．このように，いくつかの代謝系が互いに連関し，調節し合って，細胞内のエネルギーのレベルや物質のレベルをほど良く一定に保っている．

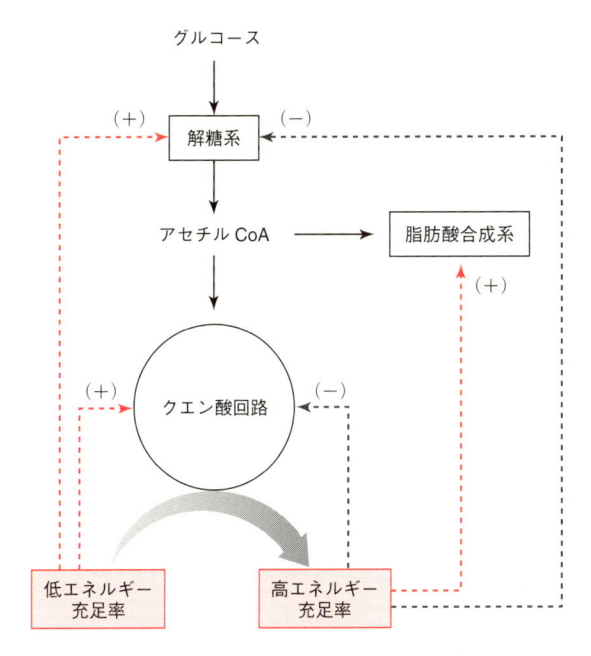

図3・52 細胞内のエネルギー状態による代謝経路の調節 （＋）は促進効果，（−）は阻害効果を表す．

4 遺 伝

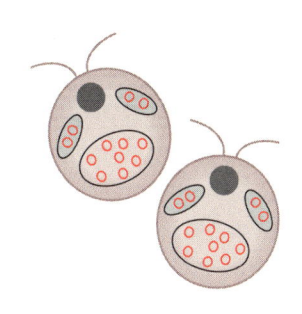

　遺伝子の本体が核酸であることを最初に明らかにしたのは，1944 年の O. T. Avery, M. MacLeod, C. McCarty の肺炎双球菌を用いた DNA による菌の形質転換の実験であった．1953 年には，J. D. Watson と F. H. C. Crick によって DNA の構造が明らかにされた．しかし，それよりもはるか昔，まだ染色体の存在や，減数分裂や，受精の内容が知られていなかったころに，すでに現在の遺伝学の基礎はでき上がっていた．1865 年，かつてのオーストリア領の修道院で，植物のエンドウを材料にした交配実験を行っていた僧侶 G. Mendel は，その結果をチェコスロバキアのブルーノで発表した．この論文は，注目されることなく，1900 年になるまで図書館の棚に眠っていたが，同様の結果を得た研究者たちによってやっと日の目をみることになった．Mendel が発見した実験結果は，彼の名をとってメンデルの法則とよばれている．

4・1 メンデルの法則

　メンデルの法則は，**優劣の法則**，**分離の法則**，**独立の法則**の三つに分けられる．

4・1・1 優劣の法則と分離の法則

　メンデルは，エンドウの 7 種の異なる**形質**について，おのおのに対立する 2 種の変異種を実験材料に用いた．形質とは，生物個体について観察できる性質の単位で，単に外部から認識できる形態的な性質の"種子の形"，"子葉の色"などだけではなく，生化学的，生理学的，あるいは心理的性質などを広く含んでいる．個体発生の過程で，環境の働きのみによって表現される形質は**獲得形質**とよばれ，その個体に限って持続するが，子孫に伝わることはない．メンデルが実験に選んだ形質は，表 4・1 に示してある．メンデルは，まず，それぞれの形質についての変異種の**純系**をつくった．純系とは，何世代交配しても，その形質については親と同じ特徴（**表現型**）の子孫が現れる系統のことである．つまり，エンドウの種子の形の丸い系統どうしを何回かけ合わせても，子孫には丸い種子をつくるものしか現れなかった場合，種子の形の形質について，丸い純系がとれたという．純系は，種子の形が

表 4・1 Mendel が初めて遺伝の法則を発見したエンドウについての実験の実際の数値[†]

実　験	P		F_1	F_2			
				検査数	両型の実数		分離比
種子の形	丸×角	15 株 66 回受粉	丸	7324 粒	丸　5474	角　1850	2.96：1≒3：1
子葉の色	黄×緑	10 株 58 回受粉	黄	8023 粒	黄　6022	緑　2001	3.01：1≒3：1
種皮の色	灰褐×白	10 株 35 回受粉	灰褐	929 株	灰褐　705	白　224	3.15：1≒3：1
熟したさやの形	単純×くびれ	10 株 40 回受粉	単純	1181 株	単純　882	くびれ　299	2.95：1≒3：1
未熟さやの色	緑×黄	5 株 23 回受粉	緑	580 株	緑　428	黄　152	2.82：1≒3：1
花のつき方	腋生×頂生	10 株 34 回受粉	腋生	858 例	腋生　651	頂生　207	3.14：1≒3：1
茎の長さ	長×短	10 株 37 回受粉	長	1064 株	長　787	短　277	2.84：1≒3：1

[†] G. Mendel, *Verhandl. Naturf. Verein. Brünn.*, **4** (Abhandl.), 3 (1886).

丸いものどうしを交配し，さらにその子孫の中から，丸いものを選んで，それどうしを交配するということを繰返してつくられる．

メンデルは，**親世代（P）**に同じ形質の異なる表現型の純系を選び交配を行った．たとえば，種子の形が丸い純系と，角ばった純系の間で交雑を行った．その結果，**雑種第一代（F_1）**は，すべて丸であった．他の6種の形質についての同様な実験も，F_1 はやはりどちらか一方の親と同じ表現型を示した（表4・1）．F_1 に現れた方の表現型を**優性**といい，現れなかった方の表現型を**劣性**という．優性と劣性は，このような交雑を行ったときに，F_1 の表現型に現れるかどうかを示すもので，遺伝子または遺伝子産物の質の優劣を示しているわけではない．

メンデルの交雑結果は，現在の考え方で説明するとつぎのようになる．染色体DNAには，さまざまな形質に関する**遺伝子**が存在する場の**遺伝子座**があって，2本の相同染色体の同じ位置に同じ形質の遺伝子座が存在している．純系の場合は，相同染色体の同じ遺伝子座には同じ遺伝子が存在している．いま，エンドウの種子の形を丸くさせる遺伝子をAで表すと，相同染色体は2本存在するので，丸の純系はA遺伝子を二つ，つまり**AA**をもっていることになる．一方，種子の形を角にする遺伝子をaで表すと，純系は**aa**となる．AAとaaのPがそれぞれ減数分裂の結果つくる配偶子（生殖細胞）はAとaであるので，受精の結果生じた F_1 はすべてAaとなる（図4・1）．

AA, aa, Aaのように，遺伝子をどのような組合わせでもっているかを示したものを**遺伝子型**という．同じ遺伝子座の1対の異なる遺伝子（Aとa）を**対立遺伝子**という．そして，AAとaaを，この遺伝子についての**ホモ接合体**（同型接合体），Aaを**ヘテロ接合体**（異型接合体）とよぶ．遺伝子型がヘテロのときに，表現型に現れる方の遺伝子を**優性遺伝子**，現れない方の遺伝子を**劣性遺伝子**とよぶ．

メンデルが実験に用いた7種の形質のそれぞれ2種類の純系の遺伝子は，片方が他方に対して優性であった．したがって，メンデルの実験結果は，丸の純系（遺伝子型は優性ホモのAA）と角の純系（遺伝子型は劣性ホモのaa）を交配すると，F_1 はすべて遺伝子型がヘテロのAaとなり，優性の遺伝子Aの影響（丸）のみが表現型に現れ，劣性の遺伝子aの影響（角）は現れないことを示している．ヘテロ接合体のときに，優性遺伝子の影響のみが表現型に現れ，劣性遺伝子が表現型に現れないことを**優劣の法則**という．一般に，優性と劣性の遺伝子を文字で表す場合には，優性遺伝子を大文字で，その劣性対立遺伝子を同じ文字の小文字で表す．

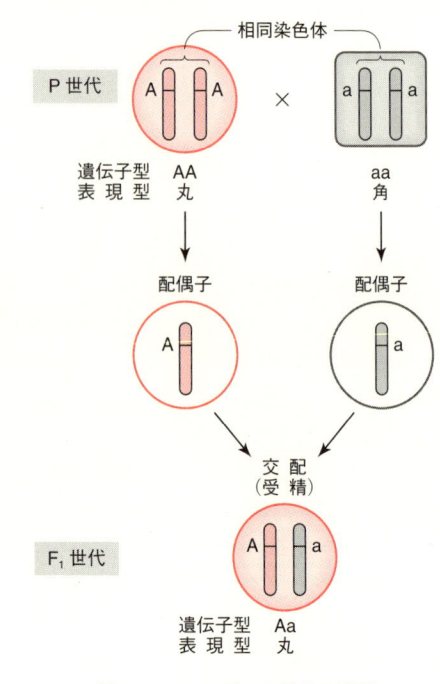

図4・1　メンデルの優劣の法則

メンデルは，さらに F_1 どうしを交配して**雑種第二代（F_2）**をとり，その表現型の**分離比**を調べた（表4・1参照）．エンドウの種子の形について，丸の純系（遺伝子型AA）と角の純系（遺伝子型aa）の交配による F_1 の表現型は丸で，遺伝子型はAaであった．したがって，F_1 どうしの交配による F_2 の遺伝子型と表現型の分離比は，理論的には図4・2のようになるはずである．つまり，F_1 が遺伝子型Aとaの配偶子を1：1につくるとすると，F_2 の遺伝子型の分離比はAA：Aa：aa＝1：2：1になるので，表現型の分離比は丸：角＝3：1になることが期待できる．メンデルが行った実験の F_2 の表現型の分離比の実測値は，表4・1にあるように丸：角＝5474：1850（2.96：1）で，理論値とほぼ同じ3：1であった．また，他の形質でも，F_2 の表現型の分離比は3：1であった（表4・1）．このように，F_1 で表現型に現れなかった劣性遺伝子の影響が，その F_2 で分離して現れる現象を，**分離の法則**という．

の遺伝子型はヘテロ接合体の AaBb になり，表現型は [AB] である．遺伝子型 Aa を**単性雑種**，AaBb を**両性雑種**とよぶ．この F_1 がつくる配偶子の遺伝子型は，図4・3のようになる．ここで注意したいのは，もしAとB遺伝子座が同じ染色体上にあった場合は，表現型は同じ [AB] でも，それがつくる配偶子の遺伝子型の種類が異なることである．このような場合，A遺伝子座とB遺伝子座は**連鎖**しているという．一方，AとB遺伝子座が別の染色体にある場合，A遺伝子座とB遺伝子座は**独立**しているという．

メンデルが実験に選んだ7種の形質の遺伝子座は，それぞれ別々の染色体上に存在するか，同一の染色体上にあっても位置が離れていたために後で説明する乗換えが遺伝子座間で起こり（§4・2・1参照），連鎖が見られなかった．

したがって，連鎖のない A, B 遺伝子座についてのヘテロ接合体（F_1）どうしを交配したときの F_2 の遺伝子型と表現型の分離比の理論値は，図4・4のようになる．表現型の分離比は，

$$[AB] : [Ab] : [aB] : [ab] = 9 : 3 : 3 : 1$$

になるが，[A] : [a] や [B] : [b] を整理すると，3 : 1 になっていることがわかる．このように，複数の遺伝子座の雑種でも，それぞれの遺伝子座の分離比を調べると，独立して遺伝して F_2 で3：1に分離することを，**独立の法則**という．

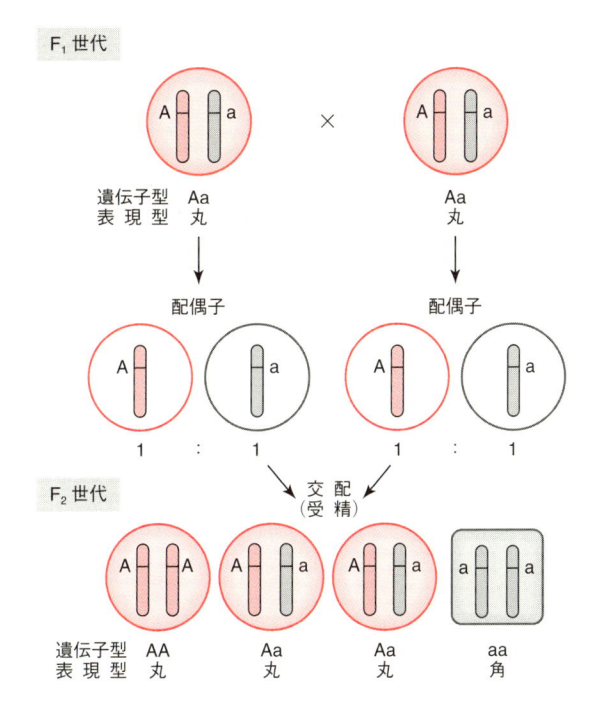

図4・2 メンデルの分離の法則

4・1・2 独立の法則

メンデルは，交配実験を二つ以上の形質についても拡張した．結果をまとめるとつぎのとおりである．異なる染色体上の二つの遺伝子座AとBについて，遺伝子型が AABB と aabb の親を交配すると，生じる F_1

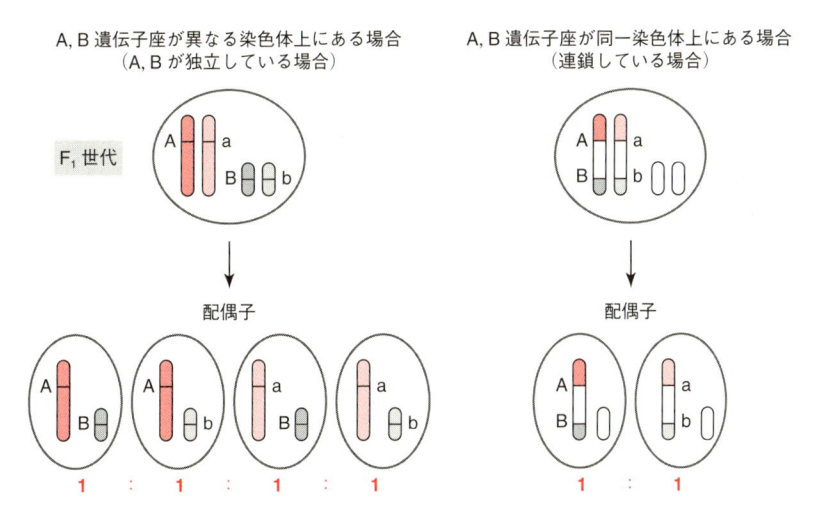

図4・3 2種の遺伝子座が独立している場合と連鎖している場合の配偶子の遺伝子型の違い

F₁ AaBb × AaBb

配偶子 AB : Ab : aB : ab (1 : 1 : 1 : 1)　　配偶子 AB : Ab : aB : ab (1 : 1 : 1 : 1)

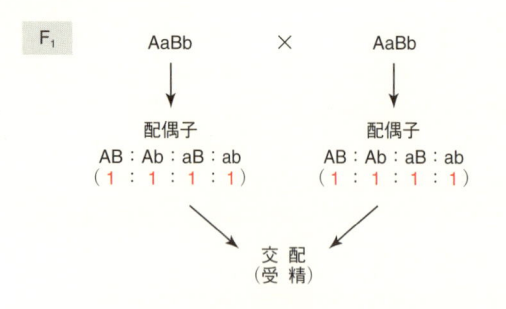

交配（受精）

F₂

配偶子＼配偶子	AB	Ab	aB	ab
AB	AABB	AABb	AaBB	AaBb
Ab	AABb	AAbb	AaBb	Aabb
aB	AaBB	AaBb	aaBB	aaBb
ab	AaBb	Aabb	aaBb	aabb

遺伝子型の分離比と表現型の分離比

[AB]　1 AABB ＋ 2 AABb ＋ 2 AaBB ＋ 4 AaBb ＝ 9
[Ab]　1 AAbb ＋ 2 Aabb ＝ 3
[aB]　1 aaBB ＋ 2 aaBb ＝ 3
[ab]　1 aabb ＝ 1

図 4・4　メンデルの独立の法則

4・1・3　複対立遺伝子

　遺伝子は，DNA の長い塩基配列であるので，遺伝子内のいろいろな箇所で，塩基配列の変異（**突然変異**）が生じうる．したがって，1 遺伝子座の対立遺伝子の種類数が，相同染色体の数の 2 より多くても不思議ではない．三つ以上の対立遺伝子が見つかった場合，それらを**複対立遺伝子**とよぶ．たとえば，ショウジョウバエの眼の色を決定する遺伝子にはいろいろな突然変異が存在する．野生型（正常）は赤であるが，この遺伝子にはホモ接合体で白，アンズ色，鮮紅色，真珠色などの表現型を示す 15 以上の突然変異が知られている．また，ヒトの ABO 式血液型は三つの複対立遺伝子，I^A，I^B，i で決まる．遺伝子型が I^AI^A と I^Ai は表現型が A 型，同様に I^BI^B と I^Bi は B 型，I^AI^B は AB 型，ii は O 型になる．I^A と I^B のヘテロ接合体では両方の遺伝子の働きが表現型に現れる．このような場合，二つの対立遺伝子は**共優性**であるという．
　複対立遺伝子は，同じ遺伝子内に起こった変異によるものなので，その表現型は，たとえば眼の色などのように，同じ形質に現れる．ある形質について野生型とは異なるが，よく似た二つの劣性突然変異体 aa と bb が得られたとき，それらが複対立遺伝子なのか，

あるいは異なる二つの遺伝子座に起こった変異なのかを知るにはどうすればよいだろう．これは，その形質を調節している遺伝子座がいくつ存在するかを調べる場合には避けて通れない問題である．
　この問題は，図 4・5 の**相補性テスト（シス・トランステスト）**で明らかにすることができる．二つの変異が起こった部分が，ヘテロ接合体の細胞の中に共存する仕方には，同じ染色体上に乗っている場合（**シス配置**）と，片方の変異部分が相補的染色体上に乗っている場合（**トランス配置**）の二つの場合がある．ま

	二つの変異 a, b が同一遺伝子内の変異の場合	二つの変異 a, b が異なる遺伝子内の変異の場合
シス配置	a　b／＋　＋ → 正常ポリペプチド　表現型は**野生型**	a　b／＋　＋ → 正常ポリペプチド　正常ポリペプチド　表現型は**野生型**
トランス配置	a　＋／＋　b → （正常ポリペプチドなし）　表現型は**突然変異型**	a　＋／＋　b → 正常ポリペプチド　表現型は**野生型**

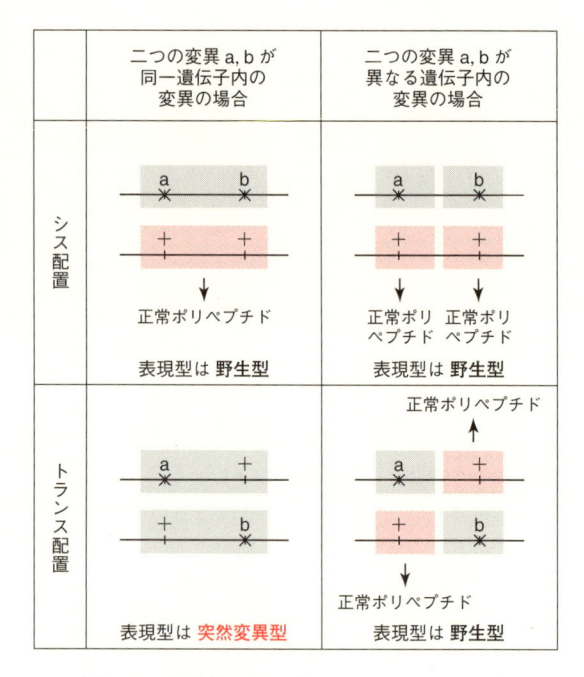

図 4・5　相補性テスト（シス・トランステスト）

た，それぞれについて，二つの変異が同一遺伝子内の変異の場合と，異なる遺伝子内の変異の場合の二つの場合がある．**二つの変異が同一遺伝子内の変異であったときは**，シス配置では相補的染色体上の野生型遺伝子から正常なポリペプチドがつくれるので，このヘテロ接合体の表現型は野生型に近いものになる．また，トランスの配置では，正常なポリペプチドをつくる野生型遺伝子がなくなるので，このヘテロ接合体の表現型は突然変異型になる．**二つの変異が異なる遺伝子内の変異であったときは**，シスの場合もトランスの場合も正常なポリペプチドをつくる遺伝子があるので，どちらの場合もヘテロ接合体の表現型は野生型に近いも

のになる．したがって，aa × bb の交配をしてトランス配置での表現型をみれば，二つの変異が同一遺伝子内に起こった変異（複対立遺伝子）か，異なる遺伝子内に起こった変異かを見分けることができる．相補性テストを行うためには，aa と bb のホモ接合体を作製しなければならない．二つの変異をトランス配置にしたとき，表現型が野生型に戻る現象は**相補性**とよばれる．相補性は，遺伝子そのものの定義や，遺伝子の機能を考察するうえで重要である．

4・2 連鎖と染色体地図

4・2・1 連鎖と乗換え率

いままで説明してきたほとんどの例は，異なる遺伝子がそれぞれ別の染色体上に存在し，そのため独立に遺伝した．しかし，図4・3で示したように，2個の遺伝子が同じ染色体上にある場合は，減数分裂における配偶子形成の際に一緒に行動することになる．この現象が**連鎖**（リンケージ）である．そして，連鎖する一群の遺伝子を**連鎖群**（リンケージグループ）という．連鎖群の数は，その生物の配偶子がもつ染色体数に等しくなるので，染色体が小さくて数えることが困難な生物でも，遺伝子が多数わかっていれば，連鎖群の数から染色体数を推測することができる．出芽酵母の *Saccharomyces cerevisiae* は，連鎖群と同じ染色体数がのちになって確認された例の一つである．ヒトは，染色体数46本で，連鎖群数は23である．

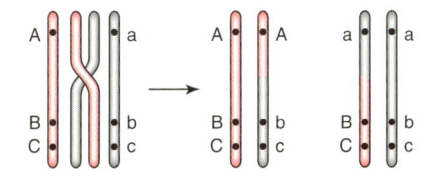

図4・6 相同染色体間の乗換え

しかし，減数分裂では，相同染色体の対合の際の**乗換え**（組換え）が頻繁に起こり，そのため相同染色体間で遺伝子の組換えが起こる（図4・6）．これが原因となって，連鎖している遺伝子でもその間で乗換えが奇数回起これば独立して挙動することになる．もし，乗換えが染色体上のいろいろな点で自由に起こるなら，連鎖している2個の遺伝子座間の距離が短いほど，乗換えはまれであり，距離が長いほど**乗換え率**

（組換え率）が高くなることになる．したがって，遺伝子をその乗換え率に基づいて順に並べることができる．乗換え率に基づいて遺伝子の配置を示した地図を**染色体地図**といい，1％の乗換えが起こる間隔を**1モルガン単位**（センチモルガン）という．

染色体地図をつくるためには**三点検定交雑**が用いられる．まず，三つの遺伝子座のヘテロ接合体 AaBbCc をつくり，それに三つの遺伝子座の劣性ホモ接合体 aabbcc を交配して，子孫の表現型とその頻度を調べる．これを**検定交雑**（検定交配）という．つぎに，観察された数値から，二つの遺伝子座の組合わせ3通りについて，乗換え率を計算する．乗換え率が最も高い遺伝子座間が三つの遺伝子座の配列の中で両末端に位置する遺伝子座である．たとえば，AB, BC, CA 間の乗換え率が，30％，10％，20％なら，三つの遺伝子座間の染色体地図は下記のようになる．

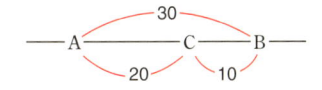

```
        ―――30―――
    ―A―――C―――B―
        ―20― ―10―
```

この方法を用いれば，ある連鎖群に新しい遺伝子が見つかったときに，この遺伝子と，既知の二つの遺伝子座の三つの遺伝子座間の乗換え率を調べて，新しい遺伝子座の位置を決定することができる．実際には，相同染色体間で乗換えが起こったとき，その近辺で第二の乗換えが起こりにくくなったり（正の干渉），逆に起こりやすくなったりする現象（負の干渉）で，乗換え率が上の場合のように正確に，$\overline{AB} = \overline{AC} + \overline{CB}$ にはならないことが多い．また，染色体の構造上の不均一性から，乗換えが比較的起こりやすい部分とそうでない部分の領域の存在も乗換え率をゆがめる原因になる．しかし，この方法によって遺伝子座の順序を決められ，それらの相対的な距離もおおまかには知ることができる．

4・2・2 唾腺染色体（多糸染色体）

染色体上の遺伝子座の位置を目で見ることができる細胞がある．双翅目昆虫のカやユスリカやハエの**唾液腺細胞**がそれである．ここには，**唾腺染色体**または**多糸染色体**とよばれる**巨大染色体**が存在する．ふつう，長く伸びた状態の間期染色体を顕微鏡で見ることは困難で，折りたたまれてはじめて見える太さになる．しかし唾液腺細胞では，相同染色体が対合したあと間期の状態を維持して，核分裂なしでDNAの複製を繰

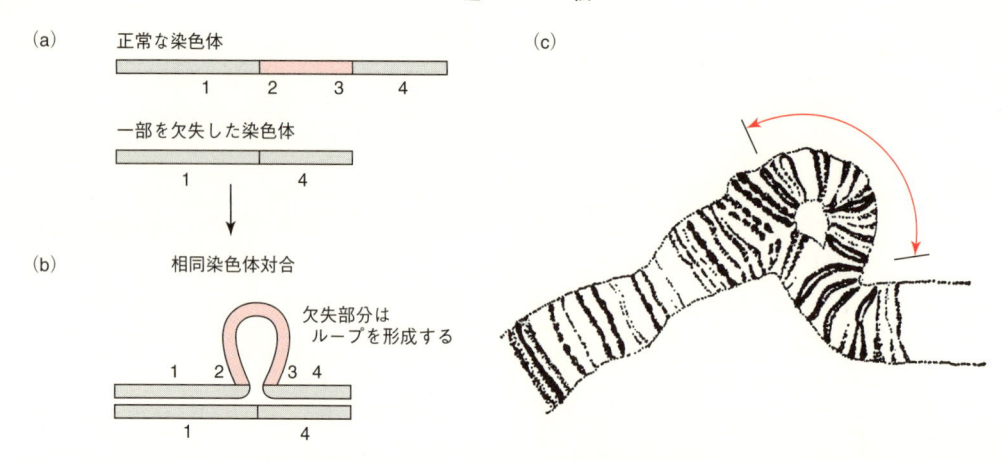

図4・7 相同染色体の一方に欠失部分をもつショウジョウバエの唾腺染色体像 (a) 正常染色体と欠失染色体との関係．(b) 欠失染色体と正常染色体との対合．対合できない正常染色体の2と3の部分がはみ出す．(c) 相同染色体の一方に欠失をもつ唾腺染色体［茅野 博，"遺伝と染色体", p.56, 共立出版(1983), 図3・7を一部改変］

返し，各相同染色体が2^{10}本程度密着して並列した太い染色体をつくる．そのため，染色体の染色小粒（クロモメア）部分が縞模様（バンド）になって見える．同様な多糸染色体は，原生動物の下毛類繊毛虫でも，大核の分化過程で観察できる．

唾腺染色体の横縞の特定部分がほどけて横に広がることがある．これは**パフ**とよばれ（図5・40参照），遺伝子発現が盛んで転写が行われている部分である．

染色体に部分的な欠失が起こった個体と正常な個体を交配すると，子孫の唾腺染色体では相同染色体が対合しているので，一方に欠失部分があれば，これに対応する正常な染色体の部分がはみ出してループを形成する．そこが，欠失が起こった遺伝子が存在していた位置である（図4・7）．

4・3 性染色体と伴性遺伝

4・3・1 性の決定

雌雄の染色体構成を比較したときに，雌雄に共通して1対存在する**常染色体**とは別に，性と関係して雌雄で形の違いがある染色体を**性染色体**という（図4・8）．雄ヘテロ型と雌ヘテロ型があり，前者には，XY型（雄がXとY染色体をもち，雌が2本のX染色体をもつ），または，X染色体のみでY染色体を欠いたXO型（雄がX染色体を1本もち，雌がX染色体を2本もつ）がある．雌ヘテロ型にも，同様にXY型とXO型がある．ヒトとショウジョウバエは雄ヘテロXY型で，バッタとヘリカメムシは雄ヘテロXO型，カイコは雌ヘテロXY型である．

ヒトでは，Y染色体の有無が性を決定し，これがあれば男性になる．ところがショウジョウバエでは，X染色体の数÷常染色体の組数の率（**性指数**）で性が決定され，Y染色体は性決定に関与しない．性指数が1.0以上のときは雌になる．また，0.5より大きく1.0未満のときは間性になり，半分雌で，通常非常に弱く不妊である．性指数が0.5以下のときは雄になる．正常なキイロショウジョウバエの雌の性指数は，X染色体の数(2)÷常染色体の組数(2)＝1.0である（図4・8参照）．同様に正常な雄では，1÷2＝0.5である．

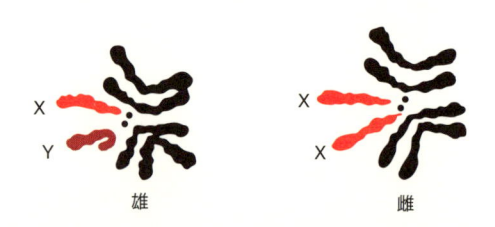

図4・8 キイロショウジョウバエの染色体 ［R. A. Wallace, J. L. King, G. P. Sanders, "Biosphere——the Realm of Life", 2nd Ed., Scott, Foresman & Co. (1988), ［邦訳］石川 統ほか訳，"ウォーレス現代生物学", p.187, 東京化学同人(1991)を一部改変］

単細胞生物でも，繊毛虫や酵母菌では雌雄に相当する性の分化があるが，常染色体と形態的に識別できる性染色体は見つかっていない．

4・3・2 伴性遺伝とX染色体不分離

遺伝子座が性染色体上に存在するときには，その形質は雌雄の性と関連して遺伝する．これを**伴性遺伝**とよぶ．1910年ごろ，米国のT. H. Morganは，キイロショウジョウバエの眼の色が，X染色体にある遺伝子座で決まることを見つけた（図4・9）．野生型の眼の色は赤で，白は劣性の突然変異である．ホモ接合体の白眼の雌と，赤眼の雄を交配すると，F_1 は，赤眼雌：白眼雄＝1：1になり，白眼雌と赤眼雄は出てこない．親と比較したときに，F_1 では眼色と雌雄が親とは逆になるので，これを十文字遺伝とよぶ．F_1 の雌雄を交配して F_2 をつくると，図4・9のように，赤眼雌：赤眼雄：白眼雌：白眼雄＝1：1：1：1になる．

しかし，ごくまれに，F_1 に白眼雌と赤眼雄が見つかることがある．Morganの弟子のC. B. Bridgesは，この現象が，雌親の減数分裂の異常によるもので，2本のX染色体が2個の細胞に分かれずに一緒に行動したものと考えた（図4・10）．実際に，F_1 の白眼の雌は，2本のX染色体と1本のY染色体をもっていた．また，F_1 の赤眼の雄は，X染色体が1本のみで，Y染色体をもっていなかった．

X染色体不分離の現象の発見は，遺伝子の異常な分離に染色体異常が関係していることを示した最初の例である．染色体不分離は，常染色体でも起こる（§4・5参照）．

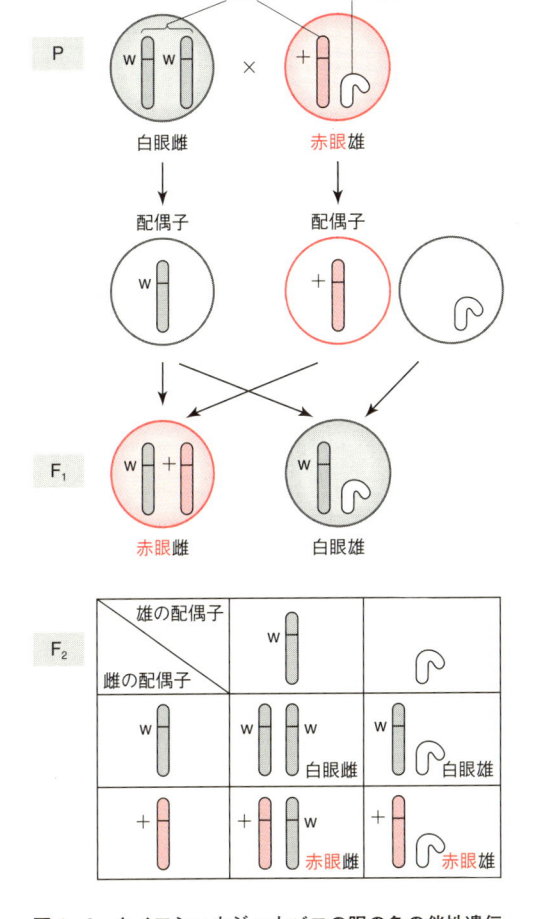

図4・9 キイロショウジョウバエの眼の色の伴性遺伝

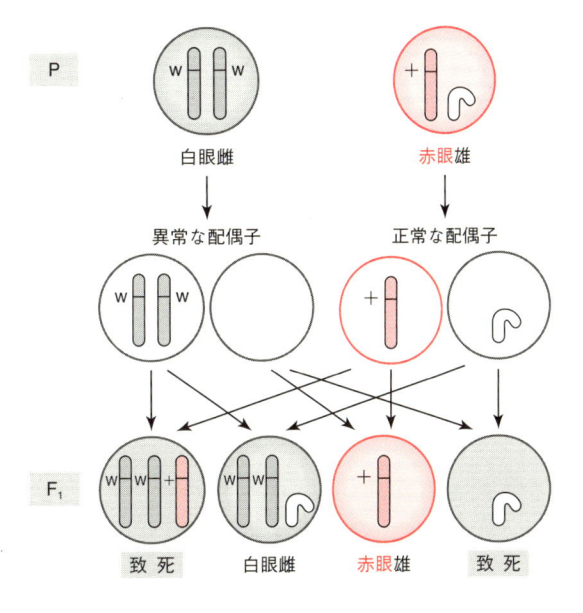

図4・10 キイロショウジョウバエのX染色体不分離

4・4 非メンデル性遺伝

遺伝子は，細胞核のDNAだけではなく，細胞質に存在する細胞小器官のミトコンドリアや葉緑体のDNAにも存在する．したがって，これら細胞小器官の遺伝子は，細胞核の遺伝子とは独立して配偶子の細胞質を経て子孫に伝えられる．これを**非メンデル性遺伝**，**細胞質遺伝**などとよぶ．多数の突然変異体も分離されている．

一般に，精子のミトコンドリアは受精の際に卵細胞質に入らないので，受精卵のミトコンドリアはすべて母親由来のものである．この場合は特に**母性遺伝**とよばれる．一方，両方の親の遺伝子が子孫に伝えられる場合を**両性遺伝**とよぶ．

単細胞植物のクラミドモナス（*Chlamydomonas*）では，雌雄の配偶子細胞が融合すると，40分後には雄の葉緑体DNAのみが選択的に分解され，雌の葉緑体DNAのみが子孫に伝わる（図4・11）．このとき，ミトコンドリアDNAはどちらの性の細胞でも分解されずに両性遺伝をする．このように母性遺伝が葉緑体でのみみられる生物もあり，同じ細胞内にあるミトコンドリアDNAと葉緑体DNAでも，片方の親由来のDNAしか子孫に伝わらない場合がある．一方，ボルボックス，シャジクモ，シダ植物では，雄由来のミトコンドリアDNAと葉緑体DNAの双方が雄性配偶子の形成過程で分解されるため両方とも母性遺伝を行う．

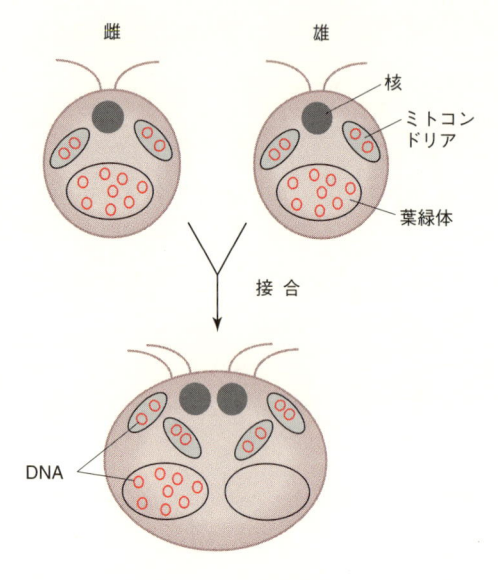

図4・11 クラミドモナスの葉緑体DNAの母性遺伝
雌雄の配偶子が接合すると雄配偶子由来の葉緑体DNAのみが分解される．ミトコンドリアと葉緑体の中の小さな輪はDNAを示す．

ミトコンドリアDNAは，細胞核DNAに比べると進化の過程での塩基置換の速度が速い．さらに，母性遺伝を行う場合は，同一種内や近縁種の間でも塩基の置換を比較し，ヒトの起原や個人の判定や近縁種間での進化の流れを調べることができる．

ミトコンドリアDNAの変異によって，好気的エネルギー産生の不足が生じ，特にエネルギー消費が多い，脳，骨格筋，心筋等が異常になる病気を**ミトコンドリア病**という．ミトコンドリア病では嫌気的呼吸が酷使されるため，代謝産物の乳酸やピルビン酸の蓄積が起こることがある．糖尿病に類似の症状を示すこともあり，糖尿病の1%はミトコンドリア病であると考えられている．ミトコンドリア病にはまれに細胞核ゲノムにコードされるミトコンドリアタンパク質遺伝子の変異によるものもある（シトクロムc酸化酵素欠損の一部など）．ミトコンドリアDNAの変異による表現型は母性遺伝を行う．

ミトコンドリア病の治療は対症療法が主となり，呼吸電子伝達系（§3・4・4参照）を補うため，ユビキノンやコハク酸の投与を行う場合がある．

4・5 染色体異常

染色体は，放射線照射や化学物質等の原因によって，量や形に異常が生じることがある．たとえば品種改良の目的で，染色体異常の倍数性をコルヒチン処理でつくり出すことができる．三倍体の種無しスイカがその例である．また，正常な発生過程として，染色体異常が起こる生物も知られている．染色体の異常は，その生物に致死的効果を及ぼしたり，不妊にさせたりすることもあるが，一方では生物の進化にも貢献してきたと考えられる．

染色体異常の種類をまとめると以下のようになる．

4・5・1 量的変化

a. ゲノム単位の倍数 半数体の染色体数を単位とした増減で，一倍体や三倍体が生じる．植物では，コルヒチンなどで染色分体の分離を阻害して比較的容易に倍数体をつくることが可能で，品種改良の手段に利用されている．また，唾腺染色体は，唾液腺細胞が倍数体になった例である．

b. 特定の染色体の数の増減 1対あるべき染色体が，まったくない場合をヌリソミー，1本しかない場合を**モノソミー**，3本ある場合を**トリソミー**，4本ある場合を**テトラソミー**という．ヒトの21番目の染色体がトリソミーになると**ダウン症候群**になる．ダウン症候群は，母親が高齢出産した場合に出現頻度が高まることが知られている．これは，染色体不分離（§4・3・2参照）が生じる頻度と年齢が関係していることを示している．また，ヒトの性染色体の数の異常の中で，XXY, XXXY, XYY, XXXYYなどの性染色体構成を示す男性は，**クラインフェルター症候群**とよばれ

る異常を現し，外見的には男性だが精巣発育不全，乳房肥大などの女性化傾向を示す．X染色体が1本の女性は，**ターナー症候群**とよばれる異常を現し，低身長，子宮発育不全などを示す．XXXの女性は，母親のX染色体不分離によって生じ，一部に知能障害がみられることが報告されている．XYYの男性は，父親の第二減数分裂におけるY染色体の不分離が原因で生じ，身長が著しく高い特徴を示す．

c. 染色体の部分的変化

i) 欠失

1本の染色体が2箇所で切れると，この部分の染色体断片が除去されて，残りの切断部分が結合することがある．除去部分に動原体を含まない場合は，細胞分裂後に失われ，その部分を欠いた短い染色体ができあがる．しかし，大きな欠失のほとんどは致死となる．どの部分が欠失したかは，染色体を特殊な方法で染めて縞模様の変化で見たり（**染色体の分染**），唾腺染色体で確認することができる（図4・7参照）．

ii) 重複

染色体の一部に相同染色体の一部を重複してもつことは，一般に他の染色体の欠失を伴う．遺伝子が重複されると，その片方は必要ではなくなるので，自由に変異を起こすことができると期待される．重複は，生物に遺伝子量を増加させ，複雑化できる機会を与えるので，進化に貢献したと考えられている．

d. 染色体の融合

ヒトは2n=46，チンパンジーは2n=48であるが，両者の染色体を分染すると，チンパンジーの12番目と13番目の染色体が融合したものがヒトの2番目の染色体に相当する．このことは，チンパンジーからヒトへの進化の過程で，染色体の融合が起こったことを示している．両者の間には，さらに後で説明する逆位と転座が起こったことも認められている．

e. プログラムされた発生過程の染色体変化

線形動物のウマカイチュウでは，発生初期過程で，将来生殖細胞に分化する系列以外の細胞で，染色体が断片化し放出が行われる．この現象を**染色体削減**という．

原生動物繊毛虫類のスタイロニキア（*Stylonychia*）では，受精核から次世代の細胞の大核と小核（多細胞生物の体細胞核と生殖細胞核に相当）が分化する過程で，多糸染色体形成とその後の染色体の断片化が大核原基で起こり，大核DNAの約95％が失われる．残りの5％のDNAは，染色体の断片化によって1遺伝子サイズに切断され，コピーを増幅してDNA量を増し，成熟した大核に分化する．生殖核である小核に分化する核ではこのような変化は起こらず，無傷の長いDNAが子孫に伝えられる．

染色体削減は他の繊毛虫でもみられる．繊毛虫類のゾウリムシ（*Paramecium*）とテトラヒメナ（*Tetrahymena*）では，受精核から大核原基が分化する過程で小核に存在するDNAの約15％が常に消失する．この現象は正常な発生過程でプログラムされて行われ，2種類のタイプがある．一つは，小核特異的塩基配列の中の15 bpの塩基配列を介して行われ，これによって，DNAは20〜1500 kbpに断片化される．断片化された末端には**テロメア**（5′-CCCCAA-3′などの短い配列が1000回以上繰返す配列）が付加される．もう一つのタイプは，内部除去配列（internal eliminating sequence, IES）とよばれる特定の塩基配列の削除と再結合を伴って行われ，ゲノム当たり約6000箇所で行われる．RNAスプライシングと似た現象で，これによって遺伝子の再編集が行われる．

4・5・2 配列順における変化

a. 逆位　染色体の2箇所で切断が生じたときに，切り出された断片が，180°回転して再びつながってできる．したがって，この部分の遺伝子の配列は逆になっている．

b. 転座　染色体の一部分が切れて，同じ染色体の他の部分や，他の染色体に結合してできる．欠失や重複の原因になる．

4・6 ハーディー・ワインベルグの法則

庭に咲くオシロイバナの花の色は不完全優性で，赤が優性ホモ接合体（AA），ピンクがヘテロ接合体（Aa），そして白が劣性ホモ接合体（aa）である．毎年，花を咲かせるこの植物は，世代が代わるごとに，赤，ピンク，白の割合を変化させるのだろうか．

この問題は，1908年，イギリスの数学者 G.H.Hardy とドイツの医師 W. Weinberg によって，別々に解かれ，**ハーディ・ワインベルグの法則**とよばれる．この法則によると，つぎの条件を満たす集団では，遺伝子の頻度と遺伝子型の頻度は，世代を超えて変化しない．

① 自由に交配が行われ,
② ある遺伝子型が他の遺伝子型よりも生き残りやすかったり, 子供を多数産んだりするような選択が働かず,
③ 突然変異や移住によって対立遺伝子が失われたり, 付け加わったりすることがない,
④ 無限に大きな集団.

オシロイバナを例にして説明してみよう. 遺伝子型 AA, Aa, aa の頻度が 1:2:1 の集団があったと仮定する. これらが自由に交配するとすると, F_1 の遺伝子型の頻度は, 表 4・2 のようになる.

この結果からわかるように, 次世代でも, そのつぎでも 3 種の遺伝子型の頻度は変化しない. 現実にはこの法則が成り立つための条件を完全に備えた集団は存在しない. 平衡状態に混乱が生じると, 1 世代の任意交配によって新しい平衡が新しい遺伝子頻度のもとで確立される. しかし, 以前の値に戻ることはない. だからこそ, 生物は進化するといえる.

表 4・2 遺伝子型 AA, Aa, aa の個体が, 1:2:1 の頻度で存在し, それらが自由に交配したときの F_1 の遺伝子型頻度

雄の配偶子＼雌の配偶子		AA から 2 A	Aa から A, a	aa から 2 a
AA から	2 A	4 AA	2 AA, 2 Aa	4 Aa
Aa から	A	2 AA	AA, Aa	2 Aa
	a	2 Aa	Aa, aa	2 aa
aa から	2 a	4 Aa	2 Aa, 2 aa	4 aa
合計			9 AA：18 Aa：9 aa＝1：2：1	

5 遺伝子とその働き

5・1 遺伝情報はDNAにある

　遺伝という現象，すなわち世代から世代へと受継がれていく形質の恒常性や変異などを説明するのに，何らかの分子が遺伝情報を担っていて，それが受継がれていくと考えると都合よく説明できる．1940年代の初めごろまでに遺伝情報はタンパク質のアミノ酸配列を決めるのではないかと考えられるようになってきていた．そのメカニズムは，遺伝情報として何らかの鋳型があって，それにならってアミノ酸をつなげていくと想像されていたが，その正体はまったく不明であった．はじめはタンパク質のポリペプチド鎖自体が鋳型の候補として考えられたが，化学的に鋳型となりえないことが示されてその仮説は大きく揺らいだ．タンパク質は多様で大きな分子である．その情報を担っている分子であるならば，タンパク質と同じぐらいかそれよりも大きいはずである．そこで，遺伝情報を担う有力な候補としてあがってきたのが核酸であった．核酸はすべての細胞にあり，タンパク質よりもはるかに大きい分子であることがわかっていたが，巨大分子であるために当時としては化学的扱いが難しくて研究が進んでいなかった．

5・1・1　形 質 転 換

　DNAが遺伝情報を担う物質であることを最初に証明したのは，アメリカの微生物学者 O. T. Avery で，1944年のことだった．これに先立つ1928年，イギリスの微生物学者 F. Griffith は当時流行していた肺炎の病原菌である肺炎双球菌に無毒と有毒の2種類あり，加熱して殺菌した有毒の肺炎双球菌を無毒の肺炎双球菌に混ぜると有毒な菌に形質が転換し，しかもこの形質は遺伝することを見いだした．その後，この形質を転換させる物質を明らかにする研究が始まり，Averyらがこれを分離精製し，DNAであることを突きとめたのである．

　彼らの発見は衝撃的ではあったが，当時はまだDNAが遺伝情報を担う普遍的な物質とは受入れられなかった．むしろ特殊な細菌の一例としか受けとめられなかった．しかし，遺伝情報を担うと考えられていた染色体にほとんどのDNAがあることや，同じ種で

(a) 体細胞分裂

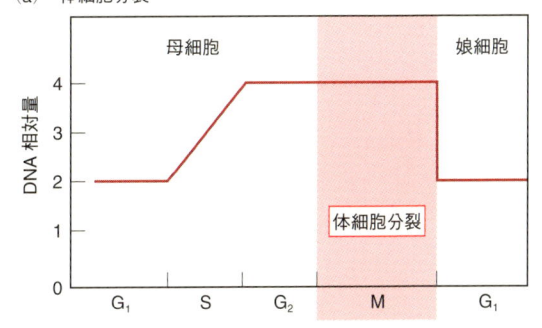

(b) 減数分裂

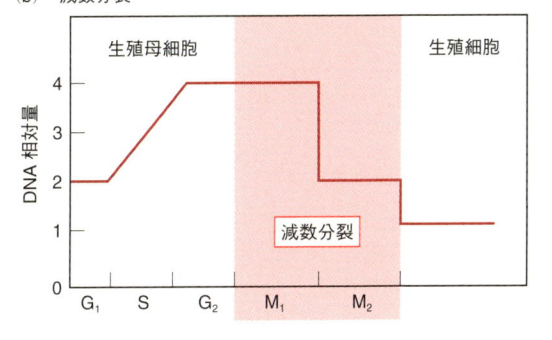

図5・1　細胞分裂とDNA量の変化

あれば体細胞（二倍体）の核に含まれる DNA 量がどの細胞でも一定で，配偶子（一倍体）ではその半分であることなど（図5・1），状況証拠は徐々に積み重ねられていった．

一方，1950年ごろまでにウイルスに関する研究が進み，ウイルスが細菌に感染することにより，細菌の遺伝形質が変わることやウイルスの複製が行われることから，ウイルスにも遺伝情報があると考えられるようになった．細菌を宿主とするウイルスを**バクテリオファージ**（以下ファージと略す）というが，ファージは細菌に感染すると細菌の中で複製を重ね，最後に細菌を中から突き破って多数のファージとなって飛出

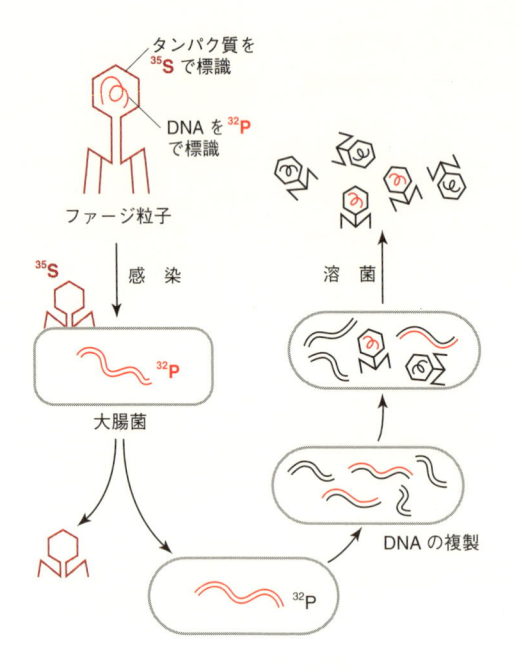

図5・2 ファージの複製

す．感染する際，ファージ粒子全体が細菌に入るのではなく，ファージ粒子の一部だけが入るが，まさにその物質こそが遺伝情報を担っているに違いなかった．ウイルスはタンパク質と DNA からできており，どちらかが遺伝情報をもっているはずであるが，この論争に決定的な終止符を打ったのは A. D. Hershey と M. Chase の研究で1952年のことだった．当時放射性同位元素を用いた物質の追跡が盛んに行われ始めていたが，彼らはタンパク質と DNA を構成する元素の違いに目をつけた．タンパク質を構成するアミノ酸にはメチオニンやシステインのように S（硫黄）を元素として含むものがあるが，DNA は S を含まない．一方，P（リン）元素は DNA には含まれているが，アミノ酸には含まれていない．そこでタンパク質を ^{35}S で，DNA を ^{32}P で標識したファージをつくり，これを細菌に感染させてどちらが細菌の中に入るかを調べてみた．その結果 DNA が中に入ってタンパク質が外に残ることが示され，DNA が遺伝情報を担う物質であることが証明されたのである（図5・2）．

5・1・2 DNA の構造

DNA は遺伝情報を担っている．では，どのように DNA 分子の上に情報をのせているのだろうか．文字のようなものがあるのだろうか．

DNA はアデニン(A)，チミン(T)，グアニン(G)，シトシン(C)の4種類の塩基をもつヌクレオチドでできている（§1・2参照）．1949年の E. Chargaff らのヌクレオチドの定量分析によって，4種類のヌクレオチドの含有量は種によって異なるが，A:T, G:C はつねに1:1であることがわかっていた．一方，X 線回折パターンから DNA の基本構造はらせんであることや，化学的分析から DNA のヌクレオチドをつなげるのは 3′-5′ ホスホジエステル結合であることがわかってきた．F. H. C. Crick と J. D. Watson はこれらの結果を考慮して，理論的に最も可能性のある分子モ

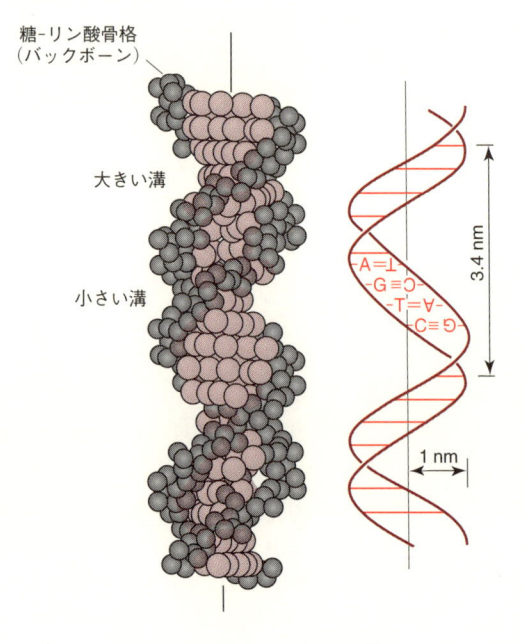

図5・3 DNA の二重らせん構造

デルを組立てていった．そしてついに1953年，彼らは**二重らせん**モデルに到達したのだった（図5・3）．二重らせんモデルでは2本のDNA鎖が**水素結合**を介して塩基間で対を形成している．塩基間の対合は特異的で，必ずAはTと，GはCと組合わさっている．それ以外の組合わせはない．これはChargaffが導き出した法則にもよく適合するばかりでなく，二重らせんの片方が反対鎖の鋳型になりうるということで，遺伝子の複製という現象もよく説明できる．4種類のヌクレオチドの配列の順番こそが遺伝情報であるらしいことがわかってきた．この二重らせんの発見を契機に遺伝子の複製機構，遺伝情報と遺伝情報を読取るための機構がつぎつぎと明らかにされ，今日の分子生物学とバイオテクノロジーの繁栄が築かれていったのである．

a. 二重らせん 二重らせん構造をとるDNAのそれぞれの鎖はポリヌクレオチドである（§1・2参照）．ポリヌクレオチドではデオキシリボースの5位の炭素と，つぎのデオキシリボースの3位の炭素がホスホジエステル結合によって結びつけられており，これが繰返されてDNAのバックボーンとなっている．情報はデオキシリボースの1位の炭素に結合している塩基の配列の順番として書表されている．ポリヌクレオチドには方向があって，それぞれの端をリン酸の結合したデオキシリボースの炭素の位置で表し，5′末端，3′末端とよぶ．DNAの二重らせんは逆方向を向いたポリヌクレオチド鎖が巻き合ったものである．塩基は比較的疎水性であり，親水性のデオキシリボースとリン酸の繰返しからなるバックボーンから，二重らせんの内側に突き出ている．塩基の分子は平面構造をとっており，その面はバックボーンに対してほぼ直角となっている．同一の鎖の中ではおのおのの塩基の分子の面は互いに平行で，バックボーンに沿って少しずつずれながら重ね合わさった格好となり，この重なりがDNA分子の安定化に寄与している．また，2本の鎖の塩基どうしは水素結合により結びついており，安定な水素結合はAとT，CとGだけでつくられる（図5・4）．組合わせは大きなプリンには小さなピリミジンと決まっていて，二重らせんの太さは塩基によらず一定である．ある長さにわたってAとT，GとCの組合わせができやすい配列があれば，それらを**相補的な配列**，あるいはそれらは**相補性**があるという．

b. DNAの変性と二重らせん再構成 DNAの二

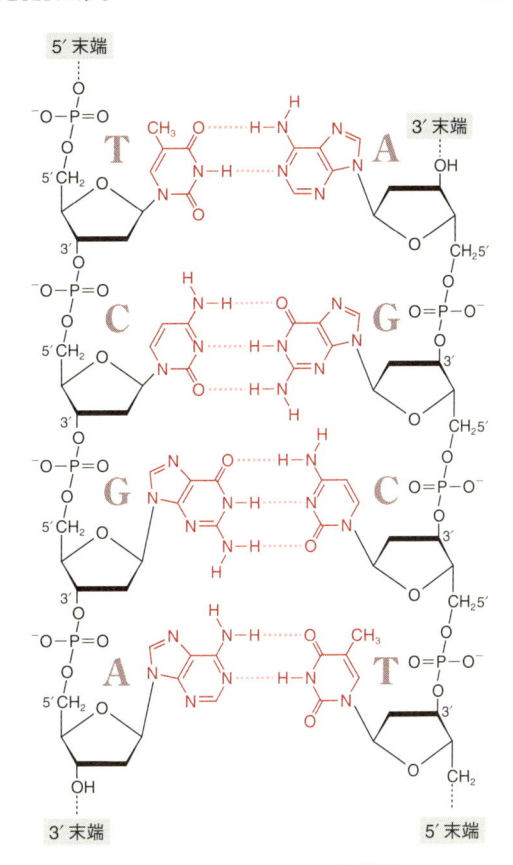

図5・4 二本鎖DNAと塩基対

本鎖は，バックボーンのリン酸の負の電荷によって反発し合っており，塩基間の水素結合の結合力とリン酸どうしの反発力とのバランスの中で二本鎖が形成される．DNAを100℃近くまで熱したり，尿素などの水素結合が不安定になる試薬を与えると二重らせんが解けて一本鎖DNAになる．一本鎖DNAの状態は二本鎖よりもエネルギー的に不安定で，塩基は水素結合をつくって二本鎖になろうとする．したがって，水溶液中の一本鎖DNAは相補する鎖に出会うと自然に二重らせんを再構成する．一定の塩濃度，pHの条件で，相補する鎖が解ける温度を**融解温度** T_m といい，鎖に含まれるGCの割合や鎖の長さに比例して高くなる．完全に相補する鎖でなくてもある程度以上の相補性があれば適当な条件下では二重らせんを再構成する（図5・5a）．配列によっては同じDNA鎖の中でも二本鎖DNAができる（図5・5b）．ある配列のすぐ近くに回転対称の配列があれば，同一DNA鎖の中で二本鎖ができて**十字形構造**が形成される．そのDNA配列から

転写された RNA も分子内で二本鎖ができるので**ヘアピンループ**とよばれる構造を形成する．RNA と DNA も相補性があれば DNA-RNA の二本鎖を形成する．ポリヌクレオチド鎖の相補性は遺伝子の複製や発現に大きな意味をもっている．また遺伝子の研究にも相補性を利用した技術がたくさん用いられている．

といい，一般に進化の程度が高いほどゲノムサイズは大きいが，例外も多い．ウイルスから細菌，ヒトを含めた真核生物に至るまでサイズは幅広い．

真核生物のゲノムサイズは原核生物に比べ約 1000 倍大きく，DNA の長さはヒトの場合，1 m 以上にもなる．染色体当たりにしても平均で 5 cm にもなり，これは 1 個の連続した分子である．中期染色体の平均長は約 5 μm であるから，1/10,000 の長さに折りたたまれていることになる．もつれないように詰込むために真核生物はどのような工夫をしているのだろうか．

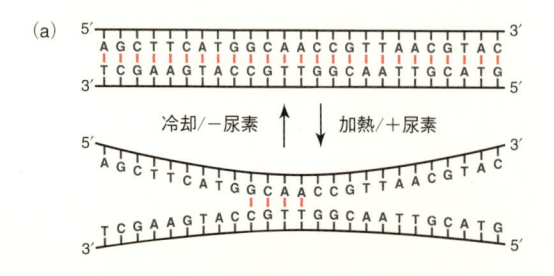

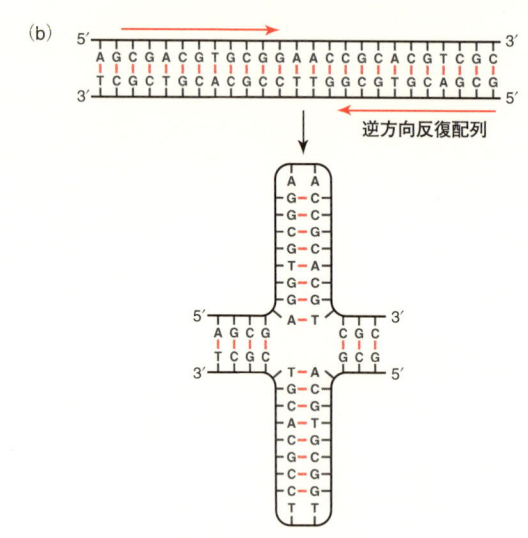

図 5・5　DNA の変性と二重らせん再構成

5・1・3　染 色 体

DNA は巨大分子である．一倍体当たりの DNA 量を塩基数などで表したものを**ゲノムサイズ**（表 5・1）

表 5・1　ゲノムサイズ

種	塩基対の数/一倍体
天然痘ウイルス	2×10^5
大腸菌	4.6×10^6
線虫	8×10^7
ショウジョウバエ	1.4×10^8
ウニ	8×10^8
ヒキガエル	6×10^9
ヒト	3×10^9

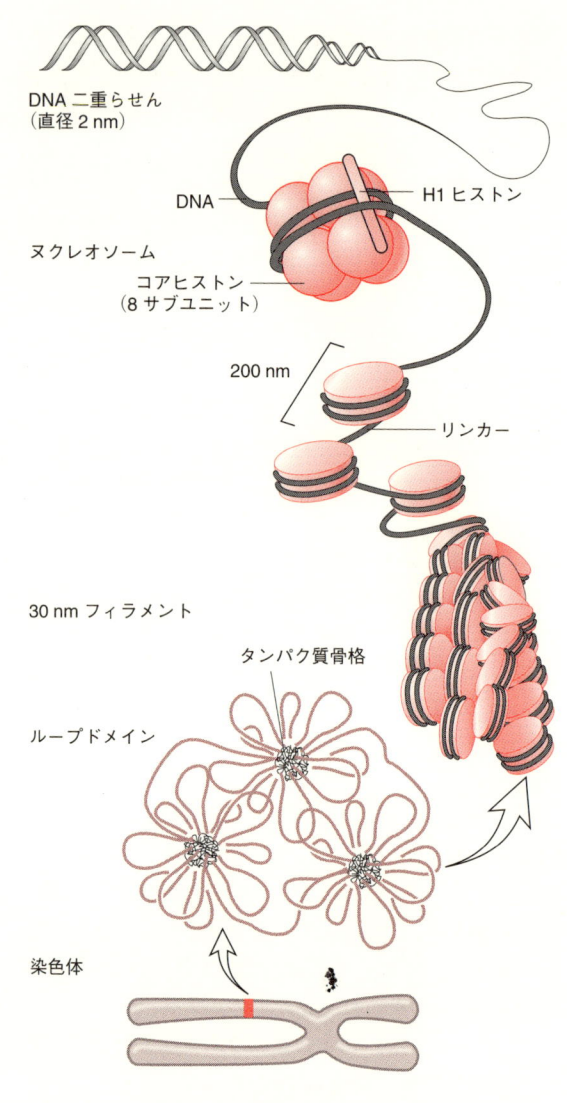

図 5・6　ヌクレオソーム構造　[G. Karp, "Cell and Molecular Biology", 4th Ed, John Wiley & Sons (2005), 〔邦訳〕山本正幸ほか訳，"カープ分子細胞生物学（第 4 版）"，東京化学同人 (2006) の図 12・14 を改変]

真核生物では原核生物と異なり，DNAはヒストンというタンパク質（§2・2・3b参照）に巻きつけられて**クロマチン**とよばれる状態で核に収まっている（図5・6）．クロマチンを電子顕微鏡で観察するとビーズ玉が糸でつながったような構造が見える．これは**ヌクレオソーム**とよばれ，H2A, H2B, H3, H4 が各2分子ずつ集まった**コアヒストン**とよばれる八量体にDNAが左巻きに巻きついたものである．巻きついているDNAの長さは146 bpで，ヌクレオソームをつないでいるリンカーとよばれる部分を含めると約200 bpの繰返し単位から成る．この段階でDNAは1/5の長さに折りたたまれている．ヌクレオソームはさらに**スーパーコイル構造**をとり，30 nmのフィラメントを形成する．H1ヒストンはリンカーとコアヒストンの両方に結合して橋かけをしており，30 nmフィラメント形成に重要な働きをしている．この段階でDNAの長さは1/40になる．有糸分裂の際にはさらに幾重もの高次のスーパーコイル構造をとり，DNAの長さが圧縮され，光学顕微鏡で観察されるような染色体となる．

クロマチンにはヒストンのほかにもタンパク質が結合しており，まとめて非ヒストンタンパク質とよばれている．それらには，DNAポリメラーゼ，RNAポリメラーゼや，DNA複製や転写を調節するタンパク質も含まれている．

5・1・4 遺伝子とは

遺伝子の情報はRNAとして写し取られる．転写されたRNAはRNAとして機能するtRNA, rRNA, snRNAや，タンパク質をコードするmRNAがある．遺伝子には実際に転写される部分のほかに，その前後あるいは中に発現調節に必要な領域がある．これを転写調節領域といい（§5・4，§5・5を参照），これも遺伝子に含まれる．

原核生物など比較的ゲノムサイズが小さい場合は，DNAのほとんどが遺伝情報を担っているが，真核生物でゲノムサイズが大きい種では遺伝子と遺伝子の間にスペーサーとよばれる遺伝情報を担わない広い領域がある．スペーサーDNAにはしばしば数百塩基単位の反復配列が含まれ，ときには何十万回も繰返されている場合もある．これらの領域は現在の実験技術では証明できない高次の遺伝子発現調節に関与しているのかもしれないが，もし意味のない配列だとするならば，なぜこのような無駄をしているのであろうか．

5・2 DNAの複製

生物の最も基本的で重要な特徴は自己複製である．個体は子孫を残し，細胞は分裂によって元と同じ2個の細胞になる．その現象の基本となるものは遺伝情報を担う**DNAの複製**である．分裂に際して細胞は受継いだ遺伝情報と正確に同じものを娘細胞に伝える．間違えることは遺伝子の機能を失うことになり，生命の危険にさらされる．生物はどのようにして間違いなく遺伝情報を伝えていくのだろうか．

DNA二本鎖のそれぞれの鎖は，ポジフィルムとネガフィルムとの関係にたとえることができる．元のDNA鎖が二つに分かれ，それぞれを鋳型にして新しい鎖が合成される（図5・7）．こうして2本のまった

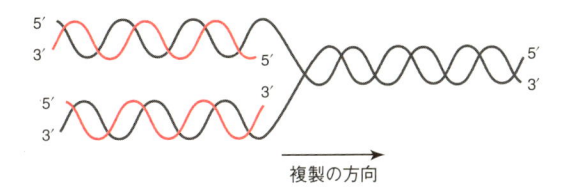

図5・7 複製フォーク

く同じDNA二本鎖ができあがるのである．DNAがまさに合成されている点はその形状から**複製フォーク**とよばれている．この二本鎖は元の鎖と新しい鎖を1本ずつ含むので**半保存的複製**とよばれる．

5・2・1 細菌のDNA複製

a. DNAポリメラーゼ　DNAを合成する酵素を**DNAポリメラーゼ**という．DNAポリメラーゼはDNA鎖を鋳型とし，dATP, dGTP, dCTP, dTTPの4種類のデオキシリボヌクレオシド三リン酸を基質として相補するDNA鎖を合成する．複製の開始に際しては，まず古いDNA鎖が二つに分かれる．鎖全体で見ると両方向にDNA合成の反応が進み，それぞれ複製される（図5・7）．したがって，DNAポリメラーゼは片側の鎖を$5'→3'$に，反対鎖は$3'→5'$に合成すると考えるとわかりやすいが，実際はDNAポリメラーゼは$5'→3'$の方向にだけ鎖を伸長させる．それはこの酵素はポリヌクレオチド鎖の$3'$-OHにだけヌクレオチドを付加し，$5'$-OHには結合させないからである

(図5・8)．ではどうやって 3′→5′ への合成ができるのだろうか．

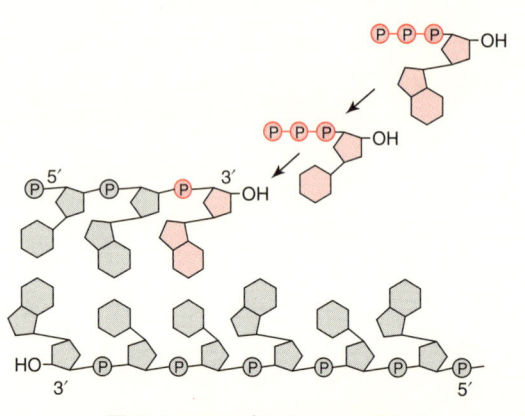

図5・8 DNAポリメラーゼの反応

b. 不連続的複製 複製フォークではヘリカーゼがATPのエネルギーを使ってDNA鎖の二重らせんをほどき，分離する．2本の鎖のうち，古い鎖の 3′→5′ 鎖を鋳型に合成される鎖を**リーディング鎖**といい，5′→3′ 鎖を鋳型に合成される鎖を**ラギング鎖**とよぶ．3′→5′ 鎖を鋳型とする場合は，DNA二本鎖が一本鎖に開かれるに伴って，DNAポリメラーゼが 5′→3′ 方向に連続して鎖を伸張させる．一方，5′→3′ 鎖を鋳型にする場合は，複製フォークでDNAが一本鎖に開かれると同時に，少しずつ（原核生物の大腸菌では約1000塩基，真核生物では約100塩基），不連続に 5′→3′ 方向に鎖を伸張させ，最後に短い鎖を連結する．この短い鎖を，発見者の名前にちなんで**岡崎フラグメント**という（図5・9）．

DNAポリメラーゼ単独では新しくDNA合成を開始することはできない．DNAポリメラーゼは，鋳型となる一本鎖DNAと相補して二本鎖を形成しているオリゴヌクレオチド，またはポリヌクレオチドの 3′ 末端にヌクレオチドを付加する．しかし，相補している鎖がない場合は，鋳型が一本鎖DNAになっていても，複製を開始できない．DNA複製のきっかけを与えるのは**プライマーゼ**である．プライマーゼは一本鎖DNAを認識し，これを鋳型にして短いRNA鎖を合成する．これを**プライマー**という．細菌では，プライマーの 3′-OH 末端に**DNAポリメラーゼIII**がデオキシリボヌクレオチドを連続的に付加していく．プライマーはRNAなので，プライマーが残っていてはDNAを複製したことにならない．DNAポリメラーゼIIIが

すでに合成された前のプライマーに到達すると，複製反応を停止し，代わりに**DNAポリメラーゼI**がDNA複製を継続する．DNAポリメラーゼIは 5′→3′ エキソヌクレアーゼ活性をもっており，プライマーを分解しながら，DNAポリメラーゼ活性によってDNAを合成する．その結果，プライマーがDNAに置き換えられ，最後に**DNAリガーゼ**が，DNA鎖をつなぐ．

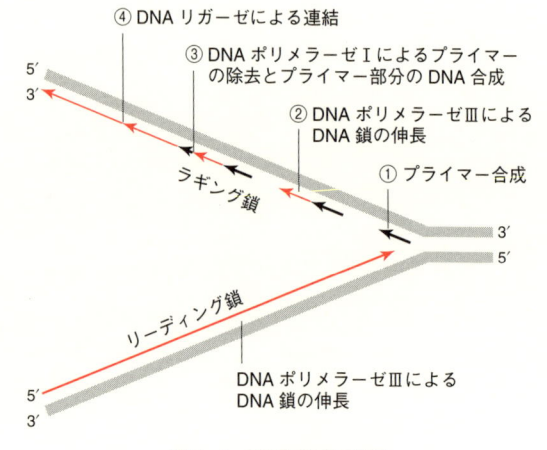

図5・9 不連続的複製

なお，DNAポリメラーゼIIIは 5′→3′ エキソヌクレアーゼ活性がないので，プライマーをDNAに置き換えることはできない．さらに複製フォークが進むと，リーディング鎖では連続してDNAが合成され，一本鎖となったラギング鎖では不連続なDNA合成が繰返される．

こうして全体的にみればリーディング鎖では 5′→3′，ラギング鎖では 3′→5′ のDNA合成が進むことになる．

c. 複製起点 ウイルスや細菌のDNAの複製はDNA上のある特定の場所から始まり（ふつう1箇所），**複製起点**とよばれる（岡崎フラグメントの合成開始点と混同しないこと）．大腸菌の複製起点は *ori*C とよばれる領域の中にある．DNA合成を開始するには，DNAの二本鎖をほどき，二重らせんを巻戻す必要がある．複製開始は，まず *ori*C にある4個のDnaAボックスとよばれる9塩基配列（TTATNCANA）にDnaAタンパク質がつぎつぎと結合することから始まる．20〜40個のDnaAタンパク質が集まり，これを核にして *ori*C 領域が巻きつくと，DnaAタンパク質は同じ *ori*C にある3個の13塩基反復配列（GATCTNTTNTTTT）を認識して結合する．DNAがDnaAタンパク質に巻

きつくことによるねじれの力で，DNA 二本鎖は 13 塩基反復配列のところでほどけ，これに DnaB・DnaC 複合体が結合する．DnaB は一本鎖の DNA を認識して結合し，DnaB がもつヘリカーゼ活性で DNA 二重らせんを巻戻す．最後に RNA ポリメラーゼ，プライマーゼ，DNA ポリメラーゼⅢがやってきて DNA 合成が開始される．こうして複製起点で DNA 合成が開始されると，両方向に複製フォークが形成され，複製は両方向に進む．大腸菌の DNA は環状で，ちょうど DNA の輪の反対側に複製を終結させる塩基配列がある．これを**複製終点**とよぶ（図 5・10）．

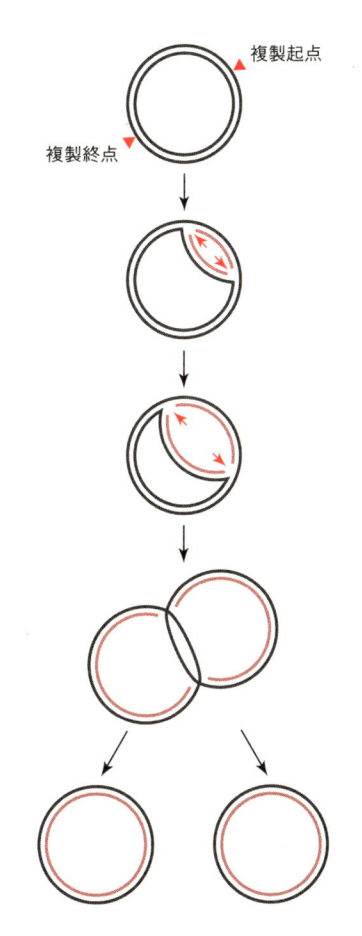

図 5・10　大腸菌 DNA の複製と複製起点

5・2・2　真核生物の DNA 複製機構

DNA 複製機構は，基本的にはウイルス，細菌から真核生物まで同じである．真核生物の DNA ポリメラーゼは α，β，γ，δ の 4 種類が知られている．それぞれ，α，δ は DNA 複製，β は DNA 修復，γ はミトコンドリア DNA の複製を分担している．

a. 真核生物の DNA ポリメラーゼ　DNA ポリメラーゼ α のサブユニットにはプライマーゼ活性もあり，一本鎖 DNA を鋳型にしてプライマーを合成する．つぎに，DNA ポリメラーゼ活性により，プライマーの 3′ 末端から DNA 合成を開始する．しかし，反応が少し進んだところで，DNA ポリメラーゼ δ に代わり，後の伸長反応はこれらのポリメラーゼによって進められる．DNA ポリメラーゼ δ がプライマーに到達すると，エンドヌクレアーゼ **FEN1**（flap endonuclease）が DNA ポリメラーゼ δ に結合し，プライマーを除去する．同時に，DNA ポリメラーゼ δ が隣の岡崎フラグメントの直前まで DNA を合成し，最後に DNA リガーゼによって，DNA 鎖がつながれる．

b. 真核生物の複製起点　真核生物のゲノムサイズは原核生物に比べはるかに大きく，高等真核生物では細菌の約 1000 倍に達するが，ヒト由来の HeLa 細胞の DNA 複製時間（S 期）は約 6 時間であり，細菌の S 期に比べると 20 倍程度しか長くない．真核生物の DNA ポリメラーゼの DNA 合成速度（10^3 塩基/分）は原核生物（10^5 塩基/分）に比べ 100 倍も遅いのに，なぜこのような速い複製が可能なのだろうか．

真核生物の場合は DNA の複製起点は 1 箇所ではない．いくつもの起点から複製を開始することにより複製時間を短くしているのである．複製起点から複製される単位を**レプリコン**といい，酵母では全ゲノム中に約 400 個のレプリコンがある．それぞれの複製起点では両方向にフォークが進んで行き，隣の複製起点（50〜300 kb 離れている）からの複製フォークと出会ったところで，複製された DNA が連結される．こうして最終的に 10^8 塩基対にも達する 1 本の DNA 鎖が複製されるのである（図 5・11）．

真核生物では複製起点の構造についてほとんど明らかにされていない．唯一，酵母で 11 塩基の共通配列（ATTTATPuTTTA）を含む 14 塩基配列をもたせた DNA（人工染色体）が酵母の中で複製することから，この共通配列を **ARS**（自律複製配列 autonomously replicating sequence）とよび，酵母の複製起点と考えられている．

真核生物では発生の時期や細胞の状態によって S 期の長さは数分から数時間と大きな幅がある．たとえばウニ（ゲノムサイズは細菌の約 200 倍）の卵割期では約 10 分で，細菌の DNA 複製時間よりも短い．と

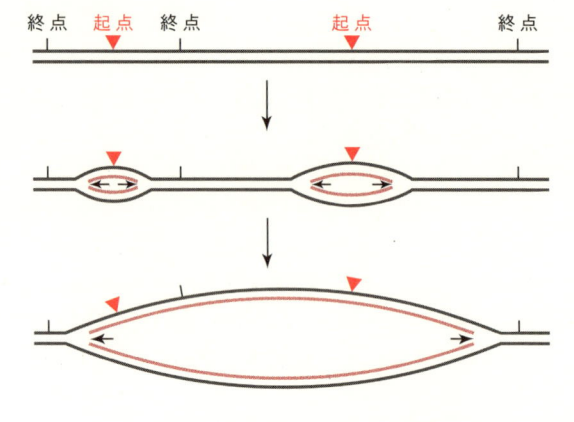

図 5・11　真核生物の DNA 複製と複製起点

ころが発生の後期や成体の細胞では数時間にも達する．しかし，どの状態の細胞から単離してきた DNA ポリメラーゼも DNA 合成速度に違いはない．S 期の最も短い時期には複製起点がすべて働き，S 期の長い時期には複製起点の一部だけが複製開始点となりうるような機構があると考えられている．

実際，1 本の染色体の中には多数の複製起点があるが，これらの複製起点のすべてで同時に複製が開始されるわけではない．S 期の初期にはまず，その細胞で転写されている遺伝子から複製が始まり，転写されていない遺伝子は S 期の後期に複製される．複製時期の調節機構や，1 回の S 期になぜ 1 回だけしか複製起点が働かないかは，今後の問題点として残されている．

c. DNA 複製と核タンパク質　原核生物とのもう一つの相違点はヌクレオソーム構造である．真核生物の DNA 複製期ではヒストンの合成も起こり，新たに複製された DNA はコアヒストンに速やかに巻きついていく．もともとあったコアヒストンはそのままヌクレオソームの形成に参加することがわかっているが，複製された DNA の両方に分配されるのか，片側の鎖にだけ分配されるのかは議論の分かれるところである．

クロマチンは単に核膜に履われているだけでなく，**核基質**（核マトリックス）とよばれるタンパク質性の繊維状の構造により，核膜と結びつけられている．核基質は DNA の特定の領域（配列）に結合しており，その結合は可逆的で，遺伝子の転写活性と密接な関係がある．活性化された遺伝子は，その遺伝子の近くで核基質に結合しており，結合部位の間隔は短い．一方，不活性な遺伝子は核基質には結合していない．核基質の役割はまだ不明の点が多いが，複製時期や複製開始の制御，転写調節との関係が注目されている．

5・3　DNA の変異と修復

遺伝情報は親から子へ，細胞から細胞へと正確に伝えられるべきもので，変異があってはならない．もし情報に誤りがあれば生命活動に支障をきたすであろうし，ときには死に至ることもある．ところが膨大な遺伝情報を複製する間には間違いが生じることもある．細菌の DNA ポリメラーゼは 10^4 分の 1 の確率で誤った対合の DNA を合成してしまうが，DNA ポリメラーゼは自らつくり出した誤りを直ちに認識して校正する能力をもっている．誤った塩基対が形成されると二重らせんにゆがみが生じる．これを DNA ポリメラーゼが認識して，自らもつ 3′→5′ エキソヌクレアーゼ活性により誤った塩基を取除き，再度ポリメラーゼ活性により正しい塩基を結合させて DNA 合成を続けていく．このような自己校正により正確な複製が保証されているのである．

環境からも紫外線や放射線，化学物質などにより DNA はつねに損傷の危険にさらされている．DNA 配列の一つの塩基が他の塩基に置き換わることを点突然変異といい，1 塩基以上の配列が消失することを**欠失**，1 塩基以上の配列が組込まれることを**挿入**という．生物は遺伝情報を守るために，多様な DNA 修復機構をつくり出してきた．

5・3・1　変　異　原

a. 変異原物質

1) **DNA 反応性物質**：ハム，ソーセージやたらこの発色剤として用いられている亜硝酸や，アルキル化剤（ニトロソアミンなど）は，DNA に直接作用して塩基の構造を変化させる．本来の塩基とは別の塩基と対をつくる塩基ができた場合は，複製の際に修飾を受けた塩基を鋳型にして DNA 合成されるので，塩基の置換が起こることになる（図 5・12）．対をつくれない場合はその部分が除去されて新たに塩基が挿入されるが，このとき誤った塩基が入ることもある．

2) **塩基類似体**：核酸と似た構造をもつために誤って DNA に取込まれる．塩基類似体では本来の塩基間の水素結合と比べて不安定である．チミンの類似体であるブロモウラシルはふつうアデニンと対をつくるが，まれにグアニンとも対を形成し，複製の際に誤っ

た塩基対を形成する場合がある．

　これらの活性をもつ物質は自然界にもあることから，DNAはつねに変異の危険にさらされている．

図5・12　亜硝酸の塩基対形成への影響

b. 紫外線　塩基，とりわけピリミジンは260 nm付近の紫外線をよく吸収して，そのエネルギーのために分子が壊される．DNA鎖の中でピリミジンが隣り合っていると，ピリミジン間で架橋され二量体が形成される（図5・13）．ピリミジン二量体が，遺伝子または遺伝子の発現調節領域の中にできると発現に異常をきたす．複製の際には，いったんここでDNA合成が止まり，その後少し離れたところから再開される．その結果，ギャップができて変異の原因となる．この損傷を除去できない場合，日常的に紫外線を受ける皮膚の細胞ががん化しやすいことが知られている．

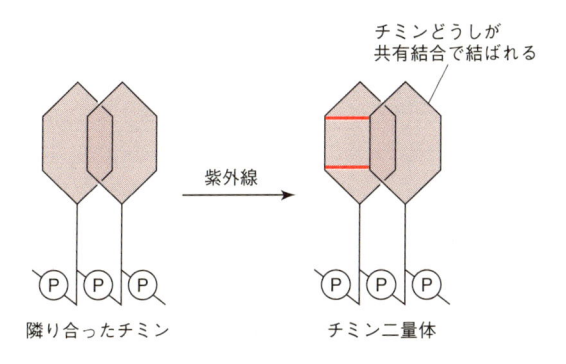

図5・13　紫外線によるピリミジンの損傷

c. 放射線　放射線は，1）電離放射線（X線，γ線），2）粒子線（α線，β線）に大別される．いずれもDNAに対して塩基の変化，塩基の欠失，鎖の切断，分子間および分子内架橋，二重鎖の開裂をひき起こし，遺伝子に甚大な損傷を与える．その結果，細胞ががん化したり死に至ることがある．

d. 動く遺伝子　ふつうは遺伝子は染色体上の位置を変えないものであるが，転位性遺伝因子は染色体から抜け出して染色体の別の場所に飛び移る性質がある．転位が起こると挿入された遺伝子は多くの場合，機能や発現のコントロールを失う．代表的な転位性因子として大腸菌，トウモロコシ，ショウジョウバエのトランスポゾン，後天性免疫不全症候群（AIDS）やがんをひき起こすレトロウイルスがあげられる．

5・3・2　修復機構

a. 光回復　紫外線により受けたDNA損傷は可視光線により回復される．その役割を担うのは**光回復酵素**で，紫外線により形成されたピリミジン二量体を認識して結合し，可視光のエネルギーを使って二量体を開裂させ単量体に戻す．

b. 除去修復　ピリミジン二量体形成や塩基の変異などが起こると二重らせんにゆがみが生じる．このゆがみをエンドヌクレアーゼやグリコシダーゼが認識してDNA鎖に切れ目を入れる．つぎにヌクレアーゼが切れ目からゆがみの生じた部分にかけて鎖を切取る．最後に損傷を受けていない鎖を鋳型にDNA鎖を合成して元通りに戻す（図5・14）．

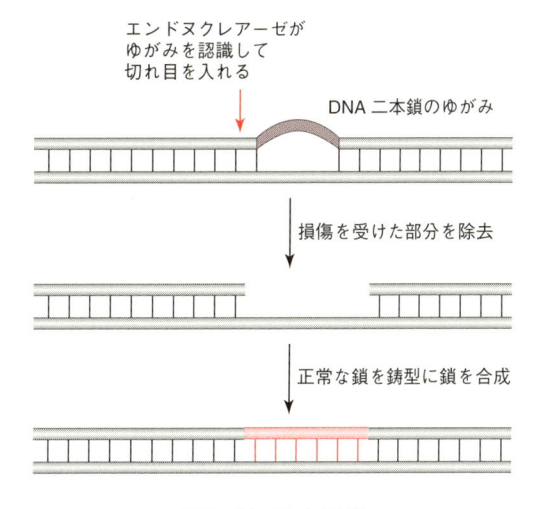

図5・14　除去修復

c. 組換えによる修復 DNAは二重鎖なので片側に塩基の変異が起こっても反対鎖の情報を元に修復することができる．しかし修復が完了しないうちに複製された場合は両方の鎖とも変異が導入されてしまう．また，ある種の化合物や放射線によってDNA二本鎖の両側に変異が入ったり，両方の鎖が欠失してしまうことがある．このような場合は相補鎖の情報を直接用いることはできない．

真核生物の体細胞は二倍体なので片方の染色体のDNAに損傷があっても，正しい情報はもう一方の染色体に保存されている．そこで，生物は巧妙にその情報を用いて修復を行っている．修復はつぎのように行われる（図5・15）．まず，損傷を受けた塩基周辺のDNA二本鎖と，それと相同部分の損傷を受けていないDNAの二本鎖をそれぞれ一本鎖に分離する．つぎに，相手方の鎖と二重らせんを再構成させ，ハイブリッドを形成する．こうすれば二本鎖のうち片側鎖は損傷を受けていないことになるので，その情報を用いて修復できる．このような修復機構を**組換え修復**という．細菌は遺伝情報を1組しかもっていないが，増殖が盛んなときは細胞分裂をする前につぎのDNA複製が始まっており，細胞当たり複数コピーの染色体が存在することになる．この状態にある細菌は**RecA**とよばれるタンパク質によって，組換え修復を行うことができる．

このようなさまざまな修復機構があるにもかかわらず，DNAは多くの変異を受ける．遺伝子や遺伝子の発現調節に必要不可欠な部分に変異が入ってしまった場合は，死に至るか，生存競争に勝てずに淘汰を受けることになる．しかし，必要でない部分に入った場合は多くの変異が残る．同種内の地域間変異，家系，系統の調査，さらには個体識別までもできるほどの変異がみられる．

変異は多くの場合，生物にとって悪い影響を及ぼすが，ときには今までにない機能をもった遺伝子をつくり出すこともある．遺伝子の重複が起これば新しい遺伝子の創造に向けて大きな可能性が出てくる．片方の遺伝子に変異が入ったとしても，もう片方の遺伝子がそのままであれば生命活動に支障はない．遺伝子重複によって片や生命が保証され，片や模索をすることが可能になるのである．進化の根底には遺伝子の変異がある．

5・4 遺伝情報の流れⅠ——原核生物の遺伝子発現

DNAは情報を担う分子ではあるが，それ自体では何らの機能ももたない．情報はRNAに写し取られ，リボソームRNA（**rRNA**）や転移RNA（**tRNA**）のようにRNAとして機能するか，あるいはメッセンジャーRNA（**mRNA**）として情報が写しとられ，リボソームがこの情報をもとにタンパク質を合成して，はじめて機能をもった分子がつくられる．情報はつねにDNA→RNA→タンパク質と流れていき，タンパク質から核酸に向けて情報が流れることはない．この情報の流れの経路は逆向きがないことから1956年にCrickによって**セントラルドグマ**と名づけられた（図5・16）．その後，逆転写酵素が発見され，RNAがDNA合成の鋳型になることが示されたが，このような情報の流れの逆転はまれであり，セントラルドグマの大筋は今もなお生きている．遺伝子の発現はDNAからRNA，そしてタンパク質へと情報が流れる過程

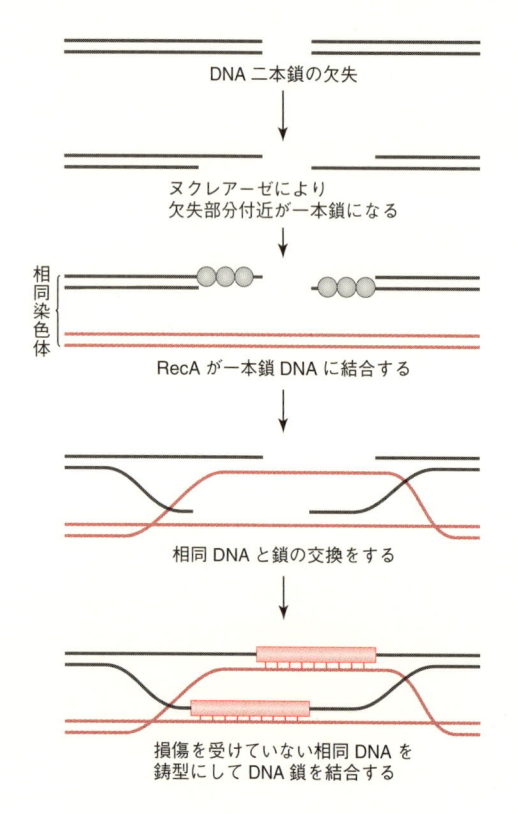

図5・15 組換えによるDNA修復

それぞれで調節を受けているが，中でも転写レベルでの調節が最も重要である．

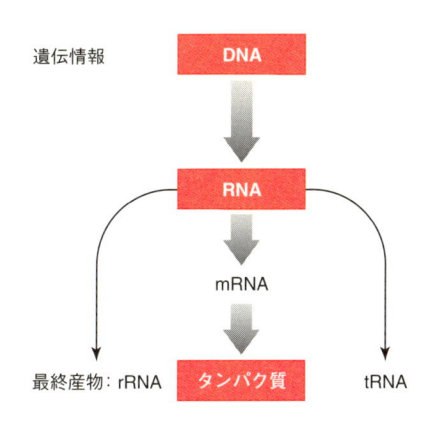

図5・16 セントラルドグマ

生物は情報をRNAとしてコピーしたものを用いる方法を取入れることで，以下の利点を獲得できた．

① 大もとの情報を取出さずに済み，大切な情報に変異が入る可能性を極力減らせる．
② 必要な情報を必要な量だけコピーでき，環境に対する柔軟な対応が可能となり，無駄が省ける．
③ RNAに修飾を加え，編集することにより，もとの遺伝情報をそのままにしたまま情報に多様性をもたせることができる．
④ RNAは細胞質中で比較的不安定で分解されやすい．継続して情報を流し続けない限り，一度発せられた情報はしばらくすると消えるので，環境に対して臨機応変な対応ができる．

5・4・1 遺伝子の構造

酵素などのタンパク質をコードする遺伝子を**構造遺伝子**とよぶ．細菌では構造遺伝子がいくつかつながって存在しており，それらの遺伝子は一つの転写調節領域によってまとめて転写調節を受けている．このように同調的に調節されている一群の遺伝子を**オペロン**とよぶ（図5・17）．同じオペロン内の遺伝子は機能的に関連しているものが多い．

転写調節領域に結合して転写活性を調節するタンパク質をコードする遺伝子を特に**調節遺伝子**とよぶ．一つのオペロン内では複数の遺伝子がつながった1本のmRNAとして転写され，それぞれの翻訳開始部位にリボソームが結合してタンパク質が合成される．

5・4・2 転　写

a. RNAの構造　RNAはDNAを鋳型として**RNAポリメラーゼ**によって合成される．この過程を**転写**という．RNAはリボースの1位の炭素に塩基が結合し，5位の炭素とつぎのリボースの3位とホスホジエステル結合によって結びつけられた鎖状のバックボーンをもつヌクレオチドの重合体で，DNAと似た構造をしている．異なる点は，1) DNAの糖は2-デオキシリボースであるのに対し，RNAではリボース，2) 塩基はDNAではA, G, C, Tであるのに対し，RNAではA, G, C, Uとなっている．なお，UはTと同様にAと相補的な水素結合を形成する．RNAは基本的には一本鎖であるが，分子内に相補する塩基配列があると部分的に二重らせん構造をとる．tRNAやrRNAには相補的な配列がたくさんあり，多くの塩基対が三次

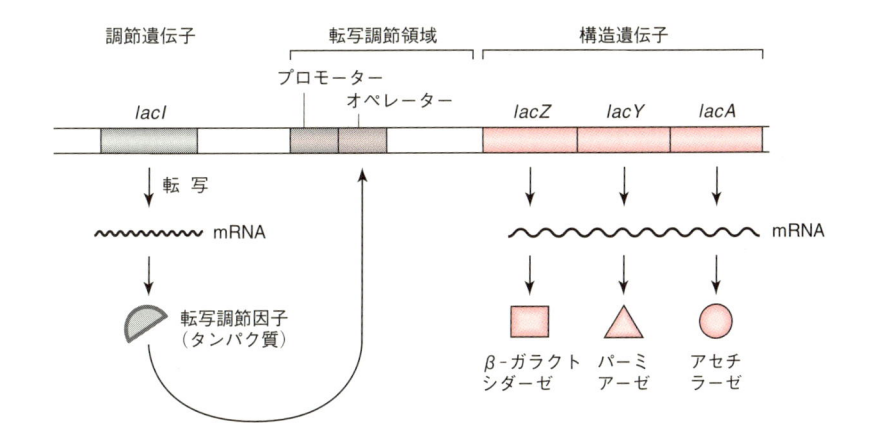

図5・17 ラクトース (*lac*) オペロン

元的構造を形成し，それぞれのRNAに機能をもたせている．

b. RNAポリメラーゼ　細菌のRNAポリメラーゼは5種類のポリペプチド（β', β, σ, α, ω）から成り，触媒中心はβと考えられている．

RNAポリメラーゼはATP, GTP, CTP, UTPを基質に，DNAを鋳型として相補するヌクレオチドを連結していく．この酵素はヌクレオチドの3′-OHにだけヌクレオチドを付加し，5′-OHには結合しない．したがってDNAの3′→5′鎖を鋳型として5′から3′に向けてRNAが合成されることになる（図5・18）．

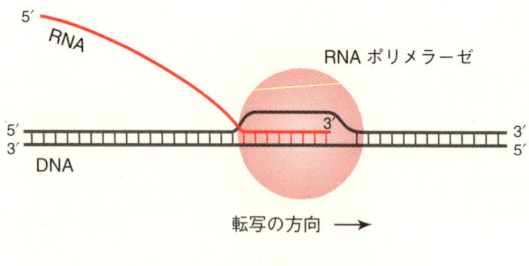

図5・18　転　写

RNAが合成されるとき鋳型となるのは，ふつうDNAの二本鎖のうち片側だけである．しかし長い二本鎖DNAにわたっては片側だけが鋳型になるのではなく，別な場所ではそれと反対側の鎖も鋳型として働く．ただしRNAの合成はつねに5′→3′であり，鋳型となるDNAは3′→5′に読まれるので，どちらの鎖を鋳型にするかによって転写の方向は逆になる（図5・19）．

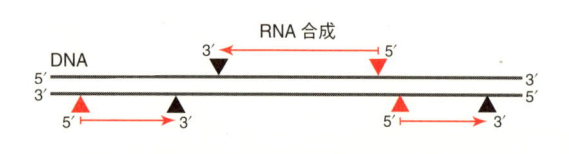

図5・19　二本鎖DNAは一方の鎖だけが鋳型となる

c. 転写開始と終結　転写はDNA複製とは違って，染色体DNAのすべてで行われるわけではない．転写は遺伝子の最初の部分から始まり，最後の部分を転写したところで終結する．そのためにはDNA上に転写開始や終結のための目印となる情報があるはずである．細菌では，どの遺伝子でもRNA合成開始部の上流約35塩基と10塩基を中心に，それぞれTTTACAとTATAATに近い共通の配列があり，おのおの-35および-10配列とよばれる*（後者は発見者にちなんで，**プリブナウ（Pribnow）配列**とよばれている）．-35配列および-10配列を無関係の塩基配列に変えるとその下流にある遺伝子の転写の効率が著しく低下する．このように遺伝子の近く（ふつうは上流）にあって，その遺伝子の転写に不可欠な一連の塩基配列のことを**プロモーター**という．

転写の開始はまずσ**因子**がβ', β, α, ωから成るコアポリメラーゼに結合し，すべての部品がそろったホロ酵素になるところから始まる（図5・20）．σ因子には多様性があって，それぞれのσ因子はホロポリメラーゼに特異性をもたせる．特異的プロモーターを認識して結合したσ因子は，RNAポリメラーゼに正しい開始点から転写させる．いったん転写が開始されるとσ因子はポリメラーゼから離れ，別のコアポリメラーゼに結合できるようになる．転写を始めたRNAポリメラーゼにはσ因子はもはや必要ではなくRNA鎖伸長反応は継続される．

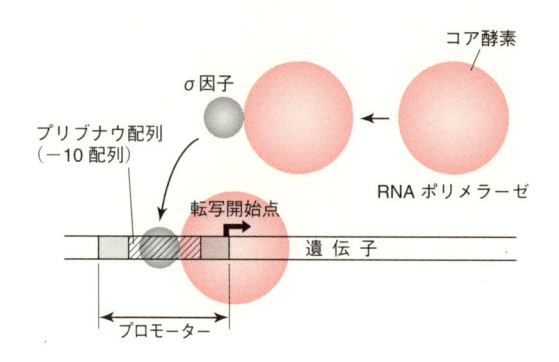

図5・20　転写開始

転写の終結にもやはり目印があり，**ターミネーター**とよばれる．ターミネーターには転写終結点から上流15〜20 bpに回転対称の配列があり，それにつづいてTの連続（鋳型となる反対鎖はAの連続）がある（図5・21）．RNAポリメラーゼがまさに転写している点

---

* 遺伝子上の位置関係の表し方として転写開始点を+1と表し，RNAポリメラーゼの進む方向を下流とよんで，その位置を正の塩基対数（bp: base pair）で表し，反対方向を上流とよび負の塩基対数で表すことになっている．

ではDNAの二本鎖が開き，10数塩基にわたって鋳型になるDNAと転写されたRNAが水素結合によりハイブリッドを形成している．このRNA-DNAの結合が安定ならばRNAの伸長反応は続けられる．しかし，ターミネーター部分が転写されると回転対称のためRNA鎖内でハイブリッドが形成され，RNA-DNAハイブリッドの形成を妨げる（RNA-RNAハイブリッドの方がRNA-DNAハイブリッドより安定）．こうなる

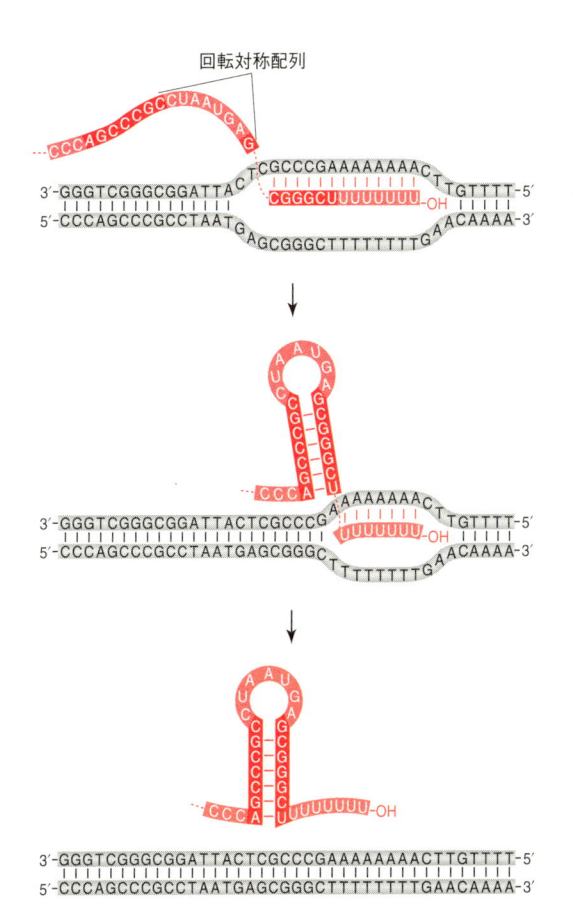

図5・21 転写終結［T. platt, *Cell*, **24**, 10(1981)より］

とRNA-DNAハイブリッドに参与する塩基対の数が少なくなり，さらには回転対称に続くUの連続と鋳型のAの連続とのハイブリッドの水素結合は弱いので結合が不安定となる．こうしてRNAはDNAから離れることになり，転写が終結する．

いくつかの遺伝子では転写終結にρ因子とよばれるタンパク質が必要であるが，多くの遺伝子では特に補助的な因子はいらない．

5・4・3 翻 訳

RNAの情報をもとにタンパク質を合成することを**翻訳**という．複製ではDNAを鋳型にDNAを合成し，転写ではDNAを鋳型にRNAを合成する．しかしタンパク質を構成するアミノ酸自体はmRNAと特異的な結合をすることはない．翻訳は複製や転写よりもはるかに複雑な機構で行われている．

a. コドン 遺伝子はタンパク質のアミノ酸配列を決めている．遺伝子の情報はDNA上にA, G, C, Tの4文字で書かれており，これが20種類のアミノ酸の並び方を規定している．1文字で一つのアミノ酸を規定しているとすると4種類のアミノ酸だけしか対応できず，2文字では16種類のアミノ酸しか対応できない．3文字ならば64通りの組合わせができることから，物理学者のG. Gamowは3文字（トリプレット）で20種類のアミノ酸を規定していると予言した．1955年のことである．

1960年ごろになると，活発にタンパク質を合成している大腸菌の抽出物にRNAを加えるとタンパク質合成が促進されることがわかってきた．そこで，J. H. MattheiとM. W. Nirenbergは塩基配列のわかった合成RNAを大腸菌の抽出物に加え，生成されたタンパク質のアミノ酸配列を調べる実験を行った．最初に明らかにされたコドンはUUUである．合成ポリ(U)を大腸菌の抽出物に加えるとフェニルアラニンのホモポリマーが合成されたのである．このようにしてさまざまな組合わせの塩基を合成して，64種類すべてのトリプレットとアミノ酸との対応がついたのは1966年のことであった（図5・22）．UAA, UAG, UGAは対応するアミノ酸がない．したがってタンパク質合成の過程でアミノ酸をつなげていくうちにこれらのコドンに出会うと，そこで合成が途切れてしまうはずである．実際これらは翻訳の終結点として機能しており，これらを**終止コドン**とよんでいる．一方，翻訳の開始はいつもメチオニンをコードするAUGから始まるので，これを**開始コドン**とよぶ．

AUGとUGG以外のコドンは重複して一つのアミノ酸をコードしている．コドン表を見ると明らかだが，多くのアミノ酸は最初の2文字で規定されており，3文字目はさまざまである．同じアミノ酸をコードするコドンは**同義コドン**とよばれる．どのコドンがよく使われるかは生物種により異なるが，どのコドンがどのアミノ酸に対応するか（コドン暗号表）は細菌

図 5・22 コドン暗号表

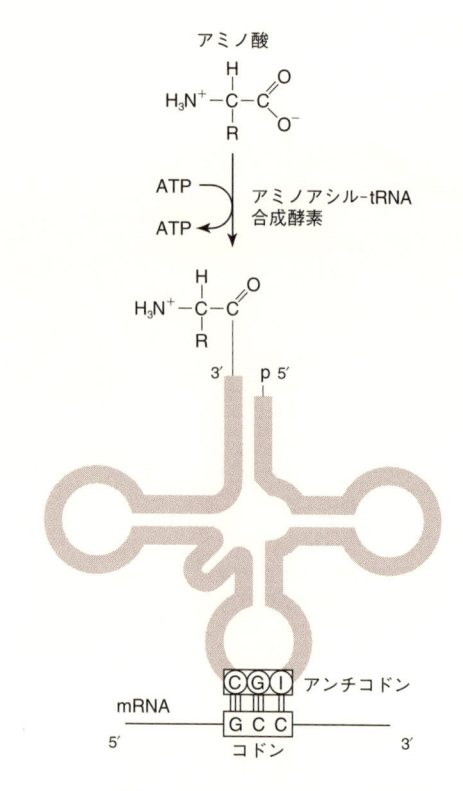

図 5・23 tRNAへのアミノ酸の転移

から高等真核生物にいたるまで，すべての種で共通であることを強調しておきたい．地球上に生息するすべての生き物が共通の祖先から発していると考えられるのである．ごくわずか，マイコプラズマや真核生物のミトコンドリア遺伝子では共通のコドンに従わない例もある．このようなコドンを**逸脱コドン**とよぶ．進化を考えるうえで興味深い．

b. tRNA　mRNAの塩基配列は直接にはアミノ酸配列の鋳型にならない．mRNAとアミノ酸をつなぐものはtRNA（転移RNA）とよばれる約75塩基から成るRNAで，これがアダプターの役割をしてコドンとアミノ酸をつなげている．tRNAは分子内で塩基対を形成しており，平面的にはクローバー葉構造をしている．クローバーの中央の葉の先端には**アンチコドン**とよばれるトリプレットがあり，これがmRNAのコドンと塩基対を形成して結合する（図5・23）．mRNA側のトリプレットは終止コドンを除くと61通りのトリプレットがあるが，それに対応する全種類のtRNAがあるわけではない．コドン暗号表を見ると，トリプレットの3文字目は多くの場合は1種類に限定

されているわけではなく，柔軟性に富んでいる．実際mRNAとtRNAは，コドンの最初の2文字とアンチコドンの2文字目，3文字目とでしっかりした塩基対を形成するが，コドン3文字目とアンチコドン1文字目は比較的弱い水素結合によって結びつけられている．これを**ゆらぎ**（wobble）とよぶ．このゆらぎによって少ない種類のtRNAで，すべてのコドンに対応できるのである．しかし，塩基対のすべての組合わせが可能なわけではなく，図5・22に示したような組合わせだけができる．したがって，mRNAトリプレットの3文字目で限定されるアミノ酸もあることになる．なお，I（イノシン）はDNAやmRNA, rRNA構成成分ではないがtRNAはアンチコドンにIを含むことがある．このほかアンチコドン以外の部分にtRNAに特有の塩基として，プソイドウリジン，ジヒドロウリジン，リボチミジン，メチルグアノシン，ジメチルグアノシン，メチルイノシンがある．

それぞれのアミノ酸はそのアミノ酸専門のアミノアシル-tRNA合成酵素の触媒で，対応するtRNAの3′

5・4 遺伝情報の流れⅠ――原核生物の遺伝子発現

末端に特異的に結合される．できた複合体をアミノアシル-tRNA とよぶ．tRNA は平面的にはクローバー葉構造をしているが，実際は折りたたまれて L 字形の三次元的構造をとっている（図 5・24）．アミノアシル-tRNA 合成酵素は tRNA のアンチコドンとアミノ酸の両方の立体構造を認識し，正しい組合わせをつくり，ATP のエネルギーを用いて結合させているのである．

ではなく，リボソームの構成成分として機能している．50S リボソームは 5S rRNA と 23S rRNA のほか 34 種類のタンパク質から成り，30S リボソームは 16S rRNA と 21 種類のタンパク質から成る．rRNA は細胞全体の RNA の 80% 以上を占める．5S，16S，23S の rRNA はいずれも分子内で塩基対を形成しており，折りたたまれて三次元的な立体構造をとっている（図 5・25）．23S rRNA はペプチジルトランスフェラーゼ活性をもつ．

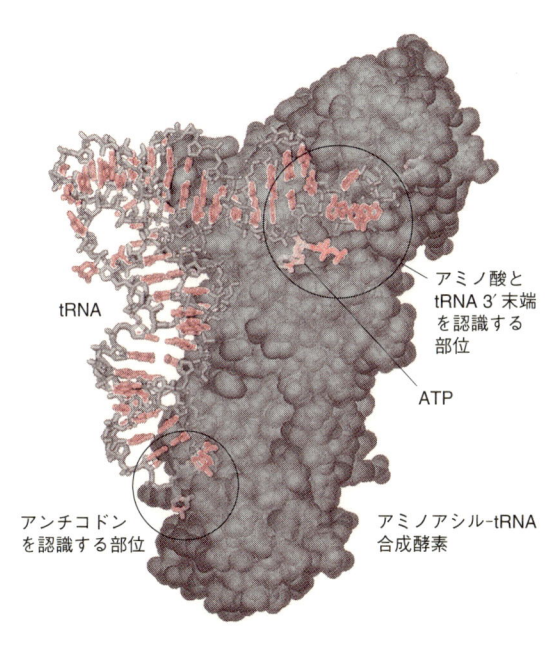

図 5・24 tRNA とアミノアシル-tRNA 合成酵素の立体構造［Thomas Steitz, Yale University の X 線構造に基づく．PDBid 1GSG］

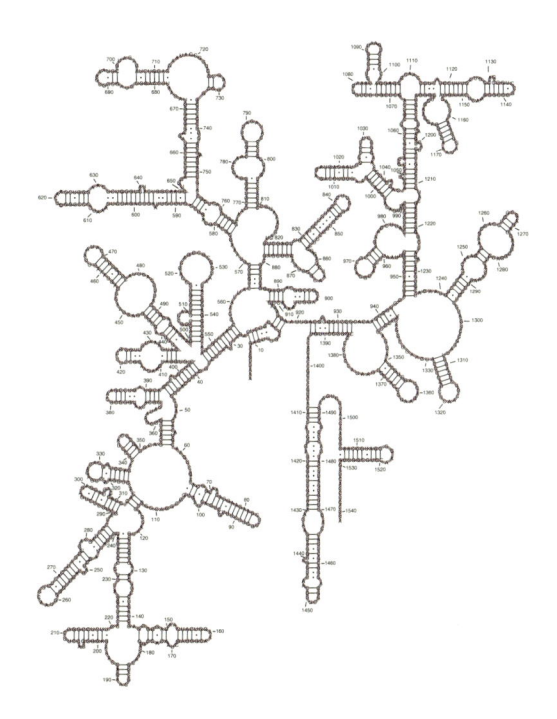

図 5・25 大腸菌の 16S rRNA の分子内塩基対［H. F. Noller, *Annu. Rev. Biochem.*, **53**, 119 (1984) より］

c. リボソーム アミノ酸を mRNA のコドンに従って連結する働きをするのはリボソームである．リボソームは鋳型となる mRNA にアミノ酸が結合したアダプター（アミノアシル-tRNA）をコドン-アンチコドンの対合に従って正しく配置する．

大腸菌のリボソームは沈降速度単位 70S（分子量 2.7×10^6）で，大サブユニット 50S と小サブユニット 30S から成る．これら 2 種類のサブユニットは翻訳していないときは解離しているが，翻訳開始とともに会合し，翻訳終了とともに解離する．リボソームは RNA（リボソーム RNA，**rRNA**）とタンパク質の複合体で，細菌の場合は RNA：タンパク質の重量比は約 2：1 である．rRNA は遺伝情報の担い手として働くの

d. tRNA と rRNA の合成 細菌の場合 tRNA と rRNA の合成は，DNA を鋳型として mRNA の合成（転写）と同様の機構で行われる．tRNA も rRNA も，いったん数種類の RNA がつながった前駆体として合成され，リボヌクレアーゼで切断されて完成した RNA となる．rRNA はまず，16S，23S，5S RNA の順で 30S rRNA としてまとめて合成される．tRNA もいくつかまとめて合成されたのち切断されるが，このプロセシングに関与するリボヌクレアーゼ P は RNA-タンパク質の複合体で，RNA にリボヌクレアーゼ活性があることが知られている．RNA に触媒活性がある例として特筆しておきたい．

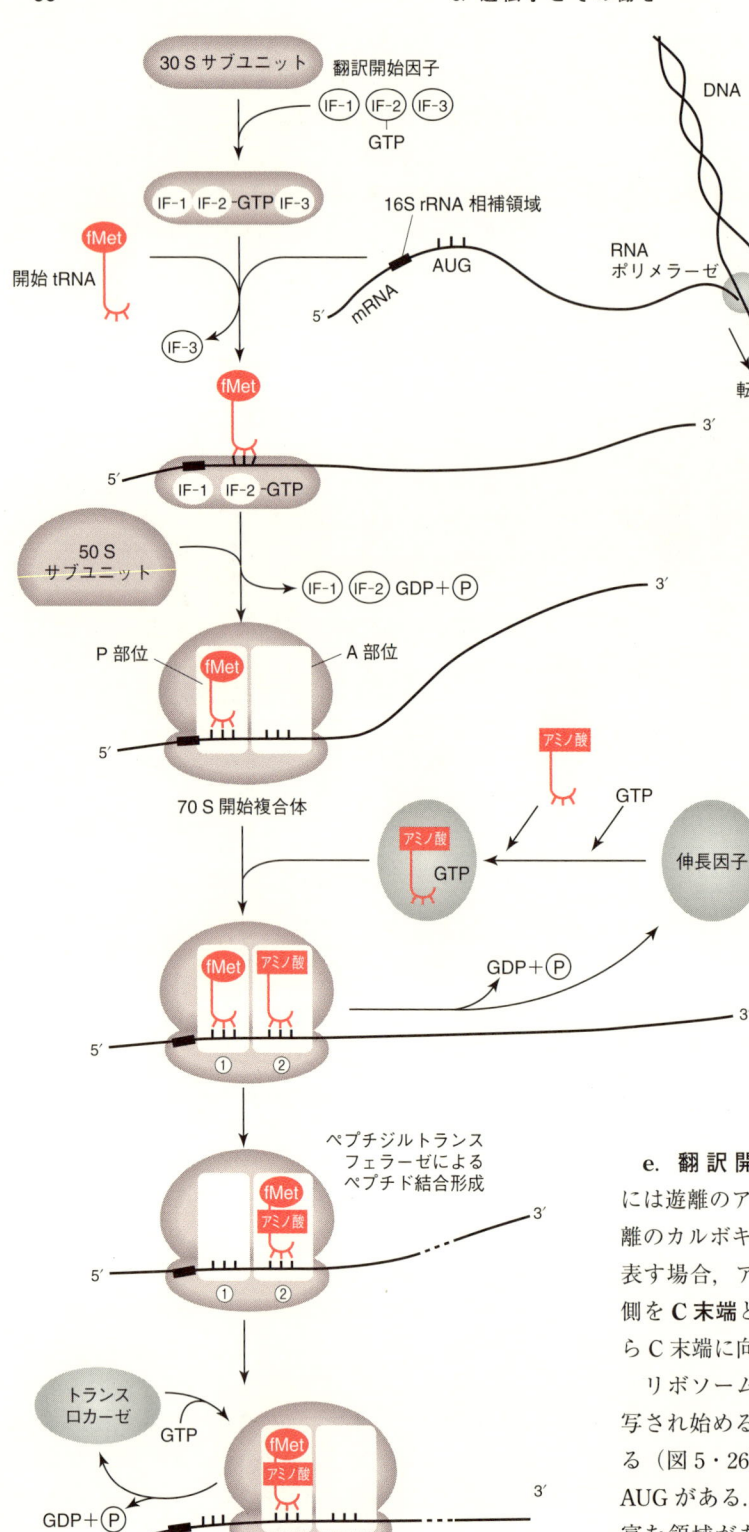

図 5・26　翻訳の開始と伸長反応

e. 翻訳開始　ポリペプチドの片方の末端には遊離のアミノ基があり，反対側の末端には遊離のカルボキシ基がある．ポリペプチドの方向を表す場合，アミノ基側を **N 末端**，カルボキシ基側を **C 末端** とよぶ．ペプチドの合成は N 末端から C 末端に向けて行われる．

　リボソームの 30S サブユニットは mRNA が転写され始めるとすぐに mRNA の 5′ 末端に結合する（図 5・26）．mRNA の 5′ 末端には翻訳開始点 AUG がある．その 8〜13 塩基上流にはプリンに富む領域があり，これとリボソーム 30S サブユニットの 16S rRNA のピリミジンに富む領域が対合する．その結果，開始コドン AUG と最初の

tRNAのアンチコドンが塩基対を形成できるようになるのである。

翻訳の開始にはmRNAとリボソームのほかにIF-1, IF-2, IF-3の3種類の**翻訳開始因子**が必要で、これらはリボソームの30Sサブユニットに結合する。なお、この複合体の安定化にはGTPがIF-2に結合することが必要である。これに最初のホルミルメチオニル-tRNAが結合する。つぎに50Sサブユニットが会合して完成された70S開始複合体ができあがる。一方、IF-2に結合したGTPが加水分解され、役目を終えた翻訳開始因子はリボソームから遊離する。

翻訳の開始コドンはAUGなのでペプチドの最初のアミノ酸はメチオニンになるが、細菌の場合はN末端のメチオニンはアミノ基がホルミル化されたホルミルメチオニンになる。ペプチド内部のメチオニンもAUGでコードされているが、内部に**ホルミルメチオニン**が入るとアミノ基がホルミル基で修飾されているためにペプチド鎖の伸長ができなくなる。どのようにメチオニンとホルミルメチオニンを区別しているのだろうか。AUGのアンチコドンCAUをもつtRNAは2種類あって、そのうちの1種類のtRNA（$tRNA_F^{Met}$）*に結合したメチオニンだけがホルミル化を受ける。リボソームはtRNAの構造を認識して翻訳開始点のAUGにはホルミルメチオニル-$tRNA_F^{Met}$を、ペプチド内部のAUGにはメチオニル-$tRNA_M^{Met}$を対合させるのである。

f. ペプチドの伸長 翻訳開始点はmRNAの5′末端近くにあり、そこから3′末端方向にペプチドのアミノ酸配列を決めるコドンが順に並んでいる。リボソームは開始コドンAUGに結合したのち、mRNA上を3′方向に進みながらペプチドを合成していく。

リボソームには**ペプチジル部位（P部位）**と**アミノアシル部位（A部位）**があって、最初のホルミルメチオニル-tRNAはP部位に入る（図5・26）。2番目のアミノアシル-tRNAは伸長因子（EF-Tu）、GTPと結合して複合体を形成する。この複合体はGTPのエネルギーを用いてリボソームのA部位にアミノアシル-tRNAをひき渡す。つぎに、50SリボソームのペプチジルトランスフェラーゼによってP部位のtRNAからホルミルメチオニン（2番目の反応からはペプチド）が離れ、ホルミルメチオニンのカルボキシ基と、A部位にひき渡されたアミノ酸のアミノ基がペプチド結合を介して連結される。

つぎにリボソームがコドン1個分だけmRNA上を3′方向に移動すると結果的にジペプチジル（ホルミルメチオニンとペプチド結合で連結された2番目のアミノ酸）-tRNAがA部位からP部位に転座したことになる。この反応を触媒するのはトランスロカーゼ（転座酵素）（EF-G）で、反応にはGTPのエネルギーが使われる。空席になったA部位には3番目のアミノアシル-tRNAが入り、このサイクルが回って、リボソームが終止コドンに行き着くまでペプチドの伸長が続くのである。終止コドンを認識するのは**終結因子**（RF）であり、終結因子がポリペプチドの3′末端に結合している最後のtRNA（終止コドンの一つ前のコドンと

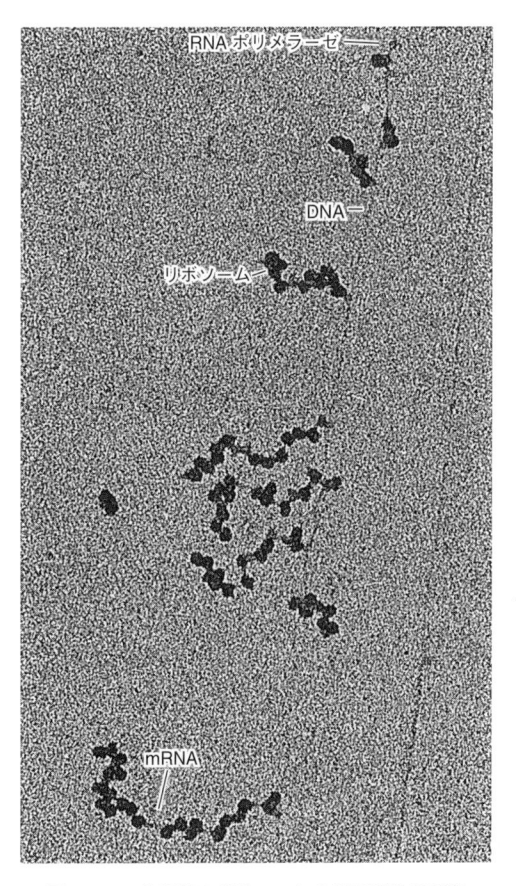

図5・27 大腸菌のポリソームの電子顕微鏡写真
[O. L. Miller, Jr., B. A. Hamkalo, C. A. Thomas, Jr., *Science*, **169**, 392(1970)より]

---

* tRNAの右肩の3文字は、そのtRNAが運搬するアミノ酸を示し、$tRNA^{Met}$の右下のFはホルミルメチオニン、Mはメチオニンを運搬することを示す。

対合している最後の tRNA) を切り離すと，mRNA からリボソームが遊離する．遊離したリボソームは，また新たな翻訳に再利用される．

リボソームは1秒間に約40個のアミノ酸を連結する．活発にタンパク質合成している時期には，リボソームは転写される端から mRNA に結合し，1個のリボソームが mRNA の全長を翻訳しきらないうちに，別のリボソームが mRNA の翻訳開始点に結合してつぎの翻訳が開始される．つぎつぎに翻訳が開始されると，mRNA 上には真珠のネックレスのようにリボソームが並ぶ．これを**ポリソーム**（ポリリボソーム）とよぶ（図5・27）．

g. ポリペプチド鎖の折りたたみとプロセシング

リボソームにより翻訳されたペプチドはアミノ酸の性質に応じて折りたたまれ，三次元的立体構造をとる．ペプチドの折りたたみは合成される端から起こり，多くのタンパク質は翻訳が完了した時点ですでに機能をもっている．

細胞の内部で働くタンパク質以外に，細胞膜の中に埋込まれた状態で働くタンパク質や細胞膜を通過して細胞外で働くタンパク質がある．これらのタンパク質はリボソームで合成されたのち，小胞体に結合し，小胞体の膜の中に入り込まなければならない．多くのタンパク質は水溶性なので，そのままでは疎水的な脂質の二重膜に入り込むことはできない．

膜を通過するタンパク質の多くは N 末端に，15～30個の疎水的アミノ酸に富む**シグナルペプチド**とよばれる領域をもつ．シグナルペプチドは N 末端にあるため，まず最初に合成され，リボソームから出てくる（図5・28）．シグナルペプチドは疎水性のため小胞体の膜に結合する．さらにペプチド合成が進むと親水性のペプチドが現れ，折曲がってヘアピン構造をとり，膜の脂質二重膜構造の内部に取込まれる．シグナルペプチドが膜の内部に保たれたまま，親水性のペプチドが合成され続けると，親水性ペプチドは膜を通過して小胞体の中に押し込まれる．最後に**シグナルペプチダーゼ**によりシグナルペプチドが切断されるとタンパク質は小胞体の中に入る．一方，ペプチド合成の途中で疎水性ペプチドが現れると，その部分は膜にとどまり，そのタンパク質は膜内タンパク質となる．小胞体の中に入った可溶性タンパク質は分泌小胞として細胞膜に運ばれ，細胞膜と融合して分泌される．小胞体の膜に留まるタンパク質も小胞として運ばれ，細胞膜などの膜構造と融合して，膜タンパク質として働く．

5・4・4 遺伝子発現調節

a. 転写開始レベルでの調節 大腸菌には約3000の遺伝子があるが，それらの遺伝子すべてが同じように働いているわけではない．生物は環境や生体の状態によって，必要な遺伝子だけを効率良く発現させており，必要でない遺伝子は働かないように制御している．転写を抑制する因子を**リプレッサー**といい，リプ

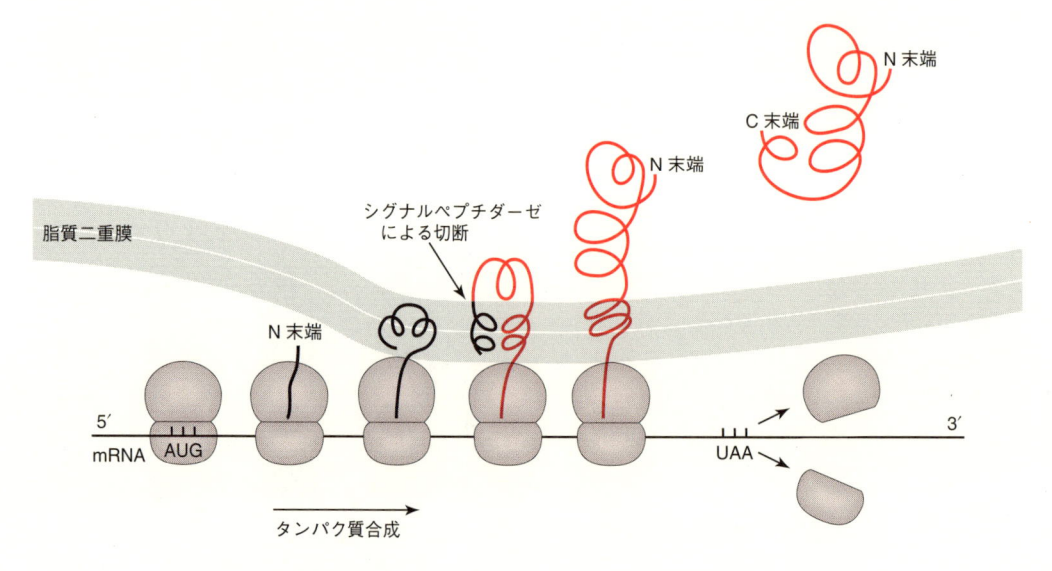

図5・28 膜を通過するタンパク質とシグナルペプチドのプロセシング

5・4 遺伝情報の流れ I——原核生物の遺伝子発現

レッサーはプロモーターのすぐ下流にある**オペレーター**とよばれる特異的塩基配列に結合する．オペレーターの塩基配列はそれぞれのオペロンによって特有であり，それを認識して結合するリプレッサーも，多くの場合オペロンごとに異なっている．リプレッサーがオペレーターに結合すると，RNAポリメラーゼがプロモーターに結合するのを物理的に妨げることになり，転写が抑制される．

一方，転写を促進させる因子もあり**アクチベーター**とよばれる．アクチベーターはRNAポリメラーゼとともにプロモーターに結合して転写活性を高める働きをする．しかし，リプレッサー，アクチベーターのいずれもRNAポリメラーゼの鎖伸長速度を変えることはない．

大腸菌を取巻く環境や細胞質には，炭素源やエネルギー源として最も効率の良いグルコースが豊富にあり，大腸菌はグルコースをもっぱら利用している．グルコース以外にラクトースなど他の糖が共存していても大腸菌はグルコースを選択的に利用する性質がある．ときとしてグルコースがなくなり，ラクトースを利用しなくてはならないことがあると，大腸菌はラクトースをそのままでは利用できないので，普段は働いていないβ-ガラクトシダーゼ遺伝子を活性化してβ-ガラクトシダーゼを合成し，この酵素によってラクトースをガラクトースとグルコースに分解して栄養源として利用する．

β-ガラクトシダーゼ遺伝子(Z)はガラクトシドパーミアーゼ遺伝子(Y)，ガラクトシドアセチルトランスフェラーゼ遺伝子(A)とともに**ラクトース(lac)オペロン**を形成している．ラクトースオペロンのリプレッサー遺伝子は，調節を受けることなくつねに少しずつmRNAを合成し続けており，大腸菌の体内には一定量のリプレッサーがいつも存在している（図5・29a）．リプレッサーはいったんオペレーターに結合すると誘導物質が来て結合するまで離れない．したがってラクトースオペロンは通常は抑制を受けており，発現していない．

環境にラクトースがあると，ラクトースはラクトー

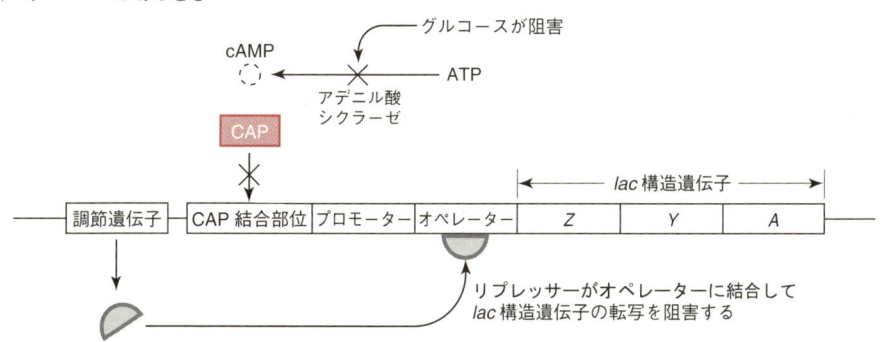

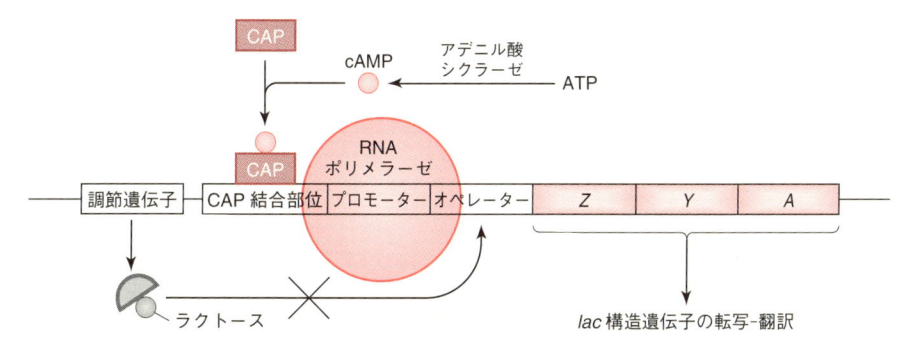

図5・29 ラクトースオペロンの転写調節

スオペロンのリプレッサーに特異的に結合してリプレッサーを不活性化させる（図5・29b）。その結果リプレッサーはオペレーターに結合できなくなる。こうなると転写開始点上の立体的障害がなくなり転写が可能になるが，これだけではごく弱い転写しか起こらない。活発な転写にはアクチベーターが必要である。ラクトースオペロンではCAP（カタボライト遺伝子活性化タンパク質）とよばれる因子が転写を促進する。CAPはサイクリックAMP（cAMP）があると，cAMPと複合体を形成する（図5・30）。この複合体はラクトースオペロンのすぐ上流に結合し，プロモーターにRNAポリメラーゼが結合するのを促進する。その結果，転写が活性化され，β-ガラクトシダーゼが生成される。ところがグルコースが環境にあると，大腸菌内のcAMP濃度が低下し，CAPはcAMPと複合体を形成することができなくなる（図5・29a）。CAPは単独ではラクトースオペロンのCAP結合部位に結合できない。したがってラクトースが環境にあってもラクトースオペロンは発現しない。大腸菌はβ-ガラクトシダーゼを合成せず，栄養源としてより有利なグルコースを選択的に利用するのである。

b. 転写開始後の調節　トリプトファン（*trp*）オペロンはトリプトファン合成に関与する五つの遺伝子から成り，細胞内に利用できるトリプトファンがない場合にだけ発現する。トリプトファンがあるとトリプトファンは*trp*オペロンのリプレッサーを活性化して転写を抑制する。トリプトファン濃度がある程度低く

図5・30　cAMPの構造と合成（Ⓟ：PO_2H）

なるとリプレッサーがオペレーターに結合できなくなり転写が開始される。しかしここでもう一度，本当に転写を続ける必要があるかどうかをチェックするシステムが働く。わずかでもトリプトファンがあればいったん開始された転写を途中で止めてしまうのである。このような機能を果たすDNAの領域を**アテニュエーター**という。

*trp*オペロンのアテニュエーターには四つの領域があって，領域3と4はターミネーターと同じ構造を

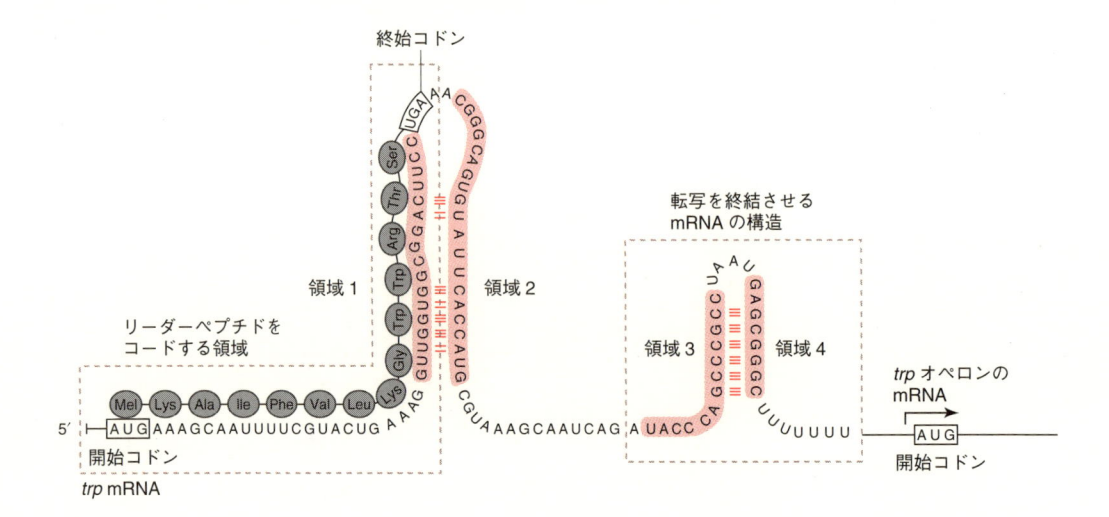

図5・31　アテニュエータから転写されるmRNAの構造

5・4 遺伝情報の流れ I ——原核生物の遺伝子発現

(a) トリプトファンが多いとき

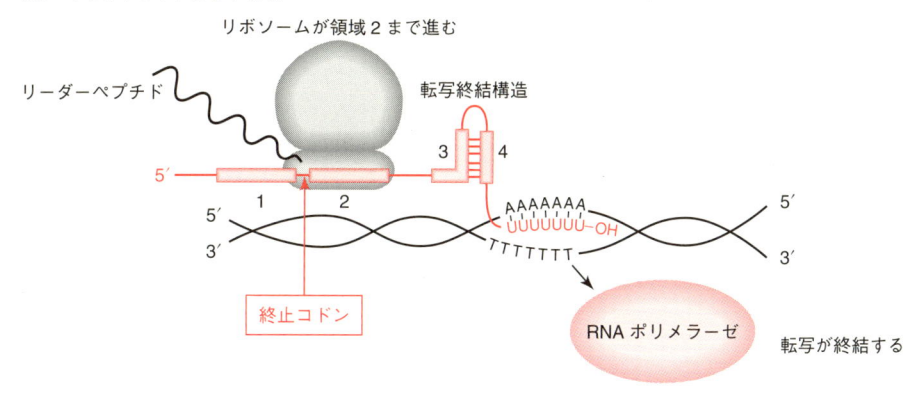

図中ラベル: リーダーペプチド／リボソームが領域2まで進む／転写終結構造／終止コドン／RNAポリメラーゼ／転写が終結する

(b) トリプトファンが少ないとき

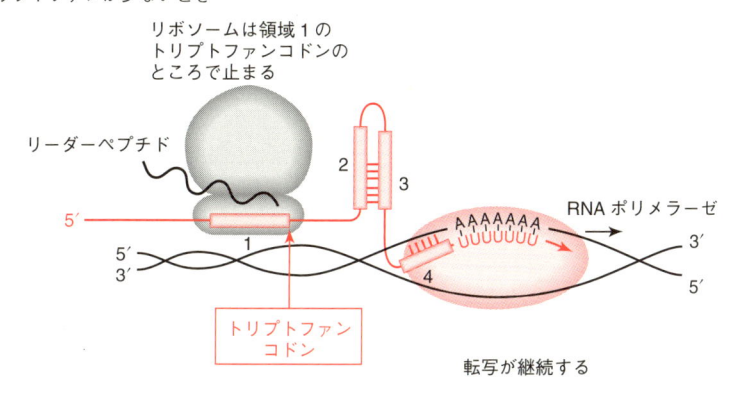

図中ラベル: リボソームは領域1のトリプトファンコドンのところで止まる／リーダーペプチド／RNAポリメラーゼ／トリプトファンコドン／転写が継続する

図 5・32 アテニュエーターによる転写調節

もっている．領域1と2，2と3，3と4から転写されたmRNAはそれぞれ相補的に結合することができる（図5・31）．転写が開始されるとmRNAが合成される端から，リボソームがmRNAに結合し翻訳を開始する．しかし，すぐに終止コドンがあるため，そこでペプチドの伸長反応を停止する（図5・32a）．伸長反応を停止したリボソームは領域1と2を覆うことになり，2は3と結合できなくなる．その結果，領域3と4が結合して転写が終結され（§5・4・2cを参照），RNAポリメラーゼはリーダーmRNAを転写しただけで，*trp*オペロンは転写されない．一方，細胞内にトリプトファンがない場合には，転写されたmRNAに結合して翻訳を開始したリボソームは，トリプトファニル-tRNAがないためにトリプトファンコドンのところで止まってしまう（図5・32b）．その結果，領域2と3が結合し，領域3と4が結合してできる転写終結構造が形成されず，mRNAの伸長反応が*trp*オペ

ロンにまで及んで，mRNA全長が転写されることになる．

一度発せられた情報（mRNA）がいつまでも存在し続けると，急速な環境の変化に対応できなくなる．細菌のmRNAの半減期は約2分ときわめて短く，mRNAが新たに合成されなければタンパク質を合成し続けることはない．一見無駄なようであるが，細菌はこのように情報を速やかに消去することにより環境の変化に対処しているのである．

このほか，mRNAのリボソーム結合部位とリボソームの相互作用など翻訳レベルでの調節やタンパク質分解酵素に対する感受性などタンパク質の安定性レベルでの調節が報告されている．

進化の過程で，生物は莫大な数の遺伝子の中から必要に応じて必要な遺伝子だけを発現させる機構を身につけてきた．無駄を省き，したたかに生きているのである．

5・5 遺伝情報の流れⅡ——真核生物の遺伝子発現

真核生物の遺伝子の数は原核生物に比べ多く，ヒトでは約2万2千個の遺伝子がある．多細胞生物の一生は受精卵というたった1個の細胞から始まる．細胞は発生に伴い分裂を繰返して数を増やしながら，身体のしかるべき位置で，しかるべき機能をもった細胞になっていく．それらの細胞は一部の例外を除いて両親から譲り受けた遺伝情報のすべてをもっている．しかし，それらのすべての遺伝子が働いているわけではない．むしろ多くの遺伝子は休んでいて，発生過程のある決まった時期に，ある決まった場所の細胞でだけ働く．それぞれの細胞はタイミング（時間情報）と身体の中で自分が置かれている位置（三次元的位置情報）を知っていて，与えられた役割に応じて膨大な遺伝情報の中から必要な情報だけを発現させている．こうして細胞の運命が順次決まってゆき，おのおのの異なる分化を遂げた細胞が集団をなして成体が形成される．

5・5・1 遺伝子の構造

真核生物と原核生物の遺伝子とその発現機構の最も大きな違いは，1) 真核生物ではゲノムサイズが大きく原核生物の約1000倍もある，2) 原核生物ではDNAのほとんどの部分が遺伝子で占められるのに対して真核生物では遺伝子ではない領域が大部分を占める，そして，3) 転写されたのち，mRNAが大規模に加工される点である．しかし，これらの点を除けば基本的には原核生物と同じである．

真核生物の遺伝子は原核生物の遺伝子と異なり，個々の遺伝子はそれぞれの転写調節領域に従って独立に転写が開始され終結する．転写されたRNAはrRNA, mRNA, tRNAのいずれもそのままの形で機能するわけではなく，核から細胞質に出るまでに決まったところで切断され，不要な部分が切り捨てられる．また，特定の塩基やヌクレオチドがさまざまな修飾を受ける．これらの過程を**プロセシング**という．真核生物の遺伝子の特徴は一つの情報を担う部分がいくつかに分散していることである．遺伝子の中で，完成されたRNAとして残る情報を担う部分を**エキソン**，切り捨てられる部分を**イントロン**とよぶ．パン酵母などの単細胞の真核生物はイントロンをもたない遺伝子の方が多いが，多くの真核生物の遺伝子，特にタンパク質をコードする遺伝子は複数のイントロンで分断されており，数十のイントロンをもつ場合もある（図5・33）．イントロンを切り捨て，エキソンをつなぐ過程を**スプライシング**という．ヒトは10万種類以上ものタンパク質を，約2万2千個の遺伝子からつくり出す．それは，エキソンの組合せを変えることができるからである．これを**選択的スプライシング**といい，遺伝情報に

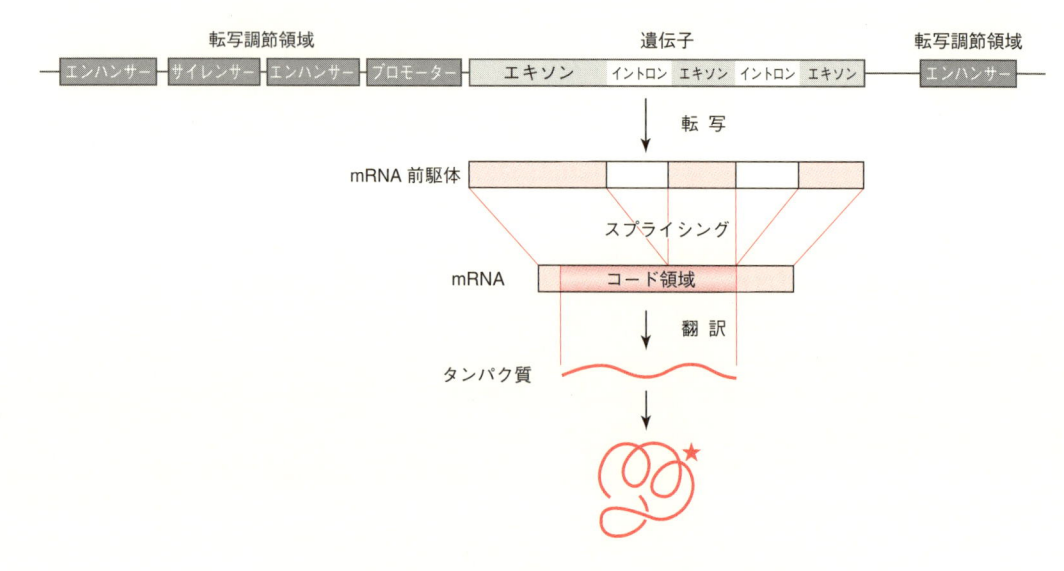

図5・33 典型的な遺伝子の構造とタンパク質生成までの経路

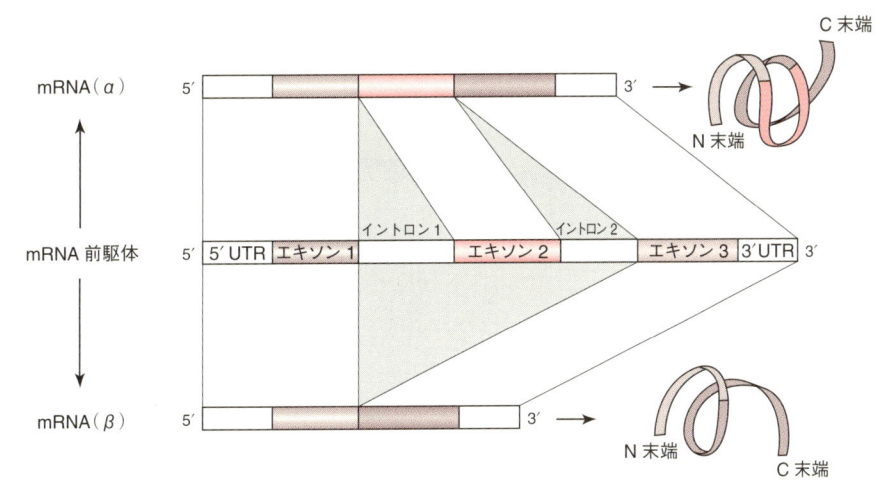

図5・34 選択的スプライシング

多様性をもたらしている（図5・34）.

遺伝子の上流および下流には遺伝子の発現調節に重要な働きをしている領域がある．この領域を**転写調節領域**といい，機能的に，1) 基本的な転写装置を組立てるのに必要な領域（**プロモーター**），2) 転写を促進する領域（**エンハンサー**），3) 転写を抑制する領域（**サイレンサー**）に分けられ，エンハンサーやサイレンサーは多くの場合，転写開始点または終結点から数kb，遺伝子によっては100 kb以上にわたって分布している．

タンパク質をコードする遺伝子の多くは一倍体当たり1コピーであるが，ヒストン遺伝子など同じ遺伝子が繰返し並んでいるものもある．哺乳類のヒストン遺伝子は10数個繰返しており，ウニや両生類では繰返しが約500回にも及ぶ．ヒストンは真核生物の染色体形成に不可欠なことから進化の過程で遺伝子の重複を獲得したと思われる．特にウニや両生類の初期発生では急速な細胞増殖をするので，大量のヒストンを発現させるためには多くのコピーが必要と考えられる．このほか，rRNA遺伝子は種によって数十から数千コピーが，tRNA遺伝子も数十から数百コピーが繰返されている．まったく同じ遺伝子の繰返しではないが，アクチン遺伝子ファミリーやグロビン遺伝子ファミリーなど，よく似た遺伝子が染色体DNA上に固まって分布し，協調して発現している場合がある．これらの遺伝子は進化の過程で共通の一つの遺伝子が重複し，一つの遺伝子を保持したまま，もう一方の遺伝子を改変した結果と考えられている．遺伝子の変異はその個体にとって多くの場合死を意味するが，重複が起これば一方の遺伝子を自由に改変してつぎの進化に備えることができるのであろう．

真核生物の染色体DNAには，本当の遺伝子と塩基配列が非常に似ているが，遺伝子の機能をもたないものがあり，**偽遺伝子**とよぶ．偽遺伝子には2種類ある．一つは遺伝子の重複が起こったのち，進化の過程で片方の遺伝子に変異が入って機能を失ったものである．もう一つは，イントロンもプロモーターもない遺伝子で，進化の過程でmRNAが逆転写酵素によってDNAとなり，これが染色体に組込まれたものと考えられている．これは特に**加工偽遺伝子**とよばれる．

真核生物のゲノムに散在する反復配列は，ある種のRNAと類似の配列をもつものがある．これはRNAが逆転写酵素によってDNAに写し取られ，ゲノムDNAに組込まれたと考えられる．このようにしてできた配列を**レトロポゾン**といい，ヒトのゲノムに約50万コピーも存在する***Alu***ファミリーもその一つである．

5・5・2 転 写

a. RNAポリメラーゼ 真核生物のRNAポリメラーゼはpol I, pol II, pol IIIの3種類あり，それぞれ分担する遺伝子が決まっている．pol IはrRNA, pol IIはmRNAとsnRNAの一部，pol IIIは5S RNA, tRNA, snRNAの一部を転写する．しかし，それぞれのRNAポリメラーゼはまったく別の分子ではない．各RNA

ポリメラーゼは10個以上のサブユニットから成るが，共通するサブユニットが4個ある．また，原核生物のRNAポリメラーゼのサブユニットα, β, β′と相同するサブユニットが3種類のRNAポリメラーゼのいずれにも含まれており，基本的には原核生物のRNAポリメラーゼと同じであり，進化の過程でそれぞれ別のサブユニットが加わり，分業が起こったと考えられる．

b. 転写開始複合体 真核生物のRNAポリメラーゼは原核生物の場合と異なり，単独では転写を開始することはできない．転写開始には転写開始点付近にあるプロモーター内の特別な塩基配列を認識して結合する**基本転写因子**の助けが必要である．基本転写因子SL1, TFⅡD, TFⅢBはそれぞれpolⅠ，Ⅱ，Ⅲが転写する遺伝子の転写開始点を決定する働きをもつ．興味深いことにこれらの因子を構成するサブユニットの一つは共通である．このサブユニットは最初にTFⅡDで見つかり，TATAに結合する活性をもつことから**TATA結合タンパク質**（TATA binding protein, **TBP**）とよばれている．それぞれの基本転写因子はTBPを中心に数種類のTAFとよばれるサブユニットから成り，TAFが基本転写因子に特徴をもたせている．

polⅠの転写開始には$-45 \sim +10$の塩基配列が重要である（図5・35a）．ここにSL1とよばれる基本転写因子が結合すると，polⅠがそれを認識して結合し転写装置を形成する．

polⅡでは-25付近にあるTATAAA（**TATAボックス**）が転写開始に重要な働きをする（図5・35b）．この配列を基本転写因子**TFⅡD**が認識して結合する．これに転写開始因子TFⅡA, B, E, Fが結合すると，polⅡがこの複合体に結合できるようになる．polⅡのC末端領域はTBPと結合しており，転写開始点につなぎとめられている．さらに，キナーゼ活性をもつ基本転写因子TFⅡHが結合して**転写開始複合体**が完成すると，TFⅡHはpolⅡのC末端領域をリン酸化し，立体構造が変わったpolⅡはTBPから離脱して，転写を開始する．

polⅢが転写する遺伝子のプロモーターは遺伝子の内部（$+50 \sim +84$）にある（図5・35c）．TFⅢA, Cがプロモーターに結合すると，これを認識してTFⅢBが転写開始点に結合し，最後にpolⅢが加わって転写装置が完成する．

(a) PolⅠの転写開始複合体

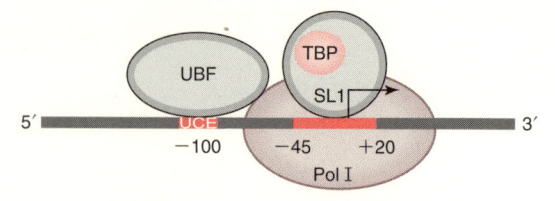

(b) PolⅡの転写開始複合体（A〜HはTFⅡA〜TFⅡHを表す）

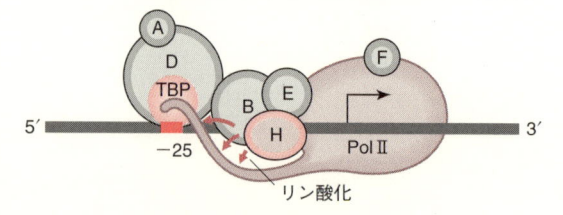

(c) PolⅢの転写開始複合体

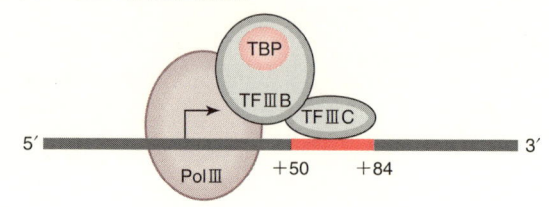

図5・35 転写開始複合体

c. 転写調節 転写の調節は遺伝子上，または遺伝子の上流，下流にあるエンハンサー，サイレンサーなどの転写調節領域を介して行われる．転写調節領域の中には数個の**シスエレメント**とよばれる特異的塩基配列があり，転写調節はシスエレメントとそれを認識して結合する**転写調節因子**（トランスエレメント）の相互作用によって行われる．

シスエレメントには多くの遺伝子に共通なCAATボックス（GGCCAATCT），GCボックス（GGGCGG），オクタマー（ATTTGCAT）のほか，各種の正負の調節エレメントや特異的発現調節を担うさまざまなエレメントがある．たとえば熱ショック応答エレメント，重金属応答エレメントなどのほか，多細胞生物ならばさまざまな発生時期特異的，組織特異的，成長因子特異的，誘導物質特異的，細胞外基質特異的発現調節を担う各応答エレメントがある．内分泌系が発達した生物ならばグルココルチコイド応答，エストロゲン応答，甲状腺ホルモン応答などの応答エレメントがある．これらのエレメントは多くの場合，種を超えて保存されている．

5·5 遺伝情報の流れⅡ——真核生物の遺伝子発現

多細胞真核生物では一般に，シスエレメントは一つの遺伝子に数個から数十個存在する．転写調節因子は，個々の遺伝子に対応する種類があるわけではなく，多くても数百種類である．転写調節因子の組合わせによって，複雑な転写調節が行われている．

シスエレメントに結合した転写調節因子は，転写開始複合体に作用して転写活性を調節する．転写開始点から遠く離れたシスエレメントに結合した転写調節因子は，そのままでは物理的に転写開始複合体と相互作用することはできないと思うかもしれない．しかし，さまざまな転写調節因子が転写調節領域に結合し，それらが複合体を形成するとDNAは曲がり，塩基配列上では遠く離れていても実際には転写調節因子は転写開始複合体と隣接することになる（図5·36）．染色

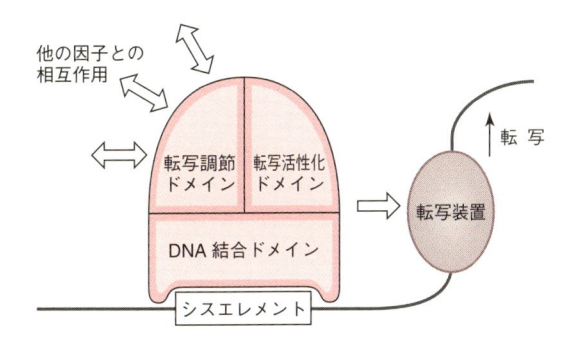

図5·37 転写調節因子の三つのドメイン

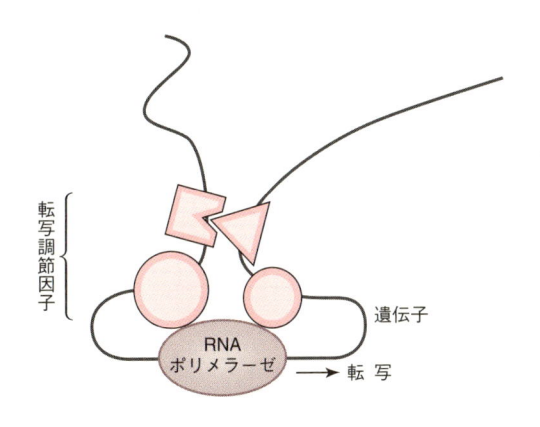

図5·36 転写調節因子の相互作用

体上ではDNAはヌクレオソーム構造をとり，さらにソレノイドを形成しているので（図5·6），もっと遠くのエレメントとも相互作用できると考えられる．

転写調節因子は，1) **DNA結合ドメイン**，2) **転写活性化ドメイン**の二つの領域をもつ（図5·37）．あるいは，別の因子と相互作用して，その結果転写装置と相互作用し転写活性を調節する場合は，これらに，3) **転写調節ドメイン**が加わる．

d. DNA結合ドメイン　A, G, C, Tの塩基はそれぞれ分子の形や大きさが異なり，ある塩基配列はその塩基配列特有の立体構造をなす．したがって，シスエレメントごとに立体構造が異なる．一方，転写調節因子のDNA結合ドメインもアミノ酸配列に従って特異的な立体構造を形成しており，シスエレメントとDNA結合ドメインは鍵と鍵穴の関係にある．DNA結合ドメインは構造様式により，ヘリックス・ターン・ヘリックス，Znフィンガー，塩基性ドメインに分類される（図5·38）．ヘリックス・ターン・ヘリックス・モ

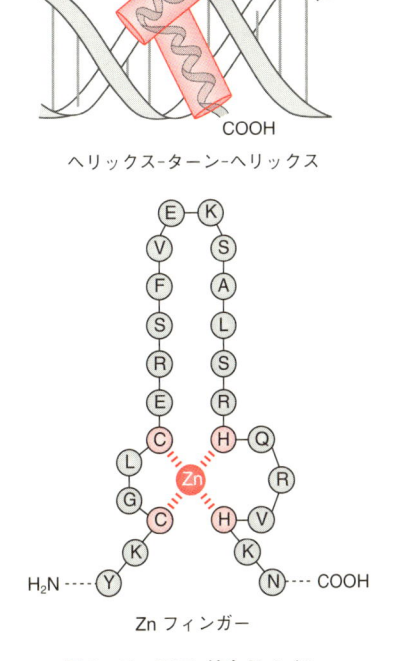

図5·38 DNA結合ドメイン

チーフは2本のαヘリックスが折れ曲がってつながっており，C末端側のαヘリックスが大きい溝の特異的塩基配列を認識する．Znフィンガー・モチーフは，亜鉛を構成成分とする指型のDNA結合ドメインである．1本のポリペプチド鎖内で近接する2個のシステインと，そこからアミノ酸12個ほど離れた，近接す

る2個のヒスチジン（またはシステイン）に亜鉛が配位して，ポリペプチドが指型の構造を形成している．指の腹の部分が α ヘリックス構造をとっており，指が DNA の大きい溝にはまり込んで，結合する．指の数は転写因子によって1本から数本まである．塩基性ドメインは，塩基性アミノ酸を多く含む．塩基性ドメインは，DNA に結合していないときにはランダムな構造であるが，標的の塩基配列に結合すると，DNA との相互作用により，α ヘリックス構造をとる．

e. 転写因子の相互作用　　二つのタンパク質が結合することにより DNA に結合できる転写因子も多い．α ヘリックス構造をとるポリペプチドに，ロイシンが7アミノ酸ごとに連続して存在すると，ロイシンが α ヘリックス上に一直線に整列することになる．これを**ロイシンジッパー・モチーフ**という．ロイシンジッパー・モチーフをもつポリペプチドどうしが出会うと，整列しているロイシンとロイシンとの間に疎水結合が形成され，2本のポリペプチドがジッパーのように結合する．この結合様式をロイシンジッパーという．ロイシンジッパーの N 末端側のポリペプチドは α ヘリックス構造をとっており，ロイシンジッパーで結合して二量体を形成すると，それぞれの α ヘリックスがロイシンジッパーから Y 字状に突き出した格好になる．この2本の α ヘリックスが，挟み込むように DNA 二重らせんの大きい溝にはまり，特異的な塩基配列と結合する．

転写因子の二量体形成にかかわる，もう一つのモチーフは，**ヘリックス・ループ・ヘリックス**である．ループ状のポリペプチドが，短い α ヘリックスと，それより少し長い α ヘリックスを結びつけた構造があり，この部分で二つの転写因子を結合させている．二量体を形成すると Y 字構造になり，開いた2本の α ヘリックスで DNA に結合する．

f. 転写活性化ドメインと抑制ドメイン　　転写活性化ドメインは，1) 酸性領域，2) 高グルタミン領域，3) 高プロリン領域に分類される（図5・39）．これらの領域は一定のアミノ酸配列を成しているわけではないが，ある特定のアミノ酸を多量に含むという特徴がある．転写活性化ドメインは転写開始複合体のサブユニットと相互作用してその立体構造に変化を与え，転写開始複合体の形成を促進する．その結果，転写が活発に行われるのである．

一方，転写抑制ドメインは転写開始複合体のサブユニットに結合し，転写開始複合体の形成を抑制する働きがある．

(a) 酸性領域

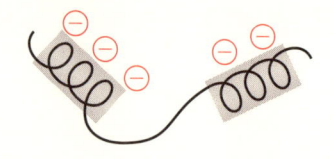

(b) 高グルタミン領域

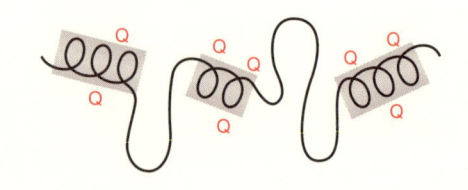

(c) 高プロリン領域

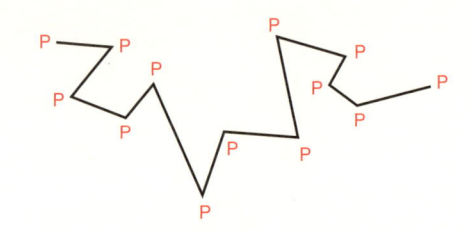

図5・39 転写活性化ドメイン

g. 転写調節ドメイン　　転写調節ドメインとは，何らかの作用がその領域に影響を及ぼし，その結果，転写調節因子自体の活性が制御される部分のことをいう．この領域は，1) リン酸化などの修飾，2) 別の因子との結合または解離，3) タンパク質分解酵素による消化などの修飾を受ける．このような修飾を受けると，転写調節因子の立体構造が変わり，シスエレメントへの結合活性や転写活性化能に変化を生じると考えられている．

DNA 結合ドメイン，転写活性化ドメイン，転写調節ドメインはそれぞれ独立しているので，遺伝子操作により各ドメインを相互に交換した転写調節因子をつくることができる．グルココルチコイド受容体とエストロゲン受容体は転写調節因子であり，ともに三つのドメインから成るが，たとえばグルココルチコイド受容体の DNA 結合ドメインをエストロゲン受容体の結合ドメインと交換すると，キメラグルココルチコイド受容体はエストロゲン応答エレメントに結合するよう

になる．このような変異を加えたグルココルチコイド受容体キメラ遺伝子を細胞に戻してやると，本来エストロゲンにしか反応しなかった遺伝子も，その細胞ではグルココルチコイドに応答するようになる．

h．転写終結　真核生物の転写終結機構についてはほとんどわかっていない．その原因としてmRNAの場合，タンパク質のコード領域の転写が完了してしばらくすると，転写終結前にmRNAが切断され，転写終結点が正確につかめないことがあげられる．実際の転写終結は切断点の1kb以上も下流で起こる例も知られている．唯一SV40を用いた実験ではTの連続が終結の目印らしいことがわかってきたが，周辺の配列も重要で特殊な高次構造が転写を終結させると考えられている．rRNA, tRNAなどの転写終結機構も同様な理由でまだよくわかっていない．

5・5・3　クロマチン構造と転写活性

ユスリカやショウジョウバエの唾腺の染色体は巨大なので光学顕微鏡で観察できる．唾腺染色体はDNA複製後，分離が行われないため並列に約1000本の染色糸が並んだもので，**多糸染色体**とよばれる．唾腺染色体には約5000本の明暗のバンドがあり，研究が進んでいるショウジョウバエでは，それぞれの遺伝子の位置を唾腺染色体のバンドの位置で表すことができる（図5・40a）．遺伝子が活性化されるとその部分のバンドが膨らみ，**パフ**とよばれる染色体が膨潤した構造が現れる（図5・40b）．顕微鏡では観察できないが，唾腺以外の細胞でも同様のことが起こっている．染色体ではDNAはヒストンや転写調節因子をはじめとするさまざまな核タンパク質と複合体を形成しているが，染色体が膨潤していればDNAがむき出しになっており，化学修飾剤やDNA分解酵素（DNアーゼ）に感受性を示す．活発に転写している遺伝子はDNアーゼIで消化されやすく，潜在的に転写できる遺伝子（何らかの条件が整えばすぐに転写できる状態になっている遺伝子）も感受性である．染色体が膨潤することにより，基本転写因子やRNAポリメラーゼがDNAに近づくことが可能になり，結合できるようになると考えられる．活発に転写している遺伝子では，さらに感受性の高い部分が転写調節領域に認められ，**DNアーゼI高感受性領域**とよばれる（図5・41）．この領域は転写調節因子が結合することによりヌクレオソーム構造が形成されず，DNAが裸の状態になっていると考えられている．

クロマチンの凝縮と脱凝縮にはヒストンの**アセチル化**がかかわっている．ゆるんだクロマチンを構成するヒストンのN末端領域はアセチル化されており，凝縮しているクロマチンのヒストンはアセチル基が除去されている．ヒストンをアセチル化する酵素を**ヒストンアセチル化酵素**，ヒストンからアセチル基を除去する酵素を**ヒストン脱アセチル化酵素**という．転写開始点がヒストン八量体に巻きついてヌクレオソーム構造

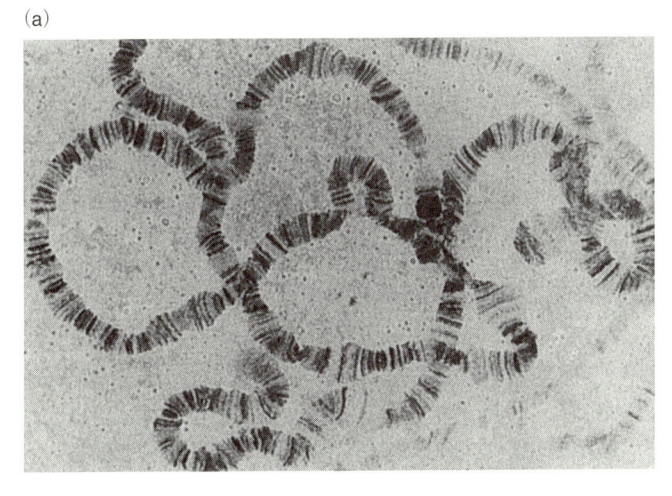

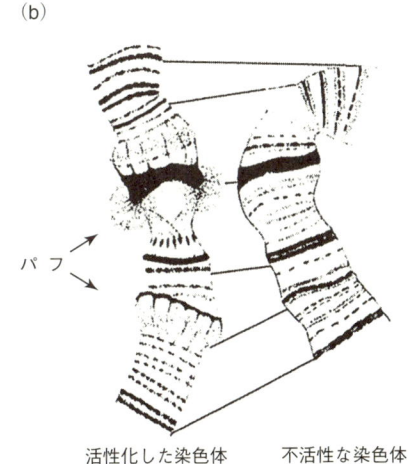

図5・40　ショウジョウバエの唾腺染色体(a)とパフ(b)　[(a)はB-Lewin, "Genes IV", Oxford University Press (1990), [邦訳]榊 佳之，向井常博，菊地韶彦訳,"遺伝子(第4版)", p.442, 東京化学同人(1993)より．(b)はW. Beerman, *Chromosoma*, **5**, 139(1952)より]

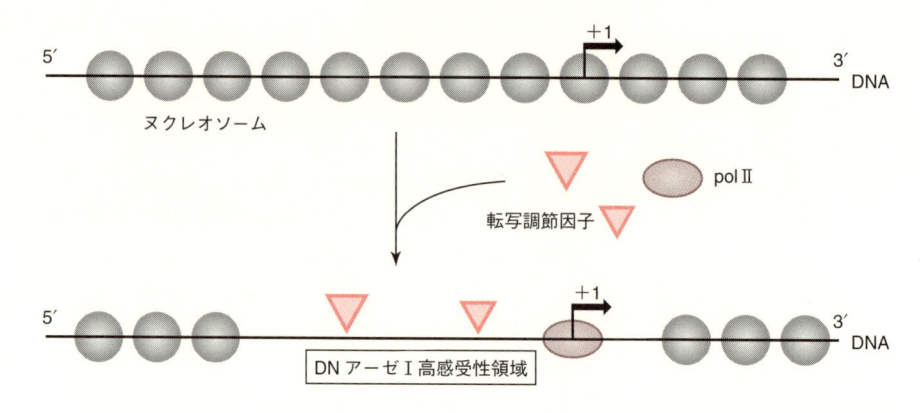

図5・41 DNアーゼI高感受性領域

をとっていると，転写開始複合体を構築することができない．転写活性化因子はヒストンアセチル化酵素と結合する性質があり，エンハンサーに結合すると，ヒストンアセチル化酵素を転写開始点に近づけることになる．その結果，ヒストンアセチル化酵素が転写開始点付近のヒストンをアセチル化し，転写開始点付近のクロマチンの構造がゆるみ，TATAボックス上に転写開始複合体が形成される．

発現が抑制されている不活性な遺伝子は，高度にメチル化された領域に多い．DNAをメチル化する酵素を **DNAメチルトランスフェラーゼ** といい，DNAのメチル化のパターンを維持する **メチル化維持酵素** と，新たにDNAをメチル化する **メチル化新生酵素** がある．真核生物のDNAメチルトランスフェラーゼはCGのCをメチル化する．メチル化維持酵素はDNA複製の際に，鋳型にメチル化5′-CG-3′があると，相補する3′-GC-5′のCをメチル化する性質があり，メチル化のパターンが維持される．分化した細胞が分裂しても，母細胞と同じタイプの二つの細胞になるのは，メチル化が維持され母細胞と同じ遺伝子が抑制されているからである（図5・42）．DNAが高度にメチル化されていると，ヒストン脱アセチル化酵素がその領域のヒストンのアセチル基を除去する．その結果，クロマチンが凝縮する．

最近，クロマチンの不活性化にヒストンのメチル化もかかわることが明らかになってきた．ヒストンのN末端領域がメチル化を受けると，ヒストンメチル化酵素が結合し，さらにヒストンのメチル化が進み，ヒストンのメチル化の程度が高まると，DNAメチルトランスフェラーゼが結合し，DNAを高度にメチル化する．その結果，ヒストンが脱アセチル化され，クロマチンが凝縮する．遺伝子治療などの目的で，外来遺伝子を染色体DNAに組込むと，導入遺伝子が不活性化されるのは，ヒストンのメチル化が引き金になっていると考えられている．

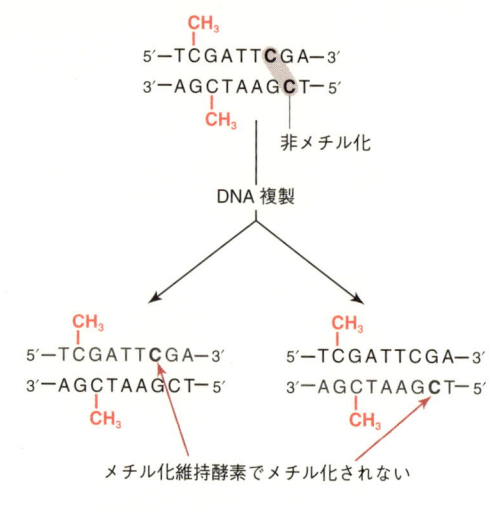

図5・42 メチル化パターンの維持

5・5・4 RNAのプロセシング

PolIIで転写されるRNAは転写開始後すぐに5′末端に **キャップ** とよばれる3′-G-5′ppp5′-N-3′pが付加され，ひき続きGの7位がメチル化を受ける（図5・43）．3′末端も転写後すぐに **ポリ(A)** が付加される．タンパク質をコードする領域の下流にAAUAAAが現れると，まだ転写が終結する前にエンドヌクレアーゼによってAAUAAAの下流約20塩基のところで切断

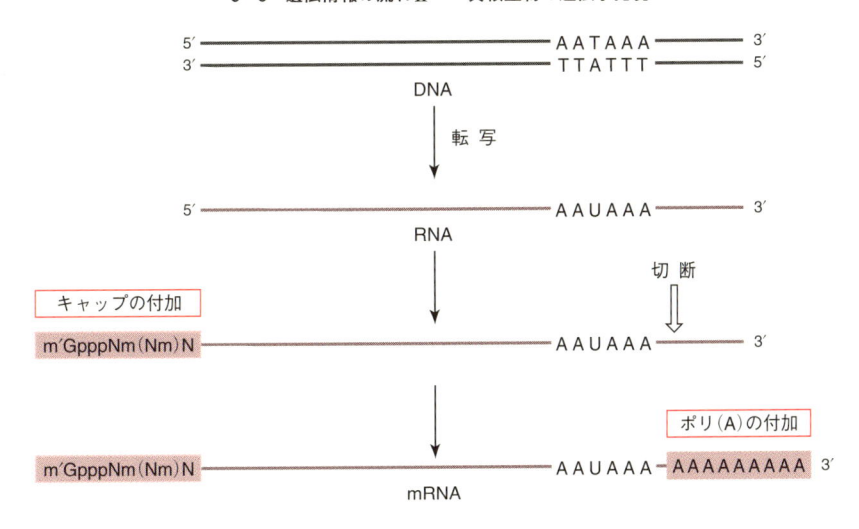

5・5 遺伝情報の流れⅡ——真核生物の遺伝子発現

```
5'————————————————AATAAA————————3'
3'————————————————TTATTT————————5'
                    DNA
                     ↓ 転写
5'————————————————AAUAAA————————3'
                    RNA
                     ↓        切断 ⇓
キャップの付加
m⁷GpppNm(Nm)N————————————————AAUAAA————————3'
                     ↓                    ポリ(A)の付加
m⁷GpppNm(Nm)N————————————————AAUAAA-AAAAAAAAA 3'
                    mRNA
```

図5・43 キャップとポリ(A)の付加

される．これにポリ(A)ポリメラーゼがATPを基質として，順次アデニル酸を付加して，約200塩基のポリ(A)配列を形成する．

転写されたばかりのRNAはイントロンを含んでいるので，この部分を正確に切落とす必要がある．1塩基でも間違えるとコドンのフレーム（読み枠）が合わなくなり，まったく別のタンパク質を合成することになる．polⅡで転写されるRNAの場合はイントロンの5'末端はGT, 3'末端はAGであり，例外はほとんどなく **GT-AG則** とよばれている．イントロンとエキソンの境目は数塩基にわたり真核生物の種を超えてかなり保存されている（図5・44）．

```
 エキソン→ ←——イントロン——→ ←エキソン
——AG GT AAGT——————6Py NC AG N——
    ↑                    ↑
  エキソンと              エキソンと
  イントロンの境目          イントロンの境目
```

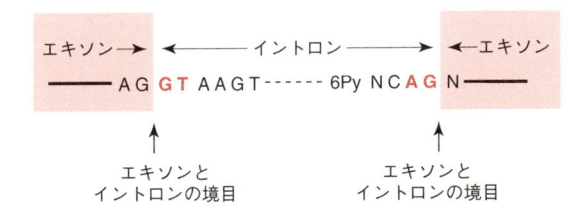

図5・44 エキソン-イントロンの境目の保存配列

スプライシングは，エキソンの3'末端とイントロンの5'末端の境目が切れるところから始まる（図5・45）．つぎにイントロンの5'末端のG-OHはイントロンの3'末端から約30塩基上流にある保存配列Py-N-Py-Py-Pu-A-PyのAの2'末端と結合して投げ縄構造をとる．最後に，この投げ縄構造が切り取られてエキ

ソンが連結し，スプライシングが完了する．保存配列は不可欠で，これに変異を与えるとスプライシングが起こらない．スプライシングには6種類のsnRNAとよばれる核内低分子RNAとタンパク質から成るリボ核タンパク質（snRNP）がかかわっている．それぞれのsnRNPを構成するRNAは100〜215塩基の低分子RNAでU1〜U6と名づけられている．詳しい機構はまだ明らかになっていないが，U1の5'末端は5'側スプライス部位と3'側スプライス部位の両方の保存配列と塩基対をつくりうることは興味深い．

スプライス部位を変えることにより発現を調節する遺伝子がある．ショウジョウバエの遺伝子 *tra* の産物はハエを雌にする働きがあり，性決定の鍵となる遺伝子と考えられているが，雄と雌ではスプライス部位が異なる．雄，雌のmRNAはともにタンパク質に翻訳されるが，生成されたタンパク質は性質が異なり，雌のタンパク質のみがハエを雌にする．

tRNA前駆体もスプライシングを受ける．反応を触媒するのは核膜に結合したスプライシングエンドヌクレアーゼでtRNAのエキソンとイントロンの境目を正確に切断する．エキソンをつなぐのはスプライシングリガーゼでこのリガーゼはtRNAだけを基質とする．

多くの生物ではrRNA前駆体はイントロンを含んでいないが，原生動物繊毛虫（テトラヒメナ）の場合は例外で一種のスプライシングが起こる．ここで興味深いのは反応を触媒する分子である．ふつう，酵素とい

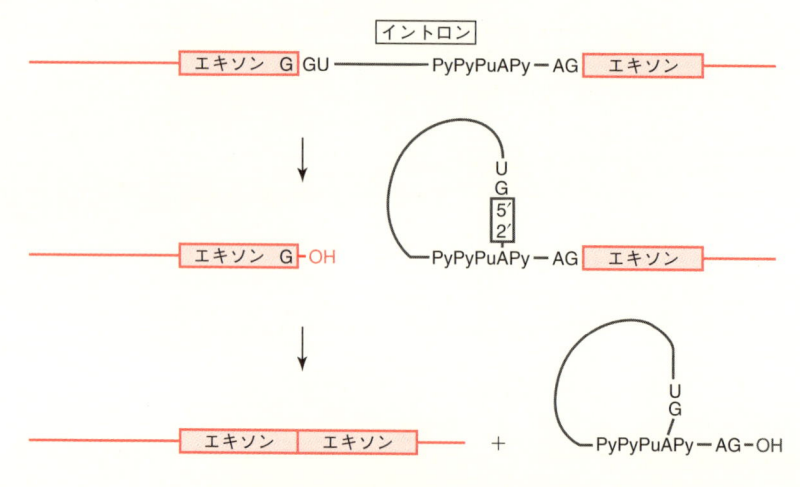

図5・45 mRNAのスプライシング

えばタンパク質を思い浮かべるが，ここではイントロン部分のRNA自体がスプライシング反応を触媒する．このため，この機構は**セルフスプライシング**とよばれている．このほか，ペプチジルトランスフェラーゼ活性をもつリボソーム大サブユニットのrRNAなど，酵素活性をもつRNAがいくつか報告されており，それらを総称して**RNA酵素（リボザイム）**という．スプライシングを受けたRNAはさらに特異的に切断され，完成した各種のrRNAとなる（図5・46）．

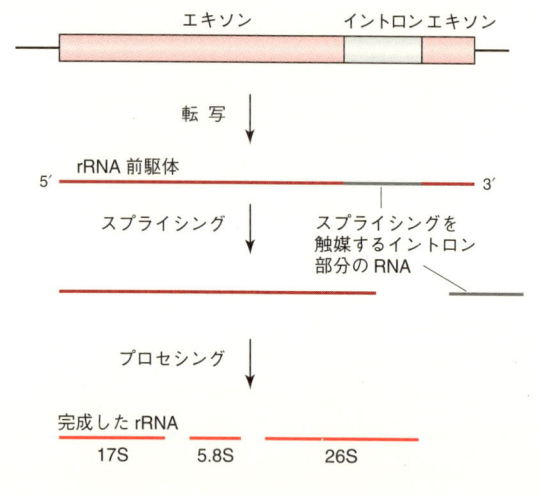

図5・46 テトラヒメナのrRNA合成

葉緑体のリボソームタンパク質遺伝子rps12はエキソンが100kbも離れていて，別のRNAとして転写され，スプライシングによって一つのRNA分子となる．このような反応を**トランススプライシング**といい，一般的ではないがいくつかの例が報告されている．

このほか，特殊ではあるがトリパノソーマなどのミトコンドリアのいくつかの遺伝子では転写されたRNAにUの挿入や除去，Cの挿入などが見られることがある．これによって，フレームが変わったり，開始コドンがつくられたりする．このような現象を**RNA編集**（RNA editing）という．例数は少ないものの，遺伝子の発現制御はRNAの編集レベルでも行われているのである．

こうして修飾され，編集を受けたRNAは核膜孔を通って細胞質に出ていくが，RNAは拡散によって細胞質に移行するわけではない．核膜孔は単なる穴ではなく選択的に分子を通過させる働きがある．RNAはキャリヤーによって運搬され，運搬とプロセシングやスプライシング反応は関連していると考えられている．

5・5・5 翻訳開始とキャップ構造・ポリ(A)

キャップ構造とポリ(A)配列は，ともに翻訳開始に重要な役割を果たす．キャップ構造とポリ(A)配列には，それぞれ特異的なタンパク質が結合し，リボソーム小サブユニットとともに**開始複合体**を形成して，mRNAにループ構造をとらせる．リボソーム小サブユニットはmRNAを3′方向に移動し，翻訳開始点に到達すると，リボソーム大サブユニットが結合し，リボソーム構造が完成して，翻訳が始まる（図5・47）．

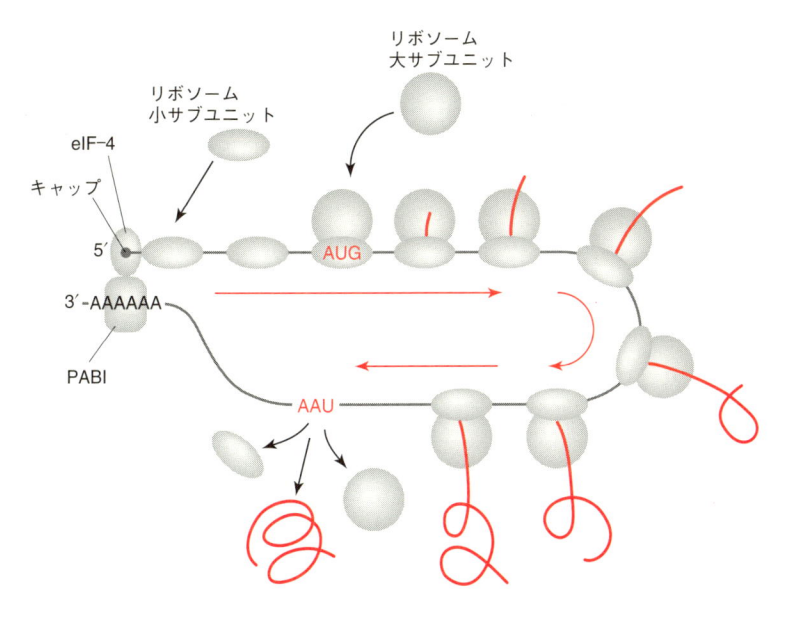

図5・47 ポリソーム

5・5・6 翻訳と修飾

原核生物に比べ真核生物のリボソームは大きく，40Sと60Sのサブユニットから成る80SのRNA・タンパク質複合体である．9種類の翻訳開始因子eIFがあり，翻訳開始機構が複雑になっていることと，mRNAのキャップを認識して翻訳を開始すること以外は基本的に原核生物の翻訳機構と同じである．

合成されたタンパク質が機能するには特異的な立体構造をとる必要がある．あるものは他の分子と相互作用して複合体を形成したり，修飾を受けたりしてはじめて機能をもったタンパク質となる．タンパク質は合成される端から，アミノ酸の性質に従って折りたたまれる．ポリペプチドの性質により自発的に折りたたまれる場合もあるが，多くは積極的に折りたたむ機構が働いている．実際，真核生物のタンパク質を原核生物に合成させると，タンパク質の一次構造はまったく同じなのに機能をもたないタンパク質が合成されることがしばしばある．折りたたみに問題があるのである．

5・5・7 タンパク質の細胞内輸送

合成されたタンパク質は細胞内小器官や細胞の外に向けて輸送される．細胞内のタンパク質の輸送は，単純拡散ではなくそれぞれの小器官ごとに特別な輸送系がある．

分泌性タンパク質や膜タンパク質のN末端にはシグナルペプチドとよばれる15～30の疎水性アミノ酸に富んだ領域がある（図5・48）．タンパク質合成が始まるとまずシグナルペプチドがリボソームから出てきて，この部分に**シグナル認識粒子（SRP）**が結合する．つぎに，SRPが小胞体膜の**ドッキングタンパク質**と結合すると，シグナルペプチドが小胞体の膜を通過する．ペプチドの伸長に伴って残りのペプチドも膜を通過するが，その間に**シグナルペプチダーゼ**によってシグナルペプチドは切り落とされる．小胞体に入ったペプチドは糖鎖などの修飾を受け，これが目印となって行き先が決まると考えられている．

ミトコンドリアに輸送されるタンパク質は前駆体ペプチドとして合成され，そのN末端には正の電荷をもつペプチドがある．これをミトコンドリアの膜表面にある受容体が認識して前駆体ペプチドをミトコンドリアに取込み，N末端のペプチドが切捨てられて完成したタンパク質となる．それぞれの細胞内小器官ごとに，同様の目印となるペプチドがあることがわかってきている．

核に移行するタンパク質には輸送後切捨てられるペプチドはないが，ペプチドの中に**核移行配列**が含まれている．核移行配列の一つであるThr-Ala-Pro-Lys-Lys-Lys-Arg-Lysは種を超えて有効である．これを核タンパク質でない適当な遺伝子に組込み，細胞に導入すると真核生物のほとんどすべての生物種でそのタン

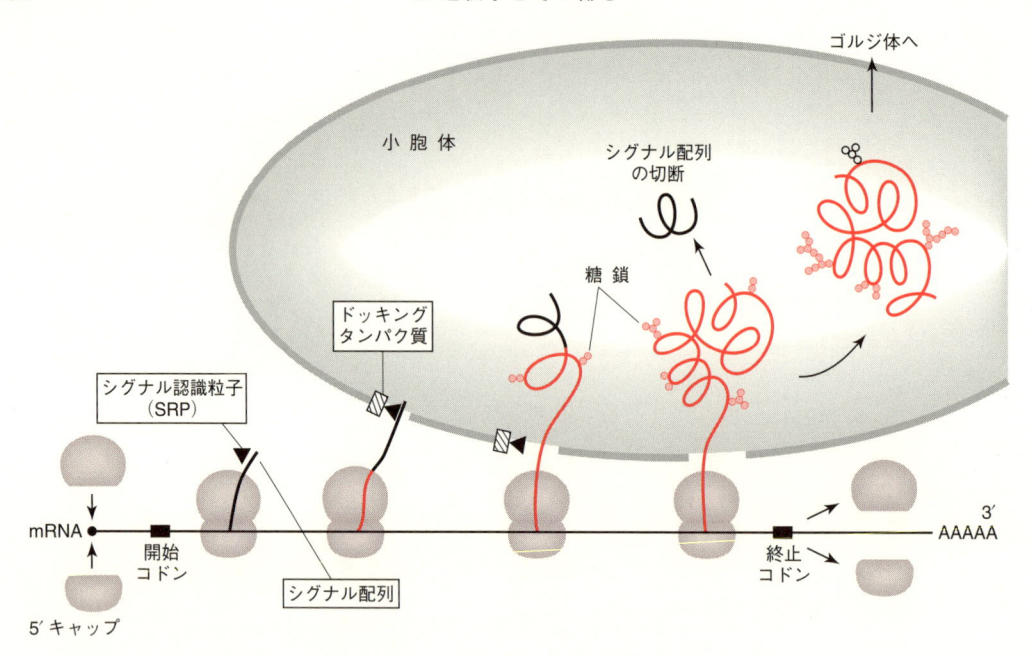

図 5・48　真核生物のタンパク質の修飾

パク質が核に移行する．

5・5・8　遺伝子の不可逆的変化

　父親と母親から譲り受けた遺伝子のほとんどは受精後，発生過程で変化することはない．しかし，一部ではあるが不可逆的変化を受ける遺伝子もある．**免疫グロブリン遺伝子**はその代表で，よく研究が進んでいる．

　抗体分子は約440個のアミノ酸から成る**重鎖**2本と約220個のアミノ酸から成る**軽鎖**2本から成るY字型の分子である．重鎖と軽鎖はそれぞれ**定常領域**と**可変領域**に分かれ，可変領域で抗原を認識する（図5・49）．

　抗原の数はおそらく無数といってよいぐらい膨大である．10^8種類以上の抗体がそれに対応しているが，個々にそれだけの数の遺伝子があるとするとゲノムサイズから考えて理論的に無理がある．当初，抗体タンパク質が合成され折りたたまれて立体構造をとる過程で，抗原の立体構造に合わせて三次元構造をとると考えられた．これを抗体産生指令説というが，後で否定された．1950年代になると，**クローン選択説**が提唱された．その説は以下のようであった．あらかじめ生体には1種類の抗体だけを産生するB細胞が10^8種類存在するが，抗原がくるまでは抗体を産生しない．抗原が来るとその抗原に対するB細胞の分裂と成熟が刺激され，その結果有効な抗体だけが量産されるようになるというものであった．ではどうやって10^8種類以上のB細胞をつくり出すのか，その謎を解いたのが利根川進博士で1976年のことだった．この仕事で彼はノーベル賞を受賞した．

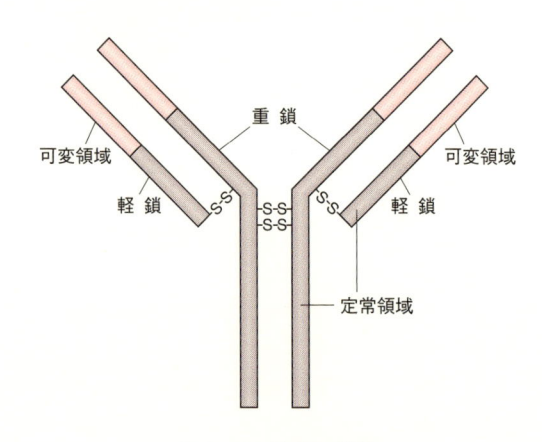

図 5・49　抗体の構造

　重鎖の可変領域のエキソンはL, V, D, Jの4個の分節から成る．Lはリーダーペプチドで，ポリペプチド

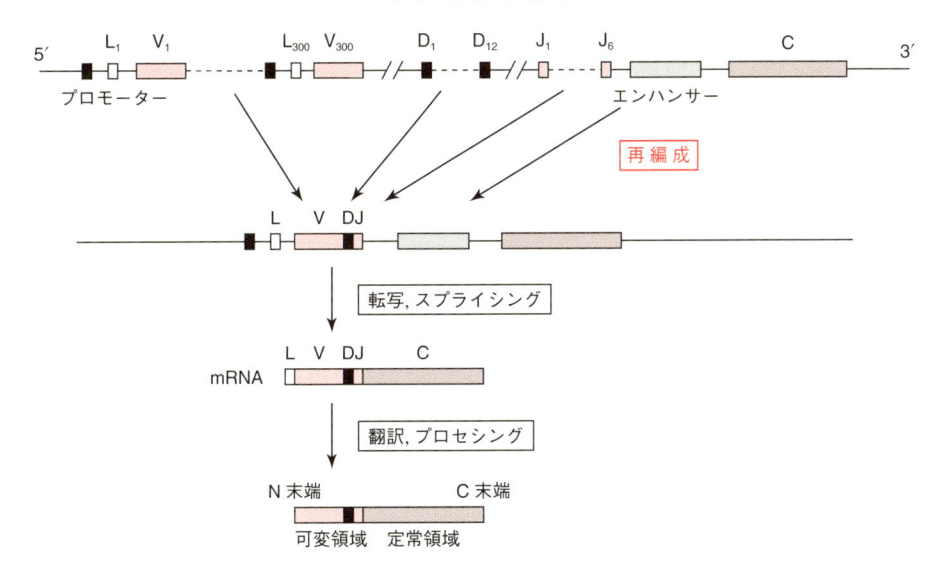

図5・50 重鎖遺伝子の再編成

が完成する際に切捨てられるので多様性には関係ない．マウスの場合，97アミノ酸をコードするVが約300種類，3〜14アミノ酸をコードするDが10〜12種類，15アミノ酸をコードするJが4〜6種類あり，それぞれクラスターを形成して直列につながっている．幹細胞からB細胞に分化するまでに各B細胞ではV, D, Jのそれぞれからランダムに1個ずつエキソンが選び出されて連結される．その際，他の配列は捨てられる．この再編成により $300 \times 10 \times 4 = 12{,}000$ 通りの重鎖ができることになる（図5・50）．軽鎖でも同様の再編成があり，約1000通りの軽鎖ができる．重鎖と軽鎖は独立した遺伝子の産物であり，これらが組合わさって抗体を形成するので抗体の種類はそれらの積 1.2×10^7 になる．このほか，V-D-J連結部の位置が変わったり，可変領域のエキソンに突然変異が集中して起こることなどによりさらに多様性が増し，10^8 種類以上の抗体が産生されるのである．

免疫グロブリン遺伝子は再編成によって多様性を獲得するばかりでなく，転写調節も行っている．重鎖のプロモーターはL分節の前にあり，エンハンサーは定常領域のC分節のクラスターの前にある．それらは約100 kb以上も離れているため相互作用できず，転写を活性化することができない．B細胞に分化すると遺伝子が再編成され，エンハンサーがプロモーターに近づいて相互作用できるようになり転写が可能になるのである．

1種類のB細胞は1種類の抗体しか産生しない性質を利用したのが**モノクローナル抗体**である．B細胞は試験管の中で増殖させることができないが，同じ系統の細胞できわめてよく増殖するマウス骨髄腫（ミエローマ）細胞と融合させると，抗体を産生する形質と永続的な培養が可能な形質を合わせもつ雑種細胞を得ることができる．このクローン細胞は1種類の抗体だけを産生する．モノクローナル抗体は通常のポリクローナル抗体に比べきわめて高い特異性を示す．

限りある遺伝情報に幅をもたせ，無限の可能性に対応すべく転写調節，RNAプロセシング，RNA編集，翻訳，タンパク質の修飾，相互作用そして遺伝子の再編成と，生物はさまざまな方法を採用しているのである．

5・6 遺伝子操作

真核生物のゲノムサイズは原核生物に比べると数百倍から数千倍もあり遺伝子の数は数十万にもなる．遺伝子の構造と機能を研究するには，この中から目的の遺伝子だけを取出して，均質で生化学的に扱えるだけの量を用意する必要がある．これを遺伝子の**クローニング**という．クローン化した遺伝子に試験管の中で自在に変異を与え，その機能を調べることもできるようになっている．これらを可能にしたのが組換えDNA

技術であり，この技術の発達によって生命現象を解明するための画期的な方法が提供された．真核生物の遺伝子とその発現調節機構に関する研究の進歩は，遺伝子操作技術の発達によってはじめて可能になったといっても過言ではない．遺伝子操作技術は基礎ばかりでなく，新しいタンパク質や薬品の製造，遺伝病診断，遺伝子導入による治療，品種改良など幅広い分野で用いられており，科学技術の中核をなすまでになっている．

5・6・1 遺伝子操作の小道具

細菌はウイルスなどの外来DNAが侵入した場合は，それを切断して排除する．1970年代になってその機構が明らかになるにつれ，細菌には特異的な塩基配列を認識して切断するエンドヌクレアーゼが存在することがわかってきた．この酵素は外来DNAの侵入を制限することから**制限酵素**とよばれる．制限酵素はさまざまな細菌から分離精製されており，その数は200種類以上にものぼる．なお，制限酵素はその由来となった細菌の種，株名と精製された順番によって命名されている．大部分の制限酵素は4塩基，6塩基または8塩基のパリンドローム（回文）構造を認識する．これらの酵素は確率的にそれぞれ約250塩基対，4×10^3塩基対，6.4×10^4塩基対に1箇所切断することになる．切断面は表5・2に示すように，それぞれ酵素により，① 二本鎖のDNAがまとめて1箇所で切断される平滑末端，② 5′側が飛出した5′突出末端，③ 3′側が飛出した3′突出末端を生じる．

DNAをつなぐには**DNAリガーゼ**を用いる．平滑末端はどの制限酵素で切断しても互いに平滑末端であればリガーゼで連結できる．しかし突出末端は突出部分と相補する配列をもつ末端でなければ連結されない．同じ制限酵素で切断された末端ならば，多くの場合回文構造をとるので相補的になり連結される．異なる塩基配列を認識して切断する制限酵素でも切断面が相補的ならば（例：*Sau*3AIと*Bam*HI）連結することができる（表5・2）．これらの性質を利用して，目的のDNA断片を狙った場所に挿入することができるのである．遺伝子は長いひも状の分子であるが，これを目的のところで自在に切張りできれば人工的にいろいろな遺伝子をつくれるはずである．制限酵素（はさみ）とDNAリガーゼ（のり）はDNAの組換えを可能にし，分子生物学を飛躍的に進歩させたのである．

表5・2 代表的な制限酵素の切断部位と切断の様式

制限酵素	塩基配列[†]
*Bam*H I	5′GGATCC3′ 3′CCTAGG5′
Cla I	5′ATCGAT3′ 3′TAGCTA5′
*Eco*R I	5′GAATTC3′ 3′GTTAAG5′
*Eco*RV	5′GATATC3′ 3′CTATAG5′
Hap II	5′CCGG3′ 3′GGCC5′
*Hin*d III	5′AAGCTT3′ 3′TTCGAA5′
Kpn I	5′GGTACC3′ 3′CCTAGG5′
Sac I	5′GAGCTC3′ 3′CTCGAG5′
Sal I	5′GTCGAC3′ 3′CAGCTG5′
*Sau*3A I	5′GATC3′ 3′CTAG5′
Sma I	5′CCCGGG3′ 3′GGGCCC5′
*Sse*8387 I	5′CCTGCAGG3′ 3′GGACGTCC5′
Xba I	5′TCTAGA3′ 3′AGATCT5′
Xho I	5′CTCGAG3′ 3′GAGCTC5′

[†] 切断の様式を色で示した

5・6・2 cDNAライブラリー

ある特定の遺伝子を研究しようとする場合，染色体の中にある膨大な遺伝子の中から目的の遺伝子だけをクローニングする必要がある．哺乳類の場合約2万個の遺伝子があると考えられているので，その中の1個を探さなくてはならない．ところが，実際に発現している遺伝子はそれほど多いわけではなく，mRNAの分子種は約1000個で，とりわけよく発現している遺伝子のmRNAの種類はもっと少ない．目的の遺伝子をmRNAからクローニングできれば効率が良いはずである．しかしRNAを直接増やすことはできない．生物は遺伝情報をDNAとしてなら複製できるので，もしmRNAの情報をDNAに写し取ることができれば，それを細胞の中で複製可能な染色体外DNA（**ベクター**：運び屋）につないで，これを何らかの方法で

細胞（宿主）に導入（**形質転換**）することにより目的の遺伝情報を担ったDNAを増やすことができる．ベクターに便乗して増やしてもらうわけである．遺伝情報の流れはDNA→RNA→タンパク質で，その逆はないと考えられてきたが，レトロウイルスの発見によってRNA→DNA（逆転写）もありうることが明らかになった．レトロウイルスの遺伝情報を担う分子はRNAで，細胞に感染すると情報はDNAに写し取られてプロウイルスとなる．この反応を触媒するのが**逆転写酵素**である．逆転写酵素の発見により，試験管の中でmRNAから鋳型となるDNAをつくり出すことができるようになったのである．

a. cDNAライブラリーの作製　mRNAは全RNAのうち，わずかに1～2%を占めるにすぎない．効率的に目的の遺伝子をクローニングするためにはmRNAを濃縮する必要がある（図5・51）．ほとんどの種類のmRNAの3′末端には**ポリ(A)**がついているので，これを利用してオリゴ(dT)を担体に結合させた**アフィニティークロマトグラフィー**により分離する．つぎにポリ(A)とハイブリダイズするオリゴ(dT)をプライマーにして逆転写酵素によってmRNAに対して相補的なDNA（cDNA）を合成させる（図5・52）．つぎにDNAポリメラーゼでDNAの二本鎖にし，これに適当な制限酵素切断面をもつアダプターをつなぐ．これを同じ制限酵素で切断したベクターにリガーゼを用いて組込み，宿主に導入する．宿主は大腸菌，ベクターは目的に応じて**バクテリオファージ**（以下略してファージ）または**プラスミド**がよく用いられる．こうしてつくられた一群のcDNAはすべてのmRNAの情報を網羅しているはずであり，cDNAの分子種の割合はそれぞれのmRNAの量比を反映している．このようにしてつくられたファージ，またはプラスミドをもつ細菌の集団を**ライブラリー**という．

ファージDNAに組込んだ場合はこのままでは宿主に感染できない．ファージの殻を構成するためのタンパク質（パッケージングエキストラクト）を供給すると，試験管の中でタンパク質は自律的にファージDNAを取囲み，感染可能な完成されたファージ粒子となる．ファージは大腸菌に感染後，細胞の中でDNA複製を繰返し，最後に殻をかぶって溶菌し，さらにつぎの菌に感染していく．ファージの数よりも多い適当な数の大腸菌に感染させ培地にまくと，大腸菌の増殖に伴ってファージも増殖し，プラークを形成する．各プラークは1個のファージが増えてそれが大腸菌を溶かしてできたものであり，一つのプラーク内にあるファージはすべて同じ遺伝情報（塩基配列）をもつ．したがってプラーク内のファージはクローンとみなすことができる．

プラスミドベクターはファージベクター（約40 kb）に比べて短く（約3 kb），10 kb程度の長さのDNA断片を組込むことができるので，ファージベクターより高収量で挿入DNA断片を増幅させることができる．しかし，プラスミドはそのままでは大腸菌にほとんど入ることができない．そこで導入の効率を高めるため塩化カルシウムなどで細胞膜の透過性を高めた大腸菌を宿主として用いる．このような処理を施した大腸菌を**コンピテント細胞**という．しかし，大部分の大腸菌にはプラスミドは入らないのでプラスミドが導入された大腸菌を選び出す必要がある．大腸菌は抗生物質に感受性であるが，プラスミドに抗生物質耐性の遺伝子を入れておくとプラスミドが導入された大腸

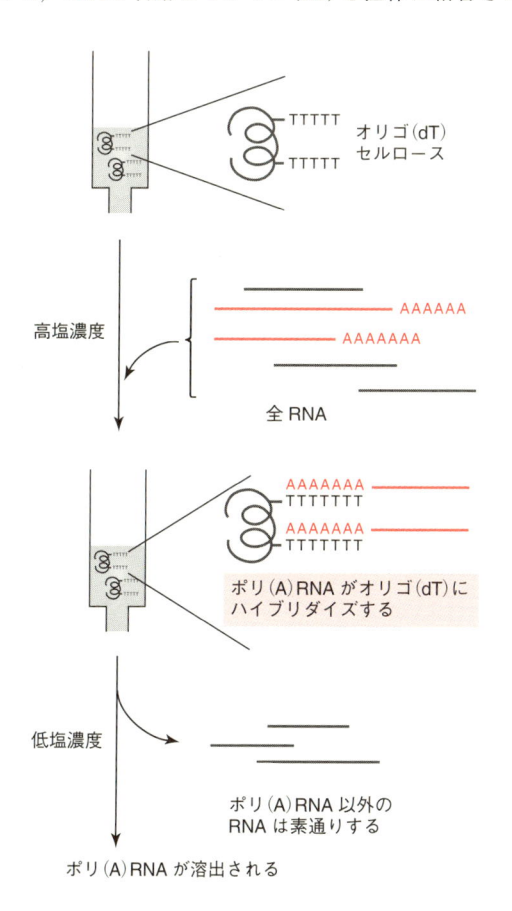

図5・51　mRNAの濃縮

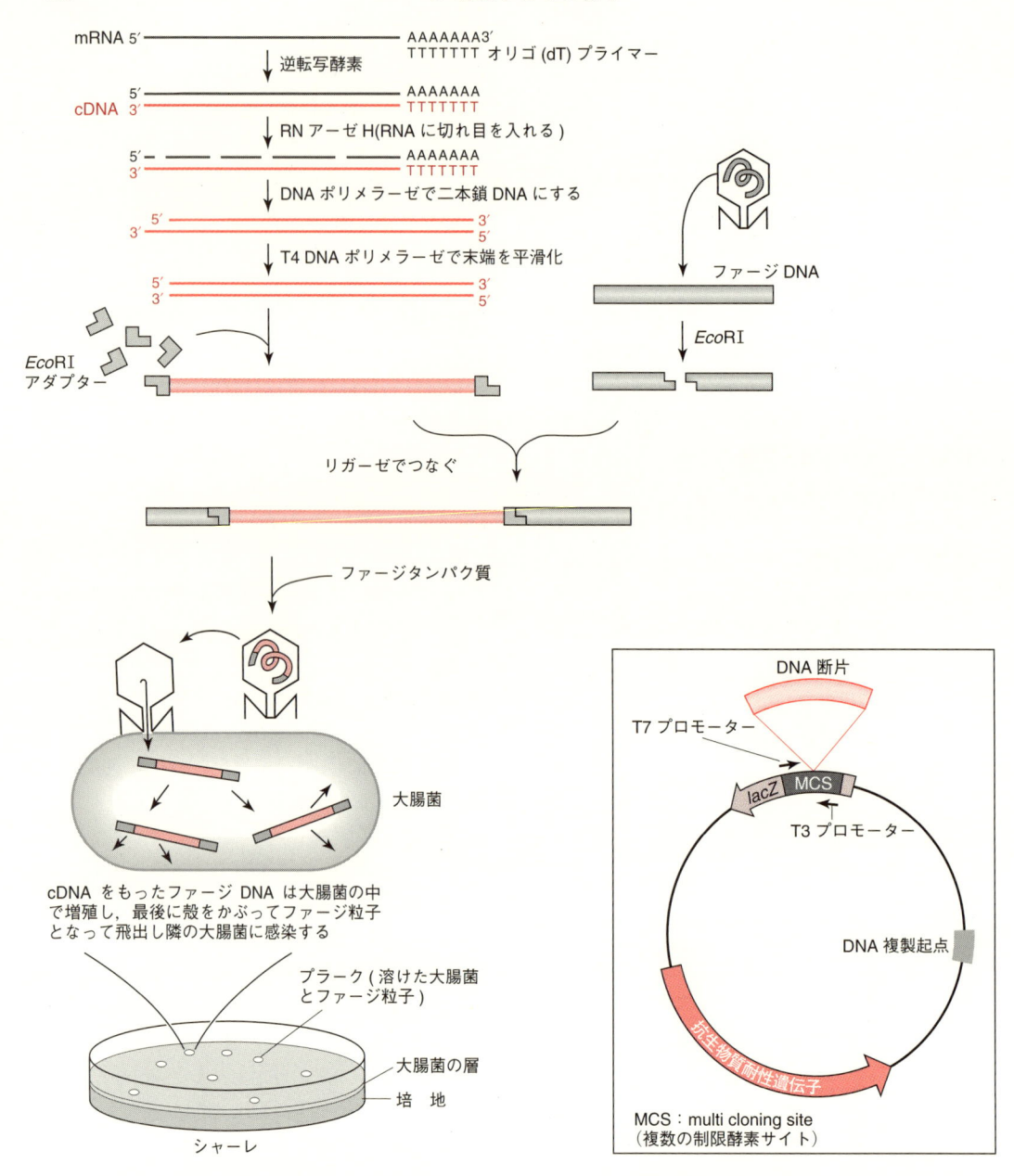

図5・52　cDNA合成とベクターへの組込み

図5・53　プラスミドベクター

菌だけ抗生物質存在下でも増殖し，培地の上でコロニーを形成する（図5・53）．

b. cDNAのクローニング　目的の遺伝子のcDNAをクローニングするためには，まずその産物であるタンパク質を精製する（図5・53）．精製タンパク質の一部のアミノ酸配列を決めると，コドン表に従って塩基配列が決まる．ふつう一つのアミノ酸は複数のコドンに対応するが，種によってどのコドンを好むか傾向があるのでそれに従って塩基配列を予想し，10〜15アミノ酸に対応する30〜45塩基を合成する．これを放射性同位元素などで標識して**プローブ**（探り針の意味）とする．

一方，プレートにライブラリーをまき，プラークのファージ粒子をナイロン膜に移し取る．アルカリで

ファージ粒子のタンパク質を溶かしてDNAをむき出しにし，これをプローブとハイブリダイズさせて，目的のmRNAをコードするcDNAを含むプラークを探し出す．もとのプレートからファージ粒子を抜き出せば，これが目的のタンパク質をコードするcDNAを含むクローンということになる．

精製タンパク質を抗原として抗体が得られれば，これをプローブとすることもできる．プラークにはcDNAにコードされたタンパク質が，溶菌した大腸菌のタンパク質に混じっている．これをフィルターに移し取って抗体と反応するプラークを探し出せば，目的のクローンが得られる（図5・54）．

cDNAがクローニングされると**シークエンシング（塩基配列決定）**によりタンパク質の一次構造が明らかになり，既知のタンパク質の一次構造と比較することにより機能を推測できるようになる．ほかにcDNAをプローブとしてRNAの定量や長さの測定（ノーザン分析），組織切片上または小さな胚の場合は胚全体の特異的RNAの分布（*in situ* ハイブリダイゼーション），遺伝子の構造解析（サザン分析）などが可能になる．

c. 塩基配列の決定（シークエンシング） DNAポリメラーゼはDNAを鋳型にしてプライマーの3′末端にデオキシヌクレオチド(dNTP)を付加する反応を触媒する．ジデオキシヌクレオチド三リン酸(ddNTP)は3′位が-OHではなく-Hなので，これが付加されるとつぎのdNTPが結合できずDNAポリメラーゼの伸長反応が止まってしまう．これを利用して塩基配列決定を行う．

配列決定したい塩基配列の3′末端に蛍光標識したプライマーをハイブリダイズさせ，4種類(A, G, C, T)のdNTPと4種類のddNTPのうちの各1種類を微量

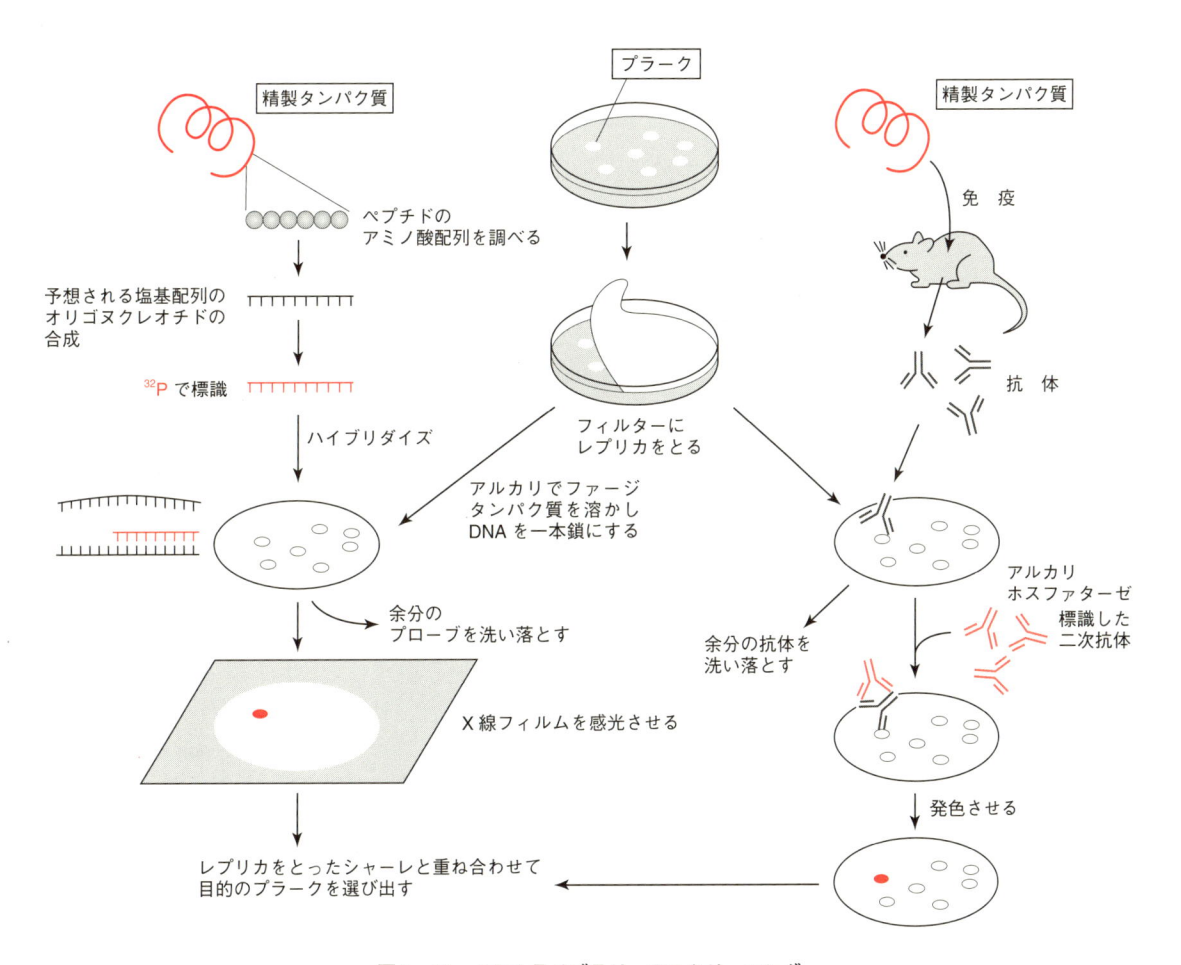

図5・54 cDNAライブラリーのスクリーニング

加えて DNA ポリメラーゼを反応させる（図5・55）.たとえば ddATP を反応に加えた場合は，dATP の代わりに ddATP が取込まれたところで合成反応が停止する．ddATP はランダムに取込まれるのでさまざまな長さの DNA 断片ができる．合成された各 DNA 断片の長さはプライマーの端からそれぞれの A までの長さに相当する．他の ddNTP についても同様の反応を行い，電気泳動する．電気泳動では鎖の長さによってポリヌクレオチドの移動度が異なり，短いほど移動度が高い．約 1000 塩基までは 1 塩基の長さの違いも区別されるので，4 種類の反応産物を並行して泳動することにより，塩基配列を知ることができる．

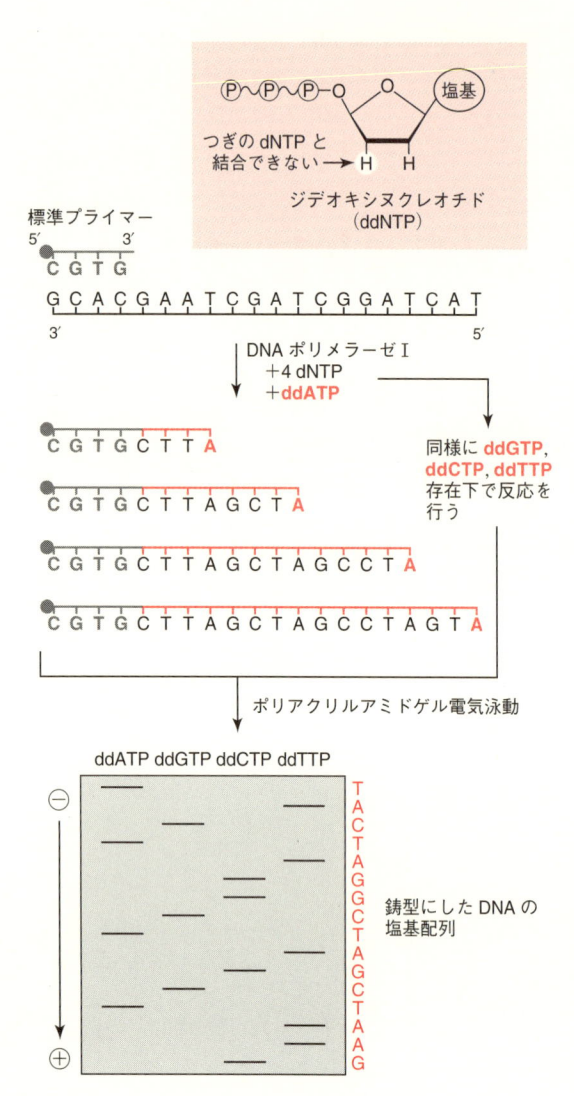

図5・55 塩基配列決定

5・6・3 ゲノムライブラリー

a. ファージベクター　遺伝子の発現の調節をつかさどる領域は mRNA をコードしていない部分にある．遺伝子の全貌を知り，その発現調節機構を調べるためには遺伝子をクローニングする必要がある．バクテリオファージの λEMBL3 は遺伝子ライブラリー作製に最も都合よく組換えられたベクターの一つであり，約 20 kbp の DNA 断片を挿入することができる．哺乳類のゲノムサイズは約 3×10^9 であるが，20 kbp の断片に分けると約 1.5×10^5 個に分けられる．これらのすべてを含む一群のクローン（遺伝子ライブラリー）ができれば，その生物の遺伝情報のすべてを実験に供することが可能になる．

まず，染色体 DNA を適当な制限酵素で約 20 kbp の断片になるように切断する．同じ切断面になるようにベクターを制限酵素で切断しておき，そこに目的の染色体 DNA 断片を挿入する．パッケージングを行い，培地にまいてプラークを形成させ，レプリカをとって cDNA をプローブとしてスクリーニングする．DNA 断片が重複していることを考えに入れると，哺乳類の場合約 3×10^5 のクローン（プレート約 30 枚）をスクリーニングすれば全染色体 DNA の 90% 以上を網羅したことになる．

ゲノムプロジェクトのように，ゲノムのすべてをカバーするクローンを得て，それを正確につなぎ合わせるには，ファージベクターでは組込める DNA のサイズは約 20 kbp なので，小さすぎる．巨大なジグソーパズルのピースが小さいと，どこかで無理にはめ込んだりして間違える．高度な技術を要するが，最近では 100 kb 以上の DNA 断片を挿入できる細菌人工染色体 BAC（bacterial artificial chromosome）や酵母人工染色体 YAC（yeast artificial chromosome）も用いられるようになっている．

5・6・4 PCR

試験管の中で，目的の DNA 配列だけを増幅させる技術がある．この技術を **PCR**（polymerase chain reaction ポリメラーゼ連鎖反応）といい，DNA の増幅ばかりでなく，点突然変異の導入や RNA の定量など，遺伝子操作技術の進歩に大きく貢献している．また，髪の毛の DNA など，微量の DNA を増幅できるので，犯罪捜査における個人の特定や，遺伝病の診断にも用いられる．

PCRとは，反応液の温度を周期的に変えることにより，繰返しDNA複製を起こさせる技術である（図5・56）．DNAポリメラーゼが複製を開始するにはプライマーが必要であり（§5・2・1参照），プライマーが結合した部位から複製を開始する．試験管の中で，30億塩基から成るヒトゲノムDNA中の特定の1箇所から複製を開始させるためには，少なくともプライマーの長さは16塩基以上（16塩基の配列は4^{16}塩基に1箇所しか存在しない確率になる）なければならない．特異性を高めようとすれば25塩基ぐらいが望ましい．25塩基のプライマーのT_m値（§5・1・2参照）は約55℃であるから，特異的にプライマーを標的配列に結合させるには55℃という高温に保たなければならない．さらに，複製が完了したDNA二本鎖に再びプライマーが結合して，複製を開始させるためには，二本鎖を一本鎖に解離する必要がある．長いDNA二本鎖を解離させるには95℃に熱する必要がある．生体では，さまざまなタンパク質が活躍することにより，常温でDNA複製反応が進行するが，試験管の中ではこのような過酷な条件が必要であり，ふつうのDNAポリメラーゼはたちまち変性して活性を失う．

　多様な生物の中には，沸騰する水の中でも死滅しないものもいる．温泉に棲息する細菌 *Thermus aquaticus* のDNAポリメラーゼ（**Taq ポリメラーゼ**）は耐熱性があり，95℃でも失活せず，72℃でDNA複製反応を触媒することができる．*Taq* ポリメラーゼの発見により，試験管の中で特異的なDNA配列の複製が可能になった．

5・6・5　組換えタンパク質の合成

　あるタンパク質のcDNAがあれば，そのcDNAを発現ベクターに組込み，宿主にタンパク質を合成させることができる．このように遺伝子操作によって合成されるタンパク質を**組換えタンパク質**という．人工的に変異を与えることにより，新たな機能をもつタンパク質が合成されつつある．宿主として，大腸菌，酵母，培養細胞などがある．

　大腸菌の発現ベクターpETは，転写の開始と調節を担う配列 *lac* オペレーターをもち，*lac* オペレーターの下流にcDNAを連結するように構築されている（図5・17参照）．タンパク質によっては，発現すると大腸菌の増殖が抑えられ，組換えタンパク質が得られないことがある．そこで，組換えタンパク質の合成を抑え，大腸菌が十分に増殖してから発現を誘導することで，この問題を回避する．*lac* オペレーターには大腸菌のリプレッサーとよばれる転写抑制因子が結合しており転写が起こらない．ラクトースの類似体IPTG（isopropyl-β-D-thiogalactopyranoside）を培地に加えると，IPTGはリプレッサーに結合してオペレーターへの結合を阻害する．その結果，*lac* オペレーターが活性化し，挿入したcDNAが発現しタンパク質が合成される．

　cDNAの挿入点のすぐ上流，または下流に，ヒスチジンが連続するようにコードされている配列を配置す

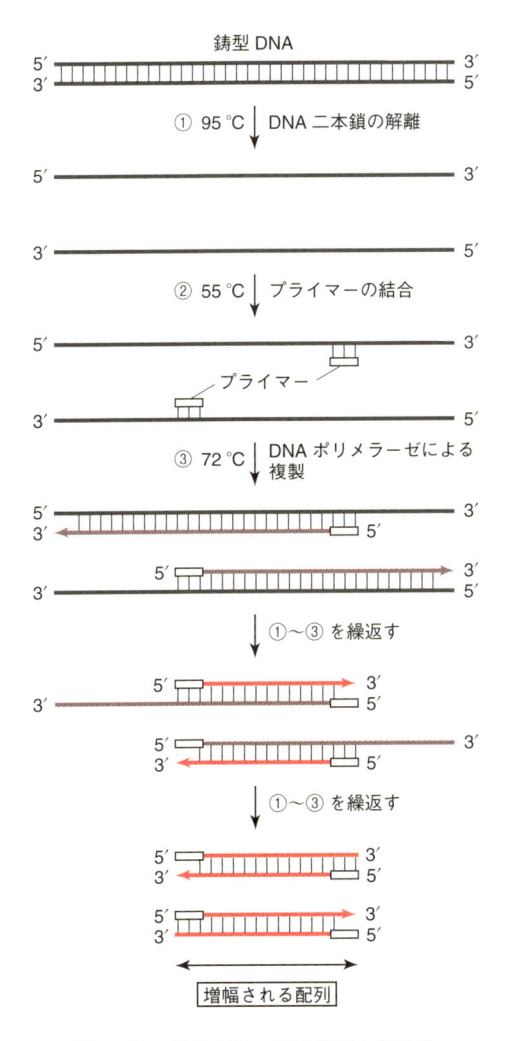

図5・56　ポリメラーゼ連鎖反応（**PCR**）

ると，目的のタンパク質の末端にヒスチジンが連続した融合タンパク質ができる．ヒスチジンの連続を**ヒスタグ**（His-tag）といい，大腸菌に発現させた組換えタンパク質の精製に用いる．組換えタンパク質にヒスタグが付加されていると，ヒスタグがニッケルイオンに結合する性質を利用してニッケルカラムでアフィニティー精製することができる（図5・57）．非特異的なタンパク質を緩衝液で洗い流したのち，ヒスチジンと類似の構造をもつイミダゾールを含む溶液で組換えタンパク質を溶出する．

適したクラゲの蛍光タンパク質 **gfp**，大腸菌の **lacZ** などがある．

生体に導入された遺伝子は，宿主で働くプロモーターがあれば染色体DNAに組込まれなくても発現する．しかし，染色体DNA外にある外来遺伝子は徐々に失われ，数日間で消失する．このように，染色体外DNAとして一過的に発現することを**トランジェント**（transient）な発現という．

導入された遺伝子が染色体DNAに組込まれることもある．染色体DNAへの組込みは，生体がもっている遺伝子組換え機構による．染色体DNAに組込まれた遺伝子は安定的に存在し，一定期間は安定に発現する．染色体DNAに組込まれた外来遺伝子が発現することを**ステイブル**（stable）な発現という．

培養細胞への遺伝子導入法には，リン酸カルシウムとDNAを共沈殿させ，この粉末顆粒を細胞に振りかけて，細胞のエンドサイトーシスにより取込ませる**リン酸カルシウム法**，脂質二重膜でDNAを包み，脂質二重膜を細胞に融合させて導入する**リポフェクション法**，培養液にDNAを加えておき，電気パルスによって細胞膜に穴を開けて導入する**エレクトロポレーション法**，ウイルスの強い感染力を利用して遺伝子導入する**ウイルスベクター法**がある．

受精卵や胚には，顕微注入法，エレクトロポレーション法，金粒子にDNAを付着させ，金粒子を散弾銃のように打ち込む**パーティクルガン法**が用いられる．受精卵に導入された遺伝子は，多くの場合，染色体DNAに組込まれる．発生過程における時間的空間的発現調節にかかわるシスエレメントの解析に有効な手段である．

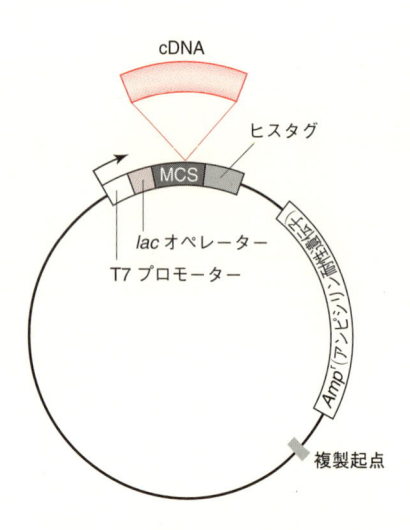

図5・57 発現ベクター pET の構造

5・6・6 リポーター遺伝子を利用した転写調節領域の機能解析

発現調節を担う転写調節領域を解析するには，転写調節領域の機能をモニターする**リポーター遺伝子**が用いられる．調べたい遺伝子の転写調節領域とリポーター遺伝子の融合遺伝子を構築し，これを生体に導入してリポーター遺伝子の発現パターンを解析するのである．内在性遺伝子と同じ発現パターンを示せば，用いたDNA断片内に，転写調節に必要なシスエレメントのすべてが存在することになる．また，転写調節領域に変異を加え，発現パターンの変化を解析することにより，シスエレメントの機能を明らかにできる．リポーター遺伝子は，内在性遺伝子と区別をつけるため，通常の生体では発現していない遺伝子を用いる．定量的解析に適したホタルの**ルシフェラーゼ**（*luc*），ウミシイタケのルシフェラーゼ，組織特異性の解析に

5・6・7 染色体DNAに遺伝子が組込まれた細胞の選別

導入する遺伝子にネオマイシン耐性（neo^r）遺伝子などの薬剤耐性遺伝子を連結させておくと，染色体DNAに遺伝子が組込まれた細胞を選別することができる．真核生物に有効なネオマイシン類似体のG418を細胞に与えると，細胞は死滅するが，neo^r 遺伝子が導入された細胞は耐性になる．導入遺伝子が染色体外遺伝子として存在する場合は徐々に排除され，1週間程度で耐性を失う．しかし，導入遺伝子が染色体DNAに組込まれた細胞は neo^r 遺伝子が存在し続けるので，生き残る．染色体DNAに組込まれた遺伝子は，

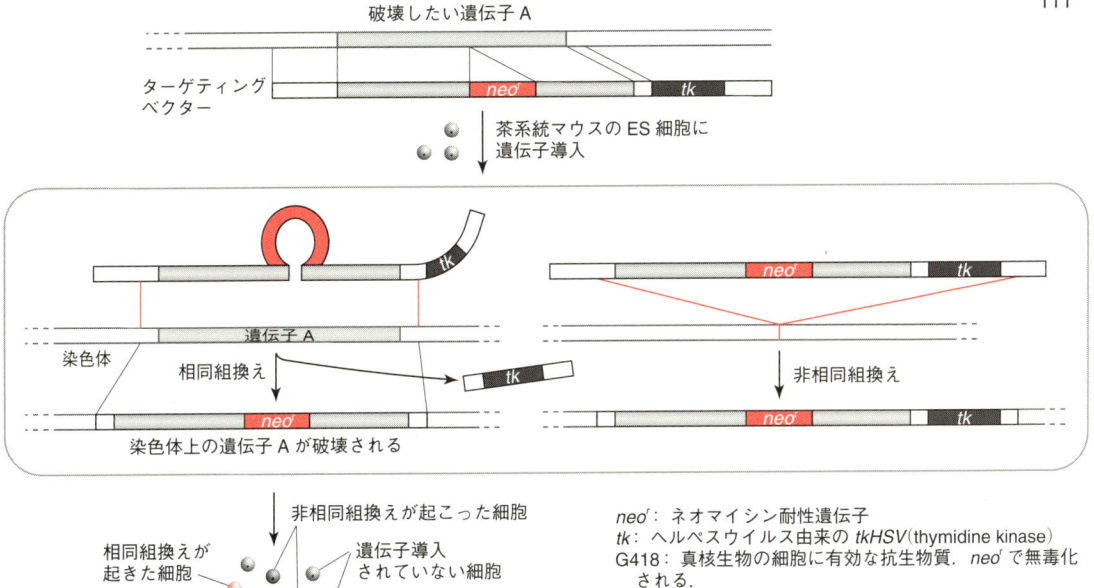

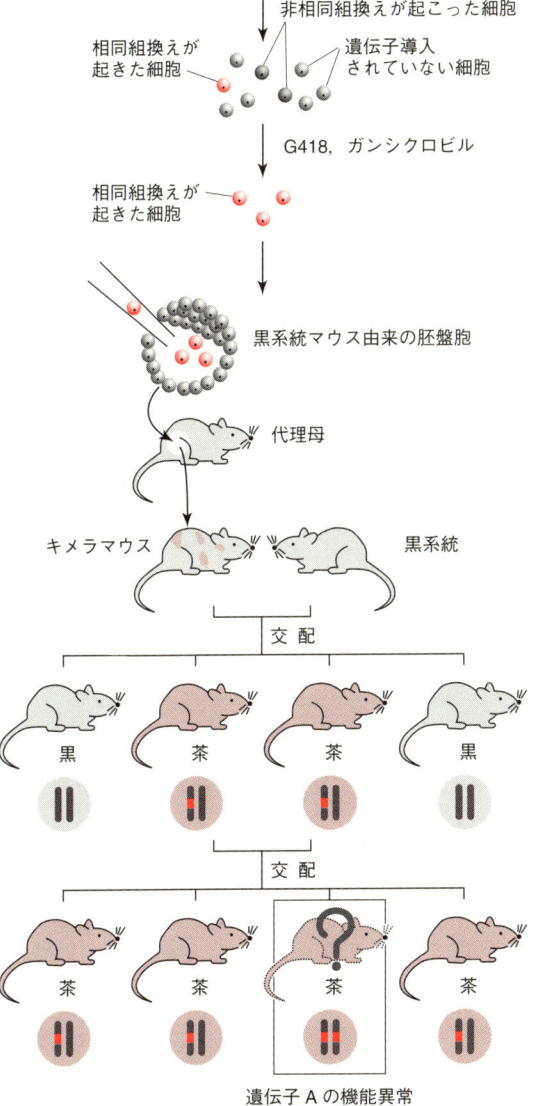

図 5・58 **ジーンターゲティング** 染色体 DNA にターゲティングベクターが組込まれた ES 細胞を G418 により選別し，さらにガンシクロビルで，相同組換えが起きた ES 細胞を選別する．非相同的に組込まれると，neo^r 遺伝子とともに tkHSV 遺伝子も組込まれる．tkHSV が発現すると，ガンシクロビルが DNA 複製を妨げる物質に変わり，細胞が死滅する．相同組換えが起きていると，組込まれる際に tkHSV 遺伝子が排除されるため，ES 細胞はガンシクロビルに対して非感受性になり，生き残る．この ES 細胞を胚盤胞に移植し，代理母の子宮で発生させる．ES 細胞が生殖細胞になると，つぎの世代では破壊された遺伝子をヘテロにもつ個体が得られる．これを交配し，ホモ個体の表現型を調べることにより，遺伝子の機能が明らかになる．

neo^r: ネオマイシン耐性遺伝子
tk: ヘルペスウイルス由来の tkHSV (thymidine kinase)
G418: 真核生物の細胞に有効な抗生物質．neo^r で無毒化される．
ガンシクロビル: プリン塩基類似体．マウスの tk は触媒しないが，tkHSV はガンシクロビルを DNA 複製阻害物質に変換する．

内在性遺伝子と同様にクロマチン構造をとる。したがって、生体の条件をほぼ満たした状態で遺伝子機能の解析ができるという特徴がある。

5・6・8 遺伝子機能の解析

遺伝子を特異的に破壊したり、異常な発現をさせて表現型を調べることにより、その遺伝子の機能を知ることができる。

染色体 DNA に組込まれる遺伝子のほとんどは、染色体上にランダムに組込まれる。しかし、低い割合ではあるが、相同的に組込まれることもある。この、まれに起こる相同組換えを利用して、特定の遺伝子を分断し、機能を失わせる技術を**ジーンターゲティング**（gene targeting：遺伝子を狙い撃ちする）という（前ページ、図 5・58）。ES 細胞が利用できるマウスではジーンターゲティングが可能であり、特定の遺伝子が破壊されたマウスを**ノックアウトマウス**とよぶ。

ジーンターゲティングは高度な技術と時間を要するが、比較的簡便に特定の遺伝子機能を抑制する方法がある。特定の機能ドメインを欠失したタンパク質が、内在性の正常タンパク質より多く存在すると、拮抗的に内在性タンパク質の機能が抑制されることを利用したのが、**ドミナントネガティブ法**である。特定のドメインを欠失、または機能を失わせるように DNA に欠失または変異を加え、これを鋳型として試験管の中で mRNA を合成し、受精卵に顕微注入することで、遺伝子ノックアウトと似た表現型が得られるのである。逆に、正常な mRNA を受精卵に顕微注入すると、胚のすべての細胞で特定の遺伝子が発現することになり、本来発現する領域以外にある細胞で発現させた場合の表現型を得ることができる。この手法を**強制発現**といい、本来発現する領域以外の発現を**異所的発現**という。

ドミナントネガティブや強制発現に用いる mRNA は、細胞内で分解されやすく、数日間で効果を失うという問題点がある。RNA と同じ塩基をもち、モルフォリノとよばれるバックボーンをもつモルフォリノオリゴは、細胞内で分解されないため長時間存在する。翻訳開始点、またはスプライシング部位に相補する**モルフォリノアンチセンスオリゴヌクレオチド**を細胞や受精卵に注入することにより、比較的長時間にわたり特異的にタンパク質合成を抑制することができるようになった（図 5・59）。

生物種によっては、細胞が侵入してきた二本鎖 RNA の配列を認識し、その配列をもつ mRNA を特異的に分解する仕組みがある。二本鎖 RNA を細胞に導入することで特定の遺伝子機能を抑制する手法を **RNA 干渉**（RNA interference, **RNAi**）といい、生物が本来もつ機能を利用しているため長時間にわたって効果が持続する特徴がある（図 5・60）。

図 5・59 モルフォリノアンチセンスオリゴの構造と翻訳抑制

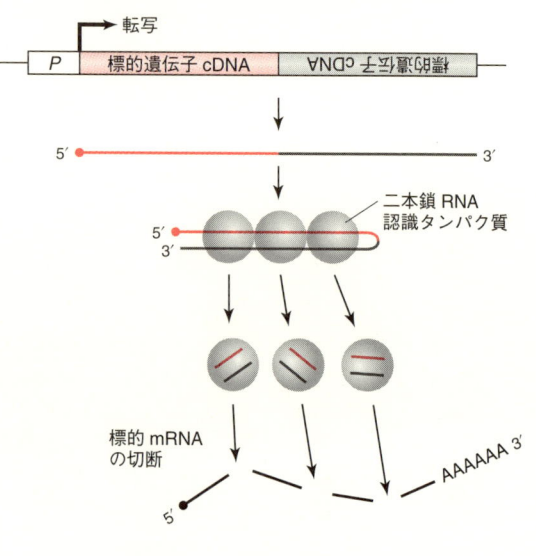

図 5・60 RNA 干渉（RNAi）

ゲノム科学とバイオインフォマティクス

20世紀の終わりに微生物のゲノム配列がつぎつぎと決定され，2003年には長年の懸案であったヒトゲノムの配列も決定された．今も毎月何個かの新しいゲノム配列が決められている．21世紀は，ゲノム解析の上に立ったトランスクリプトーム（遺伝子発現調節機構の網羅的解析）やプロテオーム（発現タンパク質の網羅的解析）に代表されるポストゲノムの時代とも言われている．

ゲノムとは細胞に含まれる遺伝情報の総体のことであるが，ゲノム配列が決定されても遺伝子の機能がすべてわかったことにはならない．各遺伝子のDNA配列からタンパク質を合成し，生化学的にタンパク質の機能を決定せねばならない．すべての遺伝子にこの作業をするのは大変なことである．そこで，機能のすでに明らかになっているタンパク質の遺伝子情報をコンピュータに記憶させておき，新たに決められたゲノム情報の中からそれに似た遺伝子情報を選び出して，その遺伝子の機能を推測する方法が考えられた．それがバイオインフォマティクスである．

遺伝情報を比較解析する手段としてDNAの配列情報やタンパク質のアミノ酸配列に関する情報を蓄積し，検索に利用できるようにしたデータベースがつぎつぎとつくられた．GenBank, DDBJ, EMBLなどはDNAの配列情報に関するものであり，BLASTは遺伝子相互の相同性に関する情報を，SWISS-PROTやPIRはタンパク質のアミノ酸配列や機能に関する情報に関するものである．その他にもタンパク質のドメイン（領域）構造情報に関するPfamやSMARTなどもよく知られている．現在は遺伝子の発現調節に関する情報も着実に蓄積されている．これらの情報を組合わせて，新しい生命の法則を見つけるのも，バイオインフォマティクスの目的の一つである．

6 発生と分化

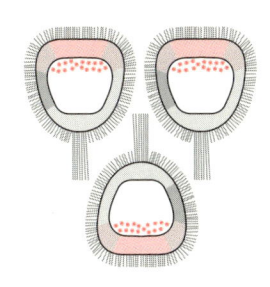

6・1 生殖

生物は生きている間に新しい個体をつくりだし，命を連続させている．

6・1・1 無性生殖と有性生殖

単細胞の細菌や，藻類，原生動物は，細胞が二つに分裂することで，自分と同じ個体をつくりだす．多細胞動物でも，プラナリアやイソギンチャクは個体を分裂させて新個体をつくる．多くの植物は，根，茎，葉などの栄養を蓄える器官から新個体をつくることができる．このように，個体の一部から子孫を生じる生殖を**無性生殖**という．減数分裂を経ない無性生殖では，子の遺伝子は親と同じである．

多細胞生物の多くは，**配偶子**とよばれる生殖のための特別な細胞を体の一部につくり，それを合体させて新個体をつくる．配偶子の合体を**接合**という．多細胞動物や種子植物では，雌性配偶子として大形で運動性のない**卵**と，雄性配偶子として小形の精細胞をつくる．精細胞のうち，運動性のあるものを特に**精子**とよぶ．卵と精子の接合を**受精**といい，受精で生じた細胞を受精卵という．このように 2 種類の細胞が合体することにより，新個体をつくることを**有性生殖**という．

図 6・1 に無性生殖と有性生殖の両方を行う生物の

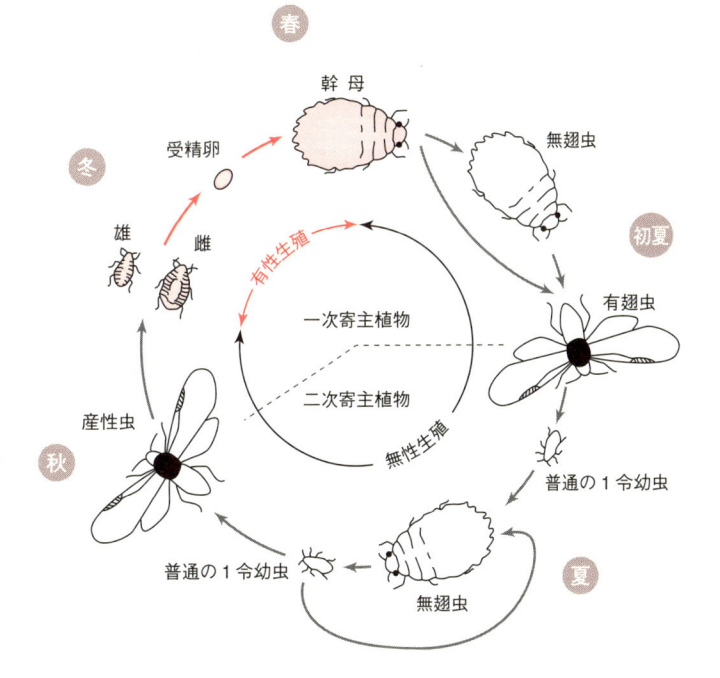

図 6・1 アブラムシの生活環における有性生殖と無性生殖 アブラムシの生活環は，春先に羽化する幹母から無性生殖がスタートし，途中で二次寄主植物に移動分散しながら，さらに無性生殖を続ける．秋になると翅のある産性虫が現れ，一次寄主植物に移動し，そこで無性生殖のまま雄と雌を産む．この雄と雌は交尾し，受精卵を産むが，これが有性生殖である．受精卵は越冬し，春に幹母が羽化する．

例を示した．

6・1・2 配偶子形成

生殖細胞のもとになる細胞を**始原生殖細胞**といい，哺乳類では胎児期に用意される．始原生殖細胞は初め，尿嚢と卵黄嚢に現れる．その後，胚の前方に向けて移動を始め，**精巣**または**卵巣**に到着する．

a. 精子形成 発生途中の精巣内に入った始原生殖細胞は**精原細胞**となり，細胞分裂を繰返して多数の精原細胞をつくる．その後，一時的に分裂を停止するが，個体が成熟すると分裂を再開する．この分裂の結果できた娘細胞の片方だけが精子形成に向かう．これを**一次精母細胞**という（図6・2）．もう片方の娘細胞はそのまま精原細胞の形質を保ち続ける．このような細胞分裂を繰返すことにより精原細胞からつぎつぎと精母細胞が形成される．一次精母細胞は**減数分裂**を行い，4個の精細胞になる．精細胞は核の凝縮，ゴルジ体の先体への変化，鞭毛の形成などの成熟過程を経て精子特有の形態になる．

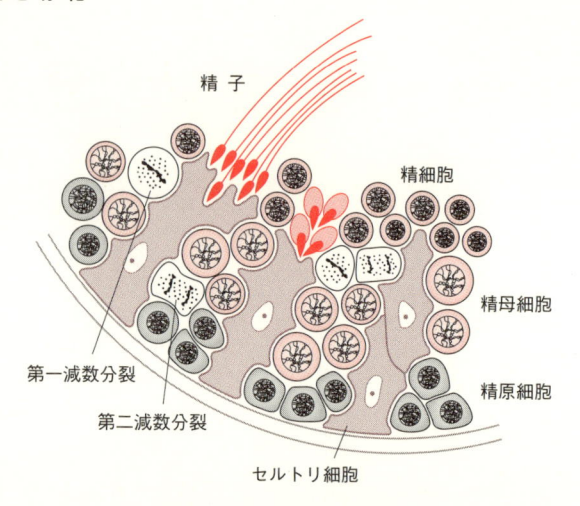

図6・3 脊椎動物の精巣

脊椎動物では精子形成過程にある細胞は**セルトリ細胞**とよばれる補助細胞と接しており，セルトリ細胞から養分の補給を受けるほか，セルトリ細胞を介してホルモンの影響を受けている（図6・3）．たとえば精子

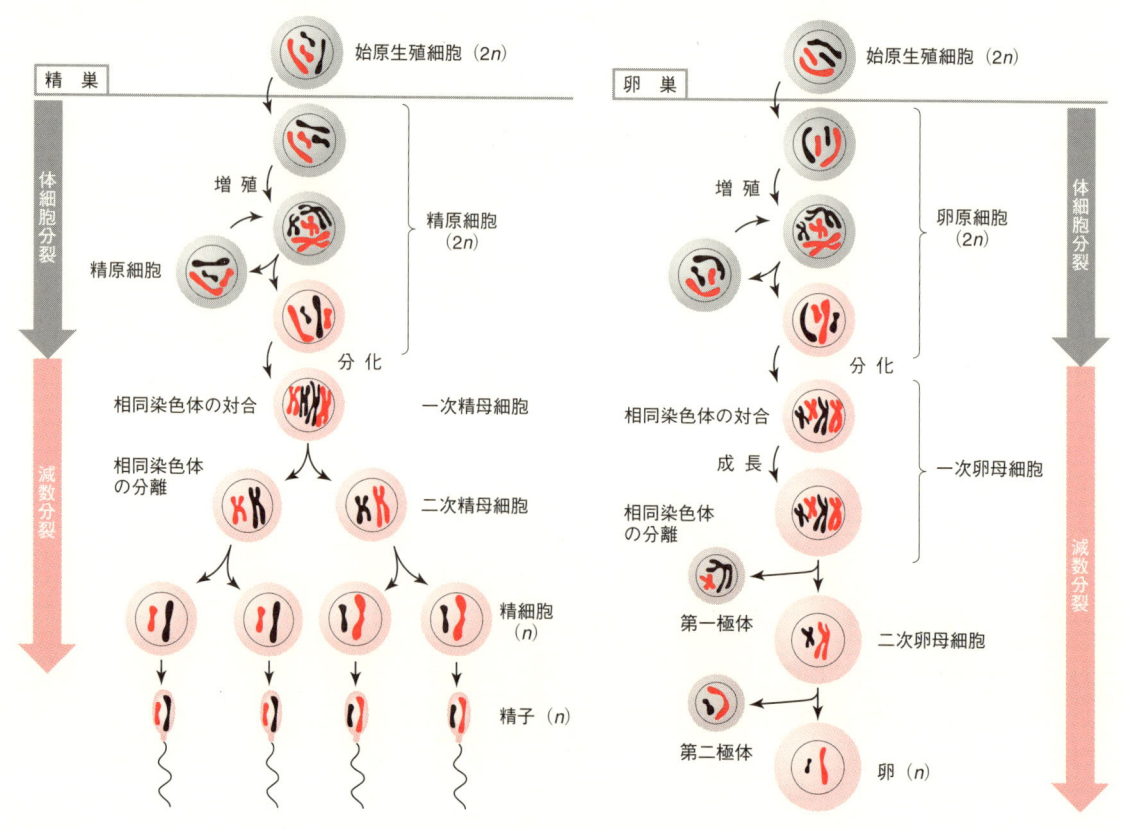

図6・2 配偶子形成と減数分裂

形成は雄性ホルモンに依存しているが，ホルモンは直接には精母細胞に働かない．雄性ホルモンの受容体はセルトリ細胞にある．

精子は遺伝子を卵に運ぶという目的以外のほとんどすべての機能を削除した細胞である．精子はおもに核と，精子を卵にまで到達させるための運動器官である鞭毛と，それにエネルギーを供給するためのミトコンドリアから成る（図6・4）．成熟した精子核のクロマ

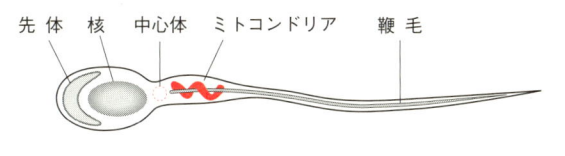

図6・4 脊椎動物の精子

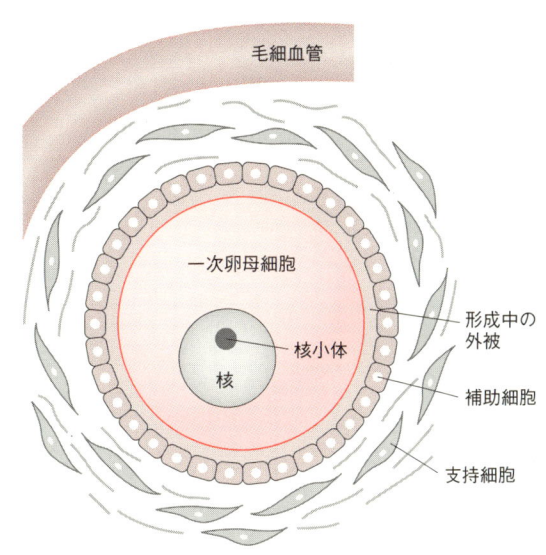

図6・5 脊椎動物の卵巣内の卵母細胞と補助細胞

チンはコンパクトに折りたたまれ，転写されることはない．細胞質も最低限必要なもの以外はほとんど捨ててしまっているため，エネルギーの新たな供給は望めない．そこで，精子が卵に出会う直前までエネルギーの消費を極力抑えるような仕組みが整っている．精巣では酸素分圧が低く二酸化炭素分圧が高い．pHも弱酸性に保たれている．これらの条件下では精子の活動は抑えられている．放精されるとこれらの環境から解放され，精子は活性化する．一方，卵からは**精子誘引物質**が放出されており，卵に近づいた精子はこれに反応して卵に突進することになる．ウニの場合，誘引物質は8〜10アミノ酸のペプチドであり，これらは種によって特異性があり，種間交雑が避けられている．

b. 卵形成　発生途中の卵巣内に入った始原生殖細胞は**卵原細胞**となり，細胞分裂を繰返して多数の卵原細胞をつくる．脊椎動物の卵原細胞は補助細胞によって囲まれており，補助細胞は卵原細胞の卵への分化に重要な役割を果たす．補助細胞の外側には支持細胞があり，支持細胞はホルモンの合成や成熟卵の卵巣からの放出にかかわる（図6・5）．個体が成熟すると，卵原細胞は栄養分などを蓄えて大形の**一次卵母細胞**になる．多くの種では，卵母細胞は第一減数分裂の前期で分裂を停止する．この時期の核は，通常の体細胞の核よりはるかに大きく，**卵核胞**とよばれ，活発に転写している（図6・6）．

十分に成長した卵母細胞は，両生類や哺乳類ではホルモンの刺激により，活性化され核膜を壊して（**卵核**胞崩壊 germinal vesicle break down, GVBD）細胞周期の中期に入る．一次卵母細胞は不均等に分裂して大きな二次卵母細胞と小さな細胞の**第一極体**になる．続く二次分裂でも**二次卵母細胞**は不均等に分裂して，大きな卵と小さな第二極体になる．この過程で形成された極体は後に消失する．卵として機能するためには莫大な量の物質を1個の細胞に詰め込む必要があり，多大なエネルギーを必要とする．減数分裂によって生じる4個の細胞のうち，1個だけを卵にして他を極体として捨てるのは，一種の間引きである．成熟卵は，受精するまで転写も翻訳も停止している（図6・2参照）．

卵は発生の素材とエネルギー源になる卵黄を蓄えており，精子に比べ体積がはるかに大きい．卵黄の多い部分を**植物半球**，少ない部分を**動物半球**といい，それぞれの極を**植物極**，**動物極**とよぶ．水中では密度の高い植物半球が下側になって沈むので図でも植物極を下に描く．

カエルやウニの卵には**動植物軸**，ショウジョウバエの卵には**前後軸**，**背腹軸**のように，卵には，胚の**体軸**の決定など，初期発生を支配する基本的な情報が備わっている．それらの情報は卵形成の間に母親によって蓄積されたタンパク質やmRNAであり，それぞれ**母性タンパク質**，**母性mRNA**とよばれ，卵の細胞質中で局在または濃度勾配をなして分布している．

6・2 受　精

多細胞生物の生命は**受精**から始まる．受精は遺伝情報の混合と，発生開始のための卵の活性化ととらえることができる．受精にあたっては，1個の卵に複数の精子が入ってしまったり，他種の精子が入ったりという事態を避けなければならない．受精を効率良く行うために，生物はさまざまな機構を生み出してきた．

卵は糖タンパク質から成るゼリーに囲まれている．精子が近づくと，ゼリーに含まれる**先体誘起因子**により精子の先体小胞が壊れ，先体が突出する．これを**先体反応**という（図6・7）．先体誘起因子は種特異的で，ここでも交雑が起こらないような仕組みになっている．先体の膜には**バインディン**とよばれるタンパク質があり，卵膜には種特異的なバインディンの受容体がある．バインディンがバインディン受容体に結合すると，精子の細胞膜と卵の細胞膜が融合し，精子核が卵に進入する．

受精後に別の精子が進入すると余分な染色体が存在することになり，発生に異常が生じる．これを防ぐ何重もの機構が卵には備わっていて**多精拒否機構**とよばれる．精子が卵に結合するとナトリウムチャネルが開き，卵細胞膜の内外の電位差が急速に変化する．このような膜とは精子の細胞膜は融合できない．膜電位の上昇は0.1秒以内に起こるので速い対応には適しているが一次的なものなので，つぎの多精拒否機構が必要となる．精子が卵に結合すると，精子の進入点では卵

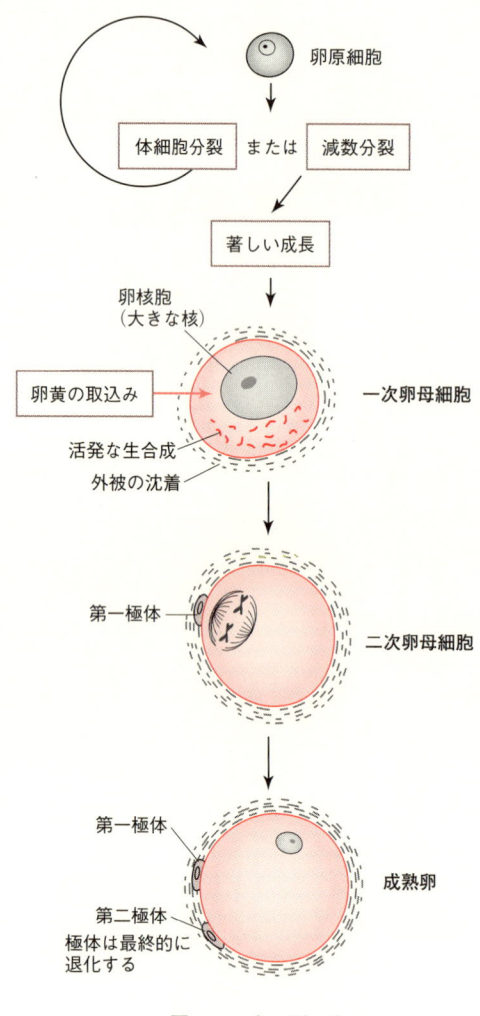

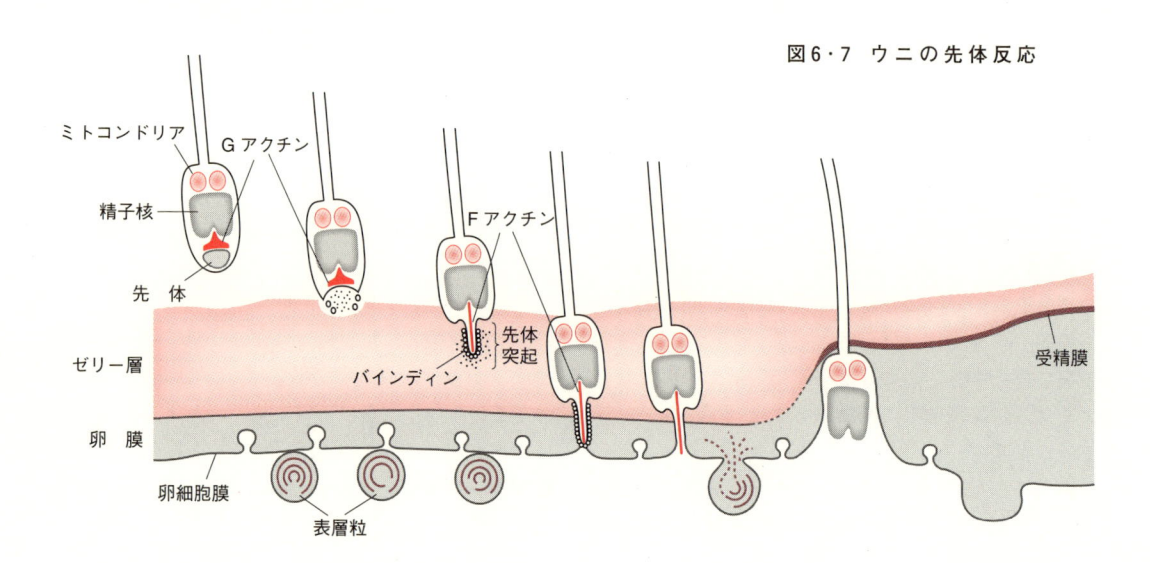

図6・6　卵　形　成

図6・7　ウニの先体反応

の小胞体に蓄えられていたカルシウムが細胞質内に放出され，それが約 90 秒で卵全体に波のように広がる．ウニの場合，カルシウム濃度の上昇が引金となって，卵膜直下に分布する表層粒と細胞膜が融合して内容物が放出され（図 6・7 参照），それが波のように卵全体に広がる．表層粒にはタンパク質分解酵素が含まれていて，それが卵膜のバインディン受容体を壊し精子が結合できなくなる．同時に表層粒内にあった別の物質により**受精膜**が形成され，物理的にも精子の進入を防ぐことになるのである．哺乳類では受精膜は形成されないが，卵を取囲む透明帯が修飾され，後から来る精子の結合を妨げている．

卵に入った精子核のクロマチンタンパク質は，卵のクロマチンタンパク質と置き換わり膨潤する．これを**雄性前核**とよぶ．雄性前核と**雌性前核**は相互に近づき，融合して接合体核を形成する．

精子が卵の細胞膜に結合すると，卵は発生の開始に向けて活性化する．まず，卵の細胞膜にある受容体が精子先体膜の分子を認識すると，その情報は卵細胞膜の **G タンパク質**とイノシトール脂質を介した**細胞内情報伝達系**を伝わって小胞体から細胞質内に一過性にカルシウムを放出させる（§6・7・1 参照）．一方，**プロテインキナーゼ C** も活性化され，プロテインキナーゼ C は Na^+/H^+ 担体を活性化して細胞内へのナトリウムイオンの流入を促進し，細胞内の pH が上昇する．カルシウムイオン濃度の上昇と細胞内 pH の上昇が，翻訳抑制さていた母性 mRNA を解放し，タンパク質合成と DNA 合成の開始をひき起こすと考えられている．

6・3 初 期 発 生

体外受精をする生物は，受精後しばらくは無防備で危険な時期である．したがって，まずは細胞を急速に増やし，発生を早く進行させて移動や摂食できるような状態になる必要がある．初期発生の最初の大事な段階は，胚の前後や背腹の軸の形成である．胚の細胞は軸に沿った位置情報に従って分化を開始する．やがて細胞は大規模な配置換えを起こし，外・中・内胚葉に分化していく．軸形成を制御する分子機構については§6・4 でショウジョウバエを例に説明する．

6・3・1 卵　　割

卵割期には体細胞に比べ DNA 複製速度が速く，細胞周期が短くなっている．卵として産み落とされる動物では，初期卵割期には細胞周期の G_1 がなく，細胞が DNA 複製に専心している様子がうかがえる．

卵割の形式は卵に含まれる卵黄の量や場所によって

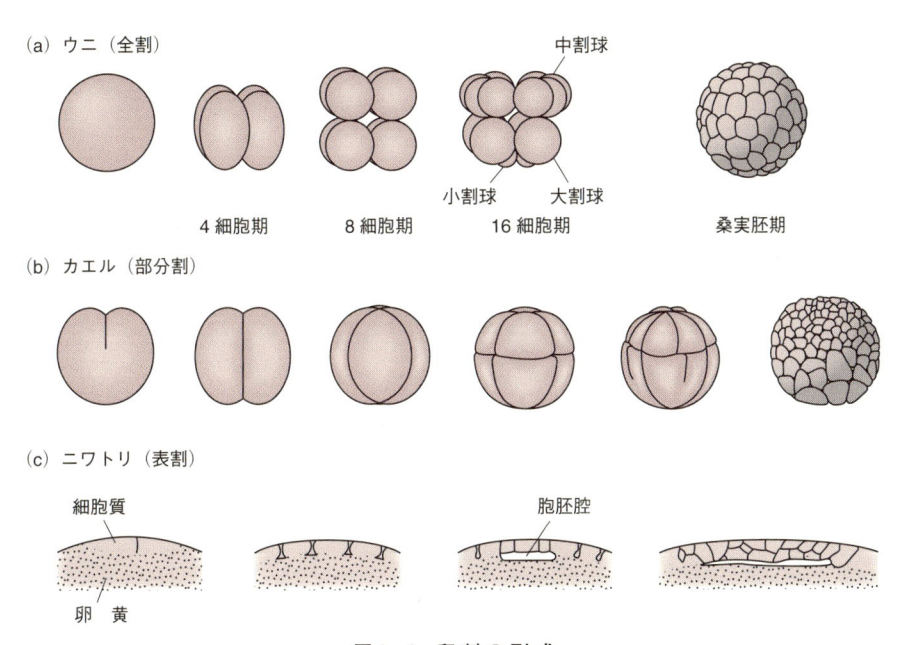

図 6・8 卵割の形式

異なる（図6・8）．卵黄は細胞分裂を遅らせるので，卵黄の多い部分は割球が大きくなる．ウニのように卵黄が比較的少なく卵全体に均等に分布している卵では，等しい大きさの割球に分かれる．このような卵割を**全割**という．一方，卵黄が多く，片寄っている場合は細胞質の一部で卵割が起こる．このような卵割を**部分割**という．鳥類では卵黄が極端に多く，植物極に片寄って分布しているので（**端黄卵**），動物極の周辺だけで平板状に卵割が起こる．このような卵割を**盤割**とよぶ．昆虫の場合は，卵黄は卵の中心にあり（**心黄卵**），卵割が卵の表面だけで起こることから**表割**とばれる（図6・13参照）．

6・3・2　初期発生と嚢胚形成

分裂を繰返してその数を増やした細胞は移動を開始し，劇的な細胞の再編成が行われる．この過程で，体の内側の器官を形成する細胞は胚の内側に入込み，外側の器官を形成する細胞は胚の表面に広がる．これを**嚢胚（原腸胚）形成**という．胚の内側には消化器官などに分化する**内胚葉**，外側には皮膚や神経系に分化する**外胚葉**，それらの中間には骨格筋や血球細胞に分化する**中胚葉**が形成される．そして，それぞれの胚葉や細胞間で相互作用が起こり，誘導が始まる．

a．ウニの初期発生　ウニ卵は透明で生きたまま観察できるので，嚢胚形成の細胞運動の研究が古くから行われている（図6・9）．受精後12時間ほどたつと，胚は1層の細胞から成る**胞胚**になる．しばらくすると植物極周辺に位置する小割球由来の細胞がまわりの細胞との接着を断ち切って，胞胚壁から胞胚腔に向けて移動を開始する．これらの細胞を**一次間充織細胞**といい，胞胚腔内をしばらく動き回ったのち，所定の位置に来ると移動を停止し，骨片を形成し始める．一次間充織細胞が胞胚腔内を動き回っている間，植物極の細胞が変化して胞胚壁が胞胚腔内に向けて少し陥入する．陥入した口が**原口**となり，陥入した部分が**原腸**となる．原腸の頂点は二次間充織細胞から成り，内胚葉が続く．二次間充織細胞からはさまざまな方向に仮足が出され，口になる位置を探すように胞胚壁の内側に仮足の先端を接触させる．目的の場所に接しなかった場合はそのまま引込めるが，将来口になる位置に接触すると，仮足の先端をしっかり結合させ原腸を引上げる．原腸は二次間充織細胞に導かれて陥入を続け，胞胚壁と接したところに口ができる．原腸は消化管に，二次間充織細胞は筋肉と変態後のウニの原基となる．

b．カエルの初期発生　カエルの未受精卵には動植物軸があり，精子は動物半球に進入する．動物半球の表層は不透明で，内部細胞質は灰色の色素が沈着している．卵の表層は精子が進入すると，卵の内部細胞質に対して約30°回転する．これを**表層回転**という．回転の方向は精子の進入点によって決まり，表層回転によって左右相称が確立する．図では内部細胞質が回

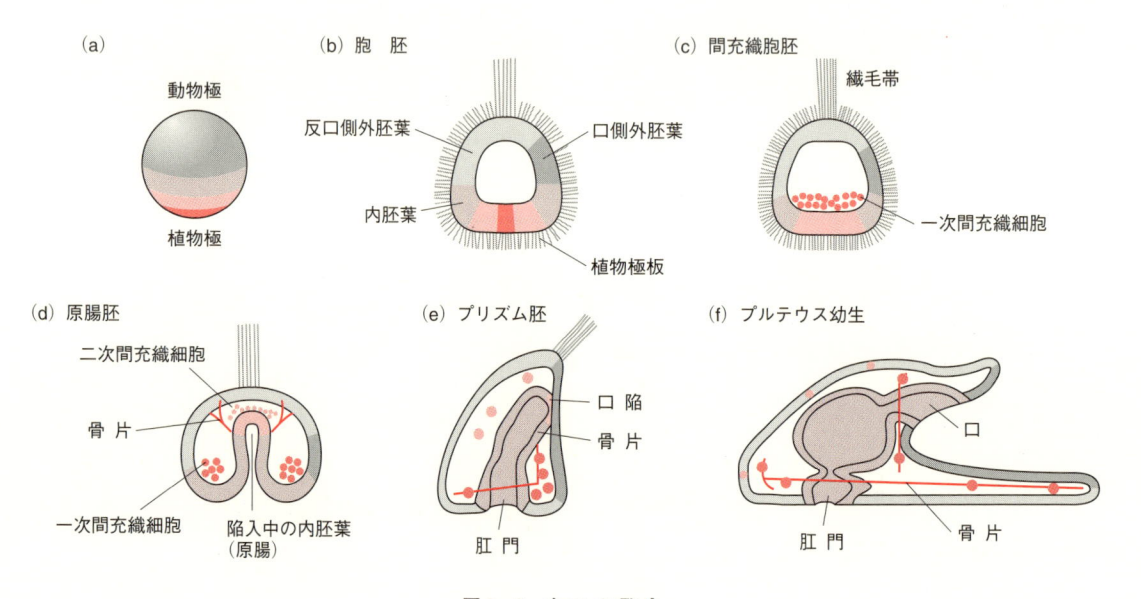

図6・9　ウニの発生

転しているように描いてある．不透明な動物半球の表層が回転すると，精子の進入点の反対側では，色素が沈着した動物半球の内部細胞質を透明な植物半球の表層が覆うことになり，灰色に見える領域が現れる．これを**灰色三日月環**といい，将来の背側中胚葉となる．背側中胚葉は**形成体（オーガナイザー）**となり，脊索，体節，神経管などの背側の組織を誘導する．この背側中胚葉を誘導するのが，植物極背側領域であり，植物極背側領域自体は消化管内胚葉に分化する（図6・10）．

卵割期から**中期胞胚変移**とよばれる時期になると細胞周期は長くなり，分裂は非同調的になって多くの遺伝子の発現が始まる．しばらくすると**帯域**とよばれる領域（受精卵の灰色三日月環の部分に相当）から内胚葉の陥入が始まり，原口が形成される（図6・11）．

カエルの場合はウニと異なり，間充織細胞が原腸を引上げるのではなく，胞胚壁を形成する個々の細胞の形態が変化して，シート状のまま原口から胞胚腔内に入込んでいく．最初に原口を通過するのは内胚葉で，原腸の先端に位置し，これは将来咽頭部を構成する細胞に分化する．つぎに脊索中胚葉が続き，これは神経を誘導する**脊索**になる．胚の反対側でも動物半球の細胞層が伸展してきて植物半球を覆う．最後に原口付近に内胚葉が残り，これを**卵黄栓**とよぶが，これも覆われて閉じる．胞胚腔は，動物半球の胞胚壁が陥入するにつれて原腸と反対方向に押しやられ，体積が減少し続け最後に消失する．この段階で内胚葉はすべて胚の内側に位置し，外胚葉が胚全体を覆う．内胚葉は動物半球の外胚葉の内側に外胚葉と密接に接して位置する．

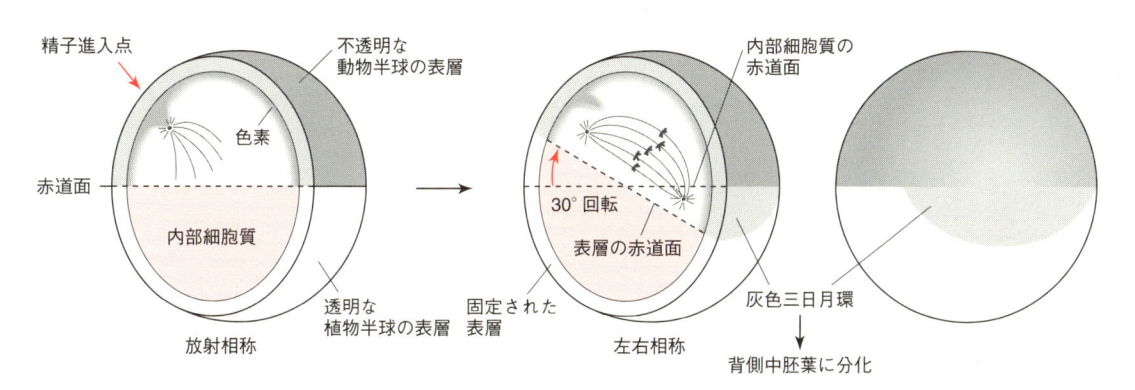

図6・10　ツメガエル卵の表層回転

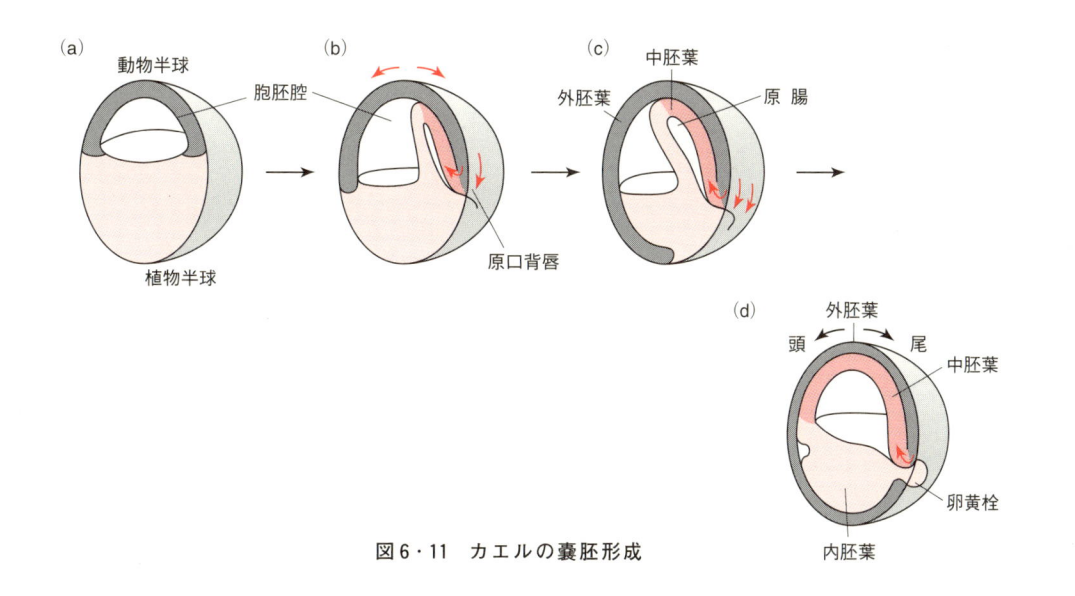

図6・11　カエルの嚢胚形成

c. 哺乳類の初期発生 哺乳類は，輸卵管が特殊化した子宮に胚を保持する．また，卵黄を蓄えることをせずに，母親の胎盤を介して血液循環により，発生の素材とエネルギー源が供給される．

哺乳類の卵は，ファロピウス管とよばれる輸卵管の上部で受精する．哺乳類のように母親の体内で外界から守られて発生する生物の卵割速度は遅く，ヒトの場合，第一卵割は受精から 24 時間後に起こる．ウニでは約 1000 細胞，カエルでは数千細胞に達しているころである．続く卵割も 1 回当たり約 12 時間もかかる．胚は子宮に向けて輸卵管の中をゆっくりと運ばれる．ヒトでは受精から胚が子宮に到達するまでに 1 週間ほどかかる (図 6・12)．

8 細胞期になると，隣接する細胞間に密着結合が形成され，細胞の結合が緊密になる．この変化を**コンパクション**という．第 4 卵割では，一部の細胞の分裂面が胚の表面と平行になり，3〜4 個の内部細胞が生じる．これらは後に**内部細胞塊**となり，胚の本体と羊膜を形成する．外側の細胞は**栄養芽層**を構成し，後に胎盤になる*．

栄養芽層細胞の胞胚腔に面した細胞膜にはナトリウムポンプがあり，Na^+ を積極的に胞胚腔内に運搬している．栄養芽層細胞は**密着結合**によって緊密につながれているので，Na^+ は細胞間隙から抜け出せない．Na^+ が蓄積すると浸透圧が上昇し，水が内部に進入して胞胚腔が拡張する．この段階の胚を**胚盤胞**といい，子宮壁に着床できる状態になっている．細胞数は約 100 個であり，内部細胞塊は胚盤胞の内部に偏って存在する．

内部細胞塊と接する栄養芽層が子宮粘液分泌細胞に接着し着床すると，栄養芽層の細胞が増殖し，分化して胎盤が形成される．内部細胞塊では，胚盤葉上層を覆うように 1 層の細胞層が生じ，これが後の羊膜になる．胚盤葉上層の細胞は分裂を続け，**原条**を形成する．なお，原条は両生類の原口に相当し，原条の先端には**形成体**の働きをもつ結節が生じる．

---

* 8 細胞期の細胞は，すべて胚組織にも胎盤にもなることができる．16 細胞期になると，内部細胞は胚組織を形成するが，外部細胞層の細胞は胎盤にしかならない．この運命決定の仕組みは，明らかにされていないが，卵に蓄えられた母性 mRNA やタンパク質でもなく，重力でも，精子の進入点でもないと考えられている．

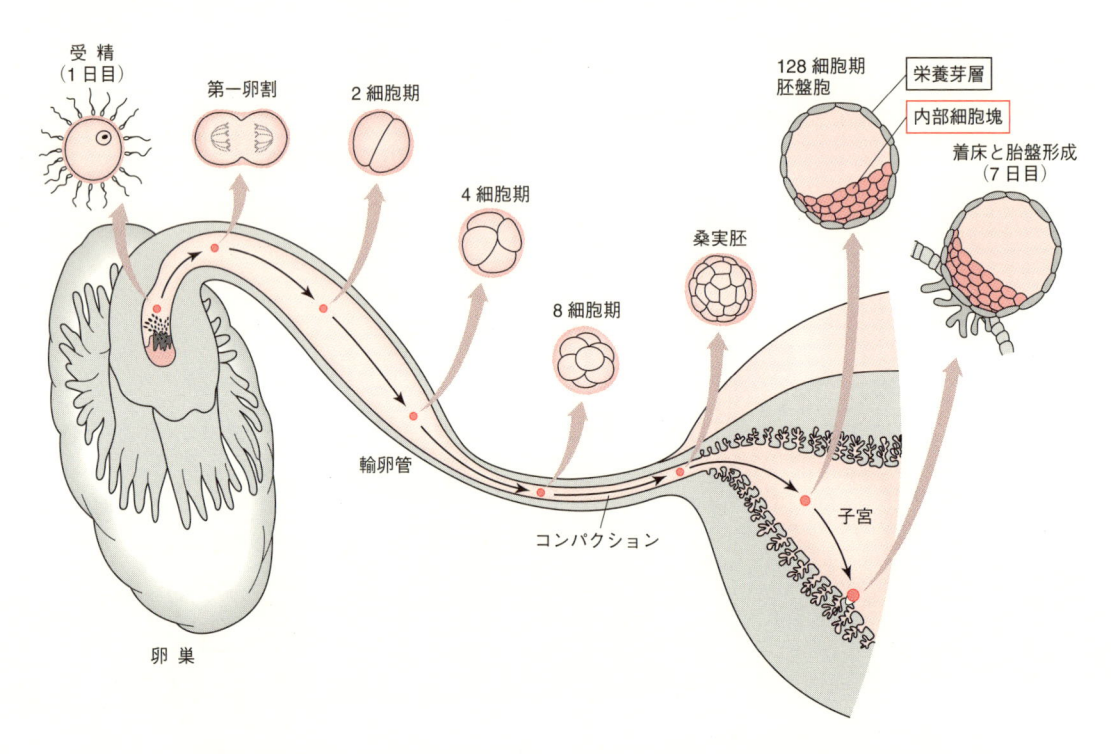

図 6・12 哺乳類の初期発生 [F. H. Wilt, S. C. Hake, "Principles of Developmental Biology", W. W. Norton & Company, Inc.(2004), 〔邦訳〕赤坂甲治ほか監訳, "ウィルト発生生物学, 東京化学同人 (2006) の図 5・9 を改変]

6・4 初期発生での細胞分化の分子機構

受精後, 細胞は分裂によりその数を増やしていく. しかし, ただ単純に細胞の数を増やすだけではない. それぞれの細胞は胚の中の位置と受精からの時間を認識していて, それぞれの役割を果たすべく必要な遺伝情報を選び出し, 発現させている. その結果, 機能をもった細胞が整然と配置され, 効率の良い生命活動を営むことができる. このような胚細胞の活動を統合する機構は何であろうか.

細胞が歩むべき道筋を示した最初の大まかな地図は母親によって与えられ, 卵に蓄えられている. どの地図を受取ったかによって, その細胞の運命が方向づけられる. 分化の方向をさし示す地図の本体は mRNA またはタンパク質であり, **細胞質決定因子**とよばれる. 細胞質決定因子は卵の部域により, 種類や濃度が異なっている. 卵割によりどの細胞質決定因子をどれだけ取込んだかによってその細胞の運命が決まるのである.

ハエなどの節足動物とヒトなどの脊椎動物では形態が大きく異なるので, 体づくりのしくみも違いそうだが, 形態形成で働く遺伝子や, その機能は基本的に同じである. 形態形成の機構を解明するために, 実験動物として扱いやすいキイロショウジョウバエが多く用いられ, 情報の蓄積も多い. ここではハエを例に, 発生と細胞分化の仕組みをみていこう.

6・4・1 ショウジョウバエの卵形成と初期発生

ショウジョウバエの卵形成では, 1個の卵原細胞が4回分裂して16細胞になると, 細胞は互いに連結したまま, その中の1個が卵母細胞となり, 他の細胞は**哺育細胞**となる (図6・13a). 哺育細胞からは, 素材やエネルギー源のほかに, 初期発生に必要な情報も送り込まれる. 哺育細胞と卵母細胞は, 体細胞由来の**沪胞細胞**に囲まれており, 沪胞細胞とのすき間を**囲卵腔**という. 囲卵腔を介して沪胞細胞からも情報が卵母細胞に向けて発信される. 卵は受精後も囲卵腔に蓄えられた沪胞細胞の情報をもとに遺伝子の発現が調節される.

受精卵は最初, 細胞質分裂をせず, 多核となる (図6・13b). 9回の核分裂が終わると, 核は卵の表面に移動し, さらに核が4回分裂すると, 細胞膜が核を包

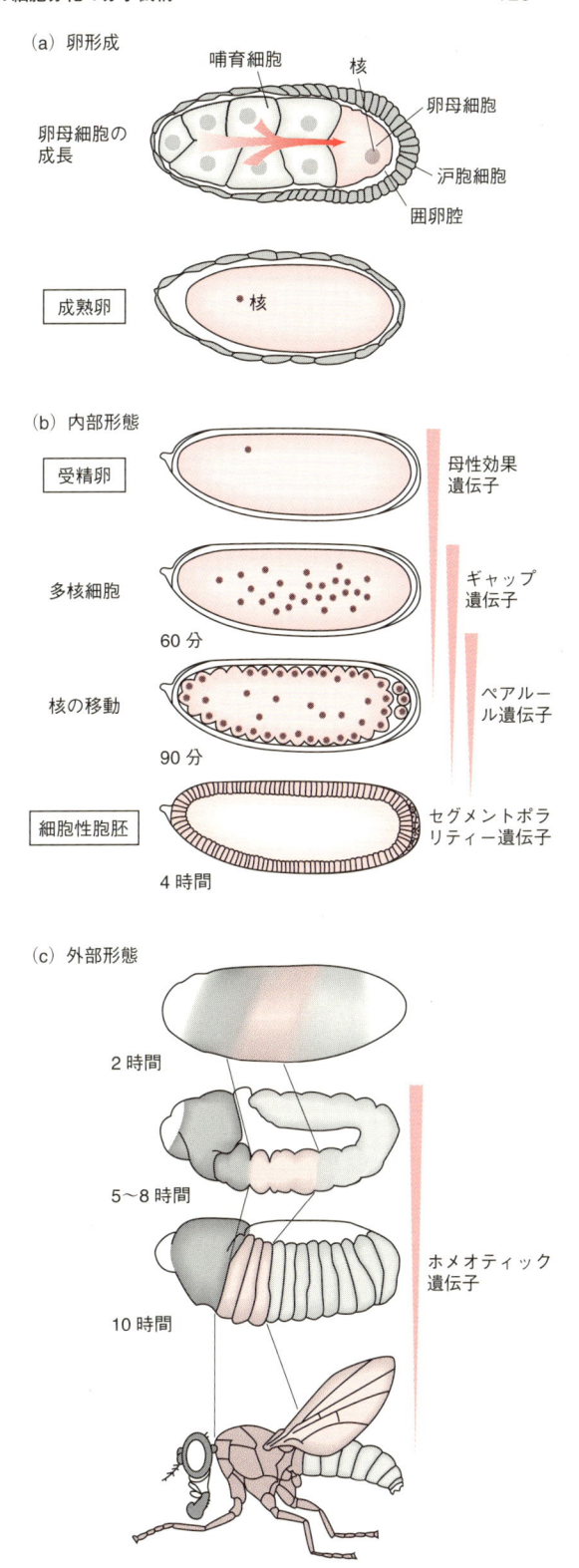

図6・13 ショウジョウバエの卵形成(a)と発生(b), (c)

み，約 6000 個の細胞からなる**細胞性胞胚**になる．受精後約 5 時間で原腸陥入が起り，約 10 時間で**体節**が形成される．蛹の期間に，それぞれの体節は異なる機能をもつ組織や器官になり，約 9 日で成体になる（図 6・13 c）．

a. 前後軸形成にかかわる母性効果遺伝子　胚の先端から後端に向けた位置情報は転写因子**ビコイド**の濃度勾配として与えられる．卵形成の過程で，哺育細胞から**ビコイド-mRNA** が卵母細胞に送り込まれ，細胞骨格に結合して胚の前端に蓄積される．mRNA は受精するまで翻訳されないが，受精とともにビコイドタンパク質の合成が始まり，ビコイドは胚の先端から拡散し，後方に向けて濃度勾配が生じる（図 6・14）．ビコイドの濃度によって，活性化される遺伝子が異なるので，前後軸に沿った分化が起こることになる．ビコイドの濃度が高いと頭部を形成する遺伝子が活性化され，中程度の濃度では胸部を形成する遺伝子が働く．

ナノスの mRNA も，卵形成の過程で哺育細胞から卵母細胞に輸送され，こちらは胚の後端に蓄積される（図 6・14）．受精とともに合成が開始されたナノスは拡散し，後端から前方に向けて濃度勾配が形成される．ナノスの濃度に応じて，遺伝子の発現が調節されるので，前後軸に沿った分化が起こることになる．ナノスは腹部を形成する遺伝子の発現にかかわる．

胚の先端と後端の情報は卵母細胞を取囲む沪胞細胞から発せられる．情報は受精卵（胚）の細胞膜を介して胚の核に伝えられ，ビコイドが存在する領域は先節をつくる遺伝子が働き，ビコイドがない領域では尾節を形成する遺伝子が働く．

これらの mRNA やタンパク質は卵由来，すなわち

ビコイドの前後軸に及ぼす効果

ビコイド遺伝子突然変異の母親が産んだ卵から形成される胚は，頭部，胸部が欠損する．この胚の前端部にビコイド mRNA またはビコイドタンパク質を注入すると野生型に回復させることができる．胚の中央部に注入した場合は，注入した場所に頭部ができ，それを挟んで前後に二つの胸部が鏡像対称をなして形成される．同じ発生段階の野生型胚の尾部にビコイドを注入すると，尾部に頭部，つづいて胸部が形成され，前後に鏡像対称の胚ができる（図 1）．これらのことからビコイドは細胞に頭部を形成させ，周辺の細胞に順次後方の構造をつくらせる活性をもつことがわかる．

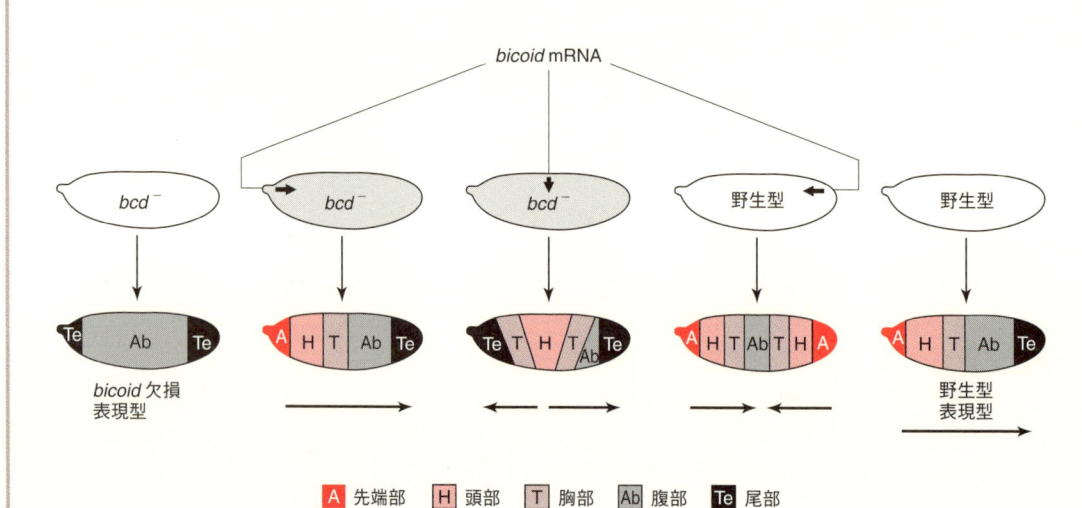

図1　ビコイドの前後軸に及ぼす効果　[W. Driever, V. Siegel, C. Nüsslein-Volhard, *Development*, **109**, 811 (1990) より]

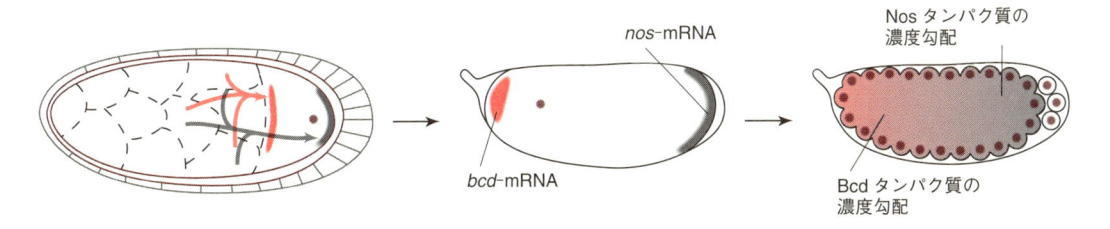

図6・14 母性効果遺伝子産物の濃度勾配形成による，胚の前後軸の制御

母親由来であり，いずれが欠けても前後軸に沿ったパターン形成が異常になる．母親の遺伝子の突然変異により，胚発生に影響を及ぼすという意味で，これらの遺伝子を**母性効果遺伝子**という（図6・13b参照）．

b. 背腹軸形成にかかわる母性効果遺伝子　ショウジョウバエの背腹軸の情報は，転写因子**ドーサル**の濃度勾配として母親から与えられる．ドーサルは腹側の形成に必要な遺伝子の転写を活性化させ，背側を形成する遺伝子の転写を抑制する．ドーサルが欠失すると，胚全体が背側化する．ドーサル遺伝子の全発現量は腹側と背側で違いはないが，核のドーサル濃度が腹側で高く，背側に向けて段階的に低くなっている（図6・15）．

核のドーサルの濃度勾配の形成には，囲卵腔に蓄えられた沪胞細胞からの情報がかかわっている．囲卵腔に背腹軸の情報を与えるきっかけは，卵母細胞の核の位置である．卵母細胞の後端に位置していた核は，卵母細胞の形成過程で，前端の細胞膜直下に移動する．この核の位置が，後に胚の背側になる．核で**グルケン**とよばれるシグナル分子のmRNAが転写され，それが細胞質で翻訳されると核を中心にグルケンの濃度勾配が形成される．グルケンの情報は沪胞細胞に伝えられ，沪胞細胞から囲卵腔に向けて放出される腹側化シグナルの分泌を抑制する．核から離れた位置にある沪胞細胞からは腹側化シグナルが囲卵腔に放出される（図6・16）．受精後，囲卵腔から伝えられた腹側化シグナルによって核にドーサルが蓄積され，腹側を形成する遺伝子が発現する．

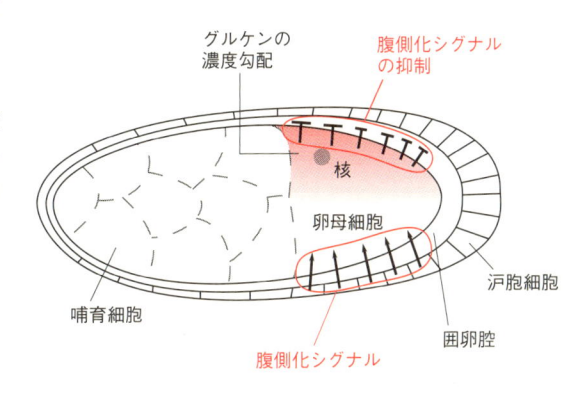

図6・16 背腹軸を決める卵母細胞核の位置

核内のドーサルの濃度が異なると，発現する遺伝子が異なり，背腹軸に沿って細胞が分化することになる．その結果，腹側から中胚葉，神経外胚葉，側部外胚葉，背側外胚葉，羊漿膜が形成される（図6・15参照）．

6・4・2 前後軸に沿った分節化

母性効果遺伝子の働きにより，胚の前後軸が形成されると，体の分節化が始まる．分節化にかかわる遺伝子群を**セグメンテイション遺伝子**といい，働く順

図6・15 背腹軸に沿ったドーサルの濃度勾配

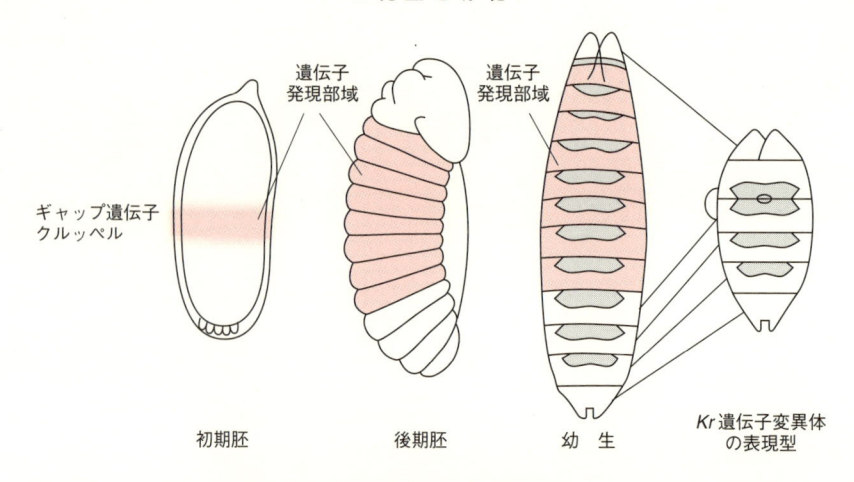

図 6・17 ギャップ遺伝子クルッペル突然変異体の表現形　[Scott, O'Farrell (1986) と Nüsslein-Volhard, Wieschaus (1980) を改変した A. P. Mange, E. J. Mange, "Genetics : Human Aspects", Sinauer Associates (1990) より許可を得て転載]

番にギャップ遺伝子，ペアルール遺伝子，セグメントポラリティー遺伝子の三つに分類される（図 6・13 b 参照）．

a. ギャップ遺伝子　ギャップ遺伝子群は最初に発現する胚の遺伝子であり，転写因子をコードしている．ギャップ遺伝子にはハンチバック，クルッペル，ジャイアント，クナープスなどがあり，それぞれ頭胸部，胸部，頭部と腹部，腹部で発現する．これらの遺伝子に欠損があると，その遺伝子が発現すべき領域のすべてが欠けた（ギャップがある）胚になることから命名された（図 6・17）．ギャップ遺伝子は胚を先節，頭部，胸部，腹部，尾節の五つに区画化する．ギャップ遺伝子は，母性効果遺伝子産物の濃度勾配によって発現調節を受けるので，ギャップ遺伝子の産物も濃度勾配を形成する．ギャップ遺伝子は互いに影響しあい，それぞれの遺伝子の発現領域の境界が明確に規定され，胚の前後軸に沿った領域の境界が定まる（図 6・18）．なお，母性効果遺伝子産物のナノス（§6・4・1 a 参照）はハンチバックの mRNA の分解にかかわっており，ハンチバックタンパク質が腹部で合成されるのを防いでいる．ナノス欠損突然変異では，本来の腹部の位置に胸部が形成される．

b. ペアルール遺伝子　ギャップ遺伝子の発現パターンが決まると，ギャップ遺伝子産物（転写因子）の濃度に応じて，さまざまな**ペアルール遺伝子**の発現が調節され，ペアルール遺伝子は前後軸に沿ってストライプ状に発現する．ペアルール遺伝子も転写因

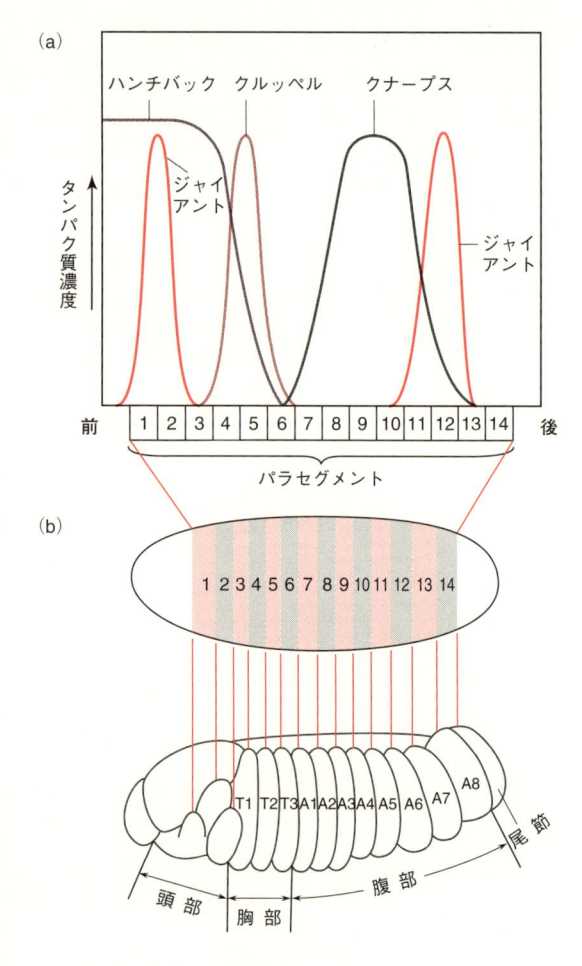

図 6・18 ギャップ遺伝子の発現パターン (a), およびパラセグメントと体節 (b)

子をコードしており，それらの転写因子の働きにより，胚は14個の**パラセグメント**（図6・18b）として区分されるようになる．パラセグメントとは発生学上の区画であり，形態的な節である体節（図6・18c）と少しずれている．

　c. シグナル伝達分子による位置情報の形成　発生初期のショウジョウバエの胚は，核分裂のみ繰返し，細胞質分裂が伴わないので（§6・4・1参照），おのおのの核は，細胞質の転写因子の濃度勾配により遺伝子の発現調節を受ける．パラセグメントの区画化が確立すると，胚は細胞化し，さらに細胞分裂が進むので，転写因子の濃度勾配では位置情報を与えることができなくなる．細胞化後の位置情報は基準となる特定の細胞（群）が発するシグナル伝達分子と，細胞内シグナル伝達系が担うことになる．パラセグメント内の位置情報を与える遺伝子を**セグメントポラリティー遺伝子**といい，**ヘッジホッグ**と**ウィングレス**がある．

　ペアルール遺伝子の働きにより，各パラセグメントの前端の細胞ではヘッジホッグが発現し，後端ではウィングレスが発現する（図6・19）．ウィングレスとヘッジホッグは隣接する細胞で発現することになり，互いにシグナル分子であるウィングレスとヘッジホッグの発現を活性化するため，パラセグメントの境界が明確に固定される．パラセグメント内の細胞は，ウィングレスとヘッジホッグの濃度勾配の情報を受取りさらに細分化する．

6・5 ホメオティック遺伝子

　体節に特徴を与えるのは，一群の**ホメオティック遺伝子**であり，これらをまとめてホメオティック遺伝子複合体という．ホメオティック遺伝子の産物は転写因子であり，ホメオドメインとよばれる60個のアミノ酸からなる領域をもつ．突然変異が起こると，体の一部が別の部分に変わること（ホメオーシス）からホメオティック遺伝子と名づけられた．たとえば，頭部でアンテナペディア *Antp* を発現する突然変異体では，触覚となるべきところに脚ができる（図6・20）．ウルトラバイソラックス *Ubx* は，3番目の胸部体節の分化にかかわり，欠損すると，平均棍をもつ第3胸節の代わりに，翅をもつ第2胸節と同じ構造が形成される．ホメオティック遺伝子はさまざまな動物で保存されており，形態形成に重要な役割を果たしている．動物の共通の祖先は，すでにホメオティック遺伝子複合体を獲得していたと考えられている．

　脊椎動物ではホメオティック遺伝子複合体が重複しており，哺乳類では *HoxA*, *HoxB*, *HoxC*, *HoxD* の4セットをもっている．これらの各遺伝子をまとめて**ホックス**（*Hox*）**クラスター**とよぶ．ショウジョウバエのホメオティック遺伝子複合体と同様に，前後軸に沿ったパターン形成を担うとともに，四肢の基部先端軸に沿ったパターン形成にもかかわる（図6・21）．

　同じ節足動物でも，起原の古いムカデなどの多脚類は，体節構造が前から後ろまでほとんど同じである．

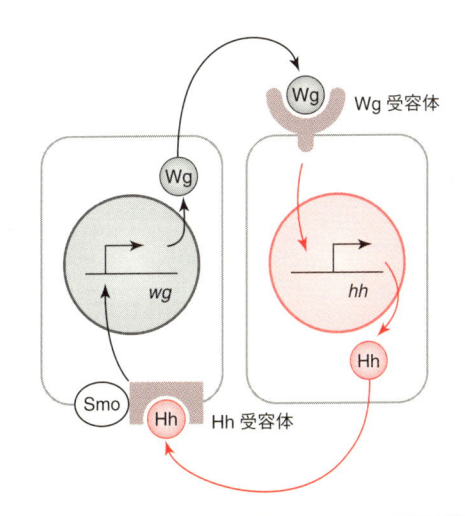

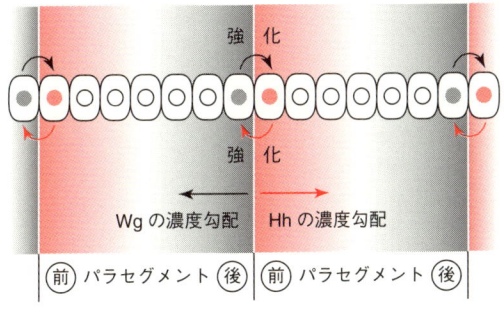

図6・19　ヘッジホッグとウィングレスによるパラセグメントの位置情報の形成　Wgが隣のHh発現細胞を活性化してHhを分泌させると，HhはWg発現細胞を活性化してWgを分泌させる．このように活性化サーキットが回転することにより，パラセグメントの境界が明確に決まり，WgとHhの濃度勾配によりパラセグメント内の細胞の前後軸に沿った分化が際立ってゆく（Wg ウイングレス，*wg* ウイングレス遺伝子，Hh ヘッジホッグ，*hh* ヘッジホッグ遺伝子，Smo スムースンド）

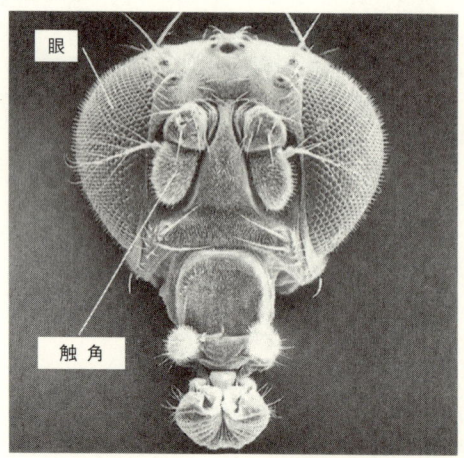

(a) 正常　　　　　　　　　　　　　　(b) アンテナペディア遺伝子突然変異体

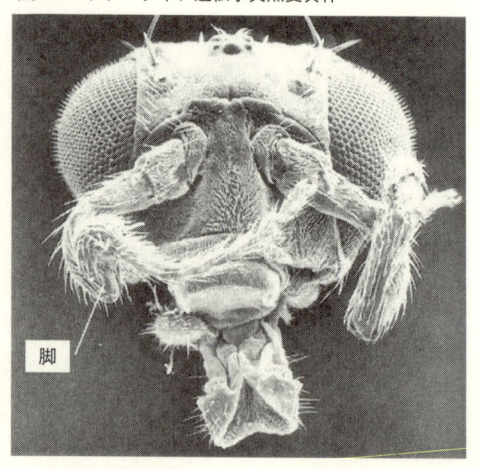

眼
触角
脚

図6・20　ホメオティック遺伝子の変異

一方，起原が比較的新しい昆虫では体節ごとに特徴的な形態を示している．また，脊椎動物でも，ヘビのように四肢を失い，前から後ろまで同じような体節構造が繰返している動物もいる．各体節が特有の形態をもたないこれらの動物も，いずれもホックスクラスターをもっているが，各遺伝子の発現パターンが前後軸に沿ってほぼ一様に重複している．ホックス遺伝子が前後軸に沿って体節ごとにずれて発現することにより，特徴的な体節が獲得されたと考えられている（図6・22）．

図6・21　進化的に保存されたホックスクラスター構造と発現

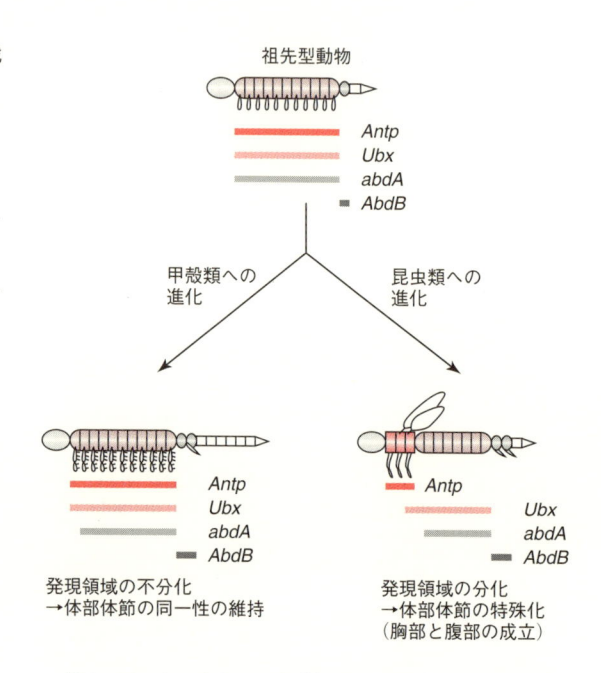

図6・22　ホメオティック遺伝子の発現パターンと進化
［Averof and Akam, 1995 より改変］

ホックスクラスターの変動と進化

興味深いことに，ホメオティック遺伝子複合体の各遺伝子の前後軸に沿った発現領域の並び順と，遺伝子の並び順が一致しており，このことをコリニアリティーとよぶ（図1）.

ホックスクラスターは，脊椎動物においてもコリニアリティーがあり，ショウジョウバエのホックスクラスターの構造と機能が同様であるため，コリニアリティーは，すべての左右相称動物に共通すると考えられてきた．しかし，さまざまな動物のゲノム解析が進むと，脊索動物のホヤや棘皮動物のウニでは，クラスターが分断され，転座しているなど，コリニアリティーが保存されていない動物も多く存在することが明らかになってきた（図2）．これらの動物の成体では，他の一般的な動物が示す明瞭な前後軸，頭部が失われているように見える．大規模なホックスクラスターの変動が多様な動物を進化させたと考えられる．比較的小さな変化であるが，フグでは $Hox7$ が欠けている．$Hox7$ は体の中央部の形成に関わる遺伝子であり，フグの特徴的な"寸詰まり"の形態と関係していると思われる．

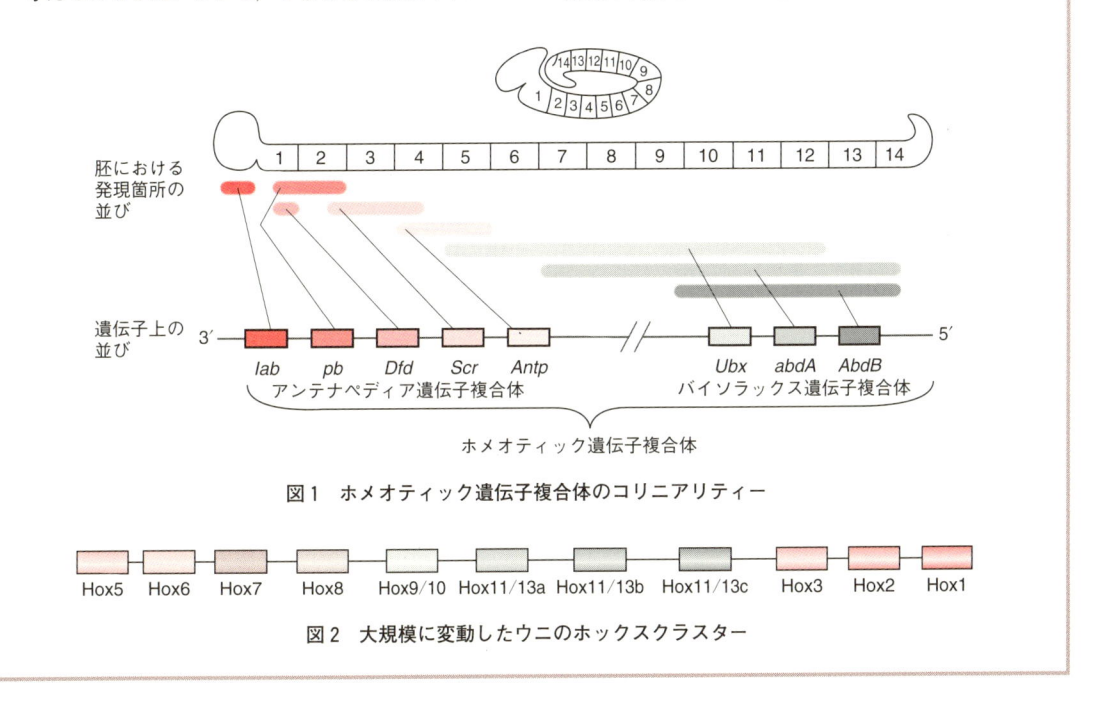

図1　ホメオティック遺伝子複合体のコリニアリティー

図2　大規模に変動したウニのホックスクラスター

6・6　調節的分化

細胞は何ごともなければ母親から受取った地図（母性効果遺伝子の指示）どおり分化していくが，問題が起こると，ある程度分化の方向を決めていた細胞も，別の機能をもつ細胞になることができる．細胞間相互作用（細胞どうしのコミュニケーション）があるからである．ただし初期にはやり直しできるが，しだいに可塑性がなくなる．

6・6・1　初期発生における細胞間相互作用と分化

ウニの細胞系譜はよく調べられており，どの割球がどの細胞に分化するか明らかにされている．ウニの卵割は4細胞になるまでは動植物軸に沿って起きる．したがって，いずれの割球も動物半球と植物半球の細胞質をもつ．2〜4細胞期に細胞を分離し，それぞれ発生させると小さいながらほぼ正常な幼生が二つできる（図6・23）．本来は体の一部を形成するはずの細胞が，体全体をつくるように変化するのである．3回目の卵割は赤道面に沿って起きて8細胞になる．植物半球の四つの細胞を分離して発生させても，内中外胚葉をもつほぼ正常な胚になるが，動物半球の四つの細胞からは外胚葉しかできない．このような極性はすでに未受精卵に存在している．未受精卵を半分に切ると，片方

の卵片には卵核が入り，片方の卵片は核をもたない．核をもつ卵片を受精させると発生が始まる．動植物軸に沿って切った卵片は，いずれも正常な幼生を生じるが，赤道面で切ると，植物半球の卵片はほぼ正常に発生するものの，動物半球の卵片は外胚葉にしかならない．

しかし，このような**予定運命**は絶対的ではなく，**細胞間相互作用**により変えることもできる．動物半球の細胞は16細胞期には8個の中割球になり，植物半球の細胞は不等分裂して4個の大割球と4個の小割球になる．将来，中割球は外胚葉に，大割球は外胚葉，筋肉になる中胚葉，消化管になる内胚葉に，小割球は骨を形成する中胚葉に分化する．動物半球の8個の中割球は外胚葉に運命づけられており，分離して発生を続けさせると外胚葉にしかならないが，小割球を1個でも付着させて培養すると予定運命を転換し，外胚葉のほか，筋肉をつくる中胚葉，内胚葉を形成する（図6・24）．複数のタイプの細胞に分化できる状態を**多分化能**といい，細胞の予定運命を変えるような現象を**誘導**という．

16細胞期のウニ胚の小割球は，他の細胞の運命を変えて，すべてのタイプの細胞をつくり出せるが，小割球自体はすでに間充織細胞以外のタイプの細胞にはなれなくなっている．

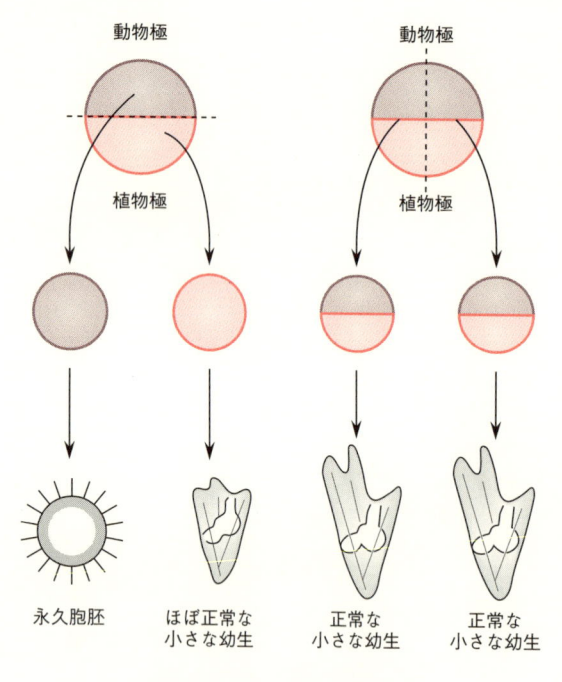

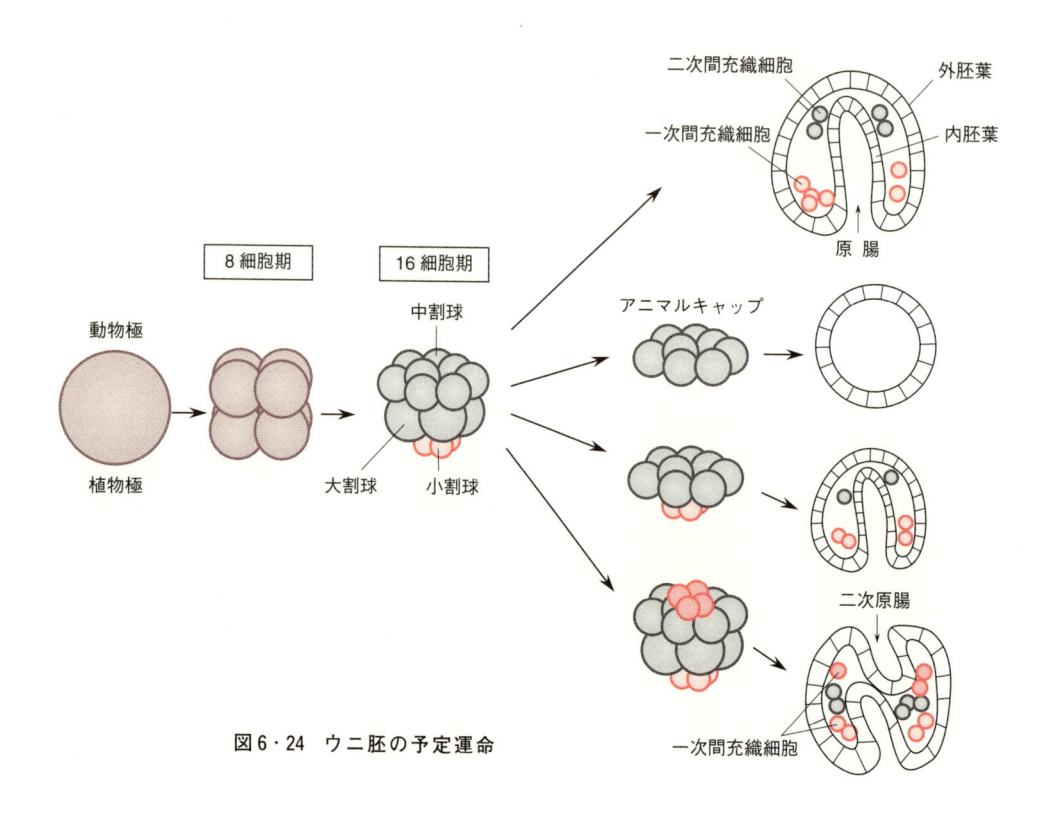

図6・23　ウニ卵の非対称性

図6・24　ウニ胚の予定運命

発生に伴う細胞運命の制限はイモリでもみられる．初期胞胚期の予定神経外胚葉を，別の同じ時期の胚の予定表皮域に移植すると細胞運命が変わって表皮になるが，発生が進んだ後期嚢胚期の胚の予定神経域を同じ時期の予定表皮域に移植しても，細胞運命はもはや変わらない．移植された細胞は予定神経外胚葉であり続け，最終的に神経組織に分化する（図6・25）．このように，分化の道筋が最終的に制限されて，他のタイプの細胞には分化できなくなった状態を**決定**という．

6・6・2 両生類の中胚葉誘導とオーガナイザー

カエルの中胚葉は植物極領域からのシグナルによって誘導される．中胚葉は外胚葉を誘導し，神経管を上皮を形成させる（図6・26）．

a. カエルの中胚葉誘導　動物極の割球や植物極の割球は，発生の早い段階からそれぞれ表皮外胚葉や内胚葉組織に自律的に分化する傾向がある．アフリカツメガエルの胚の動物極領域を**アニマルキャップ**といい，アニマルキャップを胚から切り出し，単離した状態で培養をすると，表皮外胚葉にしかならない．植物極領域を切り出し，単独で培養すると，消化管に似た内胚葉になるが中胚葉は形成されない．ところが，表皮外胚葉にしかならないアニマルキャップと内胚葉にしかならない植物極領域の細胞を結合させて培養すると，典型的な中胚葉構造が形成される．なお，アニマルキャップと植物極領域の中間にある**帯域**とよばれる領域を切り出し，単独で培養すると筋肉や管などの中胚葉になる．このことから，オランダの生物学

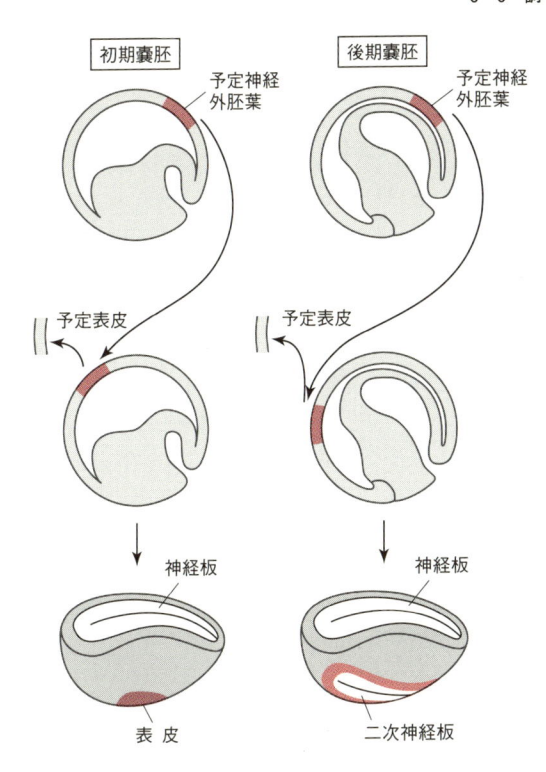

図6・25　イモリ胚の細胞運命の決定［L. Saxén, *Dev. Biol.*, **3**, 140 (1961) より］

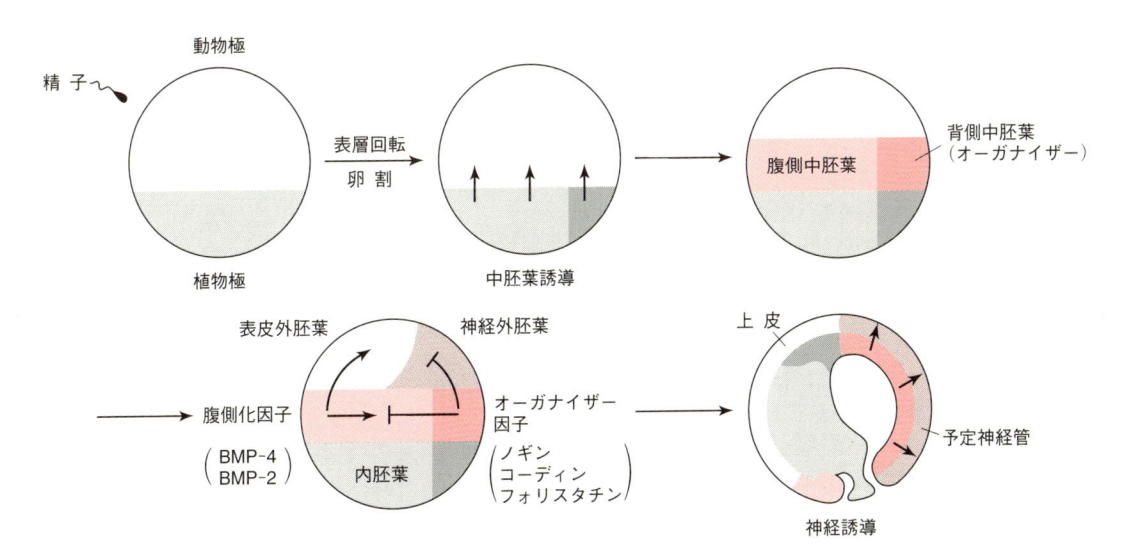

図6・26　カエルの初期発生における誘導

者 Nieukoop は植物極領域の細胞と動物極領域の細胞間に相互作用があり，帯域が形成されて中胚葉になると考えた．この現象は**中胚葉誘導**とよばれ，脊椎動物の発生で起こる最初の誘導現象である（図6・26，図6・27）．

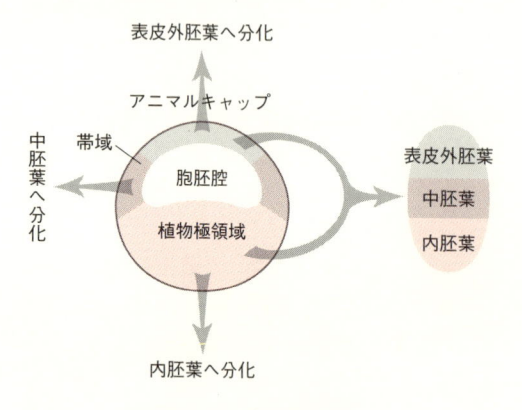

図6・27 中胚葉誘導

中胚葉を誘導する因子は何だろうか？ 候補として最初にあがったのは繊維芽細胞増殖因子（FGF）と**アクチビン**などの形質転換増殖因子β（TGF-β）である．アクチビンをさまざまな濃度でアニマルキャップに作用させると，低濃度では血球，中程度の濃度では筋肉や脊索，高濃度では心臓というように，濃度に応じて，さまざまな中胚葉組織が誘導される．しかし，アクチビン遺伝子をノックアウトしたマウスでも，アクチビン受容体のノックアウトマウスでも，正常に中胚葉の分化が起こるので，アクチビンが単独で中胚葉誘導を担っているわけではなさそうである．現在では，TGF-βファミリーに属すVg1や，BMPサブファミリーに属すノーダルといったタンパク質が中胚葉誘導因子の有力な候補で，アクチビンはBMPとノーダルを介して働いていることが示唆されている（図6・26）．

b. シュペーマンオーガナイザー 背側中胚葉はSpemann にちなんで**シュペーマンオーガナイザー**とよばれる．1924年，Spemann と Mangold は，両生類のイモリを使って，胚組織の移植実験を行っていた．

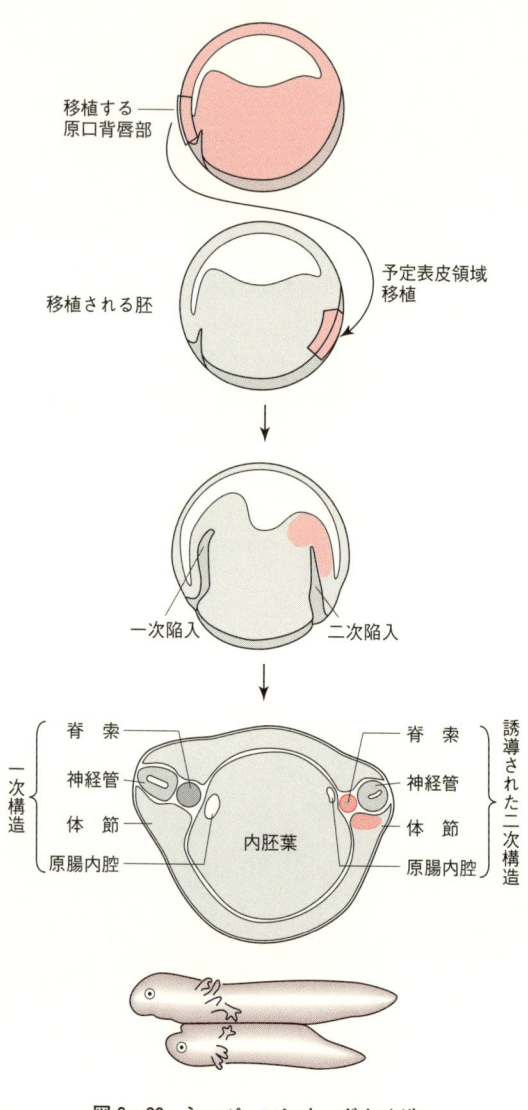

図6・28 シュペーマンオーガナイザー

ES 細 胞 と iPS 細 胞

分化する能力をもったまま細胞分裂を続けられる細胞を**幹細胞**という．動物の組織には，その組織の細胞に分化できる**組織幹細胞**がある．哺乳類の胚盤胞の内部細胞塊の細胞を培養すると，未分化のまま分裂を繰返す細胞が得られる．この細胞は，条件を整えると筋肉，血球，神経などのさまざまな細胞に分化させることができる．この細胞を胚性幹細胞（ES細胞）という．ノックアウトマウスはES細胞を利用してつくられる．ES細胞で重要な働きを担う4種類の遺伝子を体細胞に導入することにより幹細胞をつくり出すこともできる．これをiPS（induced pluripotent stem）細胞といい，患者自身の細胞からつくり出すことができるため，拒絶反応の危険性が低く，再生医療に役立つと期待されている．

動物極側の原口に接した領域を**原口背唇部**という（§6・3・2b 参照）．この領域を手術によって切り出し，別の胚の腹側の予定表皮領域に移植しておくと驚くべきことが起きた．原口背唇部は中胚葉に分化するように運命づけられており，原口背唇部だけでは胚を形成することができない．しかし，移植された原口背唇部は，表皮しか生じないはずの胚の腹側部分から，ほとんど完全な新しい一つの胚を形成させたのである．移植片は移植された領域に同化せず，もともと定められた運命どおり陥入して脊索中胚葉となった．移植片から形成された脊索中胚葉は，それを覆う外胚葉細胞を誘導して神経板をつくり，最終的には二次胚を形成させたのである（図6・28）．

嚢胚形成を完了した胚の原腸蓋（脊索中胚葉と外胚葉の2層から成る）を前から四つの部分に分け，それぞれを初期嚢胚の胞胚腔に移植すると（図6・29），最前部の移植片(a)は粘着器と口器を，つぎの移植片(b)は粘着器，鼻，眼を，3番目の移植片(c)は耳胞を，

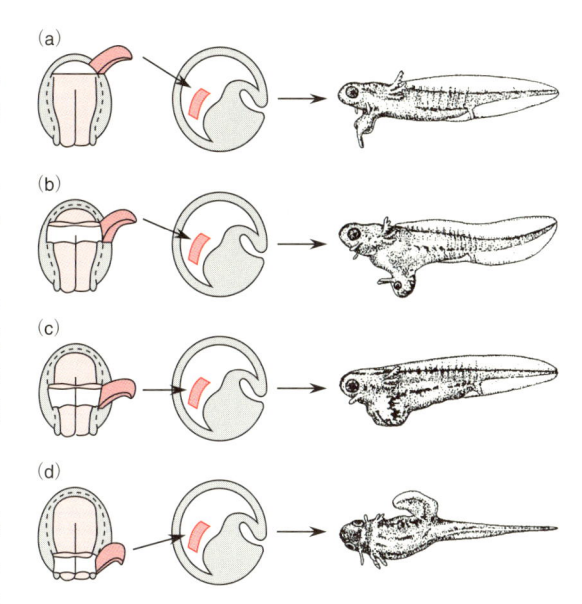

図6・29 誘導の部域特異性［O. Mangold, *Naturwissenschaften*, **21**, 761 (1933) より］

発生と細胞分化：クローン動物

　ヒトの一卵性双生児が生まれる原理と同じように，胚が胚盤胞になったところで分割し，代理母の子宮に着床させると**クローン動物**が得られる．この技術は実用化されており，優良な肉牛の卵と精子を人工受精させ，胚を安価な乳牛の胎内で育てると，高価で肉質の良いクローン牛を量産することができる．

　一方，体細胞の核を卵に移植して得るクローンを**体細胞クローン**という．未受精卵の核を取除き，核を移植する．つぎに，電気刺激で精子による受精と同じように卵を活性化させ，発生を開始させる．胚盤胞まで培養したところで子宮に着床させて，生まれるのを待つのである．

　体細胞から直接，核を取出すのではなく，増殖因子を含む培養液の中で細胞分裂させてから核を取出すと，成功率が高まる．体細胞の細胞分裂の速度は初期胚に比べると非常に遅いので，培養により増殖速度を初期胚に近づけることがよい結果につながるものと考えられている．

　これまでに，ヒツジやウシの体細胞クローンが得られているが，成功率はきわめて低い．大部分は妊娠中に死亡し，誕生したとしても何らかの異常がある場合が多い．その原因は，体細胞の核を卵に移植するとDNAのメチル化のパターンが書き換えられることにある．DNAのメチル化の程度と，メチル化される塩基配列は発生過程で大きく変動する．体細胞の核が卵に移植されると，DNAのメチル化パターンが胚盤胞に至る過程で消去される．細胞分化に伴い，新たにメチル化を受けるが，メチル化パターンが異常になる場合がほとんどである．メチル化パターンが正常と異なると，遺伝子の発現パターンが狂い，正常な発生ができず，流産する．たまたま正常と似たメチル化パターンが得られれば，一見正常に生まれてくるが，障害を伴う場合が多い．たとえば，雌の性染色体はXXであり，正常な個体では，片方のX染色体をメチル化して不活性化し，雄のX染色体の遺伝子情報量と等しくしている．しかし，体細胞クローンでは大部分が，両方のX染色体遺伝子を発現してしまう．

　クローン人間が得られたとしても，正常な体のヒトが得られる可能性は今のところ皆無に近い．また，精神は遺伝子だけで支配されているわけではなく，むしろ誕生後の経験により形成される神経のネットワークが大きな影響を及ぼす．一卵性双生児が別々の人格をもつように，クローン人間ができたとしても，各クローンは別の人間であることを忘れてはならない．

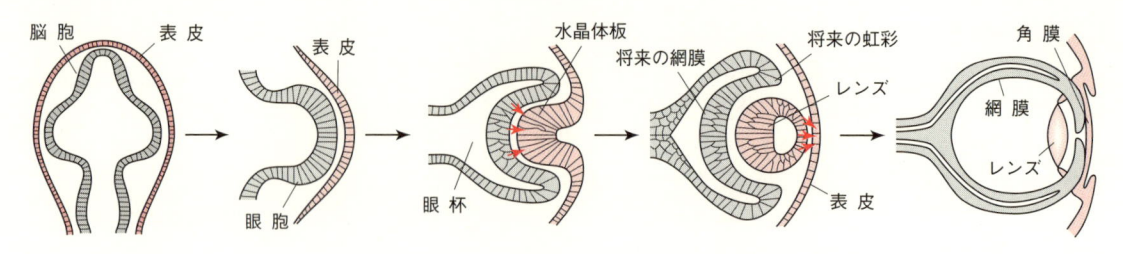

図6・30 レンズの発生

最後部の移植片(d)は胴の背側と尾の中胚葉を誘導する．脊索中胚葉（オーガナイザー）の部域に応じて誘導される器官も異なるのである．

オーガナイザーは単に神経板を誘導するばかりでなく，オーガナイザー自体が前後軸に沿って分化して，前方オーガナイザーは脳構造を誘導し，後方オーガナイザーは脳と脊髄の両方を誘導する．カエルでは，シュペーマンオーガナイザーで発現する遺伝子は，転写因子をコードするグースコイド，リムや，分泌タンパク質をコードするノギンやコーディン，フォリスタチンなど，多数報告されている（図6・26参照）．

6・6・3 レンズ形成における誘導

眼の形成は間脳の一部が左右に向かって膨らみ，眼胞を形成することから始まる．眼胞は予定表皮外胚葉と接触すると，これを誘導して将来水晶体（レンズ）に分化する水晶体板（レンズプラコード）を形成させる．一方，水晶体板は逆に眼胞を誘導して陥入させ，二重の壁から成る眼杯を形成させる．眼杯の外側の層の細胞は色素を合成し色素網膜となり，内側の層は光受容体神経やグリア細胞など神経網膜を形成する．水晶体板はレンズに分化する過程で丸くなり，その外側を表皮が覆う．これをレンズが誘導して角膜に分化させ，眼の基本形態が整う（図6・30）．

6・7 発生における細胞間相互作用機講

6・7・1 シグナル伝達

発生は，シグナル伝達，細胞間コミュニケーション，細胞認識と接着，細胞外基質と細胞運動などの分子細胞生物学の全般にかかわる分野である．

細胞は外からの情報をどのように受けとめ，情報をどのようにして細胞の中枢である核に伝えるのだろうか．細胞間の情報伝達を担う分子を**シグナル伝達分子**，細胞内で情報を伝達するしくみを**シグナル伝達系**という．ステロイドホルモンなど，脂溶性のシグナル分子は細胞膜を通過できるが，タンパク質など，多くのシグナル伝達分子は細胞膜を通過できない．細胞外のシグナルは細胞膜を介して細胞内のシグナルに変換され，さらに第二メッセンジャーに受継がれて細胞内に伝達される．

ホルモンや増殖因子などのシグナル伝達分子はいくつもある放送局から発せられた電波のようなもので，細胞は必要な情報を選び出して対応する必要がある．その装置が受容体である．

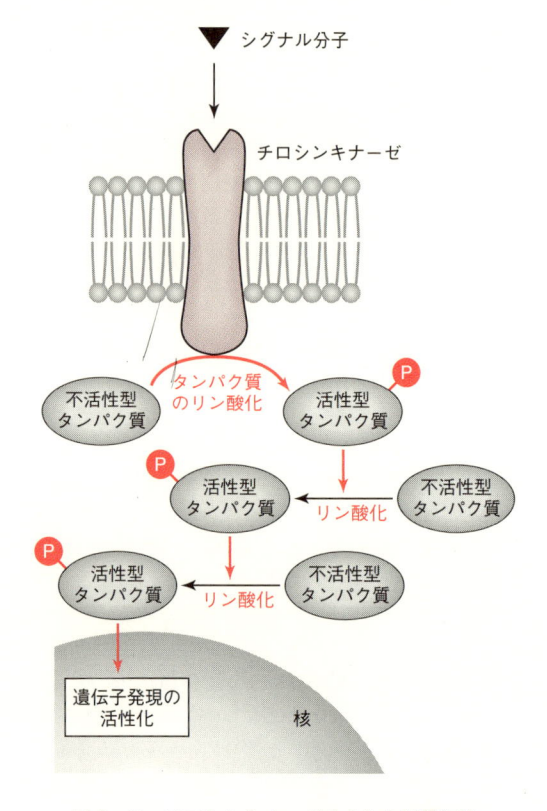

図6・31 チロシンキナーゼを介した情報伝達

細胞内の情報伝達はタンパク質の性質を変えることによって行われている．シグナルは多くの場合，タンパク質リン酸化酵素（キナーゼ）の活性に変換される．キナーゼによってリン酸化されたタンパク質は，リン酸の負の電荷によって立体構造が変わり，機能が変化する（図6・31）．機能が変化したタンパク質は核に入り，標的遺伝子の転写を調節する結果，細胞応答がひき起こされる．

a. ステロイドホルモン受容体による情報伝達

ステロイドホルモンにはそれぞれに対応した受容体がある．ステロイドホルモン受容体はホルモン結合領域，DNA結合領域，転写活性化領域の三つのドメインから成る転写因子である．各ホルモンとホルモン結合領域，DNA結合領域，転写調節を受ける遺伝子のホルモン応答配列の関係は厳密に規定されている．ステロイドホルモンの一つである**エストロゲン**はおもに卵巣から分泌され，女性らしくなる第二次性徴を引き起こす．エストロゲンに反応して遺伝子の発現を調節する細胞は，エストロゲン受容体をもつ．エストロゲン受容体は細胞質に存在するが，エストロゲンが結合すると核に移行し，エストロゲン応答配列を転写調節領域にもつ遺伝子に結合して，転写を活性化する（図7・22参照）．

血糖値の上昇，炎症反応の抑制にかかわるグルココルチコイドもステロイドホルモンであり，同様の過程を経てグルココルチコイド応答配列に結合して，標的遺伝子を特異的に活性化する．

b. イノシトール脂質を介した情報伝達

アセチルコリン，増殖因子，受精時における精子などの刺激はイノシトール脂質を介して細胞内に伝えられる．細胞外からのシグナルが受容体に結合すると，受容体は情報をGタンパク質に伝え，GタンパクはGTPと結合する．Gタンパク質-GTP複合体はホスホリパーゼCを活性化し，細胞膜内層のホスファチジルイノシトール4,5-ビスリン酸（PIP_2）を分解してイノシトールトリスリン酸（IP_3）とジアシルグリセロール（DG）を産生する．IP_3は水溶性なので細胞内を拡散し，小胞体に貯蔵されたカルシウムを放出させる．このカルシウムがカルシウム・カルモジュリンキナーゼを活性化し，タンパク質をリン酸化して細胞応答をひき起こすのである．一方，細胞膜に残ったDGはCキナーゼを活性化し，タンパク質をリン酸化させる．その結果，こちらもIP_3とは独立に細胞応答をひき起こす（図6・32）．これら二つの系は協調的に機能しており，どちらか片方の情報伝達だけでは細胞は応答しない．

c. チロシンキナーゼを介する情報伝達

表皮増殖因子（EGF）は，細胞膜のEGF受容体に結合する．EGF受容体は細胞膜を貫通しており，細胞膜の外側にはEGF受容ドメイン，細胞膜の内側にはチロシン

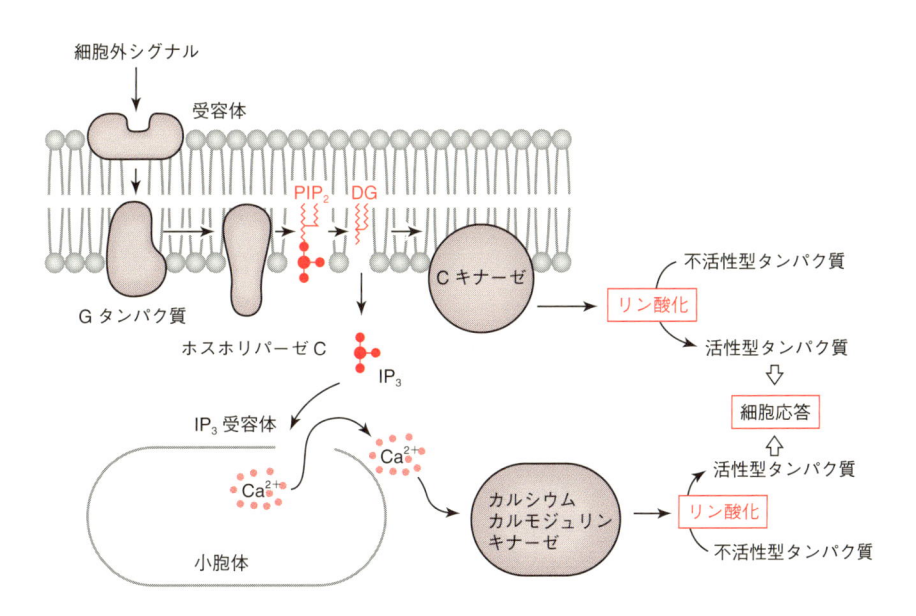

図6・32　イノシトール脂質を介した情報伝達

キナーゼ活性のあるタンパク質リン酸化ドメインがある．EGF が受容体に結合すると同じ分子内のキナーゼが活性化され，シグナル伝達にかかわる種々のタンパク質がリレーのようにつぎつぎとリン酸化を受ける．最終的に，リン酸化された特定のタンパク質が核に入り，DNA 複製関連遺伝子の転写を活性化して，DNA 複製が促進される（図 6・31 参照）．

d. TGF-β を介する情報伝達　TGF-β には，誘導因子の候補としてあげられている**アクチビン**や**BMP** など，構造がよく似た分子が数多くあり，これらをまとめて TGF-β スーパーファミリーとよぶ．TGF-β スーパーファミリーに属す分子は，タンパク質であり，細胞増殖の促進や抑制，細胞分化，発がんや免疫など，さまざまな役割を果たしている．細胞膜の受容体にアクチビンが結合すると，受容体がキナーゼ活性をもつようになり，転写因子**スマッド** Smad2 と Smad3 をリン酸化する．リン酸化 Smad2/3 は Smad4 と結合し，細胞質から核に移行して応答遺伝子を活性化する（図 6・33）．一方，BMP が受容体に結合すると，Smad1 と Smad5 がリン酸化され，Smad1/5 は Smad4 と結合して核に移行する．Smad2/3-Smad4 複合体が結合する配列と Smad1/5-Smad4 複合体が結合する配列は異なるので，それぞれのシグナル伝達分子に応じた遺伝子が活性化される．また，Smad2/3 と Smad1/5 は共通の Smad4 を奪い合うことになるため，Smad4 との複合体を形成する過程でアクチビンと BMP が拮抗することになり，情報の統合が起こる．このようなシグナル伝達経路間の情報の統合をシグナル伝達経路間の**クロストーク**という．

6・7・2　細胞認識・接着

細胞は分化すると，それぞれ特別な働きをもった同質の細胞が集団を形成する．性質の異なる細胞が無秩

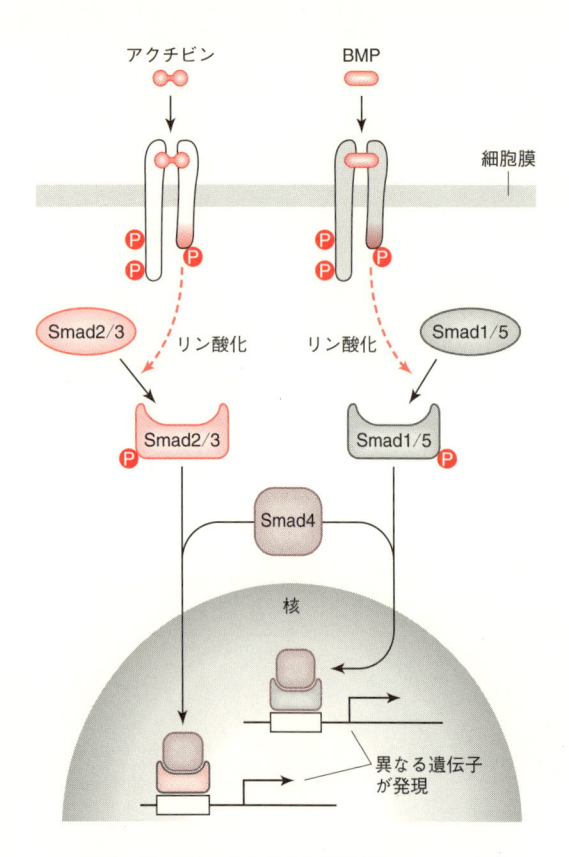

図 6・33　**TGF-β シグナル伝達とクロストーク**

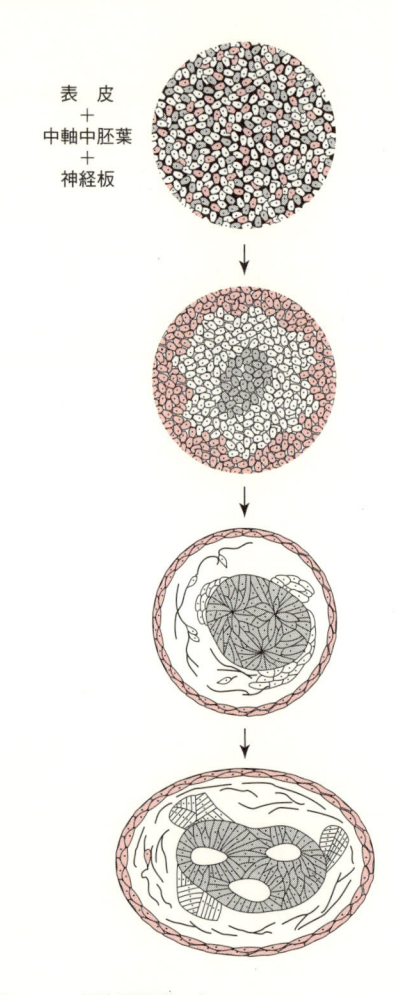

図 6・34　**細胞間認識**　[P. L. Townes, J. Holtfreter, *J. Exp. Zool.* **128**, 53 (1955) より]

序に混じり合うことはない．組織という一つの機能を全体として果たすべく，細胞が整然と配置されている．したがって，さまざまな組織から成る複雑な体制ができるのである．

ウニの原腸胚をカルシウムとマグネシウムを除いた海水に入れると，胚の細胞が単細胞にまで解離する．これをもう一度正常海水に戻すと，解離された細胞は再集合を始め，上皮細胞は上皮，原腸の細胞は原腸，間充織細胞は間充織として集まり，再び胚の形態を取戻す．何がこのようなことを可能にしているのだろうか．細胞の接着は細胞膜の**細胞接着分子**が担っている．脊椎動物ではカドヘリンとCAMとよばれる一群の接着因子が重要な働きをしている．これらの分子は細胞膜を貫通しており，細胞膜の外側の接着ドメインと細胞膜の内側の領域から成る．接着ドメインは同じ分子どうしが接着する性質があり，同じタイプの細胞が集合する．細胞膜の内側は細胞内骨格系との相互作用に必要な領域と考えられている．たとえば表皮細胞ではE-カドヘリンが発現しており，神経細胞ではN-カドヘリンが発現している．表皮と神経のそれぞれの解離細胞を混合して培養すると，細胞は移動してそれぞれの細胞どうし集合する（図6・34）．また，発生過程で神経冠細胞に分化する際にはN-カドヘリンが発現し，神経冠細胞がまわりの細胞との接着を切って移動し始めるときにはN-カドヘリンの発現が停止することが報告されている．

6・7・3 細胞外基質

発生の過程で卵割を終えた細胞は移動を開始し，細胞の大規模な再編成が行われる．細胞が移動するには行先を示す目印と足場が必要である．発生初期の細胞の大移動の後も，誘導や器官形成の過程や新旧の細胞の交代に際して局所的な細胞の移動はつねに起こっている．こうして形成された組織の細胞が機能するには三次元的に配置される必要がある．細胞に足場を提供し，機能するための良い環境を提供する．その役割を担うのが細胞外基質である．なお，細胞外基質は生体のタンパク質の約半分を占めており，その中で細胞は活動しているのである．

コラーゲンは細胞外基質の大部分を占め，基質の骨格をなしている．コラーゲンはグリシンとプロリンの含量が多く，アミノ酸3個ごとに1個のグリシンが繰返す特徴的な配列をもつ（Gly-X-Y）．プロリンの約半分はタンパク質合成後，修飾されてヒドロキシプロリンになる．コラーゲンはこれまでに12種類が報告されている．I型，II型，III型，V型は3本のペプチド鎖が寄り集まり，三本鎖の繊維状構造をとっている．I型はコラーゲンの中で最も多く約90％を占め，皮膚，腱，骨の基質を構成する．II型は軟骨，III型は皮膚，血管，内臓，V型は胎盤，皮膚，軟骨，筋肉の基質を構成する．IV型は2本のポリペプチドで構成されており，非繊維性で網状の基底膜を構成する．IV型は形態形成運動の際，細胞の足場として重要な働きを担っている．

フィブロネクチン，ラミニンは細胞を基質に接着させる活性をもつ．**フィブロネクチン**は，分子内に細胞結合領域とコラーゲンやプロテオグリカンの結合領域をもつ（図6・35）．細胞膜にはフィブロネクチン受容体があり，**インテグリン**とよばれる（図6・36）．インテグリンは，フィブロネクチンやラミニンなどの細胞外基質タンパク質のArg-Gly-Asp-Ser（RGDS）に結合する．細胞は細胞性アクチンを収縮させて移動するが，収縮させただけでは移動しない．何かの支えがあってそこを足場にしてはじめて移動できるのである．インテグリンは細胞の内側と外側を結びつける働きをする．こうして細胞はインテグリンを介し，フィブロネクチンを足場として移動する．フィブロネクチンを取除いてしまうと細胞はそれ以上進めなくなるこ

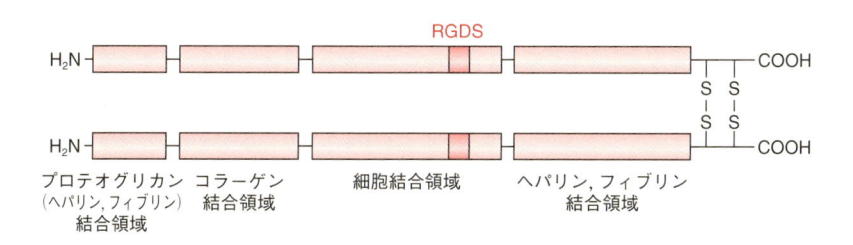

図6・35 フィブロネクチンの構造

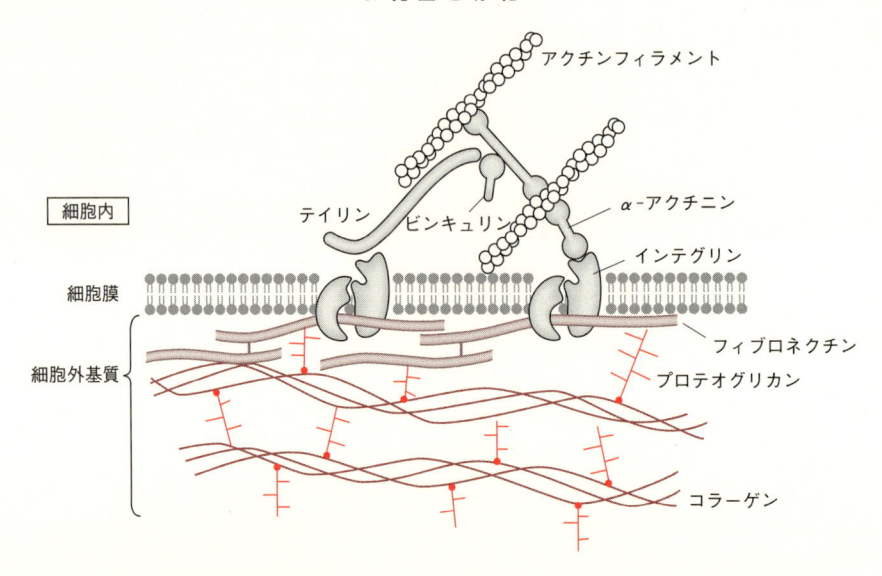

図 6・36　細胞外基質と細胞骨格　[S.F. Gilbert, "Developmental Biology", 3rd Ed., p.559, Sinauer Associates (1991) を改図]

とが観察されている．また，フィブロネクチンは細胞の正常な形態を保つのに必要であり，がん細胞ではフィブロネクチンが減少することが知られている．**ラミニン**は3本のペプチド鎖で構成された十字形の分子であり，分子内に細胞，コラーゲン，プロテオグリカンの結合領域をもつ．細胞膜にはラミニンの受容体があり，ラミニンも細胞の形態維持，細胞移動，細胞接着の機能を担っていると考えられている．

7 ホメオスタシス

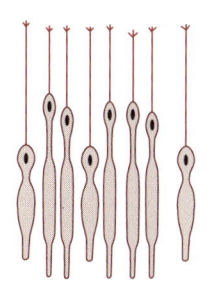

生物にはそれぞれの種による違いは多少あっても、ある意味では非常に共通性をもった生命を維持し、子孫を残すための戦略が存在している。その中でも**ホメオスタシス（恒常性）**といわれる生体内の環境を一定の状態に維持する仕組みは、生きるための最も重要な戦略といって差し支えない。高等な生物になればなるほどホメオスタシスを維持する機構が発達し、体のあらゆる機能は神経系やホルモン系、あるいは免疫系の支配を受けるようになる。

第7章では体内環境の安定化の機構、ホメオスタシスを維持する生理機構の代表的なものとして**神経系**、**内分泌系（ホルモン）**、**免疫系**の働きについて解説する。これら三つの生理機構は互いに緊密な連絡をとり、一丸となって生体内の調節系としての役割を果している。

7・1 神経系の働き

7・1・1 神経系の構造

いわゆる神経といわれるものは動物にのみ存在する。神経細胞の形態はさまざまであるが、基本的には機能の異なる3種類の構造から成り、細胞核を含む部位を**細胞体**、そこから伸びている1本ないし少数の長い突起を**軸索（神経繊維）**、細胞体から周辺部に伸びる比較的短い突起を**樹状突起**という（図7・1）。細胞体、軸索、樹状突起を合わせて**神経単位（ニューロン）**とよぶ。

a. 神経系 多細胞動物になると、さまざまな外部環境の急激な変化をすばやく個体全体に伝えて、それに対処する必要が生じた。このための機構の一つとして腔腸動物より高等なすべての動物には**神経系**が

あり、外界からの情報を電気的な信号に変換して伝達している。神経系の発達の程度は動物により異なる（図7・2）。腔腸動物のヒドラなどではニューロンが単に網目状に結合し、体表全体を均一に覆った**散在神経系**とよばれる未発達なもので、情報の伝わる速度も遅い。腔腸動物より高等になると一部の神経細胞が特定の場所に集中するようになり、**神経節**あるいは**脳**といわれる情報処理の中枢となる器官を発達させる。扁形動物に属すプラナリアの**かご形神経系**、環形動物や節足動物などの**はしご形神経系**では、動物の進行方向の先端に神経細胞が多数集まった脳が発達している。脊椎動物の神経系は発生学的に**管状神経系**といわれ、中枢化がさらに著しく、脳と脊髄からなる**中枢神経**

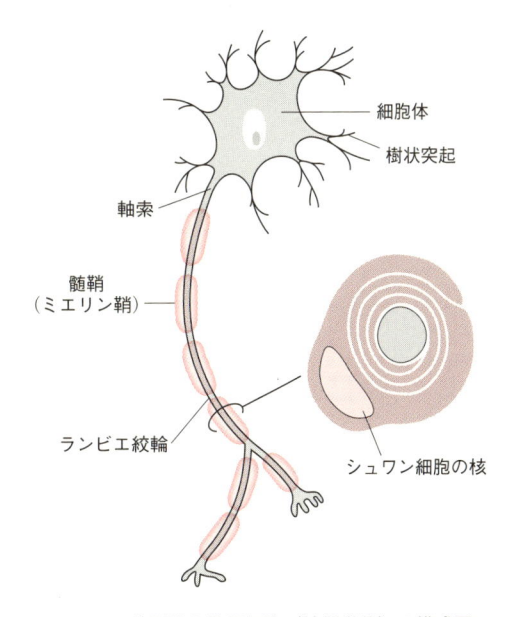

図7・1 典型的な神経細胞（神経単位）の模式図

(a) ヒドラ　　(b) プラナリア　　(c) バッタ　　(d) カエル

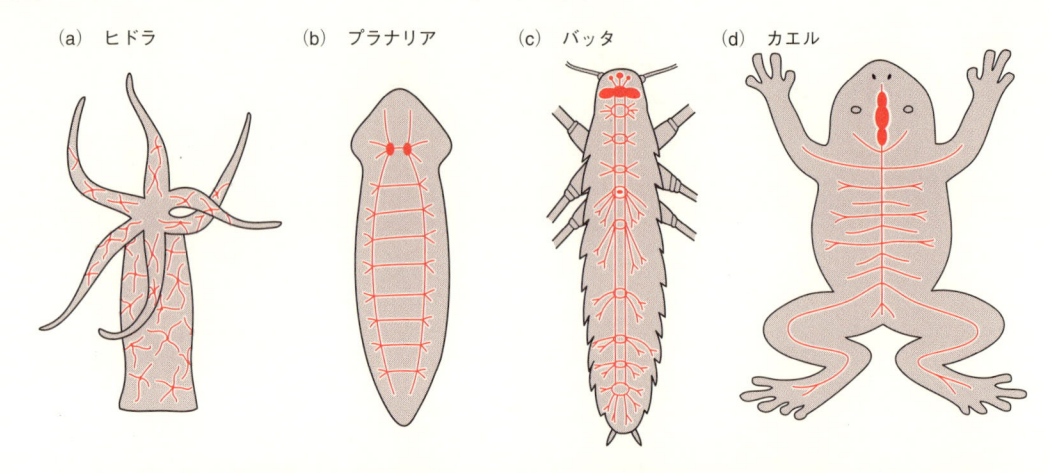

図 7・2　いろいろな神経系　(a) 散在神経系．ヒドラなどの腔腸動物では神経細胞は分散していて，各細胞の突起で互いに連絡し神経網をつくっている．(b) かご形神経系．扁形動物では神経細胞が集中して神経節を構成し，そこから体の各部に末梢神経が展開する．(c) はしご形神経系．バッタなど節足動物では体節ごとに神経節があり，神経系の集中化が著しい．(d) 管状神経系．カエルなど脊椎動物になると，集中化の進んだ神経系の中枢としての脳が発達する．

系，それと連絡を保ちつつ全身にはりめぐらされた**末梢神経系**といわれる整然とした構造が発達している．環境の変化を解析し，いかに対応するかの判断を下すのが中枢神経系であり，外部からの刺激あるいは中枢からの指令を興奮として伝達するのが末梢神経系の役割である．

ヒトなど哺乳類の中枢神経系は形態および機能の面から大脳，間脳，脳幹（中脳，橋，および延髄），小脳，脊髄に分けられるが，各部分は独立に働いているわけではなく，互いに密接に連絡している（図7・3）．

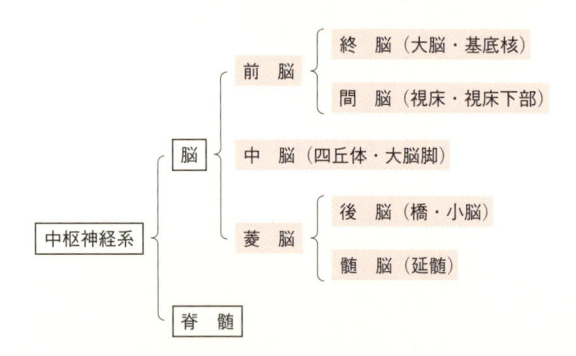

```
                    ┌ 終 脳（大脳・基底核）
              ┌ 前脳┤
              │    └ 間 脳（視床・視床下部）
        ┌ 脳 ┤
        │    │  中 脳（四丘体・大脳脚）
中枢神経系┤    │    ┌ 後 脳（橋・小脳）
        │    └ 菱脳┤
        │         └ 髄 脳（延髄）
        └ 脊 髄
```

図 7・3　哺乳類の中枢神経系の構成

なお，中枢神経系において"核"という場合は，多くの神経細胞の細胞体が集まって存在する領域をいう．

大脳は左右二つの半球に分かれていて，それぞれの表層部には細胞体が多数存在し**大脳皮質**とよばれ，内部には軸索があって**大脳髄質**とよばれる．大脳皮質は系統発生学的に古皮質，原皮質，新皮質に分けられ，ヒトでは特に新皮質がよく発達している．新皮質には感覚や随意運動の中枢が存在するほか，ヒトには記憶・思考・判断・言語などの精神活動の中枢がある．一方，古皮質と原皮質は大脳半球の内側面にあり，嗅球，海馬，扁桃体，中隔などを含み間脳や脳梁を環状に囲み縁取っているので**大脳辺縁系**とよばれ，本能や感情に関係する中枢がある．**間脳**も**視床**と**視床下部**に分けられ，視床は嗅覚を除くすべての感覚神経の中継地として，視床下部は自律神経系や内分泌系の中枢として機能している．**中脳**には眼球運動や姿勢保持の中枢があり，**橋**には持続的な吸息中枢がある．**延髄**には呼吸運動，心臓の拍動，血管の収縮や拡張，嘔吐など生命の維持に大切な自律機能を制御する中枢がある．**小脳**は平衡感覚や筋肉の協調的運動を調節する中枢である．**脊髄**は反射の中枢としての役割のほか，脳と体の各部を結ぶ神経系の通路として機能している．

末梢神経は感覚や運動に関係する**体性神経系**と，意志とは無関係に呼吸系，循環系，消化器系などの働きを制御する**自律神経系**とに大別される（図7・4）．両神経系は中枢神経内で統合されており，中枢神経と末梢神経の間に介在神経細胞が存在する場合もある．体性神経系には，特定の刺激によって感覚受容器に発生した興奮を中枢に伝達する求心性の**感覚神経**と，中枢

の指令を筋肉や腺などの効果器へ伝達する遠心性の**運動神経**がある．一方，大部分が遠心性神経のみからなる自律神経系には，胸髄，腰髄から発する**交感神経**と，中脳，延髄および仙髄から発する**副交感神経**とよばれる2種類の神経系があり，促進あるいは抑制という逆の指令を伝える．一つの臓器には両系統の神経が分布している場合が多く，たとえば活発に活動をしているときには交感神経系が作動して胃腸の働きを抑制し，休息時には副交感神経系が作動して消化運動を活発にするなどその役割を分担している．

覆われた軸索をもつ神経を**有髄神経**という（図7・1参照）．髄鞘にはところどころに**ランビエ絞輪**とよばれる切れ目があり，軸索と外液との間の絶縁状態が解消されている．後で述べるように神経細胞の興奮はこの切れ目をとびとびに伝わるので伝導速度が速くなる（**跳躍伝導**という）．一方，髄鞘のない軸索をもつ神経細胞は**無髄神経**とよばれ，興奮の伝導速度が遅い．軸索は興奮を両方向へ伝えることができるが，その末端と他の細胞との接着部に**シナプス**とよばれる特殊な構造をつくるため，興奮の伝達は一方通行となる（図7・5）．そこで神経細胞が伝える情報は通常，細胞体

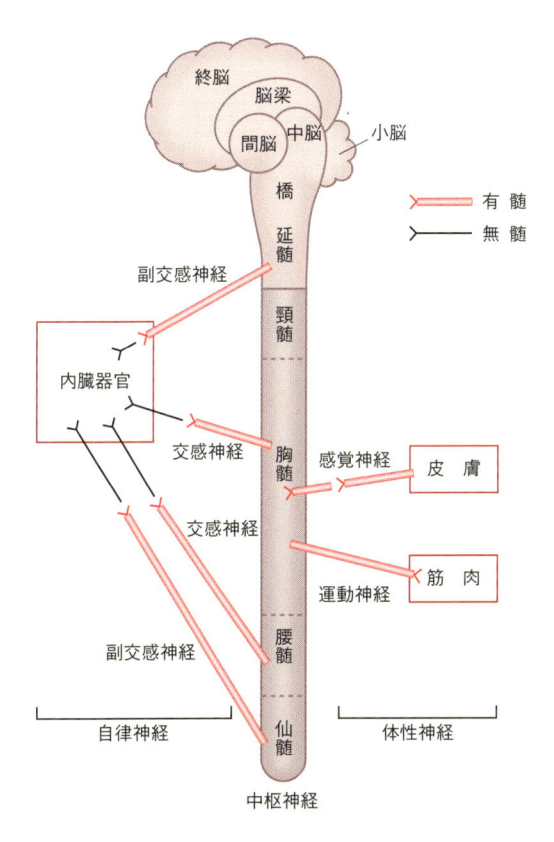

図7・4 中枢と体性神経系および自律神経系の関係

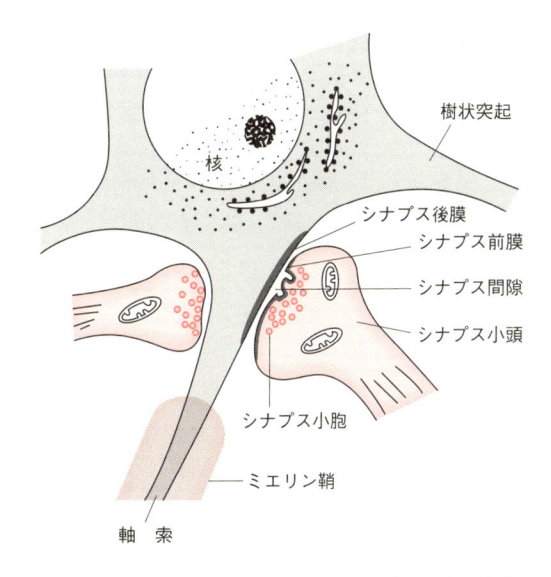

図7・5 神経細胞の細胞体と一部とシナプス結合の模式図

あるいは樹状突起から細胞体を介して，軸索，軸索末端，ついで他の細胞へと伝わる．軸索内には細胞内の繊維構造（**細胞骨格**）を利用した輸送機構（**軸索輸送**）があり，細胞体で合成された物質を末端へ送ったり，末端で不要になった物質を回収したりしている．

b. 神経細胞 神経系で興奮と情報の伝導を担うのが神経単位である．神経細胞の細胞体から発する長い軸索には，ヒトの坐骨神経のように1mに達するものもある．多くの軸索は発生の過程で，脳や脊髄ではグリア細胞，それ以外の末梢神経系ではシュワン細胞とよばれる細胞に取巻かれる．この特殊な覆いを**髄鞘（ミエリン鞘）**とよび，これにより外液と細胞内が電気的に絶縁状態になっている．このような髄鞘で

7・1・2 神経の興奮

a. 膜電位と興奮の伝導 ほとんどの細胞には静止状態で細胞膜の内と外に**膜電位**といわれる電位差があり，内側は外液に対して通常$-70\,\text{mV}$ほど負（$-$）に帯電している．神経や筋肉など興奮性の細胞は刺激によって興奮し膜電位が変化するので，興奮していないときの膜電位を**静止電位**，興奮したときの膜電位を**活動電位**とよぶ．

細胞外体液中にはNa$^+$が多くK$^+$は少ないが，細胞内は逆にNa$^+$が少なくK$^+$が多い．静止状態の神経細胞においては細胞内のNa$^+$濃度が細胞外の約1/10と希薄で，逆にK$^+$の細胞内濃度は外に比べて約30倍も高くなっている．この不均衡なイオン分布は，ナトリウムポンプとよばれる膜タンパク質が，Na$^+$を排出しK$^+$を取込むことにより維持されている（p.58参照）．しかも，Na$^+$はほとんど細胞膜を通過できず細胞外にとどまるが，K$^+$は細胞膜を通過しやすく細胞内から外に流出するため，細胞内の負の電位を打ち消すことができない．また，細胞内には負に帯電したタンパク質が多く，これも内側を負にする要因になる．

神経細胞が刺激されると，細胞膜の透過性が変わりイオンの分布は平衡状態に向かって急激に変化する．すなわち，刺激を受けた部位で電位依存性**ナトリウムチャネル**とよばれるNa$^+$の通路が開き，濃度勾配に従って急激にNa$^+$が細胞外から流入して細胞内を正にして脱分極を起こす（図7・6）．脱分極した部分で

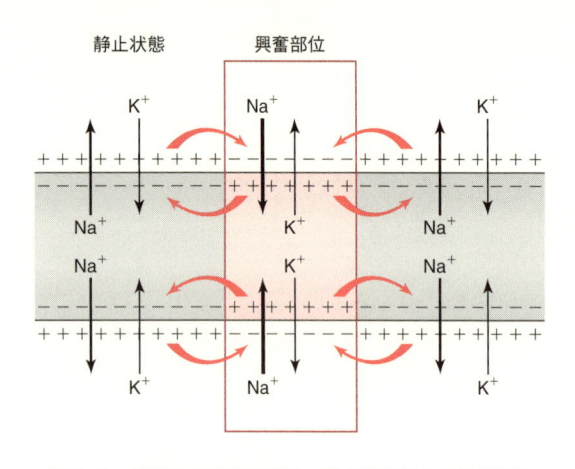

図7・6 膜電位と興奮の発生 静止状態にある神経細胞は，細胞内が外に対して負に帯電している．刺激されるとNa$^+$が細胞内に流入するため，正に電位の逆転を起こす．赤色の矢印は電流の流れる方向を示す．

は電位依存性**カリウムチャネル**も開いてK$^+$が細胞外に流出するため，小さいNa$^+$の脱分極効果は直ちに消去される．しかし，刺激が強くなればなるほど多くのナトリウムチャネルが開いて，ある値を超えるとK$^+$の流出に打ち勝って瞬間的により多量のNa$^+$の流入が起こり，細胞内は+40 mVと膜電位が負から正（+）へ逆転する（図7・7）．このときNa$^+$の透過性は静止時の500倍以上にも高まるという．神経細胞のある部分で多量のイオンの流入があると，それが細胞の内側に向かう電流となり細胞外の電位が低下する．そのため内向きの電流が流れた部位に向かって両側から，あるいは少し離れた位置では細胞の内から外へ膜を横切る外向きの陽イオンの流れによる電流が生じる（図7・6）．このような一連の膜電位の変化が**活動電位**といわれるもので（図7・7），それを発生させる限界の

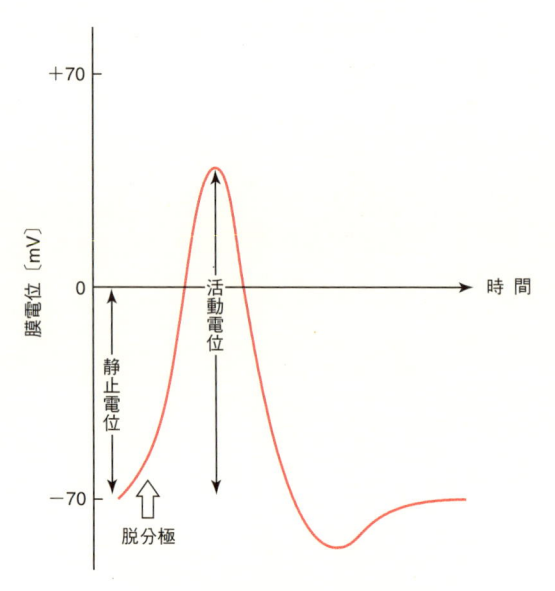

図7・7 静止電位と活動電位

刺激の強さを**閾値**という．ただし，各イオンの透過性の増加は短時間ですぐに元に戻り，Na$^+$の実際の流入量もわずかであるし，ナトリウムポンプが機能するので全体的には細胞内のNa$^+$濃度はほとんど変わらない．細胞内外におけるイオンの濃度と，その透過性を考慮した活動電位の生成に関する上記の説を**ナトリウム説**という．なお，活動電位の特徴はその大きさに大小がなく，発生するかしないかの二通りの状態しかないことで，これを**全か無かの法則**という．

活動電流が隣接の細胞膜を横切ると，その部分の膜が刺激されてNa$^+$透過性が増大し膜電位は負から正へ逆転する．一部分での脱分極はわずか数ミリ秒で消失するが，同様につぎつぎに隣接した部分が刺激されるのでカスケード的に脱分極の波が広がり軸索全体に行き渡る．しかし，脱分極が急速に細胞全体に広がっても，すばやい回復があるのですぐに再分極し，神経細胞は再び静止電位に戻りつぎの刺激に備えることが

できる.

興奮の伝導は軸索が太いほど速い.また,高等動物の有髄神経の軸索は前に述べた跳躍伝導により興奮する部位間の距離をおくことで,興奮の伝導速度をより速くすることに成功した.ヒトの有髄神経の軸索における興奮の伝導速度は100 m/秒までに達する.ヤリイカの外套膜神経の軸索は直径0.5 mm以上もあるが無髄神経であるため,その興奮伝導速度は1 m/秒ほどである.

b. 興奮の伝達　神経細胞はシナプスを介して他の神経細胞に興奮を伝達し情報の回路網をつくる.神経細胞どうしの情報伝達様式には,電気シナプスと化学シナプスがある.活動電流が細胞と細胞の接合部を乗越えて流れる電気シナプスは少数例知られているだけで,シナプスにおいては化学的伝達が主役である.

図7·5にあるように,神経細胞の軸索末端は**シナプス小頭**とよばれる構造になっていて,そこに神経伝達物質を含む多くの**シナプス小胞**がある.シナプス小頭が他の神経細胞と接合する面の膜は**シナプス前膜**といわれ肥厚しており,**シナプス間隙**とよばれる間隙を隔てて,興奮を受けとる側の細胞の細胞膜である肥厚した**シナプス後膜**と向かい合う.化学シナプスといわれるわけは,シナプス小胞の中にある神経伝達物質がつぎの神経細胞を興奮させるからにほかならない.つまり電気的興奮はここでいったん化学物質に置き換えられるわけである.

軸索末端にやってきた活動電位がシナプス前膜を脱分極させると,そこにある電位依存性のカルシウムチャネルが開きCa^{2+}が細胞外から流入する(図7·8).Ca^{2+}はシナプス小胞をシナプス前膜に融合させる作用があり,その結果,**開口分泌**によって小胞中の伝達物質がシナプス間隙に放出される.シナプス間隙はわずか50 nm以下なので,伝達物質は拡散して直ちにシナプス後膜にある受容体に結合する.ついで伝達物質と結合した受容体がシナプス後膜のイオン透過性を変える.この透過性の変化が原因でイオンの分布状態が変わり,伝達物質を受け取った側の細胞に脱分極あるいは過分極が起こって電位の変化が生じるものと考えられている.なお,放出された伝達物質は酵素などによって直ちに分解除去されるので興奮の伝達は止み,つぎに伝わってくる刺激に対する受け手側の細胞の準備ができる.

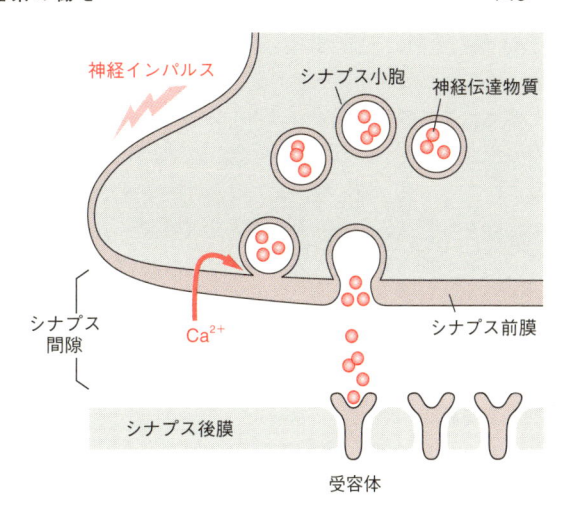

図7·8　シナプスにおける開口分泌

シナプスにおける伝達物質としては,**アセチルコリン**と**ノルアドレナリン(ノルエピネフリン)**がよく知られており,どちらを放出するかでコリン作動性神経あるいはアドレナリン作動性神経とよぶ.伝達物質として他にドーパミンや**GABA(γ-アミノ酪酸)**などが知られている.なお,自律神経である交感神経系の末端のシナプスはアドレナリン作動性,副交感神経系の末端はコリン作動性である.

伝達物質によって起こるシナプス後膜の電位変化には,アセチルコリンのようにNa^+を流入させ脱分極をひき起こす場合と,GABAのようにCl^-を流入させ過分極をひき起こす場合の2種類がある.前者を**興奮性シナプス**といい,後者は過分極によってむしろそれまで興奮していた神経を興奮させないようにするので**抑制性シナプス**という.両者ともシナプス後膜側に電位の変化をもたらすが,興奮性シナプスによるものを**興奮性シナプス後膜電位**,抑制性シナプスのものを**抑制性シナプス後膜電位**とよぶ.

神経細胞の樹状突起と細胞体には通常多数のシナプス結合が存在するので,細胞体に生じるシナプス後電位は,これらシナプス結合から受取る興奮性あるいは抑制性の電位変化の総和である.この総和が閾値以上になると,まず神経細胞の起始部が興奮して,その興奮を終末部へ伝導していく.起始部は閾値以上の電位変化が続く間はパルスを発生するので,シナプス後電位の興奮はパルスの数という情報に変換されることになる.

c. 反 射 動物における中枢神経系の重要な機能の一つに反射がある．反射とは，刺激によって特定の感覚受容器の感覚神経に生じた興奮が，中枢神経内の**反射中枢**といわれる特定の場所で指令としての興奮に切換えられ，遠心性神経によって効果器に伝わり常に決まった反応をひき起こすことである．このような一定の興奮の通過路を**反射弓**という．ヒトでは大脳皮質が発達しているので，感情や理性などが行動の発現に関与し効果器の働きを制御することが多い．しかし，反射の場合は無意識のうちに特定の行動が生じる．下等動物の行動などは反射が総合されたものともいえる．逃避反射，防衛反射，摂食反射などいろいろな基礎的反射は，動物が生きていくためには欠かせないもので，ヒトでも胎生期に最初に形成される反射弓は自発運動より早く機能を開始する．

反射弓を伝わる興奮は常に一定方向である．よく知られた例として膝，股などに伸展を起こす屈筋反射がある．膝の下の腱をたたかれると，膝の上の筋肉の内側にある感覚受容器の神経が興奮して電気的信号に変換された情報が脊髄に伝達され，脊髄にある介在神経を中継しすばやく遠心性の運動神経を介して膝の筋肉に情報が伝えられ，無意識のうちに伸展という反応が起こる．目の前に物を突き出されると無意識に目を閉じるが，このような反応は身を守るためになくてはならない反射の一つである．訓練によって特定の中枢を介して新しい反射弓が成立することがあり，この場合を特に**条件反射**とよぶ．有名な I. P. Pavlov によるイヌを使った条件反射の成立を図7・9に示す．イヌの舌に餌刺激を与えると，興奮は大脳皮質の味覚中枢を経て唾液腺に伝えられて唾液の分泌が起こる．同時に音の刺激を与えると，大脳皮質の聴覚中枢でそれを感知する．このイヌに音を聴かせて餌を与える訓練を繰返すと，図にあるように味覚，聴覚両方の神経回路の間に新しい反射路が開ける．このようにして条件反射が成立したイヌでは，餌を与えなくとも音を聴かせただけで唾液の分泌が始まる．

7・1・3 感　覚

動物は外部からの情報の収集あるいは解析に混乱をきたさないように，一般的には受取った刺激のうち特定のものだけが，特定の受容器の感覚細胞に興奮をひき起こすような仕組みになっている．

a. 視　　覚 視覚を担当する視覚器は，光の強弱および波長を感じる感覚器官である．ミドリムシの眼点やミミズの分散光感覚器官のようなものから，昆虫の複眼など動物によってさまざまな形態的進化をとげている．また，眼とは発生学上起源が異なり視覚とはいえないが，光を感じるという点では同じである爬虫類の頭頂眼（内分泌器官の一つである松果体の一部で光を感じる）など，光という自然の恵みを利用する努力はいろいろなされている．

脊椎動物の目はカメラに似た構造をしており，外界からの光は角膜，眼房，瞳孔，水晶体（レンズ），ガラス体を通って網膜上に像を結ぶ（図7・10a）．眼の焦点は網膜上にあって無限遠にある物体の像が結ばれ

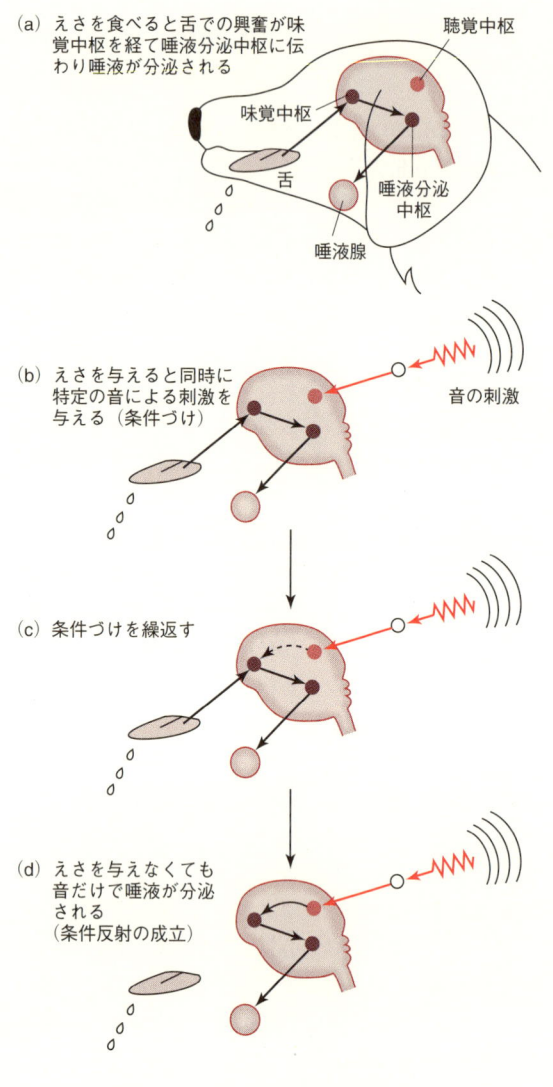

図7・9 イヌにおける条件反射の成立

る．したがって有限の距離にある物体を見ると像は網膜の後方に結び，網膜上には散乱円ができる．しかし，目には屈折力を増加してその物体の像を網膜上に戻す調節機能がある．網膜は中枢神経に由来する多数の神経細胞や視細胞などから構成される細胞の層である（図7・10 b）．脊椎動物の視細胞には**桿体細胞**（棒細胞）と**錐体細胞**の2種類があり，それぞれ桿体と錐体という突起をもっている．突起の中には薄い円盤が何百枚も重なったような構造があり，そこに感光色素がある．桿体は明暗に対して感受性をもつが色彩の区別はできず，錐体は明るいところなら色彩の区別ができる．ただし，錐体細胞が色彩を区別できるのは，青・緑・赤という異なる光の波長を強く吸収する3種類の細胞があるためで，一つ一つの細胞が色を識別しているわけではない．

桿体の中の円盤の膜の表面や内部には，感光色素の**ロドプシン**（視紅）や光情報の伝達に関与するタンパク質がある．ロドプシンに光が当たると光化学反応を起こし，レチナール（ビタミンAのアルデヒド）とオプシン（糖タンパク質）に分解する．この化学変化が桿体細胞に活動電位を発生させ興奮することになる．なお，レチナールは直ちに酵素によってレチノールに還元され，再びロドプシン合成に使われる（図7・10 c）．桿体細胞に起こった興奮は末端のシナプスにより，二極細胞（連絡細胞）を経て視神経細胞に伝えられる．視神経細胞の軸索は束となり盲斑で網膜を横切って眼球の外に出て上行し，間脳の下部（視交叉）で右眼と左眼からの繊維束が交叉したのち大脳の視覚中枢に光情報を送る．その興奮伝導の速度は速く10～100 m/秒といわれる．

なお，錐体にはヨードプシンといわれる赤色の感光色素があり，明るいところでのみ分解してレチナールとフォトプシンになる．

b. 聴覚と平衡覚

 i) 聴　覚

聴覚の発達は発音能力の発達と並行している．ほとんどの無脊椎動物は，哺乳類の耳のような一見してそれとわかる音受容器をもたない．しかし，生活する環境である空気，水，土などに起こる振動を感知する装置を備えている．特に昆虫はよく発達した特殊な装置を備え，たとえばキリギリスは前肢に，バッタは腹部に，ヒトの鼓膜によく似た鼓膜器官という高周波数の振動に反応する音受容器を備え，いる場所の微細な振動に反応することができる．

ヒトの耳は**外耳**，**中耳**，**内耳**という三つの構造から成る（図7・11）．外耳は耳介と**外耳道**から成り，耳介がとらえた音波は外耳道を通って中耳との境の**鼓膜**に至り振動という形の情報に変換される．聴覚は20～20,000サイクル/秒の音振動を感知できる．耳介は音

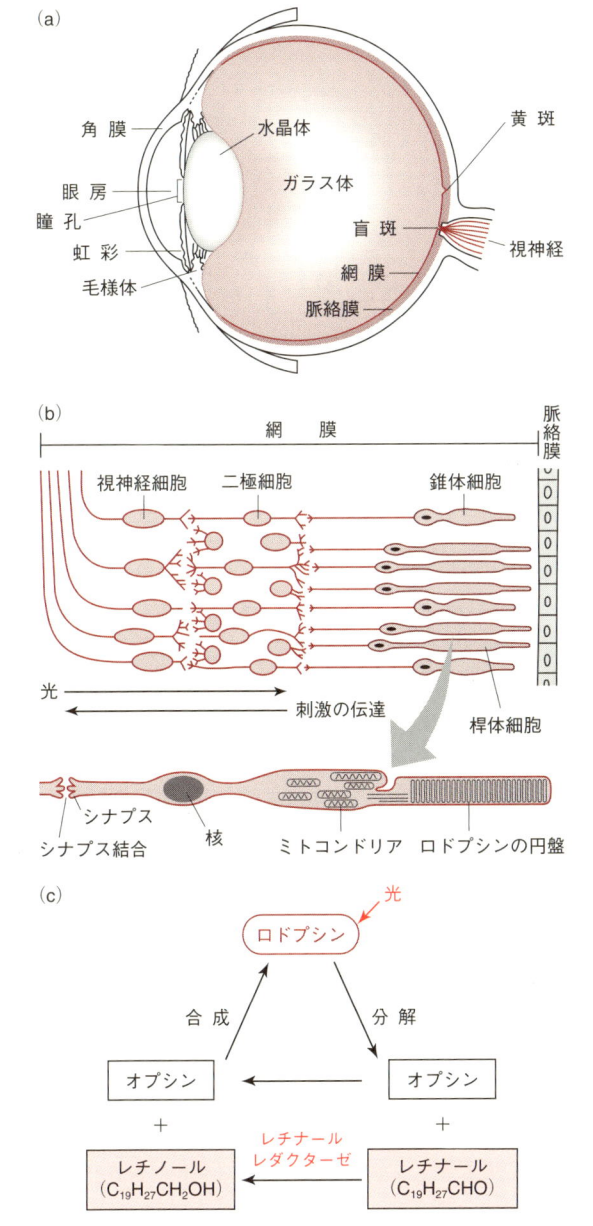

図7・10　ヒトの目の構造(a)と網膜の組織(b)，およびロドプシンの化学変化(c)

を集める働きをするので，イヌやウサギは反射的に耳介を動かして音源の方向へ向けることができるが，ヒトでは耳介筋が退化しているのでそのようなことはできない．

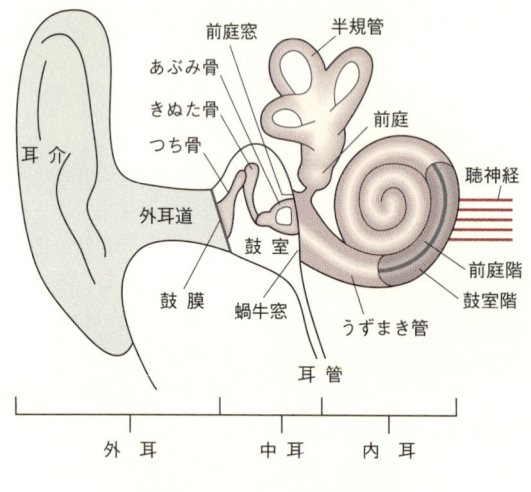

図7・11 ヒトの耳の構造

鼓膜，**鼓室**，**耳管**の三つの部分を中耳とよぶ．鼓膜より内側の空洞を鼓室とよび，その中には連結したレバーのように，つち骨，きぬた骨，あぶみ骨といわれる三つの特殊な**耳小骨**がある．鼓室の鼓膜と反対側には**前庭窓（卵円窓）**という膜壁があり，この窓にあぶみ骨の一端がはまり込んでいる．三つの耳小骨の連結は梃子の原理によって鼓膜の振動を40～60倍に拡大し，前庭窓にはまり込んだあぶみ骨を振動させる．耳小骨は体の中で最も小さい骨であるが，3種類あるのは哺乳類だけで，両生類，爬虫類，鳥類では，鼓膜と内耳の間をピストン様につなぐ**軸柱骨**とよばれる一つの骨が存在するだけである．魚類には中耳がない．なお，鼓室から耳管とよばれる管が咽頭に達している．耳管は普段つぶれて閉じているが嚥下，あくび，くしゃみなどで口蓋にある筋肉が収縮すると引っ張られて開通するので，鼓膜を境とする外耳と中耳内の気圧は等しく保たれる．耳管はまた鼓室内の異物を咽頭に排出することができる．

内耳は**前庭**，**うずまき管**（蝸牛管），**半規管**（骨半規管）という三つの**骨迷路**ともよばれる構造物からなり，聴覚と平衡覚の感受装置がある．骨迷路の中には**膜迷路**というリンパ液を含む袋のような構造物が収まっている．前庭部の鼓室側の壁に前庭窓（卵円窓）

と，その下方に**蝸牛窓（正円窓）**がある．うずまき管は細長い管を二つに折って，さらに全体をゆるくカタツムリの殻のように巻いたものである．管の一方の端の前庭窓から始まりカタツムリの殻の頂上までを**前庭階**，そこから反転して蝸牛窓に至るまでを**鼓室階**という．ゆるく折られた管の間にもリンパ液を含む管があり，これと前庭階との境は前庭膜，鼓室階との境は基底膜とよばれる．基底膜上にはコルチ（Corti）器官という音波による物理的な振動を電気的な変化に転換する感受装置がのっている（図7・12）．

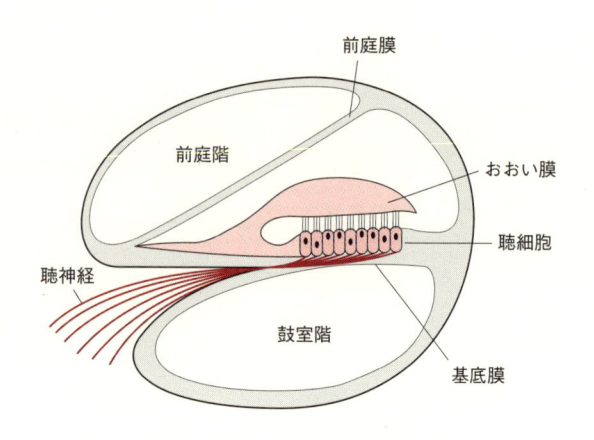

図7・12 コルチ器官の構造

音波に反応して鼓膜が振動すると，その振動はつち骨ときぬた骨で増幅されながら前庭窓にはまったあぶみ骨を振動させる．このため前庭窓が振動し，この振動は前庭階の中のリンパ液，ついで鼓室階の中のリンパ液に伝わり，鼓室階の終末部にあたる蝸牛窓に達して消失する．このリンパ液の振動は基底膜を振動させることになる．基底膜の上にあるコルチ器官は**聴細胞（有毛細胞）**と**聴神経**，それに**おおい膜**（蓋膜）からなる．聴細胞の上部には**聴毛**とよばれる細長い感覚毛が多数あるが，その先端はおおい膜に固定されているため自らは動けない．基底膜が動くと固定された聴毛が屈曲し，それが刺激となり聴細胞に興奮が発生する．基底膜は鼓膜の振動と同じ振動数で振動するが，振動数によって基底膜の特定の部位の振幅が最大になることから，基底膜のどの部分の聴細胞が最も強く刺激されるかという情報によって音の高低を聞き分けていると考えられる．聴細胞の基底部には聴神経の終末がシナプス結合していて，聴細胞の興奮は聴神経に伝わり最終的に大脳皮質の聴覚中枢に到達する．

ii) 平衡覚

半規管は三つの半輪状の管からなり，互いに直角に位置しているので，どれかが前後，左右，上下に平行になっている（図7・11）．半規管が前庭部と接着する部位には，感覚細胞から突出した感覚毛が筆の先のような**クプラ**とよばれる構造をとって存在し，半規管内部のリンパ液の動きにつれて傾く．この傾きを感じることで，からだの回転の方向を知ることになる．

また，前庭部には**卵形嚢**と**球形嚢**とよばれる構造があり，それらの内壁には上皮細胞が肥厚し特殊化した**平衡覚**の受容器である**平衡斑**とよばれる部分がある．平衡斑は感覚毛をもつ有毛細胞と支持細胞から成る．有毛細胞のうちの一部が感覚細胞で，その感覚毛（平衡毛）は運動できるが残りの感覚毛は動かない不動毛である．また，平衡斑の上部は平衡石膜といわれるゼリー様物質で覆われ，さらにその上を重石のように**平衡石（耳石）**とよばれる炭酸カルシウムとリン酸カルシウムを豊富に含む結晶物が覆っている．平衡石膜には多くの細い管があって，その中に有毛細胞の感覚毛が入っている．体が傾くと平衡石が動き，その動きで不動毛が運動毛の方へ押されて，これが刺激となり感覚細胞に脱分極が起こり興奮する仕組みになっている（図7・13）．有毛細胞は基底側で前庭神経とシナプス結合しており，興奮が前庭神経に伝達され，前庭神経は聴神経と共に内耳神経となり中枢に向かう．このように半規管と前庭が平衡覚を感受するための器官として存在し，体の傾きや直線運動など自らの体勢を常に認識することになる．

なお，音や平衡感覚を感じる場である感覚毛は頂端側にパイプオルガン状の突起をもち，その先端に機械刺激受容体が存在する．視覚や味覚などの情報受容システムと異なり化学的な反応は介在せず，受容体に結合している紐にかかる張力が直接イオンチャネルを引っ張って開口させるため，振動という物理的な刺激をすばやく電気刺激に変換できる．

c. 触 覚 と 圧 覚 接触や打撃などの物理的な刺激に対する感受装置は触受容器といい，細胞膜の形状が変化するような刺激に対して非常に敏感ですばやい反応を起こす神経細胞で構成されている．**触覚**は皮膚表面にある受容器が，**圧覚**は皮膚の比較的深部にある受容器が応答する感覚である．ある種の動物では触受容器を覆う体表面に毛や剛毛が生えていて，からだ自体が障害物に接触する前にその存在を感知する．たとえば，ゴキブリの腹部にはごく小さい感覚毛があり空気のわずかな動きを感知して後肢に信号を送り逃避など対応行動をとることができる．

脊椎動物の触受容器にもいくつかの種類がある．魚類や水生両生類の**側線器官**のように離れた障害物からはね返る水の振動を感知する受容器や，直接的な接触や圧力刺激を感知する触受容器などである．魚類の側線器官などは，刺激が水を媒体として受容器に伝達されるという点で聴覚における音の受容様式と似ており，他の動物の平衡覚および聴覚の受容器は側線器官が進化して発達したものともいわれている．

哺乳類の皮膚に存在し物理的な刺激に対応する触受容器はいくつか知られている（図7・14a）．その一つに**マイスナー小体**といわれるものがあり，手，口唇，目の縁，外陰部などの皮膚真皮中に分布している．この小体は円柱状の結合組織に包まれ，内部にはシュワン細胞の一種と考えられている薄板細胞が多数積み重なっている．神経細胞はこの装置に入るところで髄鞘を失い薄板細胞の間に分枝する．この感覚器は**痛覚**にも関与するといわれる．

体表にかかるより強い圧力は，皮下のさらに深部に存在する楕円状の**ファーター・パチーニ小体**によって感知される．この小体はヒトの指先，唇，乳頭，顔面，生殖器などに分布し，特に手の指腹に最も多く存在する．小体はタマネギの皮のような形態をとって集まった薄板細胞から成り，中央部を軸索が走っている（図7・14b）．また，表皮の内層には，こん棒状の突起をもつ**メルケル細胞**とよばれる明るい細胞があり神経が接着している．メルケル細胞は単細胞性の触受容器といわれ，突起が周囲からの機械的刺激を感受すると考えられている．なお，ネコやネズミの太いヒゲは特殊な触受容器で触毛とよばれ，その基部には多数のメルケル細胞が集まっている．体毛も一種の鋭敏な触

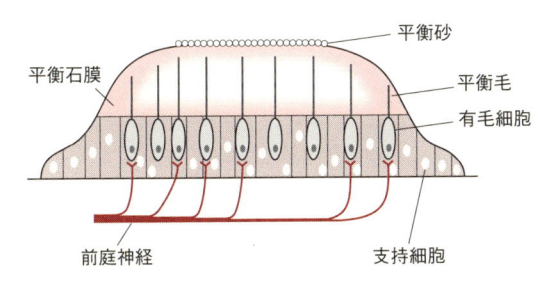

図7・13　平衡斑の模式図

(かん味)，苦味の4種類があり，これらの味受容器は舌の**味蕾**とよばれる装置に存在する．味蕾は舌の乳頭上皮組織中に埋込まれた**味細胞**，支持細胞，基底細胞などから成る．なお，味細胞と基底細胞が違う細胞かどうかははっきりしておらず，まとめて紡錘形細胞ともいわれる．味細胞の表面には**味毛**とよばれる小さい突起がある．軸索は基底膜の下で髄鞘を失って基底部から味蕾に入り，網状に展開して味細胞の一部とシナプス結合をつくっている（図7・15）．化学物質によって起こった味細胞の興奮は神経に伝達され上行して大脳の味覚中枢に達する．

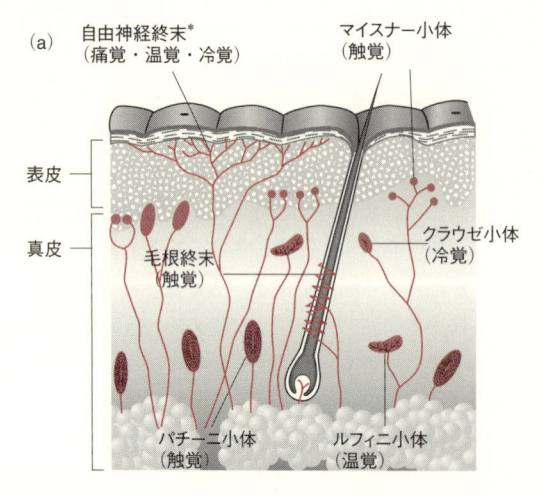

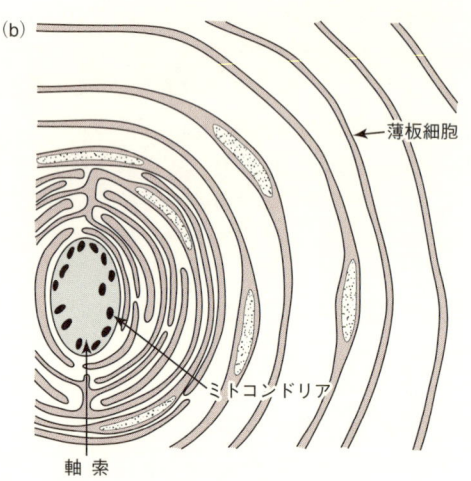

図7・14 皮膚の触受容器(a)とファーター・パチーニ小体の横断面(b)〔(a)は，石川統，"ダイナミックワイド図説生物"，p.98，東京書籍(2004)より改変〕

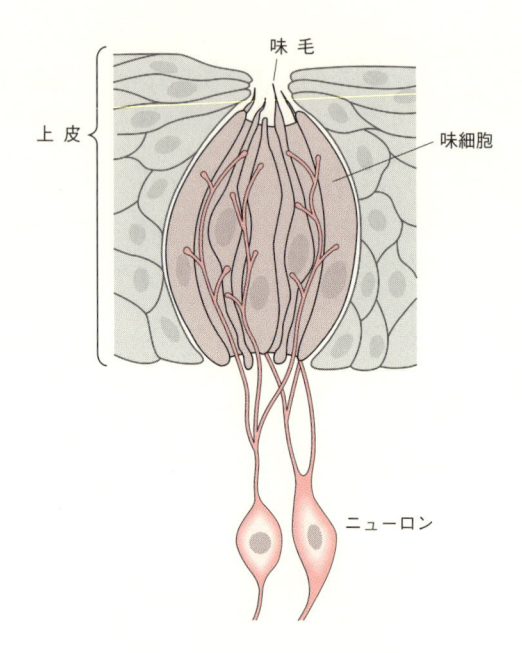

図7・15 哺乳類の味蕾の模式図

受容器であり，毛根基部は神経終末に囲まれていて毛の傾きの変化を感知できる．

d. 味覚と嗅覚

i) 味 覚

味覚や**嗅覚**に関与する感受装置はいろいろな物質を識別できる化学受容器である．化学受容器は溶液に溶けた物質を感受できる．化学受容という感覚は無脊椎動物，特に節足動物でよく発達していて摂餌，防御，生殖などに重要な役割を果たしている．たとえば，雄のカイコガの化学受容器は強力で性誘引物質1分子を感知できるほどである．

ヒトにおいて味覚と嗅覚は緊密な関係にあり同時に活動している場合が多い．味覚には甘味，酸味，塩味

味細胞には1種類の味覚に反応する細胞のほか，酸味と塩味，あるいは酸味と苦味というように2種類の刺激に応答するものがある．そこで実際に起こる食物の味は，これらの刺激の組合わせによる複雑なもので，さらに舌の触覚，温度感覚，嗅覚なども関係してくる．舌の先端はすべての味覚に最も敏感であるが，特に甘味や塩味に対して敏感である．舌の側面は酸味に敏感であるが，塩味にも応答する．舌根部は苦味に敏感である．なお，舌の背面中央部には味蕾がない．味細胞は速やかに味刺激に適応してしまい初めに感じた味をすぐに忘れてしまう．たとえば，塩味の刺激強度は1秒で60％も減少するといわれる．

味覚系が損傷を受けると，体に不足した物質を摂取する選択性が失われ死亡することがある．食塩が欠乏したときは塩味のある食物に対して食欲がわき，ビタミンが欠乏したときにはビタミンを含む食物に対して食欲がわく．すなわち味覚も，体内環境のホメオスタシスの維持に欠かせない感覚なのである．

　ii) 嗅　　覚

においを感じることは摂餌，防御あるいは生殖などの行動の発現において重要である．においの識別，すなわち**嗅覚**を受けもつ嗅覚器は鼻腔上部の嗅部とよばれる部位にある．

嗅部の粘膜上皮は**嗅細胞**，支持細胞，基底細胞などから成り嗅上皮とよばれる．においを識別するのは嗅細胞で，脳の神経細胞が変形し上皮様細胞となったものと考えられており，上皮表層に向かって細長い突起を出している．また，その先端に**嗅小胞**とよばれるふくらみがあり，そこから腔に向かって**嗅小毛**を出している．嗅細胞は粘膜上皮の基底部に向かって軸索に当たる長い突起を出し，これが集まって嗅神経となり脳の嗅球に達する（図7・16）．嗅球でにおいの情報は第二の神経細胞に渡され，中枢へ伝達される．

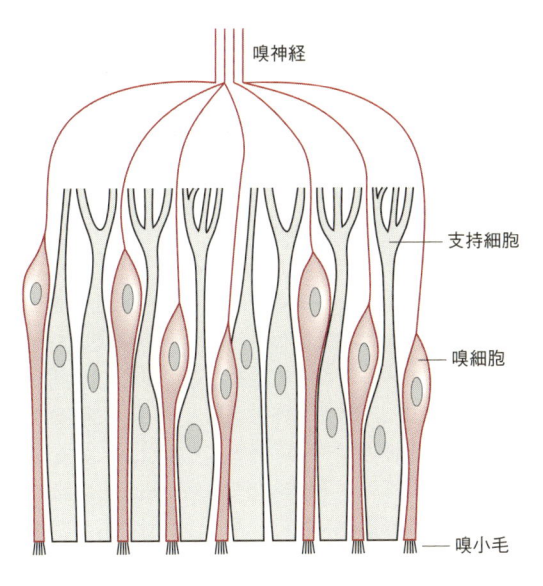

図7・16　ヒトの嗅上皮の構造

嗅上皮は基底膜の下に嗅腺という粘液分泌腺をもち，その分泌物につねに覆われている．においの物質は揮発性で吸気とともに嗅上皮に運ばれ，そこにある粘液に溶けなければ嗅覚を起こさない．種々の化学物質を感知する化学受容器である嗅覚器は非常に鋭敏で，たとえばジャコウなら空気1L中に40ngという微量で感じることができる．しかし，嗅覚の適応は速やかですぐに感じなくなる．なお，嗅神経細胞と生殖活動を制御するホルモンである**生殖腺刺激ホルモン放出ホルモン**産生細胞の起源は同じ細胞と考えられており，嗅覚と生殖活動の関連は非常に緊密である．

　e. **温度感覚**　　温度受容器は外界の温度変化を感知する装置で，**温覚**および**冷覚**があり，その受容器を異にしている．体温調節機構が発達していない多くの無脊椎動物にとって，生きていくために温度の変化をすばやく察知することは大切であると考えられるが，その受容器の構造や受容機構はほとんどわかっていない．他の動物の血を栄養とするヒル，ノミ，シラミ，カなどは，攻撃目標である温血動物の熱を感知する必要があり，そのための温度受容器は，触覚，肢，口器などにあるのがふつうである．

ヒトの温度受容器はほとんどが皮膚に存在する．一般に粘膜にはないが，口腔，咽頭，肛門の粘膜には分布している．口蓋垂，角膜，陰茎亀頭には冷覚のみあって温覚がない．これら受容器にとっての刺激は温度ではなく熱である．温覚受容器は温度上昇（熱の供給）に反応し，冷覚受容器は温度降下（熱の供給停止）に反応する．したがって同じ温度の水に手をつける場合，あらかじめ手を冷やしておけば温覚が起こり，温めておけば冷覚が起こることになる．温覚の閾値は0.001℃/秒，冷覚の閾値は0.004℃/秒と敏感だが，共に約3秒で適応してしまい感じなくなる．

温度受容器を含め温度感知の詳細な機構はよくわかっていないが，皮膚には冷覚を感じるクラウゼ小体，温覚を感じるルフィニ小体があるとされる．

7・1・4　運　　動

動物の運動は神経によって支配されている筋肉の動きにより起こる生理的活動の一つである．カタツムリのようにゆっくり動く例からハチのようにすばやく飛ぶ場合，あるいは腸のぜん動運動のような目には見えない内臓の動きなどさまざまな運動様式がある．しかし，基本的にはすべて筋肉の活動という同じ機構によって起こるものである．筋肉の動きは連続する二段階の生理活動によって起こる．始めは筋肉の収縮と弛緩を支配する神経の興奮であり，つぎは筋細胞が神経の指令により化学的エネルギーであるATPを使って

興奮を物理的エネルギーに変換する過程である.

a. 筋肉の興奮 脊椎動物の筋肉を支配している運動神経の軸索末端と筋肉細胞との**神経筋接合部**にはシナプス構造がある（図7・17）．髄鞘を失った運動神経の軸索末端は筋肉上で細かく分枝し，**終板**といわれる特殊な構造をつくり筋繊維表面に接触する．運

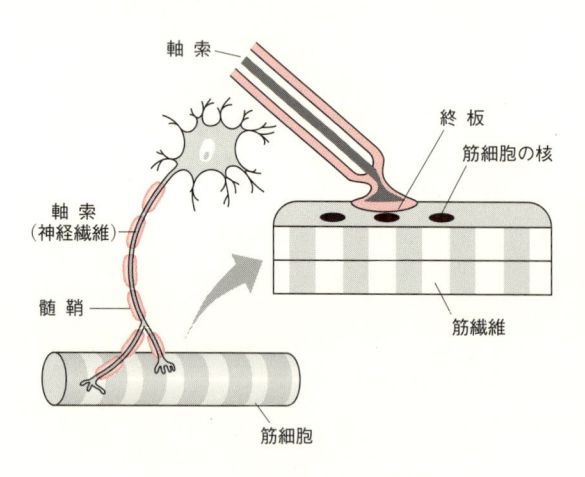

図7・17 神経筋接合部の模式図

動神経に発生した活動電位が軸索の末端部付近に到達するとシナプス前膜は脱分極し，前膜の**カルシウムチャネル**が開いて細胞外からCa^{2+}が細胞内に流入する．細胞内のCa^{2+}濃度の上昇はシナプス小胞とシナプス前膜との融合を促し，シナプス小胞内の神経伝達物質がシナプス間隙へ放出される．伝達物質がシナプス後膜にある受容体と結合すると筋細胞が興奮を起こす．筋神経接合部のシナプスの伝達は一方向であって，筋肉を刺激しても興奮は神経の方には伝わらない．また，シナプス間隙があるため0.5〜1ミリ秒の伝達の遅れがあり，これを**シナプス遅延**という．このシナプスは疲労しやすく，神経を反復刺激すると筋肉はやがて収縮しなくなる．しかし，このとき筋肉を直接刺激すればまた収縮することから，神経や筋肉よりも先に接合部が疲労し伝達の中断を起こすと考えられている．

脊椎動物の骨格筋の神経筋接合部における伝達物質はアセチルコリンで，筋細胞側にはアセチルコリン受容体がある．軸索の末端から放出されたアセチルコリンはシナプス間隙を速やかに拡散して筋繊維の細胞膜受容体に結合し，そこに**接合部電位**（脊椎動物の場合には**終板電位**ともいう）とよばれる脱分極性の電位変化をひき起こす．多くの場合，接合部電位は活動電位のように全か無かの法則に従わず，また活動電位よりも経過が遅い．そこで刺激が短い時間間隔で到着すると，発生する接合部電位の変化は重なり合ってより大きな脱分極となる加重現象がみられる．これが刺激となり筋細胞に興奮が起こるわけである（筋収縮の物理的側面は§3・7・1を参照せよ）．接合部電位の発生は，その部分の筋繊維細胞膜が伝達物質の作用によりイオン透過性を増すためである．しかし，神経の活動電位のようにNa^+など特定のイオンに対して透過性が増大するのではなく，すべてのイオンに対して非選択的に透過性が増大するといわれている．なお，神経筋接合部には伝達物質を分解する酵素，たとえばアセチルコリンに対してはコリンエステラーゼが多量に存在する．そこで放出された伝達物質は短時間だけ作用してから速やかにコリンと酢酸に分解されてしまう．このため接合部電位も一過性の脱分極を起こした後，元の静止電位に戻っていく．

b. 興奮の伝達 運動には意識をもって行う**随意運動**と，無意識のうちに発現する**不随意運動**がある．哺乳類の随意運動に関する情報伝達の主要な遠心性神経経路には，大脳皮質の運動野にある神経細胞から始まって脊髄へ下降する**皮質脊髄路**と，脊髄には至らず脳幹の顔面運動を支配する神経核に終わる**皮質延髄路**がある．この二つの情報伝達経路を**錐体路**といい，小脳や自律神経系の活動と直接的な関係はない．錐体路以外の脊髄に終わる運動性の遠心性神経経路群を**錐体外路**といい，脳幹の視蓋・前庭神経核・網様体・赤核に始まり，主として無意識的な運動調節および姿勢の制御や円滑な随意運動の遂行に重要な役割を担っている．錐体路は錐体外路系の活動に対して，その発現，持続，終了などの指令を発するものと考えられている．また，錐体外路は小脳などから視床下部を経由する自律性運動神経の経路にも当たっている．小脳は随意運動を伴う平衡感覚や筋肉の運動を調節する中枢であり，脊髄や脳幹には種々の反射中枢が存在する．鳥類以下の動物には錐体路がなく，運動はすべて錐体外路によってなされるが，それでも明らかに随意運動を行う．ヒトでも随意運動の一部は錐体外路系によってなされる．たとえば，楽器演奏などにおける手の動きは，習い始めは強い意志のもとでやらなければならない．しかし，そのうち練習によってほとんど意識せず手が動くようになる．これは錐体路によってい

ちいち命令される必要のあった運動が, やがて主として錐体外路のみによってできるようになったためと考えられている.

7・1・5 記　　憶

動物にとって過去に起こったできごと, あるいは過去に行った経験を覚えておくことは生きていくために有利であるに違いない. しかし, この大切な**記憶**に関する研究は残念ながらそれほど進んではいない. ヒトの記憶は大きく三つに分けられる. 第一に目に映ったままの0.1秒程度しか続かない短期間の情報で**感覚記憶**という. 第二は数分間覚えている程度のもので**短期記憶**という. 第三は短期記憶が長期間の記憶になったもので**長期記憶**という. ここでは記憶を神経回路の問題としてとらえてみる.

短期記憶はシナプス結合としてまだ固定されていない, 特定の神経回路に保持された電気信号であると考えられている. たとえば, ある細胞が刺激されると興奮は周囲に広がり, その変化がある程度継続することにより記憶として保持されていると思えばよい.

長期記憶はシナプス結合の強化によると考えられていて**学習**ともいわれる. 短期の記憶が長期の記憶に変換されるのは, 海馬, 扁桃核を含む大脳辺縁系であるといわれている. ヒトでは生まれるときすでに神経細胞の多くは増殖を終えているが, 細胞間のシナプス結合は生後に発達する. ネコによる実験から, 生後数週間の視覚経験が大脳皮質にある視覚野の神経回路網の構成を決めていることが明らかなので, 記憶するために新しい神経回路が形成される可能性は十分あると思われる. ヒトの遺伝情報はおよそ100億ビットといわれているが, 1兆以上ある脳細胞のさらにその数千～数万倍もの数があるといわれるシナプス結合の構成を, あらかじめ遺伝子が決めておくことはできないに違いない. 遺伝子は神経細胞のおおまかな配線を決めるだけで, 脳は生後の体験による情報をもとに神経回路をつくっていくと考えられる. これを脳の**自己組織化**といい, そのもとになるのがシナプス形成である.

シナプスの形成には**可塑性**があるので興奮が通るたびに結合が強化され, その経路は興奮しやすくなって特定の学習回路ができ上がると考えられる. 学習する細胞といわれるプルキンエ細胞は感覚器からの神経細胞と強力なシナプス結合をしており, しかも可塑性があって適当な出力を出すように学習していくらしい.

学習が実際にシナプスの結合に影響する例がアメフラシのえらの引っ込め運動で知られている. すなわち, 反復刺激により興奮の頻度が増えると神経細胞内のcAMPの増加をきたし, カリウムチャネルをリン酸化して伝達物質の放出量を増やすという. これはシナプス結合の強化を伝達物質の量の増加で説明する場合であるが, 一方ではシナプス結合の強化をシナプスの数の増加で説明しようとする考えもある.

7・1・6 睡　　眠

休息は動物にとって体力の回復と気力の充実に必須である. 一番効率の良い休息は**睡眠**であり, これを調節している中枢は間脳の視床や視床下部にあると考えられている. 睡眠それ自体は特異的な体内物質, すなわち睡眠物質で調節されている.

高等動物の眠りには, **ノンレム睡眠**（徐波睡眠）と**レム睡眠**（急速眼球運動睡眠）とがあり, 生理機能が異なる.

ノンレム睡眠の程度は浅いものから深いものまでいろいろあるが, 大脳の活動は覚醒時に比べてかなり低下しており, 脳内の温度も降下する. これに対してレム睡眠では, 脳全体の活動レベルが比較的高いのが特徴である. そこでこの状態はしばしば**逆説睡眠**あるいは**夢見睡眠**とよばれる. レム睡眠中の代謝は覚醒レベルと同等あるいはそれ以上の場合もあって, 脳内の温度は不規則に上昇する傾向がある. また, 非常に速く眼球が動いているのが特徴である.

睡眠は脳内の神経機構と液性機構により調節されている. ノンレム睡眠を神経的に調節する部位は比較的上位の間脳が中心で, レム睡眠を調節する部位は比較的下位の中脳, 橋, 延髄を含む脳幹部であると考えられている. たとえばネコの前脳基底部にあって覚醒時に活動する神経細胞と, 睡眠時に活動する神経細胞との発火活動を調べてみると, 毎秒当たりの活動電位発生数は, 覚醒時活動性神経細胞では覚醒あるいはレム睡眠のとき平均して約10回であるのに対して, ノンレム睡眠のときには約2回に減っている. すなわち神経が眠っているのである. 睡眠時活動性神経細胞では覚醒あるいはレム睡眠のとき, 活動電位の発生率は約1回であるのに対して, ノンレム睡眠のときには約9回に増えている. すなわちこの神経は睡眠を積極的に維持していると考えられる. 睡眠時活動性神経細胞はアセチルコリンを神経伝達物質としているといわれて

いる．アルツハイマー病では睡眠障害が起こるが，このとき前脳にあるコリン作動性の神経細胞が働かなくなっている．なお，睡眠の神経機構は生物時計，体温調節，食欲調節などにかかわる中枢や，筋肉を弛緩させたり，呼吸や心拍を抑えたりする神経機構とも密接に関連していることがわかってきた．

睡眠物質とは，睡眠欲求の高い動物の脳内あるいは体液中に出現して，生理的な睡眠を誘発し維持させる内因性物質の総称である．これらの物質は睡眠中枢の神経活動を直接または間接的に修飾し，睡眠の調節にかかわっているらしい．たとえばウリジン，アデノシンなどのヌクレオシドと並んで，**インスリン，ヒスタミン，プロスタグランジン，コレシストキニン，オピオイドペプチド，メラトニン**など多くのホルモンも睡眠物質の候補にあがっている．さらに免疫系の産物とされる**インターロイキン1**も候補の一つで，睡眠は神経系，ホルモン系，免疫系を巻込んだ複雑な生理活動である．

7・2 ホルモンの働き

7・2・1 ホルモンとは何か

a. ホルモンの定義　ホルモンとは，生物の内部環境の**ホメオスタシス（恒常性）**を維持するために働く化学物質（生理活性物質）の一つである．ホルモンの生理作用は神経による神経支配に対して**液性支配**といい，ホルモンに関する学問は内分泌学とよばれる．ホルモンとは何かという定義は，1902年のセクレチンの発見，それに伴うホルモンという物質に対する認識の形成以来，長い間"ある特定の場所の細胞から分泌される少量の化学的物質で，血液あるいは体液に乗ってからだ全体に行き渡り，分泌部位から遠く離れた場所にある器官の機能を制御して体内の生理活動をバランスよく保つ働きのあるもの"とされていた．その当時はたかだか20種類程度のホルモンしか知られていなかった．ところが1928年の**神経分泌現象**の発見に端を発した研究分野は，ホルモンと神経の間の垣根を取払い，ホルモンと認識される物質の数を飛躍的に増加させた．さらに**局所ホルモン**の発見などで，ホルモンの数は爆発的に増え，内分泌学という学問としての概念はそれまでとは大きく異なるものとなった（次ページ，コラム"ホルモンの発見"参照）．

現在でもホルモンについての定義はいろいろあるが，"ホルモンとは情報伝達を本来の役目とする生理活性物質の一種であり，ある細胞により産生され，細胞から基底側（体内側）に放出されて（内分泌現象）その活動を開始するもの"程度の定義が妥当といわれている．

b. 内分泌細胞と内分泌腺　ホルモンはかつて内分泌腺といわれる器官，たとえば下垂体，甲状腺，副腎，膵臓などから分泌されるものと考えられていた．しかし，現在では脳，視床下部，心臓，胃，腸なども内分泌器官であるとされており，多くの種類のホルモンを産生し分泌している．また，脳と腸がそれぞれ同じホルモンを産生・分泌する場合もあるので，それらのホルモンを総称して脳腸ペプチドとよぶ．加えて，ホルモンの作用の様式もさまざまであることがわかった（図7・18）．

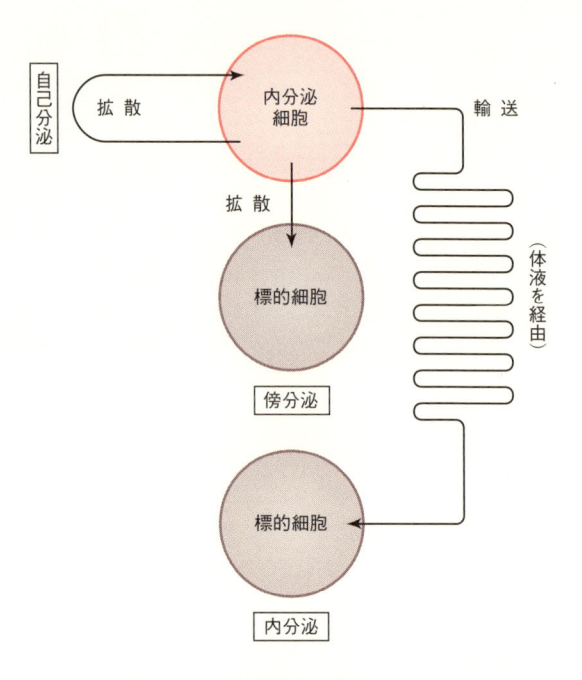

図7・18　ホルモン作用の様式　内分泌：内分泌腺で産生・分泌されたホルモンは血液に乗って体内をめぐり，その標的細胞の受容体に捕獲される．**傍分泌（パラ分泌）**：ホルモンを産生・分泌する細胞が腺構造をとらずに単独で存在し，ホルモンの効果を周辺の限られた範囲の細胞に対してのみ及ぼす．**自己分泌**：ホルモンを産生・分泌する細胞が，いったん細胞外にホルモンを放出してから自らがその作用を受ける．

神経細胞は刺激に応答して興奮し，その情報を電気的信号に変換して伝達する．一方，神経細胞と形態的に似た**神経分泌細胞**とよばれる細胞があり，刺激に応

7・2 ホルモンの働き

答してホルモンを産生して分泌し，これにより情報を伝達する（図 7・19）．これを**神経分泌現象**といい，脳には神経分泌細胞が多数あって生体におけるホメオスタシスの要となっている．脳内でつくられるホルモンと同一のホルモンを産生する腸の内分泌細胞は，その存在様式や刺激の受容様式が神経細胞と似ていることからも，その起源は神経細胞と同じ祖先の細胞であり，一方は神経細胞に，他方は内分泌細胞に分化したものと考えられている．ホルモンを産生し分泌する細胞が内分泌細胞であり，それが集団をなしていれば内分泌腺とよぶのが適切で，もはや腺という語にとらわれる必要はない．

c. ホルモンの分類 新しいホルモンがつぎつぎに発見されるので，現在知られているホルモン名を全部あげることはできないし，また無意味なので，比較的重要なものを，おおまかに分類し表に示した（表 7・1）．まず，一番多くの種類のホルモンを含むグループは**ペプチド・アミン系**で，インスリン，コレシストキニン，オピオイドペプチドなどが属す．ついで性ホルモンなどが属す飽和フェナントレン環を骨格にもつ**ステロイド系**，五員環の高級不飽和脂肪酸であるプロスタグランジンなどが属す**エイコサノイド類**，特殊なアミノ酸誘導体である**甲状腺ホルモン**（チロキシ

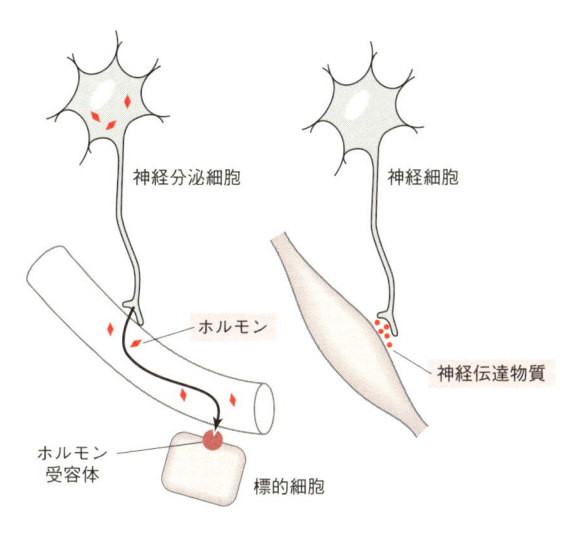

図 7・19 神経細胞と神経分泌細胞の違い

ホルモンの発見

ホルモンの概念が確立される以前，何人かの研究者により，その存在は推定あるいは予言されていた．しかし，世界で初めてホルモンという物質を実際に結晶という形で手にしたのは，日本人の高峰譲吉である．彼は外科的手術のときに必要とされる止血剤を探して，副腎髄質から分泌されるアドレナリンを結晶として取出すことに成功した．この発見は以後の手術に格段の進歩をもたらした．彼は高峰元麹法によりトウモロコシを使用したアルコール発酵，タカジアスターゼと名づけられた消化酵素の発見など，数々の発見も行った明治時代の日本が誇るべき科学者の一人である．

表 7・1 ホルモンの種類

ペプチド・アミン系ホルモン
アミン類 ┬ アセチルコリン
├ モノアミン類 ┬ カテコールアミン（ドーパミン，アドレナリン，ノルアドレナリン）
│ └ インドールアミン（セロトニン）
└ イミダゾールアミン（ヒスタミン）
ペプチド ┬ 視床下部ホルモン（黄体形成ホルモン放出ホルモン，甲状腺刺激ホルモン放出ホルモン，副腎皮質刺激ホルモン放出ホルモン，ソマトスタチンなど）
├ 脳腸ペプチド（ニューロテンシン，アンギオテンシンⅡ，サブスタンス P，コレシストキニン，セクレチンなど）
├ オピオイド（エンドルフィン，エンケファリン，ダイノルフィンなど）
├ 下垂体ホルモン（黄体形成ホルモン，甲状腺刺激ホルモン，副腎皮質刺激ホルモン，バソプレシンなど）
└ その他（インスリン，カルシトニン，副甲状腺ホルモンなど）
アミノ酸 （GABA，グリシンなど）

ステロイド系ホルモン
エストロゲン，アンドロゲン，プロゲステロン，グルコ（糖質）コルチコイド，ミネラル（鉱質）コルチコイド

ジフェニルエーテル系ホルモン
甲状腺ホルモン（チロキシン，トリヨードチロニン）

不飽和脂肪酸系ホルモン
エイコサノイド類

ン）が属すジフェニルエーテル系などがある．この他に特殊なものとして**一酸化窒素（NO）**やいくつかのアミノ酸をホルモンとすることもある．

d．ホルモンの産生と分泌　ステロイドホルモンはコレステロールを出発点として，多くの酵素の働きにより滑面小胞体内で産生される（図7・20）．一方，**ペプチドホルモン**などは粗面小胞体で合成されたのちゴルジ体に移送され，膜に包まれた分泌顆粒となり細胞質を通って開口分泌により細胞外に放出される（図7・21）．

神経分泌細胞におけるホルモンの分泌には，神経細胞と同様に細胞膜内外のイオンの分布状態の変化がひき起こす活動電位が関与している．イオンの動きとしてはナトリウムチャネルを通してのNa^+の細胞内への流入が大きな役割を演じているが，この他にカルシウムチャネルが関与するものもある．カルシウムチャネルはナトリウムチャネルに比べ安定で，より大きな脱分極が生じたときに開く．カルシウムチャネルが開くと時間経過の長いCa^{2+}の細胞内への流入が起こる．神経分泌細胞の活動電位は通常の神経細胞より持続時間が長いが，これはカルシウムとナトリウム両イオンの移動により活動電位を生じているためであると考えられている．また，カルシウムにはホルモンを含む顆粒の膜と細胞膜を融合させ，ホルモンを**開口分泌**させる働きがある．

e．ホルモン受容体　細胞がホルモンを捕らえてそれに反応するためには，受容体がなくてはならない．受容体はその存在様式から細胞膜上にある群と核内にある群に大別できる．

タンパク質あるいはペプチドホルモンの多くは親水性で細胞膜を通過できないため，細胞膜上にある受容体と結合する（図7・22 a）．一般に膜受容体分子の構造は細胞外に位置するホルモン結合領域と細胞膜貫通領域，それに細胞質内にある情報伝達部位より成る．この膜受容体群にもいろいろあり，ホルモンが結合した後の細胞内に起こる変化すなわち細胞内情報伝達機構の違いからいくつかの群に分けられる（表7・2）．

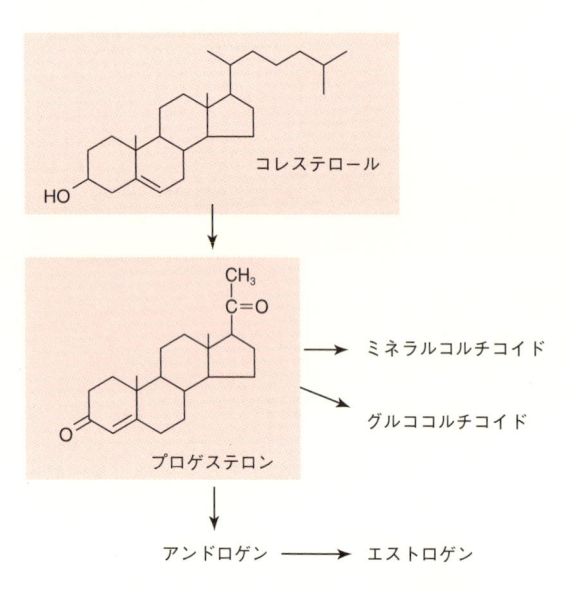

図7・20　ステロイドホルモンの合成経路

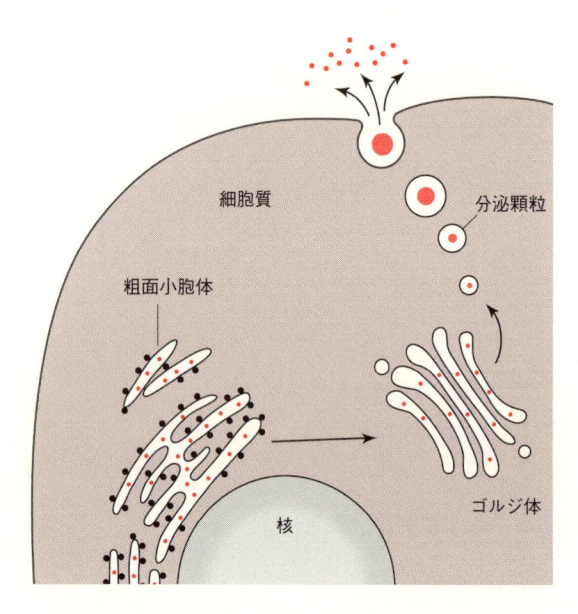

図7・21　ペプチドホルモンの産生と分泌

表7・2　ペプチド・アミン系ホルモンの細胞内情報伝達機構の種類

Gタンパク質共役系	アデニル酸シクラーゼ活性系 アデニル酸シクラーゼ抑制系 イノシトールリン脂質代謝系
チロシンキナーゼ共役系	
グアニル酸シクラーゼ系	
イオンチャネル型	
その他	

1）**Gタンパク質**共役型の受容体群はさらに3種類に大別されるが，Gタンパク質(guanine nucleotide binding protein)がホルモン作用の引き金を引くことに変わりはない．まず**アデニル酸シクラーゼ活性**

トールリン脂質の代謝が活発となり，その代謝産物がセカンドメッセンジャーとして働き，結果的に細胞内の Ca^{2+} を増加させる．増加した Ca^{2+} がカルシウム依存性の酵素群を活性化してホルモン作用が発現する系もある．

2) **チロシンキナーゼ共役型**の受容体は，受容体分子の一部がプロテインキナーゼであり，ホルモンが結合することで酵素活性が上昇し，周囲のタンパク質をリン酸化してホルモン作用を起こす情報伝達様式である．

3) **心房性ナトリウム利尿ペプチド**や，これまでのホルモンの概念とはまったく異なる気体の活性物質である NO も酵素型受容体と結合する．これを**グアニル酸シクラーゼ系**とよび，受容体自体がグアニル酸シクラーゼ合成酵素であり，ホルモンと結合することによって細胞内に cGMP が生成され，それがセカンドメッセンジャーとして働きプロテインキナーゼを活性化するとされる．

4) **イオンチャネル型受容体**は，受容体がイオンチャネルと共役していて，ホルモンが結合することでイオンチャネルが開いてイオンが流入し，その変化がホルモン作用につながっていく．

5) その他に，ホルモンが作用したことによる結果は明瞭であるが，中間の情報伝達過程がまだ不明な受容体群も存在する．

一方，ステロイドホルモンは脂溶性なので細胞膜を自由に通過して細胞内に入ることができる（図 7・22 b）．**男性ホルモン（アンドロゲン）**や**女性ホルモン（エストロゲン）**は細胞核の核膜をも通過し核内にある受容体に結合する．受容体分子はホルモン結合領域と DNA 結合領域をもつ．ホルモンがホルモン結合領域に結合して複合体を形成すると，複合体は二量体となり，DNA 結合領域が DNA 上のホルモン応答域に結合するようになる．ホルモン応答域にホルモン-受容体複合体が結合すると，下流にある遺伝子の転写が活性化されホルモン作用が起こる．ただし，副腎皮質から分泌されるステロイドホルモンの受容体は細胞質内にあり，ホルモンと結合してから核内に移動する．ジフェニルエーテル系の甲状腺ホルモンや，ホルモンの一種とされるビタミン D の受容体も核内に存在する．なお，甲状腺ホルモン受容体は *c-erbA* とよばれるがん遺伝子の産物そのものである．

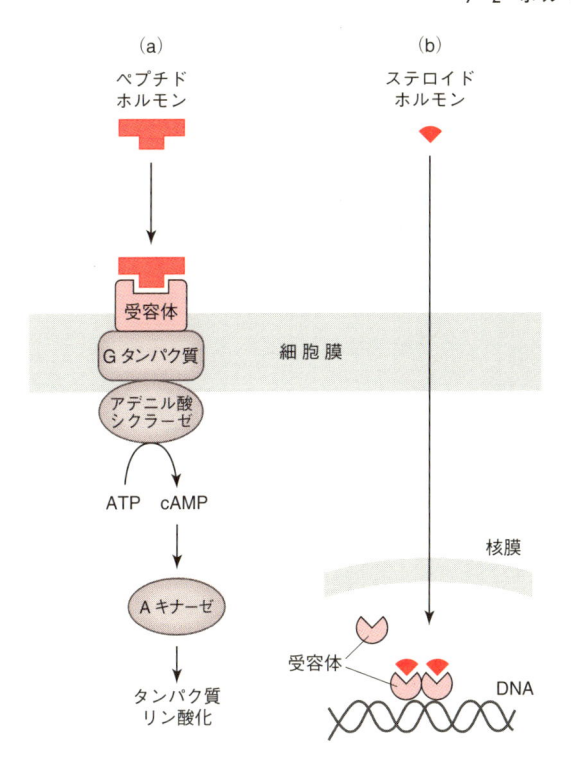

図 7・22　受容体のタイプ　ペプチドホルモンの受容体は細胞膜上にありホルモンが結合すると受容体が変化して，共役する酵素が活性化されたり，イオンが通過しやすくなったりしてホルモンの効果を伝える．(a) は G タンパク質と共役した膜受容体の例で，ホルモンが結合するとアデニル酸シクラーゼが活性化され cAMP の産生が促進される．cAMP は cAMP 依存性プロテインキナーゼ（A キナーゼ）を活性化して種々のタンパク質をリン酸化し，これがホルモンの作用となる．(b) はステロイドホルモン受容体の例で，受容体は核内にあり，ホルモンが結合すると二量体を形成して DNA 上のホルモン応答領域に結合し遺伝子の転写を促す．

化系といわれる群の場合は，ホルモンが受容体と結合することにより，いくつかの段階を経て細胞内で**セカンドメッセンジャー**といわれる **cAMP** の生成が盛んになる．生じた cAMP は**プロテインキナーゼ（A キナーゼ）**を活性化して種々の基質タンパク質をリン酸化する．リン酸化された基質タンパク質が酵素であればホルモン作用につながる活動を開始することになる．反対に cAMP の生成が抑えられて基質タンパク質のリン酸化が起こらず不活性化される場合を**アデニル酸シクラーゼ抑制系**という．また，ホルモンが受容体と結合すると**ホスホリパーゼ C** が活性化されて，細胞膜の構成成分である**イノシ**

7・2・2 体温の制御

a. 体温の維持　動物によっては体温が外界の温度とほぼ同じものもあるが，まわりの温度が生存に不適当ならば何らかの方法でそれを回避する方法を身につけているものも多い．ここでは体温を維持するため単に回避行動を起こすのではなく，積極的に外界の温度変化に対応する動物の場合について述べる．

爬虫類以下の変温（低温）動物では自らの力による積極的な体温調節能力は弱いが，鳥類，哺乳類などの恒温（高温）動物は外界の温度変化と無関係に一定の体温を保つ強力な仕組みを備えている．体温は熱の発生と消費のバランスで決まり，寒さにさらされても体温を低下させないためには代謝を亢進して産熱量を増加させるか，外界と体の中心部との間の断熱をよくして放熱量をできるだけ少なくすればよい．恒温動物における温度変化に対しての応答は，おおまかにつぎの三つの反応に分けることができる．

第一に生じる反応は体表での応答と，その情報の中枢への伝達である．皮膚の表面には温度を感知する受容器（§7・1・2e を参照）が散らばっていて，0.01℃ほどの温度低下があると電気的な興奮を起こす．発生した興奮は脊髄を通り中枢神経に達し，そこで情報の分析が行われる．**体温調節中枢**は間脳視床下部にあり，皮膚の感覚受容器からの興奮を受けとめたり血液の温度変化を直接感じ取ったりして，神経系や内分泌系などが起こすべき適当な応答を発信する．

つぎに体内で起こる反応は，中枢の指令（興奮）が遠心性神経路を経由して筋肉などに送られることによって生じる．寒いという情報ならば皮膚の毛細血管が収縮して血流量を減らし血液が保持する熱の放散を減少させ，立毛筋が収縮して毛を逆立て空気の動きを止め熱の放散を防ぐ．また，筋肉の収縮活動で体を震わせて産熱量を上げたり，ヒトなら意識的に着物を着たりするのもこの情報に対する応答である．反対に暑いと感じた場合には皮膚の毛細血管を拡張して血流量を増し血液から熱を放散したり，汗腺を開いて汗を分泌したりして蒸発による体表からの熱の放散を盛んにして温度を下げる．これらの神経系を介する応答は迅速であるが疲労しやすいという欠点をもっている．

応答の開始は多少遅れるが，神経系の反応と連動して持続性のある内分泌系の活動が始まる．自然環境下でのホルモンによる暑さへの適応には，脳下垂体後葉から分泌される**抗利尿ホルモン（バソプレシン）**と副腎皮質から分泌される**ミネラルコルチコイド（鉱質コルチコイド）**が重要な役割を担っている．暑さに反応して全身の皮膚血管が開くと，体の中心部の循環血液量が比較的減少するから，これが左心房と静脈の合流部や肺血管にある血管内圧の低下を感知する**低圧受容器（心肺部圧受容器）**を刺激する．すると低圧受容器から出る求心性神経が中枢に内圧低下の警報を送り，その結果として尿生成を抑えて水分の喪失を防ぐバソプレシンの分泌が起こる．さらに多量の汗が出ると，汗の主成分は塩なので，たとえば1日5Lの発汗があれば体から失う塩はおよそ20gにもなる．そこで腎臓から排出される水と塩をできるだけ少なくする作用のあるミネラルコルチコイドと，バソプレシンの分泌がさらに増える．すなわち皮膚で起こった温度に対する応答は神経系のみならず，直ちにホルモン系へと波及していくわけである．

また中枢での情報分析結果に基づき，上記の反応と同時に独立して動き始める他のホルモン系の応答もある．温度が下がったときの影響は多くの内分泌器官に及び，熱生産のためエネルギー代謝が活発になる．これらの応答の一つに甲状腺の反応がある．寒冷刺激は体温調節中枢に伝えられ，そこで情報が分析されて対応するための指令が視床下部に送られる．すると視床下部にある神経分泌細胞が**甲状腺刺激ホルモン放出ホルモン**を分泌し始める．たとえば25℃で飼育したラットを5～10℃の環境に移すと，速い場合には30秒以内に放出ホルモンの分泌が増加する．分泌された放出ホルモンは脳下垂体に達して，そこから**甲状腺刺激ホルモン**を分泌させる．さらに，この刺激ホルモンが甲状腺を刺激して甲状腺ホルモンの分泌を促す．甲状腺ホルモンは全身の基礎代謝を増加させ体温の保持を行う．このほか，体温調節中枢の指令は自律神経系や脳下垂体を刺激する．その結果として副腎皮質からの**グルココルチコイド（糖質コルチコイド）**や副腎髄質から**アドレナリン**が分泌され，これらは脳下垂体前葉からの**成長ホルモン**と共に物質交代を調節して熱の発生を加減する．すなわち後に述べる血糖量上昇に関与するホルモン系が動員されるわけである．特にアドレナリンは自律神経とともに，心拍の増大，骨格筋の収縮による熱発生や血液の循環増大による熱発生の調節，呼吸運動での呼気による熱放出の調節などを行い，体温のホメオスタシスに大きく寄与している．

b. 冬　　眠　ここまで述べた体温維持の機構は比較的短時間内の一過性ともいえる体温調節の仕組みであるが，季節変化などによる長時間の寒冷や暑さの影響に対しても，各種のホルモンが働いて皮下脂肪の量などを調節し対処している．

自然界の季節の移り変わりのうち，生物の生存に最も大きい影響を及ぼしているのは冬の寒さで，寒い地方にすむ多くの動物は深刻な食物の不足に悩まされる．そのためクマのように冬眠に入る動物がいる．冬眠の例としてリスをみてみると，体温は活動時より30℃以上も低いおよそ5℃ぐらいとなり，体を丸めじっと動かず死んだようになっている．冬眠しない動物の心臓は低温では拍動できないが，冬眠する動物の心筋は5℃になっても収縮する能力をもっており，1分間に1回程度の遅いテンポで拍動し続けることができる．また，神経も同じようにふつうの恒温動物に無理な低温でも機能を保っている．冬眠する動物は，冬の数カ月間を生き延びるのに必要な栄養素を体内に蓄えておくため，夏の終わりから秋にかけて脂肪を蓄積し太る．リスは冬眠に入る数週間前に体重がほとんど倍になって，歩くのもよたよたし腹が地面に接触するほどになる．

食欲に関する中枢は視床下部にあり，気温による支配も受けている．体温の上昇を感知する体温調節中枢は食欲中枢に対し抑制的に働いて，食欲の減退を起こさせると考えられる．夏になると一般に食欲が落ち，いわゆる夏やせを起こす．たとえば，女性では夏に皮下脂肪が減ることが知られていて，体表で2mmほど，腹部では6mm程度の減少があり，このため体重は3kg減るといわれる．一方，秋から冬にかけての旺盛な食欲は夏の間に失われた体力を回復するとともに，冬に備えてのエネルギーを体内に蓄積する意味がある．エネルギーは皮下脂肪の形で蓄えられ，脂肪は皮膚の熱伝導度を下げ，冬季に体表から放散される熱量を少なくするのに役立つ．

神経分泌されるホルモンの一つ**ノルアドレナリン**には熱発生作用があり，特に**褐色脂肪組織**に作用する．哺乳類の脂肪組織には白色と褐色があり，褐色脂肪組織は他のどの組織よりも酸素消費量の多い産熱組織で体の中心部を温める効果がある．冬眠動物では冬眠からの覚醒時に，新生児では温かい母親の胎内から低い温度環境に生まれ出たとき，成人でも寒さにさらされたときの体温調節に重要な役割を演じている．褐色脂肪組織には交感神経が分布していて，その終末には多量のノルアドレナリンが含まれている．そこで神経が興奮するとノルアドレナリンが分泌され，その作用で褐色脂肪組織の血流量と酸素消費量が増え組織温が上昇する．ノルアドレナリンは脂肪分解作用ももっているので，貯蔵脂肪に働いて血中に脂肪酸を放出させ，これが全身の組織に送られてエネルギー源となり熱が発生することになる．なお，褐色脂肪組織の産熱は**グルカゴン**や**グルココルチコイド**によっても促進される．

7・2・3　血糖の制御

生体における生命活動はすべて自らの体内でつくり出すエネルギーを使用して営まれるので，エネルギー源のホメオスタシス維持は非常に大切な生理活動の一つである．

体内のエネルギー代謝に最も関係の深い**血糖**の維持は数種のホルモンによって制御されている．脊椎動物の糖代謝の調節機構についてみてみると，エネルギーをつくり出す細胞呼吸の主たる基質であるブドウ糖（グルコース）は，外界からは食物として腸壁を通して摂取される．吸収されたブドウ糖は筋肉や肝臓にグリコーゲンとして貯蔵され，必要に応じて補給される．全身の細胞や組織にエネルギー源を安定して供給

図 7・23　マウス膵臓のランゲルハンス島　膵臓のランゲルハンス島からは血糖の調節に当たっている二つのペプチドホルモンが分泌される．一つはブドウ糖をグリコーゲンなどとして蓄える作用のあるインスリンで，もう一つはブドウ糖をグリコーゲンなどとして蓄えることを抑制する働きのあるグルカゴンである．

するため，血液中のブドウ糖量（血糖量）は常に一定の濃度に調節されている．この調節機構に膵臓から分泌されるインスリンやグルカゴン，副腎髄質から分泌されるアドレナリン，脳下垂体前葉から分泌される成長ホルモンなど多くのホルモンが関与している．

インスリンは**ランゲルハンス島**（図7・23）のB細胞から分泌され，血糖濃度を下げる働きがある．たとえば，筋組織においてインスリンはブドウ糖の細胞内への取込みを促進し，さらに細胞内に入ったブドウ糖をグリコーゲンに変換する過程を活性化する．脂肪組織に対するインスリンの作用も筋組織に対する作用とほぼ似ているが，異なる点はブドウ糖と共に脂肪酸の細胞内への取込みも促進し，その脂肪酸を使ってトリアシルグリセロールを合成する過程を活性化することである．肝臓においてインスリンは，ブドウ糖の肝細胞内への取込みには働かない．その理由は，肝細胞がブドウ糖をインスリンがなくても自由に細胞内に取込める**グルコース輸送タンパク質**をもっているからである．それにもかかわらずインスリンが働くと肝細胞でのブドウ糖の取込みが増加するのは，インスリンがグリコーゲン合成酵素の活性を高めて細胞内に入ったブドウ糖をどんどんグリコーゲンに変えていくからである．また，インスリンはグリコーゲンの分解を抑制し，糖新生を抑制する働きももっている．

インスリンの分泌を促すおもな要因としては，第一に血糖量の増加がある．ブドウ糖はB細胞の膜にある受容体に結合し，インスリンの分泌を促す情報を発生させる．この他にもインスリン分泌の調節にはいろいろな機構が関係していて，たとえばアミノ酸，グルカゴン，セクレチン，コレシストキニンなどはインスリン分泌を促し，アドレナリンは分泌を抑制する．インスリン分泌は神経系によっても制御されていて，血糖量が増すと間脳の**血糖量調節中枢**が刺激され，その興奮は迷走神経（副交感神経）を経て膵臓に伝えられインスリンが分泌される．

一方，絶食などで血糖が低下傾向になると，ブドウ糖をグリコーゲンなどとして蓄えることを抑制するように働くグルカゴン，アドレナリン，グルココルチコイド，成長ホルモンなどが分泌され，インスリンの分泌は抑えられる．

血糖量を増加させるように働くグルカゴンは膵臓のランゲルハンス島のA細胞から分泌され，肝臓のグリコーゲンを分解してブドウ糖として血中に放出させる．また，タンパク質の分解や脂肪の分解を促すことによりブドウ糖の新生を盛んにする．正常状態でグルカゴンの分泌活動と血糖濃度との間には逆の関係があって，過血糖でグルカゴンの分泌が抑制され低血糖で増加する．タンパク質の多い食物をとるとグルカゴンの分泌が起こる．これはタンパク食によってインスリンの分泌が促され低血糖になる恐れがあるので，同時にグルカゴンが分泌されてこれを防ぐためである．前に述べたように消化管ホルモンのコレシストキニンはインスリンの分泌を促すが，同時にグルカゴンの分泌をも強力に促進する．これもまた，タンパク質の吸収に伴って低血糖にならないための機構である．しかし，実際には哺乳類においてグルカゴンの分泌量は少なく，血糖の調節にはつぎに述べるアドレナリンの作用がより重要とされる．

アドレナリンは副腎髄質から分泌され肝臓や筋肉に蓄えられているグリコーゲンの分解を促し，血糖量を上昇させる作用をもつホルモンである．血糖量の低下は間脳を刺激し，この情報が延髄を経て交感神経により副腎髄質に伝えられアドレナリンの分泌を促す．さらにグルカゴンやアドレナリンは，脳下垂体前葉にも作用して副腎皮質刺激ホルモンを分泌させる．この刺激ホルモンが副腎皮質からグルココルチコイドの分泌を促す．グルココルチコイドもまたタンパク質や脂肪を糖に変え血糖量を上昇させる作用をもっている．

さらに脳下垂体前葉から分泌される成長ホルモンも血糖上昇ホルモンであり，インスリンと拮抗的に働いている．また，甲状腺ホルモンは腸でのブドウ糖の吸収，組織でのブドウ糖の消費，肝臓でのグリコーゲンの分解を活性化することを通して血糖量の調節に関与している．一方，ランゲルハンス島にあるD細胞から分泌されるペプチドホルモンの**ソマトスタチン**が，グルカゴンやインスリンの放出を抑制することも知られている．

このように血糖の低下と上昇は，ホルモン系によるフィードバックを通して巧みに調節されている．食事や運動，絶食などを行っても血糖値がつねに一定であるのは，こういったいろいろなホルモンの共同作業によるものである．インスリンの分泌機能に障害があると，血糖は上昇し続けいわゆる**糖尿病**状態となる．逆にインスリン産生腫瘍が発生したような場合は，血糖を上げるためグルカゴンをはじめいろいろなホルモンが分泌され，かつ食欲も亢進して血糖の維持に努める

が，ついには低血糖となってしまう．このような状態はインスリンや，経口糖尿病薬を過剰に投与しても認められる場合がある．

正常状態の空腹時，血糖は血液 100 mL 中に約 100 mg 前後であるが，60 mg 以下になると眠気がさし対話していても反応性が鈍くなってくる．さらに 30 mg 以下になると顔面蒼白となり，発汗，頻脈といったアドレナリン分泌過剰の症状が出現し，ついには昏睡に落ち入る．これを**低血糖昏睡**といって，糖を唯一のエネルギー源としている脳の機能が衰えた結果の当然の結末である．反対に高血糖では糖尿が出るだけで他に障害がないかというとそうでもなく，血液が高血糖のため高浸透圧となり，やはり昏睡に陥るので血糖値は厳密に一定に保たれる必要がある．

7・2・4 成長の制御

成長は，身体をつくっている細胞の数の増加と個々の細胞の成長の総和であるが，これもホルモンによって制御されている．

成長とホルモンの関係でまずあげなければならないのが，その名が示すとおり脳下垂体前葉から分泌される**成長ホルモン**の働きである．哺乳類の脳下垂体前葉中に最も多量に含まれているのが成長ホルモンで，同じ脳下垂体から分泌されるプロラクチンのアミノ酸配列とよく似ており，共通の祖先ホルモンから進化したと考えられている．成長ホルモンの生理作用には，標的器官に対する直接な作用と，肝臓で合成される**ソマトメジン**（インスリン様成長因子）を介する間接な作用が知られている．

成長ホルモンの直接作用としては，脂肪を分解して血中脂肪酸やグリセロールを増加させ血糖を上昇させる作用と，ブドウ糖をグリコーゲンなどとして蓄えることを抑制する作用がある．成長ホルモンの間接作用というのは，インスリンおよび高栄養状態などと共同して肝臓に作用し，第二のホルモンであるソマトメジンの合成・分泌を促すことである．ソマトメジンの生理作用は軟骨の増殖と骨の形成に必要なコンドロイチン硫酸の合成促進，肝臓やその他器官の細胞増殖と肥大，タンパク質の合成促進など多彩である．すなわち，成長ホルモンの炭水化物と脂肪の代謝に対する作用は直接的であるが，骨や筋肉に対する成長促進はソマトメジンを介しての間接的な作用がより強力である．

成長の制御に関与するグルココルチコイドの役割も見逃せない．グルココルチコイドの分泌が正常の 2～3 倍に達すると骨の成長が停止するだけでなく，肝臓，心臓，骨格筋，骨の DNA 合成も抑制される．血液中のソマトメジンや成長ホルモン濃度への影響は少ないので，グルココルチコイドは成長ホルモン分泌を抑えて成長を抑制するのではなく，その標的器官に直接作用するものと考えられている．

甲状腺ホルモンも成長に関与するホルモンの一つで，出生後にその分泌が低いと骨格の成長が遅れる．さらに，大きな影響は中枢神経系の成長に対して現れ，甲状腺ホルモンが不足すると神経細胞の成長，軸索と樹状突起の成長，ミエリン鞘の形成などが遅れる．マウスに甲状腺ホルモンを投与すると**神経成長因子**が増加することから，甲状腺ホルモンの神経の成熟への作用は，神経成長因子を介してのものと推察されている．なお，ヒトやマウスの神経成長因子は 118 個のアミノ酸残基より成るペプチドで，末梢交感神経および知覚神経中に比較的多く存在し，神経細胞体の肥大，神経伝達物質合成の増大，軸索の伸展，電位依存性ナトリウムおよびカルシウムチャネルの分化の増強などの作用をもつ物質である．甲状腺機能の低下した動物に成長ホルモンを与えても骨の成長は刺激されない．成長ホルモンの骨に対する作用はソマトメジンを介する反応であるから，ソマトメジンが作用するために甲状腺ホルモンが必要ということになる．甲状腺ホルモンは脳下垂体からの成長ホルモン分泌にも必要で，これを通じても成長に影響を与えている．

血糖の制御ホルモンであるインスリンには，体の成長を促す作用もある．出生後のインスリン欠乏は成長の停滞をもたらす．インスリンを投与するとソマトメジンが増加し骨の成長が起こる．正常な発生の過程でのインスリンの生理作用は，甲状腺ホルモンと同じく成長に必要な物質の取込みと利用の促進を通したものである．

雄の精巣の**ライディヒ細胞**から分泌されるアンドロゲンも体重の増加と骨の成長を促す．しかし，成長ホルモンの共存が必要で，脳下垂体を除去したラットにアンドロゲンを投与しても成長は促されない．雌の卵巣から分泌されるエストロゲンの成長に対する作用は全般的に抑制的である．脳下垂体除去動物に成長ホルモンを投与するとソマトメジンの分泌は増加するが，エストロゲンを同時に投与すると分泌の低下がみられ

る．エストロゲンの多量投与は成長ホルモン分泌を高めるが，同時にソマトメジンの分泌を低下させるため，成長ホルモンの直接作用がより強くなる結果として，柔組織が増加し骨太とはならずに丸みが増し，女性的な体型をつくることになる．

7・2・5 塩類濃度の制御

地球上に初めて簡単な有機物ができ，ついでタンパク質ができて，やがて生物が出現するに至ったのは海の中であると考えられている．多くの海産無脊椎動物の体液は現在の海水とほぼ等張で，体内の浸透圧を外界の浸透圧の変化に適合させていることからみて，原始的な生物の体液は，その生存環境と等張であったと考えられる．その後何千万年，何億年かの間に，海水の塩分濃度が徐々に上昇するにつれて体内の塩分濃度もしだいに変化してきたものと思われる．陸上にすむようになった動物にとって，乾燥から身を護る水分を獲得し，さらに体内の水分を保持する方法を身につけ体液の浸透圧を調節することは，生きるための主要な営みの一つである．

生命維持の鍵をにぎる体液の浸透圧調節のため哺乳類には腎臓がある．多量の水を飲んで体液が希釈されると，直ちに多量の薄い尿が出て体液の浸透圧を正常状態に回復する．逆に体から水分を過剰に失ったり，あるいは塩分の摂取量が多すぎたりして体液の浸透圧が上昇した場合には，尿中への塩分の排出が増え水分の少ない濃い尿を排泄する．そのうえ，のどの渇きを覚え，飲水によって水の不足を補い，体液を適当に希釈する行動がひき起こされる．このような体液の浸透圧調節を司るホルモンとして，水を体内に蓄える作用のあるバソプレシンと，ナトリウムを体内に蓄える作用をもつミネラルコルチコイドがある（図7・24）．

バソプレシンは，8個のアミノ酸から成るペプチドホルモンである．哺乳類では間脳視床下部にある**視索上核**や**室傍核**といわれる神経核でつくられ，脳下垂体後葉に送られてから分泌される．その作用は主として腎臓の集合管での水の透過性を増し，まさに出ていこうとする尿中の水を体の中へ再吸収することである．その結果，尿量の減少をひき起こすことから抗利尿ホルモンといわれる．視床下部には**浸透圧受容器**といわれる特殊な神経細胞の集まりがあって，血液の浸透圧の変動に応答してバソプレシン放出を促すシグナルを発生する．すなわち脱水状態は浸透圧調節中枢の働きによってバソプレシンの放出を促し，腎臓から尿として失う水の量をできるだけ少なくする．逆に多量の水を飲んだときの水の排出促進は，浸透圧受容器からの抑制シグナルでバソプレシン分泌が抑えられることによる．他にバソプレシンの分泌を促す強力な刺激の一

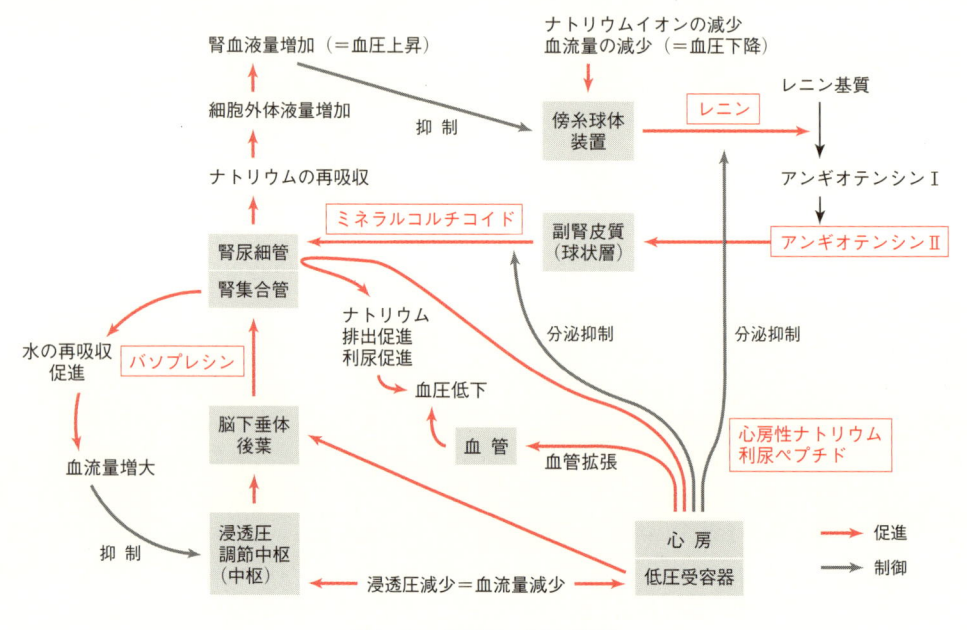

図7・24 浸透圧，血圧の調節

つに出血がある．循環系には血管内圧の変化を感知する**低圧受容器**があり，血液量がある値より低下すると，この受容器から出る求心性神経が脳に警報を送り，その結果バソプレシンの放出が起こる．

一方，Na^+の動態を制御しているミネラルコルチコイドの分泌部位は副腎皮質である．副腎皮質は三層からできていて，細胞の形と配列の違いによって外側から球状層，束状層，網状層と名づけられている．脳下垂体前葉から分泌される副腎皮質刺激ホルモンが作用するのは主として内側の二層で，そこからはグルココルチコイドと若干の男性ホルモンなどが分泌される．外側の球状層から分泌されるステロイドホルモンがミネラルコルチコイドである．そのおもな作用は腎臓の尿細管においてナトリウムの再吸収を促し，体内に食塩を蓄えることである．すなわち食塩が欠乏し体液のナトリウム濃度が低下するとミネラルコルチコイドの分泌が増加し，逆に食塩の摂取量が多いと分泌が減少することになる．また，ミネラルコルチコイドの分泌は循環する血液量の増減にも左右されていて，血液量が少なくなると分泌が盛んになり，多くなると分泌が減少する．血液量が減少すると，当然腎臓を流れる血液も少なくなり，この情報が腎糸球体に隣接する**傍糸球体装置**を刺激して**レニン**というタンパク質ホルモンが分泌される．レニン自体がタンパク質分解酵素で，血液中にある**レニン基質（アンギオテンシノーゲン）**に働いて，それを**アンギオテンシンⅠ**に変える．アンギオテンシンⅠは，さらに血液中にある転換酵素によって**アンギオテンシンⅡ**に変換される．このアンギオテンシンⅡが副腎皮質の球状層を刺激して，ミネラルコルチコイドの合成と分泌を高めるのである．ミネラルコルチコイドが働いてNa^+の再吸収を促し，体液中の貯蔵が増えると，細胞内から細胞外へ水分が移動して血液量が多くなり，その結果，傍糸球体細胞の活動が抑えられレニンの分泌が減少する．

なお，アンギオテンシンⅡは中枢に作用して飲水行動をひき起こすことも知られている．また，ミネラルコルチコイドは腸においても食塩の吸収を促し，腎臓ではK^+の血液中への取込みを抑え尿からの排出を促す．したがってミネラルコルチコイドの欠乏は血中のNa^+やCl^-の減少，K^+の増大をまねき，心臓の機能や組織の抵抗性を低下させる．

このほか，水分の調節に関与するホルモンとしては甲状腺ホルモンがあり，このホルモンが不足すると組織の代謝が不活発となり水分の排出がうまくいかず粘液水腫を起こす．また，心房の心筋細胞から分泌されるペプチドホルモンである**心房性ナトリウム利尿ペプチド**は，尿中へナトリウムの排泄を促進する作用をもっている．さらに，このホルモンは平滑筋，特に腎動脈の平滑筋に作用して顕著な血管の拡張を起こす．すなわち利尿作用と血管弛緩作用の結果，血圧の低下をもたらすことになる．このようにして複数のホルモンによって体内の塩類濃度および血圧は一定に保たれている（図7・25）．

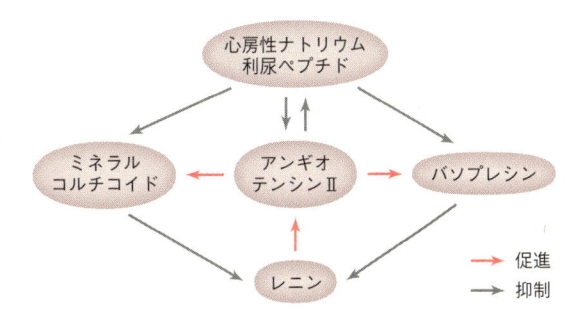

図7・25　体液量調節に関与する各ホルモンの分泌調節相関

7・2・6　血中カルシウム濃度の制御

ホルモンの分泌刺激と抑制の調節は，ホルモン標的器官によって感受された情報により規定されている場合が多い．それにもいろいろな調節の様式があるが，それらを総称して**負のフィードバック調節**とよんでいる．最も単純なフィードバック機構は，内分泌細胞と循環している血液中に含まれる物質との直接的なやりとり，すなわち自己調節である．たとえば以下に述べる血中カルシウム濃度の調節は，その典型的な例である．

体液中のカルシウムイオンは"生命の炎"といわれるように，細胞の活動にとって欠くことのできない重要な無機成分で，その濃度は厳密に一定の値に保たれている．体内のカルシウムの99％は骨に含まれており，血液中には比較的わずかで，ヒトでは100 mL中に10 mgほどである．しかし，この微量なカルシウムは神経や筋肉の興奮・伝導，血液の凝固，細胞膜の構造維持と透過性，腺の分泌活動，それに各種酵素の補酵素としての作用など，ほとんどあらゆる生命活動において必須の役割を担っている．そこでカルシウム濃度調節に関与する生理機能に異常が生じれば，すぐ

さま特定の病状が起こる．たとえば，血中のカルシウム値が異常に低下すると全身の筋肉，特に手足の筋肉が強直するテタニー症状をひき起こす．症状がひどくなれば喉の筋肉が強直して呼吸不全となり死亡する．反対に血中カルシウム濃度が高いと，骨がもろくなったり腎結石ができたりする．さらに，もっと異常な高値となると脳細胞に作用し昏睡を起こしたりする．

血中カルシウム濃度の調節（図7・26）に大きな影響力をもっているのは，副甲状腺から分泌されるペプチドホルモンの**副甲状腺ホルモン**である．哺乳類において副甲状腺は甲状腺組織と隣接して存在する．血中のCa^{2+}が減少すると，副甲状腺の主細胞自体がそれを感知して副甲状腺ホルモンを分泌する．副甲状腺ホルモンは骨組織において，骨芽細胞が骨細胞に分化するのを抑えることでカルシウムの利用を抑制し，さらに骨細胞の加水分解酵素を活性化してカルシウムの遊離と溶出を促す．また，腎臓の尿細管においてはカルシウムの再吸収を増加させ，ビタミンDを活性化して腸からのカルシウムの吸収を促進する．ビタミン類はホルモンとは異なる生理活性物質とされていたが，

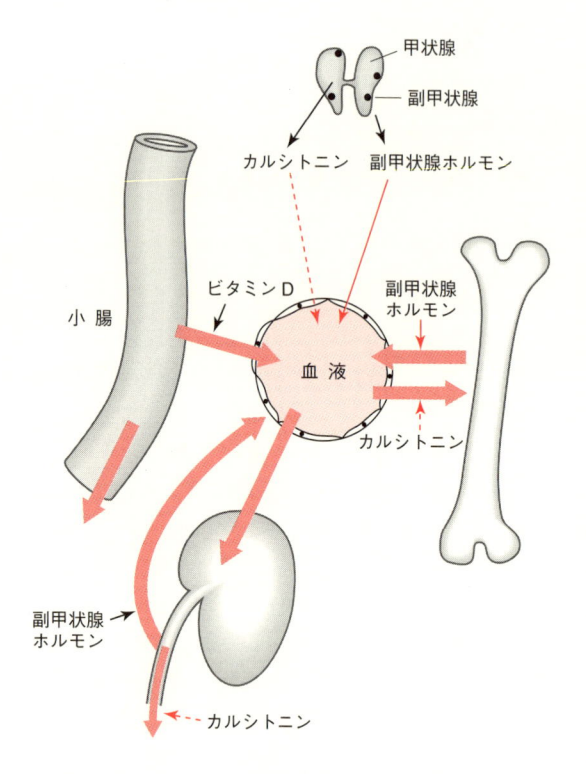

図7・26 カルシウム濃度の調整（→ Ca^{2+} の移動）

現在ビタミンD_3はホルモンの仲間として扱われている．ビタミンD_3の前駆体は表皮に紫外線が当たることによっても生じるが，からだが必要とするほとんどは食物から摂取される．ビタミンD_3は肝臓で25-ヒドロキシビタミンD_3となり，これがさらに腎臓に運ばれてより生理活性の強い**1,25-ヒドロキシビタミンD_3**となり機能する．1,25-ヒドロキシビタミンD_3は腸粘膜細胞の核受容体と結合してカルシウム輸送タンパク質をコードする遺伝子の転写を活性化する．この輸送タンパク質がないと，腸の上皮細胞は食物からカルシウムを吸収して血中にまで運び込むことができない．副甲状腺ホルモンは腎臓において，この活性型ビタミンD_3の生成を促し，結果として腸からのカルシウムの吸収を高めているのである．活性型ビタミンD_3はまた，副甲状腺ホルモンと協同して**破骨細胞**の分化と活性化を促して骨の吸収を刺激する．

反対に血中カルシウム濃度を低下させる働きのあるホルモンは**カルシトニン**である．カルシトニンは哺乳類においては，甲状腺の濾胞上皮中に散在する傍濾胞細胞から産生・分泌されるペプチドホルモンである．なお，鳥類以下の脊椎動物では，傍濾胞細胞は甲状腺より独立した鰓後腺といわれる内分泌腺をつくっている．何らかの原因で血中カルシウム濃度が上昇すると，副甲状腺ホルモンの分泌は**負のフィードバック機構**により自動的に停止するが，それだけではカルシウム濃度を正常値に戻せないのでカルシトニンが分泌され始める．カルシトニンは骨細胞に作用してカルシウムの血中への溶出を抑制し，骨芽細胞へのカルシウム沈着を刺激し骨細胞への分化を促す．すなわち，カルシウムを骨の中に取込むわけである．また，カルシトニンには腎臓からのカルシウムの排出を活発にする作用もある．カルシトニンの分泌もまた，血中カルシウム濃度の上昇に応答して起こり，下降を感知して停止する自己調節を主とする負のフィードバック系により調節されている．

7・2・7 生殖活動の制御

生物が無生物と分けられる歴然たる相違は繁殖あるいは**生殖**といわれる自己と同じものを生み出し，種族の存続を計る戦略をもっていることである．生殖活動もまた多くの生物においてホルモンの活動に依存し，ある一定のリズムを保っている．

地球上の生物は，明暗の繰返し，月の満ち欠け，四

季の移り変わりなど，周期的な環境の変化にさらされているので，進化の過程においても，これらの周期にいかに適応するかが種族存続の一つの大きな課題であったはずである．生殖活動も多くの場合この周期に体内環境を適合させて，いわゆる生殖リズムをつくっている．性成熟までに要する時間や生殖可能な期間の長さは動物によってさまざまである．一生のうち1回だけしか生殖活動を行わない動物もいるし，生殖可能な期間が長く，その間に次世代を何回も生産するものもいる．後者の場合は，性成熟後の生殖活動を行う期間と休止期間がリズムをもって現れ，多くの場合それは四季の変化に同調している．このような場合の生殖可能な期間を**繁殖期**という．

哺乳類の雌では，繁殖期の間に卵巣の中で卵胞（沪胞）が周期的に成熟して，周期的な**排卵**が起こる．これを**性周期**（発情周期あるいはヒトの場合は月経周期）という．この周期は妊娠が成立しないかぎり続く．雄でも繁殖期にのみ精巣中の精子が成熟する種は多いが，常に成熟した精子をもっている動物もいる．ここでは繁殖可能な時期における雌の性周期についてのみ述べた．

実験動物としてよく使われるラットなどは約4日おきに排卵する．卵巣の卵胞は脳下垂体から分泌される**卵胞刺激ホルモン**の刺激により成長し，**エストロゲン**を分泌するようになる．エストロゲンの分泌が増加しピークに達すると，そのフィードバック作用により卵胞刺激ホルモンの分泌は抑制される．一方，増加したエストロゲンは脳下垂体から**黄体形成ホルモン**の急激な分泌をひき起こす．この多量に分泌された黄体形成ホルモンの刺激によって卵胞から卵細胞が卵巣外に排卵される．排卵後の卵胞は，黄体形成ホルモンの働きにより黄体に変化し，**プロゲステロン**（黄体細胞から分泌されるステロイドホルモン）を分泌する．プロゲステロンはエストロゲンと共同して子宮粘膜を肥厚させ，受精卵が着床できるよう準備する役割を担っている．そこで卵が受精し着床した場合には黄体の活発な活動は維持され，胎児の発育が完了するまでプロゲステロンの分泌が続き，卵胞刺激ホルモンの分泌は抑えられる．卵が受精・着床しないときは，まもなくプロゲステロンの分泌が減少し，再び卵胞刺激ホルモンの分泌が始まりつぎの周期が開始される．

なお，排卵後形成された黄体の寿命が長く，受精と着床が起こらなくても，そのまましばらくは活発にプロゲステロン分泌を持続する動物もいる．ヒトを含めた霊長類はこのタイプに属し，やがてプロゲステロン分泌が低下すると子宮内膜が剥離して出血（いわゆる月経）が起こるのが特徴である．また，ウサギなどは繁殖可能な時期に卵胞の成長が繰返し起こっていて，エストロゲンの分泌もあるが，交尾をしなければ排卵は起こらず黄体もなくプロゲステロンの分泌もない，ある意味では性周期が存在しないタイプである．このタイプはヒトなどの自然（自発）排卵に対して，反射（交尾）排卵とよばれる．このように雌における生殖活動は主として脳下垂体からの**生殖腺刺激ホルモン**（卵胞刺激ホルモンと黄体形成ホルモンを合わせた用語）と，卵巣からのエストロゲン，プロゲステロンにより制御されている．

一方，雄の生殖活動にも生殖腺刺激ホルモンは重要な役割を果たしているが，その分泌様式は雌と異なり顕著な周期性がない．また，精巣から分泌されるステロイドホルモンが主として**アンドロゲン**である点も雌と異なる．

なお，雌雄の生殖腺すなわち卵巣あるいは精巣から分泌されるステロイドホルモンは，生殖細胞（卵と精子）の成熟を維持するほか，それぞれの生殖付属輸管系，たとえば輸卵管，子宮，前立腺，あるいは乳腺，ペニスなどの胎児期における分化と成熟，成体になってからの機能の維持などに必須のホルモンでもある．これに関しては§7・2・10 性分化の制御にも述べた．

7・2・8 消化機能の制御

1902年に空腸粘膜に膵液の分泌を促す物質があることが発見された．この発見は消化管の生理機構の研究においても，当時全盛であった神経万能説に一石を投じると同時に，内分泌学の幕開けともなった．これは非常に重要な発見であったにもかかわらず，その後消化管から分泌されるホルモンの研究はそれほど盛んであったとはいいがたい．しかし現在では，**胃・腸・膵内分泌系**といわれるように，これら消化器官には数多くの内分泌細胞が散在し，いろいろなホルモンが一糸乱れぬ調和を保って分泌され，機能していることがわかってきた．しかも，これら多くのペプチド・アミン系のホルモンは脳すなわち中枢神経系にも存在し，食物の消化や吸収への関与とは異なる多彩な作用をもつことが明らかになり**脳腸ペプチドホルモン**と総称されている．

消化や吸収の過程におけるこれらホルモンの働き（図7・27）はまず，食物が口から食道を通って胃に運ばれると，胃の幽門部から**ガストリン**が分泌されることに始まる．幽門部上皮中にあるガストリン分泌細胞は，食物により胃液がアルカリ性になると，刺激されてガストリンを分泌する．そのガストリンは胃壁から，胃酸の分泌を促す．胃酸による胃液の強い酸性化はタンパク質の消化に必須のことである．ついで胃酸にまみれた食物が十二指腸に入ると，十二指腸や空腸の上皮中にあるセクレチン細胞から**セクレチン**が分泌される．セクレチンは膵臓に働いて水分と重炭酸塩に

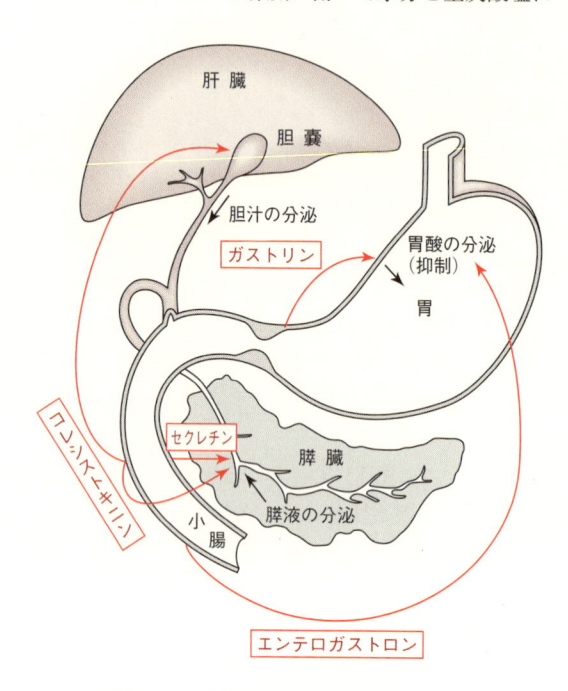

図7・27 消化・吸収を助けるホルモン

富むアルカリ性の膵液を分泌させ胃酸を中和し，またガストリンの分泌を抑制する．胃壁は厚く，また酸に対して抵抗性のある粘液で覆われているが，腸はそのような防衛手段を備えていないので，膵液で胃酸を中和しないと壁に穴があいてしまう．さらに食物中のアミノ酸などの化学的刺激により，主として小腸粘膜上皮中にある M 細胞から**コレシストキニン**が分泌される．コレシストキニンは胆嚢から消化酵素を含む胆汁の分泌と膵臓からの消化酵素の分泌を促す．コレシストキニンは脳にも高濃度に存在する脳腸ペプチドであり，中枢においては摂食の抑制，鎮痛，血糖上昇，脳下垂体後葉ホルモン分泌の促進などの作用があるとい

われる．一方，脂肪分の多い食物を食べた場合には，小腸から**エンテロガストロン**が分泌され胃酸の分泌は抑制される．

このほか，数多くのペプチドホルモンが消化・吸収に関係している．たとえば，空腹時に十二指腸や小腸の Mo 細胞より分泌される**モチリン**は胃と腸の筋肉を収縮させるホルモンで，食物が通ったあとの残留物やはげ落ちた組織片などを押出し腸を清潔に保つ働きがある．この収縮により空腹時に腹がグウーと鳴るわけである．下痢も体に悪い物質の排泄のためには必要なことで，胃や腸の上皮中にある EC 細胞から分泌される**セロトニン**がそれを起こすとも，**VIP（血管作用性腸ペプチド）**がセロトニンと協同して働くともいわれている．セロトニンは強い血管収縮作用をもち中枢神経系にも広く分布している．VIP もまた脳と消化管に広く分布し，グリコーゲンの分解促進，脂肪分解促進，インスリン分泌促進，腸管での水分の排泄促進作用などのほか，大脳皮質神経細胞の興奮性発火をひき起こす作用もあるといわれる．成長ホルモンの分泌を抑制するホルモンとして発見された**ソマトスタチン**は脳内に広く分布し，成長ホルモンのみならず甲状腺刺激ホルモン，副腎皮質刺激ホルモンなどの分泌を抑制する．一方，ソマトスタチンは膵臓のランゲルハンス島 D 細胞からも分泌されており，インスリン，グルカゴン，膵液の分泌を抑制する．さらに腸上皮中にも D 細胞は散存し，ガストリンと胃酸の分泌抑制や，腸管からのセクレチン，VIP，コレシストキニン，モチリンなどの分泌を抑制するといわれ，実に多彩な抑制作用をもっている脳腸ペプチドホルモンである．

動物は生きているうちには，身体のどこかに多少なりとも損傷を受けるものである．外傷でなく体内，すなわち中枢神経細胞あるいは消化管内壁組織などもいろいろな傷を受けるであろうから，すべての痛みを感じていたらとても耐えられないかもしれない．そのため動物は自ら麻薬性鎮痛作用のあるホルモン，内因性オピオイドペプチド（自家モルヒネ性物質）を産生している．**エンケファリン，エンドルフィン**などが代表的なもので，エンケファリンは中枢において鎮痛作用があり，腸管や副腎髄質にも存在し機能している．エンドルフィンは中枢における鎮痛，食欲亢進作用のほか，末梢作用としては胃液の分泌抑制，筋緊張の亢進，それに膵臓の分泌機能や胃の運動を増強するなどの作用が知られている．

食物が口から胃，腸を通過する過程で行われる機械的あるいは酵素的な消化・吸収のための生理活動も，ここに述べた多くの脳腸ペプチドやオピオイドペプチドの調和のとれた協力なしでは実を結ばないわけである．

7・2・9 変態の制御

変態とは幼生型の形質が破壊され成体型の形質が出現することである．毛虫が蝶になり，オタマジャクシがカエルになる変態を，幼生型から成体型への移行と捉えると，ヒトにも部分的な変態がみられる．たとえば，母親の体内にいる胎児期と自然の中で暮らす成体期では酸素分圧の違う世界に住むことになる．そこでヘモグロビンは出生を境に胎児型ヘモグロビンから成体型ヘモグロビンへと変わっている．受精卵が増殖し分化して決まった形態の生物になることは，その生物にとって一生の間のホメオスタシスにほかならない．ここでは比較的よく研究され，その機構もわかっている昆虫とカエルの変態について解説する．

a. 昆虫の変態　昆虫の胚期後の発生を支配する三つの主要なホルモンは，脳，アラタ体，前胸腺から分泌される．脳の神経分泌細胞から分泌される数種のホルモンは卵の成熟，変態などを制御するホルモンである．その中で**前胸腺刺激ホルモン**は，その名の通り前胸腺を刺激して**前胸腺ホルモン（エクジソン）**を分泌させる．前胸腺ホルモンは別名脱皮ホルモンともいわれ，幼虫やサナギの成虫化すなわち変態を誘導する．アラタ体は側心体と共に脳後方内分泌腺群を構成し**幼若ホルモン**を分泌する．幼若ホルモンは幼虫形質の持続すなわち変態を抑制しているので，変態時（五齢幼虫期）は一時的にホルモンの分泌が停止する．しかし，成虫期に再び分泌され始め，脳ホルモンと共に卵黄の蓄積など生殖活動に関与する．三齢や四齢のカイコ幼虫のアラタ体を除去すると，早熟の小さいサナギになりついで蛾になる．一方，五齢幼虫の適当な時期に幼若ホルモンを投与してやると，脱皮しても幼虫型のままで蛹にならない．すなわち幼若ホルモンと脱皮ホルモンが同時に働くと，幼虫は脱皮し成長するだけで変態しないが，脱皮ホルモンのみ作用すると変態して蛹になるわけである

このほか，昆虫には脳から分泌され羽化を促す**羽化ホルモン**，外骨格クチクラにメラニンの沈着を促す**体色黒化ホルモン**，クチクラの硬化を促すバージコンなどが知られている．脳ホルモン以外では，側心体からは飛翔に使われるエネルギー源の脂肪を分解する**脂肪動員ホルモン**や，食道下神経節からは卵の休眠を支配する**休眠ホルモン**が分泌される．これらのホルモンも昆虫の変態過程に合わせて，タイミングよく産生され分泌されることで正常な成体になることができる．

b. 両生類の変態　両生類の変態の進行も主としてホルモンによって支配されている．その主役は甲状腺ホルモンである．

尾芽胚期のオタマジャクシの甲状腺原基を切除すると，成長しても変態が起こらずふつうより大きなオタマジャクシになる．しかし，この甲状腺を除去したオタマジャクシに甲状腺ホルモンを与えると変態が起こることから，甲状腺ホルモンが変態に直接関与していることが証明された．甲状腺ホルモンは前にも述べたように哺乳類や鳥類においてはエネルギー代謝に関与し，熱発生作用が顕著なホルモンである．しかし，両生類において甲状腺ホルモンはエネルギー代謝にほとんど役立ってはいない．甲状腺ホルモンには**トリヨードチロニン**と**チロキシン**の2種があり，それぞれヨウ素を3原子と4原子含むアミノ酸の一種である．オタマジャクシの変態に対して，トリヨードチロニンはチロキシンの7倍も強い活性をもっている．カエルの変態過程で目立つ変化は幼生固有の器官，たとえば尾などが消滅して新しく手足が出てくることであるが，この幼生器官の破壊が甲状腺ホルモンによってひき起こされる．

7・2・10 性分化の制御

性の決定様式は遺伝的に決められているもの，環境によって決定されるものなどさまざまであるが，ホルモンが大きな役割を占めている．節足動物甲殻類に属すハマトビムシやダンゴムシの**造雄腺ホルモン**がその例としてよく知られている．雄個体の生殖巣の近くにある造雄腺を取って雌の個体に移植すると，雌は何回かの脱皮の後に機能的な雄に性転換する．これは造雄腺から分泌される造雄腺ホルモンの働きによる．

ヒトも含めて哺乳類の性は，染色体の組合わせで決まる．性染色体がXYであれば雄（男），XXであれば雌（女）となる．Y染色体上にあるとされている**精巣決定遺伝子**や，Y染色体あるいはX染色体上にある他の数種の遺伝子の働きにより，XY型の染色体をもっ

ていればふつう精巣ができる．しかし，精巣ができても機能しなければ真の意味での雄にはならない．精巣はライディヒ細胞からアンドロゲンの一種**テストステロン**と，セルトリ細胞から**ミュラー管抑制ホルモン**を胎児期あるいは新生児期に分泌する．テストステロンは雄型の生殖腺付属輸管系の原基であるウォルフ管を分化・発達させ，精巣上体，精嚢腺，輸精管などをつくる．ミュラー管抑制ホルモンは，雌型の生殖腺付属輸管系の原基であるミュラー管を退化させる．テストステロンはさらに，尿生殖洞とよばれる組織内にある酵素によって**ジヒドロテストステロン**となり，その組織自体を前立腺やペニスに分化・発達させる．また，全身にまわったアンドロゲンには，雌に特有の乳腺の発達を抑制し，脳において雄型の神経回路網の形成に関与するなど重要な働きがある．一方，雌においては，雄の精巣がアンドロゲンを分泌する時期に卵巣からのホルモン分泌はほとんどみられない．このため，その分化・発達にアンドロゲンを必要とするウォルフ管は退化してしまう．卵巣は精巣がアンドロゲン分泌を開始する時期より少し遅れてエストロゲンを分泌しだす．エストロゲンはミュラー管を分化・発達させ輸卵管，子宮など雌型の生殖腺付属輸管をつくる．

もし染色体がXY型であるため精巣が分化しても，機能しなければ雄特有の生殖腺付属輸管系は発達してこない．また精巣からアンドロゲンが正常に分泌されても，それを受取る側の細胞にアンドロゲン受容体ができなかったり，テストステロンをジヒドロテストステロンに転換する酵素が発現しなかったりすると，やはり雄型の付属輸管系は発達しない．このような場合は，ホルモンのない状態で自立的にある程度分化することのできるミュラー管が残り，雌型の生殖腺付属輸管をもつことになる．すなわち遺伝的に男性でありながら，外部生殖器，乳腺などの器官は女性的なヒトになってしまう（睾丸性女性化症）．当然，脳の神経回路網も雌型になる．

XY型といわれ雄が異形性染色体をもつ哺乳類は，上記のようにホルモンがなければ雌型になることから雌が基本型とされる．一方，ZW型といわれ雌が異形性染色体をもつ鳥類などは，逆に雄が基本型とされる．雄雌の定義も問題であるが，一般的な考えでいう正常な雄（男）あるいは雌（女）に分化するためには，遺伝的要素だけでなく上記のようにホルモンの働きが必要なのである．

7・2・11 ストレスの制御

ヒトを含め生物はつねに恐怖，寒冷，火傷，擦傷，感染などの危険にさらされている．外界からやってくる刺激，および身体内部の不調和などに対抗して起こる生体の非特異的な反応を**ストレス状態**とよぶ．ストレッサーすなわちストレスを惹起するものが生体に作用すると，生体は生理的な体内環境のホメオスタシスを維持しようとするが，ストレッサーが強力でホメオスタシスに破綻をきたすとさまざまな障害すなわちストレスが現れてくる．ストレスから逃れ，元の正常状態に戻るためにいろいろなホルモンが分泌される．たとえば，生物はストレス状態におかれると血圧を上昇させ，血糖を上げ基礎代謝を亢進させる．これは外敵あるいは恐怖などに対応する一つの生物学的反応であり，この反応様相を**汎適応症候群**という．汎適応症候群のうち最も顕著な症状は，副腎皮質肥大，リンパ球や白血球の数の増減，胸腺リンパ系の萎縮などであり，体の防御力強化の結果と考えられる．このようなストレッサーに対する生体の抵抗の結果は**警告反応**とよばれる．これらの反応が失われれば，それはストレスに負けたことを意味する．

ストレスに対してのホルモン系の緊急反応は，まず副腎髄質からアドレナリンの分泌が増大することである．アドレナリンの作用は，血管収縮，血圧上昇，心拍数増加，瞳孔拡大，血糖上昇，酸素消費量増加などである．なお高濃度のアドレナリンには，脳下垂体前葉から副腎皮質刺激ホルモンの分泌を促す作用がある．こうして分泌された副腎皮質刺激ホルモンにより副腎皮質から血糖上昇作用をもつグルココルチコイドが分泌される．

一方，外界あるいは内部のストレス情報は神経系を介して大脳皮質に伝わり，そこから視床下部に伝達される．視床下部ではストレスに対応する視床下部ホルモン，たとえば副腎皮質刺激ホルモンの分泌を促すホルモンである**副腎皮質刺激ホルモン放出ホルモン**の分泌が促進される．また，視床下部の自律神経系のうち交感神経が刺激されると，その情報が末端に伝わり，副腎髄質からのアドレナリンやノルアドレナリン，あるいは膵臓からのグルカゴンの分泌につながっていく．ストレス状態におかれると，エンケファリン，エンドルフィンなど鎮痛効果のある脳内オピオイドペプチドの産生・分泌も増大する．

ストレスにより，生殖腺系のステロイドホルモンの

分泌は低下する．そこで恐ろしいめに会ったりすると性欲がなくなったり授乳が止まる．これはストレスにより性ステロイドホルモンの分泌パターンが異常になるためと考えられている．

ストレスがなくなると異常なホルモン分泌パターンが解消し，通常のホルモン分泌パターンに移行することからも，ストレスに対する応答は神経系や内分泌系の共同作業であることは明らかである．ストレス応答は身を守るため必要なものであるが，行き過ぎた場合はストレス性胃腸潰瘍が起こったり，アドレナリン分泌過剰により高血圧さらには心臓疾患などが発生したりするわけである．

7・2・12 植物ホルモン

ホルモンとは本来生物のある特定の部分で生産され，離れた場所に運ばれて作用する化学物質である．植物においても，微量で植物の生長や老化，形態形成などを促進したり抑制したりする物質が見つけられた．これらの物質は動物ホルモンと似たような作用の仕方をすることから**植物ホルモン**と名付けられた．おもなものとして，オーキシン，ジベレリン，サイトカイニン，エチレン，アブシジン酸などが知られており（図7・28），フロリゲン（花成ホルモン）の存在も考えられている．現在では，これまでのホルモンの定義に当てはまらない物質でも，その作用機作から植物ホルモンとよぶこともある．

a. オーキシンの発見　進化論の著者として有名なC. Darwinは1880年にカナリヤクサヨシの芽ばえに横から光を照射すると，照射された方向に芽が伸びることについて実験を行った．そして，光を感じる部分は幼葉鞘の先端であり，屈曲するのはそこから少し離れた部分であることを明らかにした．20世紀に入ってP. Boysen-Jensenは，暗い所で発芽させたマカラスムギ（avena sativa）の幼葉鞘の先端を切り離し，ゼラチンを間に挟んでも幼葉鞘は光の方向に曲がることから，先端でつくられる何らかの情報がゼラチンを通して拡散することを示した．その後，幼葉鞘の生端部分で生長促進物質が生産されることが明らかとなり，**オーキシン**と名付けられた（図7・28 a）．幼葉鞘の屈曲の度合はオーキシンの量に比例することから，屈曲の度合を測定してオーキシンの定量が行われる．この方法を**アベナ屈曲試験法**（アベナテスト）という．

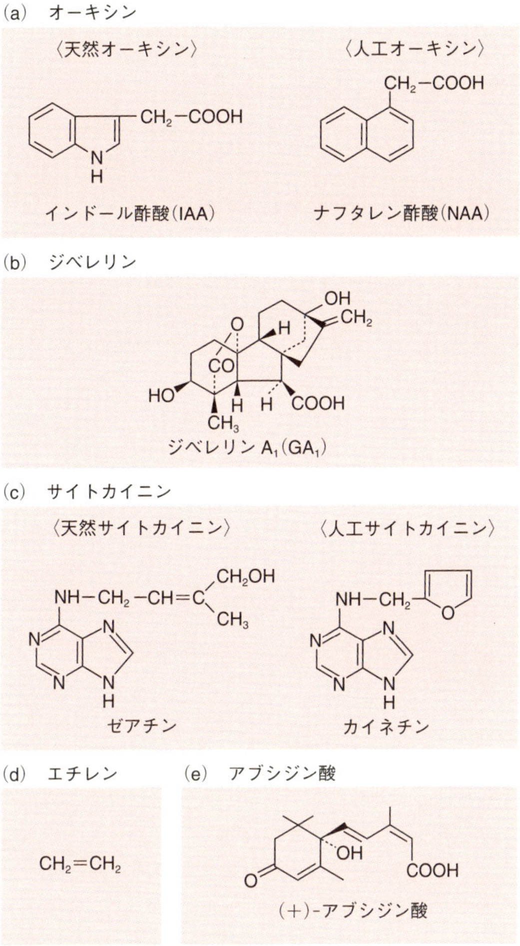

b. オーキシンの生理作用　オーキシンの生理

図7・28　植物ホルモンの化学構造

作用は多様であり，また濃度によっても作用の仕方が異なる．これまで知られているおもな生理作用には，茎の伸長促進，根の屈性の発現，根の伸長阻害，茎の屈光性の発現，腋芽の伸長抑制，葉柄や花梗における離層形成の抑制（落花や落葉が抑制される）などがある．その他の興味ある生理作用として，ヒマワリの胚軸の切口にオーキシンを塗っておくと，そこに**カルス**（未分化な細胞の集まり）ができることがある．

オーキシンの具体的な作用機作については未解明の部分が多い．現在信じられているのは，オーキシンが若い細胞の細胞壁に働きかけ，細胞の伸長（伸展性）を増加させることである．このとき細胞壁のpHは，細胞内より放出される水素イオン（H^+）によって急激に低下する．酸性化した条件下で細胞壁がゆるみ，伸展性が増すと考えられる．

c. オーキシン活性をもつ物質 これまでに多くの物質がオーキシンとして分離され，その化学構造が決定されている（図7・28 a）．特に，はじめクモノスカビの培養沪液から単離された**インドール酢酸**（IAA）は代表的なオーキシンであり，植物における生成経路が詳しく研究されている．

d. ジベレリン ジベレリンは，イネの苗が徒長し，もみの収量が減少するなどの病気（バカ苗病）の病原菌でカビの一種 *Gibberella fujikuroi* が分泌する物質である．ジベレリンの単離結晶化に成功したのは薮田貞次郎と住木諭介である．その後，ジベレリンは植物の根，芽，未熟な種子などでも生産されるジテルペンの一種であることが明らかとなった．現在50種類以上のジベレリンが報告されている（図7・28 b）．

ジベレリンは，茎の伸長促進，光発芽種子の休眠の打破，加水分解酵素の合成の誘導など多くの生理作用をもつ．また，ジベレリンが受精していない果実を肥大させる作用をもつことは，タネナシブドウなどに応用されている．ジベレリンはオーキシンと共同的に働いてオーキシンの作用を強める効果をもっている．

e. サイトカイニン 植物に含まれる**サイトカイニン**は，アデニンに炭素五つの側鎖がついた構造をもつ．天然のサイトカイニンは，トウモロコシの未熟種子から単離されて**ゼアチン**と名付けられた．人工サイトカイニンである**カイネチン**は，DNAの分解物から単離された（図7・28 c）．サイトカイニンは細胞分裂を促進することが知られており，根でつくられ維管束系によって地上部に運ばれると考えられる．サイトカイニンの生理作用はオーキシンとの共存により調節される．タバコのカルスでは，両者の存在比によって，芽や葉，根など異なった組織への分化がみられる．

f. エチレン ガス体であるエチレン（図7・28 d）は，成熟期に入った果実や傷害を受けた部分で盛んに生成され，果実の成熟を早めたり，傷害を受けた部位に治癒組織をつくる大事な作用をもつ．また，エチレンによって，トマトやエンドウの葉柄の上部だけが生長し（上偏生長），結果として葉が下に垂れる現象が知られている．ふつうはアミノ酸のメチオニンからエチレンがつくられる．

g. アブシジン酸 アブシジン酸は生長を阻害する物質として，ワタの果実から単離された（図7・28 e）．アブシジン酸の生理作用として注目されているのは気孔を閉じさせる働きであるが，ほかにも伸長生長の阻害，落葉の促進，発芽の阻害，休眠芽形成などの作用が知られている．アブシジン酸による生長の阻害は，サイトカイニンやジベレリンで解除される．

7・3 免疫系の働き

7・3・1 免疫とは

a. 生体の防御機構 外敵に対する防衛機構である**免疫系**も重要なホメオスタシスの維持機構の一つである．免疫系にも神経系や内分泌系と同様にフィードバック機構が存在するが，その機構の大きな特徴は多彩な免疫担当細胞の相互認識を基礎とした細胞どうしの情報交換によって行われるという点である．

多細胞生物はウイルスだけでなく他の単細胞生物，あるいはより小さな多細胞生物による侵略の対象となる．養分に富んだ体腔や体液は他の生物にとって絶好のすみかなのである．したがって多細胞生物は自己の細胞や構成物質を認識し，非自己すなわち異物を排除する機構を備える必要がある．生体の防御機構には，それぞれの動物が進化の過程で獲得したさまざまな様式がある．

外敵から身を守る一番単純な方法は，物理的・化学的防御法である．他の生物の侵入する場所は体表，呼吸器系，消化器系，排泄器系開口部などであるが，これらの組織にはそれぞれに特有な防御機構が備わっている．たとえば体表は皮膚で覆われ，保護タンパク質であるケラチンやクチクラが物理的に外界からの異物の侵入を遮断する．体表に分布する皮脂腺や汗腺からの分泌物あるいは唾液などもこの防御態勢を助けている．これら物理的・化学的防御機構の重要さは，外傷や火傷により皮膚が一部失われたときの急激な細菌の繁殖を考えればわかることである．

物理的あるいは化学的な方法で防御できなかった細菌などの侵入者，異物，あるいはがん細胞のような自己を脅かす異物細胞に対して，生体は免疫といわれる防御機構で対抗する．この場合は自己の細胞あるいはタンパク質など自らの身体を構成する成分と異質な細胞や物質を，正確に認識することが必要になる．そこで自己と非自己の判別が免疫系の最も重要な課題となってくる．

b. 免疫系の役割 免疫という語は一度病気になると再び同じ病気にかからないことを意味する．免疫学は天然痘の予防のための種痘の発見やジフテリア

の血清療法の確立など病気に対する対策の歴史とともに発展した．また，ヒトのABO血液型の発見と輸血法の確立は，同じヒトでも**自己**と**非自己**があることを明確に認識させた．自己と非自己の存在を決定的に認識させたのは皮膚や臓器の移植である．いろいろな条件を考えずに移植をすれば，自己防御機構が非自己すなわち他人の組織を攻撃し直ちに排除する．やむにやまれぬ事態であっても自己と非自己の認識は強固に維持されているわけである．こういった自己と非自己の認識，それに続く攻撃と排除の機構が免疫現象である．

　さまざまな働きを分担する免疫担当細胞の集合である免疫系は，オーケストラにたとえられる．多種多様な細胞群の調和のとれた働きによって免疫機能が作動するからである．免疫において非自己と自己が判別されるのは多くの場合，タンパク質分子の構造の相違による．生体外からの多種多様な異物を総称して**抗原**という．抗原の構造を正確に識別したうえで，それと結合し複合体をつくるタンパク質を**抗体**という．抗体は具体的には血清中の免疫グロブリンである（§5・5・8を参照）．抗原と抗体が結合することを**抗原抗体反応**という．体内に入った病原体は体液中の抗体と結合すると食細胞による攻撃を受けやすくなったり，**補体系**の働きで破壊されて無害化されたりする．このような体液中の抗体の働きによる免疫反応を**体液性免疫**という．なお，補体とは正常血清中に存在し，抗体と協同して溶血または溶菌を起こす血清タンパク質である．それでもなお細胞内に入ってしまった病原体が生存していれば，今度はその異物あるいは感染細胞を抹殺することが必要になる．このためにある種のリンパ球が異物を抗原と識別して攻撃し除去する．これを**細胞性免疫**といい，免疫現象は大きく体液性免疫と細胞性免疫の二つに分けられる．すなわち免疫現象の主役は，免疫担当細胞といわれるリンパ系の細胞群である．

7・3・2　免疫系の構成

a．リンパ組織　免疫系において中心的な役割を担う細胞は**リンパ球**で，これは血液を構成する成分のうちヘモグロビンをもつ赤血球と異なり，ヘモグロビンをもたない血球群で白血球と総称される．リンパ球は骨髄や胸腺などの**一次リンパ器官**といわれる組織内でつくられ，**二次リンパ器官**とよばれるリンパ節，脾臓の一部，扁桃腺などに移動し，異物である抗原の侵入に備えて待機する（図7・29）．しかし，多くの

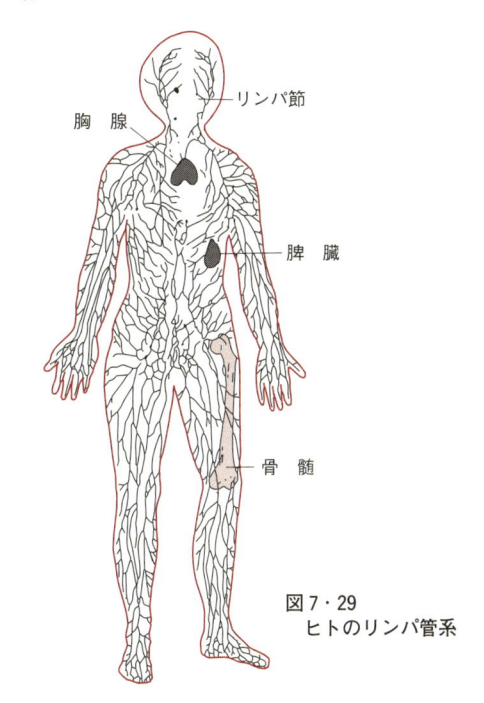

図7・29　ヒトのリンパ管系

リンパ球はそこにとどまることなく組織，血管，リンパ管を通って全身をくまなく循環している．求心性のリンパ管は毛細血管から周囲の組織にしみ出したリンパ液を集め，途中で多数のリンパ節を通過したり他のリンパ管と合流したりしながら，胸管や頸部リンパ管を経由して大静脈に戻っていく．末端組織からのリンパ液中には少数のリンパ球しか含まれていないが，リンパ節で血管から抜け出したリンパ球が合流するため，胸管に戻るころは多数のリンパ球を含むことになる．このように循環することで特定の抗原に対応する特定のリンパ球は，自らが認識可能な抗原に出会う機会を増しているわけである．

　リンパ球にはいろいろな種類があって，その分布も抗原に対する免疫応答も異なっている．しかし，多様性のある血球も，もとは造血幹細胞から分化してくるのでその由来は同じである（図7・30）．幹細胞は哺乳類の胎児期には主として肝臓でつくられ，そこで赤芽球，リンパ芽球，骨髄芽球などおのおのの幹細胞に分化する．成人では幹細胞はすべて骨髄中でつくられている．免疫系担当細胞といわれるものは，リンパ系および骨髄系に属す**小リンパ球**，**単球**，**顆粒球**（**多核球**）などである．成人の一次リンパ器官は骨髄と胸腺であるが，胎児では胸腺と肝臓である．成人の胸腺は骨髄で生まれたリンパ系幹細胞が移動してきて，そこ

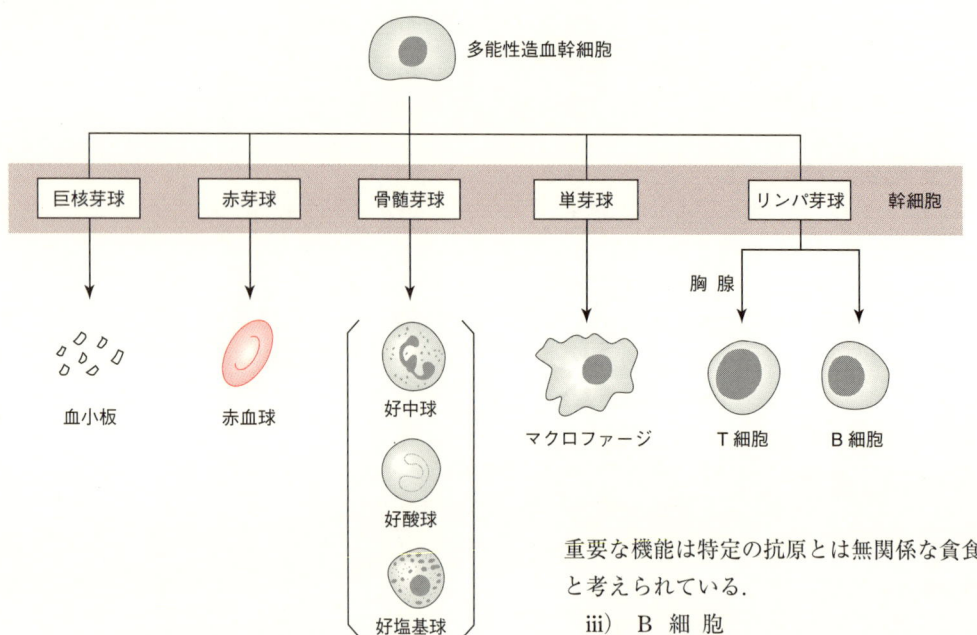

図7・30 血球の分化

で分裂を繰返して**T細胞**に分化する場所とされている．なお鳥類では，哺乳類の骨髄に相当するものとしてファブリキウス嚢という器官がある．

b. 免疫担当細胞の種類

i) マクロファージ（単球）

単芽球からは大型の**マクロファージ**が生じる．**食細胞**ともいわれ粘着性があり，仮足で移動し微生物や腫瘍細胞を食作用により取込み，細胞内のリソソームで消化する機能をもっている．しかしマクロファージの重要な機能は異物を取込んだ後にT細胞と接触し，異物の特異的な抗原となる部位をT細胞に提示し認識させることである．抗原に対して特異的な抗体をもつT細胞は分裂を開始して巨大な同一の細胞群（**クローン**）を形成し，生体防御機構が活発に動きだす．また，マクロファージはインターフェロンやインターロイキンあるいは腫瘍壊死因子など，免疫系の情報伝達物質を産生し免疫機能を強化する．

ii) 顆 粒 球

全白血球中最も多いのは顆粒球で，全体の 60〜70%を占める．色素に対する染色性の違いから，**好中球**，**好酸球**，**好塩基球**の3種に分けられる．その名のとおり細胞質に多くの顆粒を含んだ多核細胞で，もはや分裂し増殖することのない細胞群である．顆粒球の

重要な機能は特定の抗原とは無関係な貪食活動であると考えられている．

iii) B 細 胞

小さな白血球である小リンパ球は全白血球の 20%を占め，細胞の形態からでは区別できないT細胞とB細胞の総称である．両者は抗原と結合したときにその違いがはっきりする．

B細胞はリンパ芽球が骨髄の中で成熟したもので，**形質細胞（プラズマ細胞）**と**記憶細胞**に分けられ，骨髄内で成長する間に抗体をつくる能力を獲得する体液性免疫の主役である．細胞表面にある受容体と構造的に適合し結合する抗原に出会ったB細胞は，同じく抗原を認識した**ヘルパーT細胞**から分泌される**インターロイキン4**の影響を受けて活性化されて分裂を開始し，大型の形質細胞のクローンとなる．形質細胞は分化の最終段階の細胞で，もはや分裂はせず寿命も2〜3日と短い．しかし，B細胞が活性化されたときの抗原に対する特異的な抗体（**免疫グロブリン**）のコピーを多量に産生し分泌する．この免疫グロブリンは体内を自由に循環して適合する抗原を認識し結合する．抗原抗体反応が進むにつれて複合体は大きくなり，やがてそれを認識する食細胞によって排除されることになる．一方，一部のB細胞は記憶B細胞に分化し数カ月から数十年生き続けて，再び同じ抗原が入ったときの免疫応答を急速かつ強力にするため待機する．これら一連の機構によって体液性免疫機構が成立する．

iv) T 細 胞

T細胞は骨髄の中で生まれたリンパ芽球が胸腺に移動して成熟したもので，細胞性免疫の主役として働い

ている．細胞表面に抗原と結合する受容体をもち，抗原に出会うとそれを認識する受容体をもったT細胞だけが活性化されて分裂し，抗原に特異的なT細胞のクローンができ上がる．T細胞には**キラーT細胞**，**ヘルパーT細胞**，**サプレッサーT細胞**，**記憶T細胞**の4種類があって，細胞性免疫を担当する細胞群を形成する．

ヘルパーT細胞は自ら最終的な免疫反応には関与しないがマクロファージが提示した抗原を認識し，インターロイキン2を分泌してキラーT細胞の増殖と活性化を促す．さらにヘルパーT細胞は一部のキラーT細胞が記憶キラーT細胞に分化するのを助けるなど，免疫系の強化という点で重要な任務を帯びている．

キラーT細胞は病原体に感染した細胞の表面に形成される抗原を識別して結合し，その細胞を溶解する作用をもつ細胞障害性リンパ球である．なお，キラーT細胞は自己の細胞あるいは物質を識別する能力をもっていて正常細胞は攻撃しない．記憶キラーT細胞は記憶B細胞と同様に長生きして，同じ抗原が再び生体内に侵入したとき直ちに対応しすばやく多数のT細胞を増殖させる．

サプレッサーT細胞は免疫反応の最終場面で活躍する．免疫応答は最盛期を過ぎると当然抑制されるが，この抑制を受けもつのがサプレッサーT細胞である．ヘルパーT細胞やB細胞はサプレッサーT細胞の抑制を受け，その増殖が平常状態に戻る．

v） ナチュラルキラー細胞

ナチュラルキラー細胞はT細胞やB細胞とは異なり，その起源がよくわかっていないリンパ球である．この細胞はつねに体内を循環していて，異常な細胞を見つけると攻撃し破壊する能力をもっている．非特異的に腫瘍細胞やウイルス感染細胞を殺すナチュラルキラー細胞があり，その抗腫瘍作用が注目されている．

7・3・3 サイトカイン

免疫系の細胞は自ら情報伝達物質を産生して分泌し，その物質を介して自己ならびに他の免疫系の細胞の分化，増殖，運動性，生理活性物質の産生，受容体の発現などをひき起こす．この点が先に述べたように神経系や内分泌系と異なる特徴で，主として細胞どうしの直接的な情報伝達によってその機構を維持している．免疫系の生理活性物質は，リンホカイン，インターロイキンなどといわれるが，すべてを含めて**サイトカイン**と称される．現在知られているサイトカインのうち，代表的なものをいくつか紹介しよう．

インターロイキン1は白血球の産生する発熱物質として古くから知られていた．インターロイキン1は免疫系のマクロファージだけでなく，中枢神経系の神経細胞，皮膚，腎臓，軟骨など多様な細胞により産生・分泌される．免疫系における役割はT細胞の分

主要組織適合性複合体（MHC）

抗原を認識するB細胞の受容体は抗原をそのままの状態で認識する．一方，T細胞の抗原受容体は，MHC分子とよばれる細胞膜表面のタンパク質と結合する抗原を認識する．MHC分子は，**主要組織適合性複合体**（major histocompatibility complex, MHC）**遺伝子**とよばれる細胞膜表面のタンパク質を決める遺伝子群によってコードされている．マクロファージや感染細胞などによって生成されたMHC分子は，細胞内で処理された抗原の小片と結合し，細胞膜表面に移動して抗原提示を行う．T細胞の受容体は提示された処理抗原とMHC分子の複合体を認識して結合する．同種間移植の際に強い移植拒絶反応をひき起こすMHC抗原としてヒトではHLA抗原，マウスではH-2抗原が知られている．HLA遺伝子は第6染色体短腕上に存在する遺伝子領域で，いくつかの遺伝子座が同定されており，さらにそこに多数の対立遺伝子が存在する．これら遺伝子のつくる多数の抗原群は体内のほとんどの細胞に存在する個体に特有なものであり，それら遺伝子群のすべてが一致しなければ，移植された組織片はリンパ系の細胞により非自己として認識され，免疫応答が起こり排除されることになる．

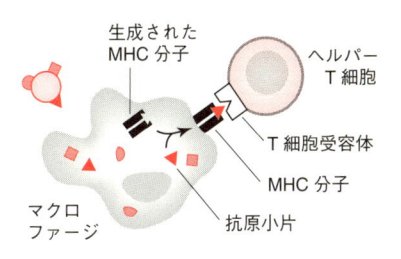

化・増殖などを促進することである．さらにインターロイキン1は視床下部に作用して，発熱，睡眠，食欲低下などを誘導する．また，インターロイキン1は脳下垂体から分泌される成長ホルモン，甲状腺刺激ホルモン，バソプレシンなどの分泌を亢進し，生殖腺刺激ホルモンの分泌を抑制する．中でもインターロイキン1による副腎皮質刺激ホルモン放出ホルモンの分泌促進は，視床下部–脳下垂体–副腎系の活性化につながり，前に述べたストレスを受けた際の重要なホメオスタシス維持活動につながる．糖質コルチコイドは免疫活動を抑制するように働くので，免疫反応を終息させる負の調節機構として働いている．なお，脳内では星状細胞と小膠細胞がインターロイキン1を産生・分泌する．また，インターロイキン1は星状細胞やシュワン細胞による神経成長因子の合成を促すことも知られている．このようにインターロイキン1一つとってみても，免疫系は内分泌系や神経系と密接な関係を有していることがわかる．

インターロイキン2はヘルパーT細胞により産生され，キラーT細胞およびナチュラルキラー細胞の増殖と活性化を促すサイトカインである．中枢神経系においては発熱，低血圧，昏睡などをひき起こす作用がある．

インターロイキン3はT細胞により産生され，骨髄の幹細胞に作用し骨髄細胞の増殖と分化をひき起こす．また，神経細胞の栄養因子としての作用もある．一方，神経細胞もインターロイキン3を産生し分泌している．

インターロイキン6はT細胞やマクロファージが産生するB細胞の分化誘導因子である．神経系でも星状細胞などにより産生され，神経細胞の分化を誘導する．また，インターロイキン6には副腎皮質刺激ホルモンの分泌を促す作用があり，この作用は副腎皮質刺激ホルモン放出ホルモンより強力である．

顆粒球マクロファージコロニー刺激因子はT細胞により産生され，骨髄における顆粒球マクロファージ系細胞の増殖と分化をひき起こす作用がある．神経系では星状細胞によりつくられ中枢神経系コリン作動性神経細胞の栄養因子として作用する．

インターフェロンはT細胞により産生される抗ウイルスタンパク質として知られており，体内に侵入したウイルスの増殖を抑制する作用がある．また，神経系では星状細胞により産生され，神経系に作用して発熱，睡眠誘導，食欲の抑制をひき起こす．さらにインターフェロンは副腎皮質刺激ホルモン，成長ホルモン，甲状腺刺激ホルモンの分泌を修飾している．

7・3・4 免疫の成立

a. 免疫応答 免疫応答とは，免疫を担当する細胞が活性化されるという現象である．抗原となる細菌やウイルスなどが侵入した場合，最初の数分以内に侵入部位で炎症が起こる．外敵に侵入された細胞において一番はじめに起こる反応は，その細胞自体の応答である．傷ついた組織はアミン系のホルモンである**ヒスタミン**を放出し，体の防御機構の活動を刺激する．ヒスタミンには小細動脈を拡張する作用があるので，ヒスタミンが分泌されている部位に流れ込む血液の量が増える．この結果，炎症や感染の患部が赤く腫れあがる．また，血管壁の透過性も増すため血漿などが流れ出し腫れがひどくなる．放出物質には**キニン**とよばれる一群のポリペプチドもある．この分子によって血管の透過性がさらに上がり，局所的に腫れはさらにひどくなる．血流を増し血管の透過性も高めることで，感染の起こった部位により多くの抗体や補体が集まることになる．無論こうなれば神経に圧力がかかり痛みがひき起こされる．痛みも，傷をかばい治癒するまで保護するのに必要なシグナルなのである．

つぎに血流量の増した部位に食細胞であるナチュラルキラー細胞や顆粒球が集まり，細菌やウイルスに感染した細胞の除去を開始する．外敵の侵入が軽度の場合は，この程度の炎症で終わる．しかし，相手がもっと強力な非自己であれば，それが抗原情報となりリンパ管を通ってリンパ節や脾臓に運ばれる．こうしてリンパ組織内に運ばれた抗原は循環してくる小リンパ球に遭遇する．抗原に出会ったT細胞やB細胞は一時的に循環を中止し抗原を認識する作業に入り，やがて抗原に特異的なT細胞が増殖し機能を開始する．ついでB細胞も抗原の刺激を受けて分裂増殖し形質細胞となり，抗原に対する特異的な抗体を分泌して抗原抗体反応を起こす．同時に抗原に特異的なキラーT細胞の活性も高まって，さらに残った感染細胞も殺される．最後にサプレッサーT細胞の増加があり，これら一連の免疫反応は終息する．しかし，前にも述べたようにB細胞やT細胞の一部は記憶細胞として数カ月から数十年生き続けて，再び同じ抗原が入ったときのために備える．

自己以外の物質，すなわち異物としての抗原の種類は無限といってよいほど多い．それらを正確に見分ける機構について定説となっているのは**クローン選択説**である（図7・31）．クローン選択説では，あらゆる抗原に対する抗体があらかじめB細胞に用意されていると考える．すなわち，それぞれ異なる抗体をもった何百万種のB細胞があるが，一つのB細胞は1種類の抗体だけをつくるから，この段階では同じ抗体をもったB細胞の数は少ない．抗原が侵入すると，これと出会ったB細胞の中から抗原に適合する抗体をもった細胞が選ばれて結合する．ただし，通常の抗原は多くの抗原決定基（抗原における抗体の結合部分）をもつので，抗体もそれに対応して複数個選ばれることになる．つぎに抗原と結合して刺激されたB細胞は，ヘルパーT細胞の助けをかりて形質細胞へ分化しながら増殖し，クローン化して多量の同一抗体を産生するようになる．なお，T細胞の細胞表面の抗原に対する受容体についても，同じクローン選択の原理が適用される．

b．記憶と寛容 免疫系のすばらしい性質の一つは，同じ抗原刺激が2度目に与えられたときに示す特異的な応答である．最初に未知の抗原に遭遇した場合の抗原抗体反応を一次反応とすれば，2度目の二次反応は一次反応よりも応答する速度が速い．また，二次反応の方が大きい場合と，反対に小さかったりあるいは無反応の場合があったりする．このような現象が起こるのは**記憶**と**寛容**のためである．免疫系の記憶の効果は二次反応の際に起こる抗体産生にはっきりと現れる．抗原が生体内に侵入してから産生される抗体の量が最高値に達するまでの時間が，二次反応では一次反応の半分以下に短縮される．これは抗原に対する特異的なT細胞とB細胞の数が，一次反応のときに比べて二次反応のときに著しく増加していることによる．一次反応でT細胞およびB細胞が抗原刺激に応答して分化し増殖する際，前に述べたようにそれぞれに記憶細胞群が形成される．この記憶T細胞，記憶B細胞は比較的長生きで体内を循環しているため，同じ抗原が侵入した場合に直ちに反応できるのである．

寛容とは同じ抗原が生体内に再びもち込まれた場合，その抗原に対して免疫学的に反応しない状態をいう．寛容状態を維持するためには，その抗原が継続的に体内に存在する必要がある．免疫機構の特徴の一つは自己抗原に対する無反応性である．正常状態では自己を構成する物質に免疫的寛容状態にあるわけだが，何らかの原因で寛容状態が破られると，その個体の免疫系は自己抗原と反応し自己免疫疾患を発症することになる．

7・3・5 免疫機構における内分泌系と神経系

免疫系と内分泌系の関係では，これまでも多くの自己免疫性疾患の治療に用いられてきた糖質コルチコイドの免疫抑制作用，抗炎症作用，抗腫瘍作用などがよく知られている．なお，グルココルチコイドに対する受容体は赤血球を除くほとんどすべての細胞にあるといわれる．

生体にある種のストレスが加わると，免疫担当細胞間の情報伝達物質であるインターロイキン1や6などのサイトカインが分泌され，これが視床下部-脳下垂体-副腎系を賦活することによってグルココルチコイドおよびカテコールアミンが分泌されることになる．このとき脳下垂体からは副腎皮質刺激ホルモンとともにエンドルフィンが分泌され，副腎からはエンケファ

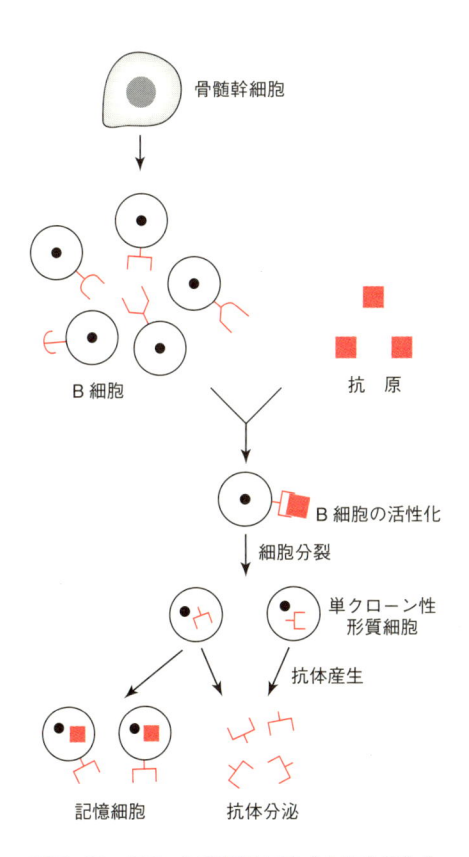

図7・31　クローン選択説に基づく抗体の生成

リンが分泌される．副腎皮質刺激ホルモンとエンドルフィンはどちらも免疫機能に対して抑制的に働く．副腎皮質刺激ホルモンはリンパ球の抗体産生を強力に阻害するが，一方でB細胞の増殖は促進する．鎮痛作用をもつエンドルフィンやエンケファリンなどのオピオイドと結合する受容体はT細胞，B細胞，単球，多核白血球にも存在し，免疫系細胞の機能を調節している．さらにT細胞やマクロファージはエンケファリンを産生・分泌することが知られている．すなわちオピオイドペプチドは必ずしも中枢神経系を介することなく産生され，産生細胞それ自体に（自己分泌的作用）あるいは産生細胞の近傍細胞に作用（パラ分泌的作用）して，免疫系および神経内分泌系の調節に関与している．エンドルフィンとエンケファリンには，ナチュラルキラー細胞の活性化の促進，リンパ球の抗体産生を抑制する作用などがある．

性ホルモンと免疫系の関係でよく知られているものの一つは胸腺の変化である．胸腺の萎縮が始まるのは思春期になり性ホルモンの分泌が盛んになってからである．ラットで生殖腺を除去すると胸腺が肥大することから，胸腺の萎縮が性ホルモンの直接あるいは間接的な影響下にあると考えられる．ラットの脳下垂体を除去すると，胸腺が退化し免疫機能が低下する．しかし，この変化は成長ホルモンあるいはプロラクチンを投与すると回復する．これらのホルモンはリンパ球の増殖因子として働くことが知られている．また，生まれつき脳下垂体の機能に疾患のあるマウスでは免疫機能も未発達であるが，成長ホルモンあるいはチロキシンを投与すると機能が回復するという．臨床的に甲状腺に異常増殖が発生したときには，血清免疫グロブリンの増加，リンパ組織の肥大が起こることが知られている．バソプレシンは抗利尿作用や血圧上昇作用で知られるホルモンであるが，副腎皮質刺激ホルモンとは逆にヘルパーT細胞やインターロイキン2の代役を務めて，インターフェロンの作用を助ける．甲状腺刺激ホルモンはT細胞の抗体産生能力を高める．**サブスタンスP**は痛みの反応に関係する脳腸ペプチドであるが，炎症の際に免疫系の細胞を誘引する．血管作動性ペプチド（VIP）は免疫系の抑制に，ソマトスタチンはリンパ球の増殖促進に働く．

さらにリンパ球は培養系で適当な刺激を受けると，副腎皮質刺激ホルモン，甲状腺刺激ホルモン，成長ホルモン，プロラクチン，黄体形成ホルモンなどの脳下垂体ホルモンや，神経ペプチドY，VIP，ソマトスタチンなどをつくりうる．また，リンパ球は副腎皮質刺激ホルモン放出ホルモンに反応して副腎皮質刺激ホルモンを，甲状腺刺激ホルモン放出ホルモンに反応して甲状腺刺激ホルモンを産生することもわかった．このように免疫系と内分泌系の関係は密接であり，今後研究が進むとさらに複雑になると思われる．

一方，神経系も免疫系と密接な関係をもっている．インフルエンザや高熱を伴った伝染病などの場合，患者は頭痛を訴え気力もなくなり，ひどいときには錯乱状態になったり昏睡状態に陥ったりする．感染症では，免疫系の細胞が感染により刺激されて各種のサイトカインを産生することは前に述べた．このサイトカインが中枢神経系に作用することによっていろいろな神経症状が起こるのである．かつて脳の特異性として，健康な状態ではリンパ球はほとんど脳内にみられず，血液脳関門が外からのタンパク質や細胞の侵入を阻止していることから免疫学的には聖域と考えられていた．しかし現在では，これまで述べてきたように脳内の細胞自体がサイトカインを産生し分泌することがわかり，立派な免疫応答がある．

7・3・6 無脊椎動物の生体防御機構

これまで述べてきたのは脊椎動物，特に哺乳類における免疫系であるが，無脊椎動物の免疫系はそれと多少異なっている．無脊椎動物と脊椎動物の血球において共通なものはマクロファージと顆粒球であるといわれている．これら2種類の細胞の機能は，基本的に脊椎動物でも無脊椎動物でも同じ食作用である．また，無脊椎動物においても体液性免疫に関与する考えられる因子は多種存在することが報告されている．たとえば，血球凝集素ともよばれる**レクチン**は動物や植物に広く分布しているタンパク質である．その機能は細菌などの異物に直接付着したり凝集させたりして毒性を不活化すること，異物がレクチンと複合体を形成すると食細胞がそれを認識して食作用を起こすことなどがあげられる．

8 行動と生態

8・1 環境と生物

8・1・1 さまざまな環境要因

　地球上のすべての生物は，生活する際にさまざまな要因の影響を受けている．日射量や気温，湿度，土壌や水界中の栄養塩濃度などの物理的・化学的要因だけでなく，他の生物の存在から受けるさまざまな影響もあるだろう．このように，生物の生活に影響を与える外界のすべてを**環境**という．環境要因には光・温度・水分・土壌・大気などの無機的要因と，同種もしくは異種の生物間のさまざまな関係によって生じる有機的要因とがあり，これらは時間的にも空間的にもさまざまに変化する．無機的環境が生物に影響を与えることを**作用**といい，たとえば，温度によって植物の生長速度が変化することなどである．

　逆に生物の活動の結果が無機的環境を変えていく働きを**環境形成作用**（または反作用）という（§8・5・3参照）．裸地に草本植物が生え，やがて明るい林を経てうっそうとした森林を形成するに従い，木立の中の光や温度条件などが変化し，落葉による土壌中の有機物が増加することはその一例である．

　また生物間の相互の影響を**相互作用**といい，これには同じ食物をめぐって争う**競争**，天敵がえさとなる相手を捕らえて食べる**捕食**，体の大きな生物に小さな生物が宿って養分を搾取する**寄生**，異種どうしが互いに利益を与えながら共同して生活する**共生**などがある．生物間相互作用については§8・4で詳しく解説する．

　このように，生物は多様で変化に富む環境の中で生活しており，そこではさまざまな機能を維持する必要がある．それがつぎに述べる適応である．

8・1・2 環境への適応

　生物はその環境中で形態的・生理的・生態的にうまく機能する形質（形態や性質）を備えており，これを**適応**という．適応した形質は，生物の生活において合目的にすらみえる機能を果たすが，これはもちろん生物がそれに見合うように短時間に臨機応変に対応したためではない．その環境中で長い年月生活するうちに，より優れた遺伝的形質をもった個体が平均的により多くの子孫を残し，この世代ごとの繰返しが長期間続いた結果として（この作用を**自然選択**という），現在みられるような適応した形質が生物に備わったのである．

　適応は，乾燥状態・高温・低温など，特殊な環境で生活する生物に特にはっきりとみることができる．もちろん温暖な環境においても，その生物の生活が機能的に営まれるための適応はすべての生物にみられる．単に際立って特殊化していないため一般に気づかれにくいだけのことである．

　以下に，代表的な適応の例をいくつかあげておくが，適応が生じる自然選択の過程については第9章で詳しく述べる．

　a. 乾燥への適応　砂漠や乾燥地帯に生きる生物は，水分の余分な蒸発を防いだり，少ない水分を効率良く利用するなど，乾燥環境に適応している．植物の例では，オリーブなどのように表面にクチクラ層を発達させた硬い葉をもつもの，ベゴニアのように葉に貯水組織を発達させているもの，またサボテンのように葉を針状にして蒸散を防ぎ，茎に水分を保持するものなどがみられる．このような変形した葉をもたず，柔らかい葉しかもたない植物の場合は，比較的水分の

利用できる雨期にだけ急速に葉を伸ばして光合成を行い，乾期には落葉するものが多い．光合成を行うには二酸化炭素を取込むために気孔を開く必要があるが，乾期ではそこから水分が蒸散してしまう損失が大きいからである．

乾燥地にすむ動物の場合にも，水分の損失をできるだけ少なくするような適応がみられる．たとえば，砂漠性の小哺乳類の例では，日中は比較的低温で湿度の高い地中の穴の中で過ごして体温調節のための水分の使用を減らし，夜間に地上に出て活動する（**夜行性**）．また，濃縮された尿を少量だけ排出する腎臓を発達させているものもいる．砂漠にすむトビネズミなどは，体内における食物の代謝過程で生じる水（代謝水）を再利用し，まったく水を飲まずに生活しているものがいる．このトビネズミの鼻腔は特殊な構造をもち，夜間に湿度が高くなることを利用して鼻腔内部で水分を確保している．

b. 温度への適応 温帯や冷帯の生物にとって，厳しい冬をやりすごすことは重要であり，さまざまな適応がみられる．植物は低温で乾燥する冬季には，**休眠芽**（冬芽）をつくったり，体内の生理的反応を調節する．たとえば，クワでは気温が低下する10月ごろから，枝や幹の中で貯蔵デンプンが分解されて水溶性の糖類であるショ糖（スクロース）に変わる．これにより，細胞内の浸透圧を高め，細胞内で結氷を起こしにくくし，冬の低温・乾燥への抵抗性を高めている．

温帯や冷帯の昆虫は，日長（昼の長さ）がある閾値よりも短くなると冬の訪れを察知し，体内のホルモン調節が変化して，まだ十分気温が高くても夏の終わりには休眠に入る種が多い．またある種の昆虫（たとえばカイコの卵など）では，秋になると貯蔵物資のグリコーゲンからグリセロールが合成され，これが細胞内で結氷を起こしにくくする．

鳥類など移動力の大きいものは，冬季には南方に移動して冬を過ごし，春になるとまた元の生息地に戻るという**渡り**を示す．彼らは星座の位置によって方向を知る能力をもち，これが方向を誤らない正確な長距離移動を可能にしている．

c. 他の生物との相互作用がもたらす適応 生物が適応を示すのは，無機的環境に対してだけではない．生物間の相互作用によっても適応はもたらされる．たとえば，えさとなる生物（被食者）の中には，それを食べる動物（捕食者）に見つかりにくい形態・色彩をもつものがある．シャクガの幼虫（シャクトリムシ）は木の枝と区別がつきにくく，また刺さないハナアブが刺すミツバチと同じような黄色と黒のしま模様をもつ．これらは**擬態**とよばれ，鳥のように視覚でえさを見つける天敵からの捕食を避けるように進化的に適応した結果である．また砂地の上のカレイや，地衣類の付着した幹に止まったシャクガの成虫のように，背景と区別がつきにくい色彩を**保護色**という．背景と区別がつきにくい色彩は，えさを捕らえる捕食者の側にもみられる．トラやチータなどの肉食獣がもつしまや斑点模様は，えさ動物に発見されずに近づくのに役立つので，この場合には**隠蔽色**という．

逆に，目立つように鮮やかな色彩を示す植物食昆虫の幼虫もいる．体内に寄主植物由来のある種の毒性物質（アルカロイドなど）を蓄積していて，鳥などがそれを捕食すると，大変まずい味がするため吐き出してしまう．色彩が鮮やかなので，一度食べると鳥にはその幼虫を食べないよう急速に学習が進む．このような目立つ色彩を**警戒色**という．

8・2 動物個体間の相互作用と社会性

8・2・1 資源の選択的利用

生物にとって資源とは，**独立栄養**を営む植物ならば根づくための空間，土壌中の水分や栄養塩，そして太陽からの光であるだろう．**従属栄養**を営む動物にとっては生息場所やえさなどである．生物は決してランダムに環境を利用しているわけではなく，それぞれの種に固有の必要な資源を選んで，効率良く利用している．この**選択的利用**は，もちろん生物が逐一そう考えて行動するからではない．自然選択による進化の結果，彼らの生息する環境においてはそういう行動を示すように適応したのである．

この節では，おもに動物に対象を絞って，彼らがどのように資源を効率良く利用し，また他個体との相互作用の中でいかに資源の獲得方法を発達させ，これが社会性の進化に結びついていったかを解説する．

a. 最適採餌行動 動物は生息環境の中でさまざまなタイプのえさに遭遇するが，出会ったものを手当たりしだいに食べているわけではない．**動物の採餌行動**には，効率の良いえさ選択がみられる．これは，動物に同じえさ種でサイズの異なるものを与え，どれを採って食べるか調べた実験などからわかってきた．

図8・1はワタリガニにサイズの異なるムラサキイガイを与えた実験である．えさの量を低密度から高密度まで変え，サイズの異なる貝を大：中：小＝1/4：1/2：1の割合で与える（図8・1a）．もし出会った貝はどうすれば良いのかを予測するモデル（**最適化モデル**）をつくってみた．モデルの予測は以下の通りである（図8・1b）．

- 大きな貝が十分にあるとき（高密度区）は，大きな貝だけ食べるのが良い．
- 大きな貝に出会う時間が長びくと（中密度区），中くらいの貝も無視せず採餌した方が良い．つまり，与えた割合である大：中＝1：2で採餌する．
- 大きな貝と中くらいの貝に出会う時間がもっと長びくと（低密度区），小さな貝も無視せず，与えた割合で三つのサイズの貝を選り好みせずすべて採餌するのが良い．

理論値と実際の観察値（図8・1c）を比べてみよう．えさを高密度で与えたとき理論値と少しずれて，ワタリガニは中程度の貝もいくらか食べてしまうが，それ以外の条件ではとてもよく一致した．

ほかにもブルーギル（淡水魚）に大きさの異なるミジンコを与えた実験などで，動物が効率の良いえさ選択を行うことを示す結果が多く得られている．

b. 競争下での最適なえさ場選択：理想自由分布

上でみた例は，他個体がいなくて，資源をめぐる競争が生じない状況下でのえさ選択であった．しかし，同じ資源をめぐって競争する個体が多数いる場合には，話は違ってくる．どの個体も好きなだけ最適なえさや場所を選ぼうとすれば，当然激しい競争が起こって，その資源の価値は低下してしまうだろう．この場合の最適な資源選択は，つぎのような実験方法でよく研究された．

水槽にイトヨ（淡水魚）を6匹入れ，両端のえさ場からミジンコを与えた．はじめ数分間は等しい量ずつ与え，しばらくして2：1の割合で片方が多くなるように供給し，さらにしばらくして，こんどは2：1の割合は同じでも多い方の端を逆転させた．その結果が図8・2である．はじめは両方のえさ場に平均約3匹ずつ均等に分布し，2番目のステージでは多い方に平均4匹，少ない方に2匹というように分かれた．3番目のステージでは，えさ場の供給量に応じて4：2の個体数配分の逆転が比較的迅速に起こっている．

この場合1個体当たりのえさ獲得量の期待値は，えさの多い場所に行った個体も少ない方の場所に行った個体も等しいことに注意してほしい．資源量に比例して個体数が分かれ，その結果どの個体も等しい利益を

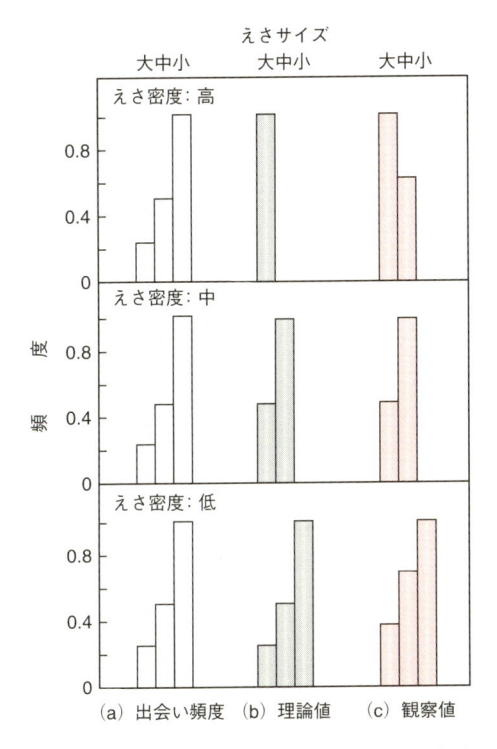

図8・1 ムラサキイガイを食うワタリガニのえさサイズ選択 えさ密度が低いときには出合い頻度（えさを与えた頻度）に比例して採っているが，えさ密度が高くなると大きな貝を選別して採るようになる［R. W. Elner, R. N. Hughes, *J. Anim. Ecol.*, **47**, 103 (1978) を改変］

を選り好みせず，手当たりしだいに採餌したとしたら，採った貝サイズの割合も与えた割合に等しくなるはずである．しかしワタリガニにとっては，小さい貝は貝殻をこじ開ける手間をかける割には中身が小さいので損である．事実，実験結果では，えさ密度が十分高いときには小さい貝を無視して，与えた割合の少ない大きい貝を積極的に選んで食べている．一方，えさ密度が低いときは，大きい貝に遭遇するまでの時間がかかるので，出会った小さい貝を無視せずに採餌するように選択行動を変える．

そこで，おのおのの貝に遭遇してこじ開けるのに要する時間をコストとし，中身から得られるエネルギーを利益として，この利益/コストの比を最大にするに

得るのが，競争状況下での最適なえさ場選択の理論の予測である．しかし，動物がこの分布を達成するには，どこにどれだけのえさがあり，競争相手はどれだけいるかを瞬時にして知る理想的な全知性をもち，場所間を自由に移動できることが前提である．そのためこのモデルは"**理想自由分布**（ideal-free distribution）"とよばれる．当然ながら実際の動物にはこのような全知全能性はとうていありえない．にもかかわらず，このイトヨの例だけでなく，多くの動物が理想自由分布に合うという報告がある．それらは目で見てえさや他個体に関する情報を短時間で得ることができ，しかも迅速にえさ場間を移動できる能力をもった動物の場合が多いようだ．完全に"理想自由"な能力をもっていなくても，えさ場を行き来して試行錯誤の**学習**を繰返すうちに，理想自由分布に合った最適なえさ場選択を達成できるように思われる．

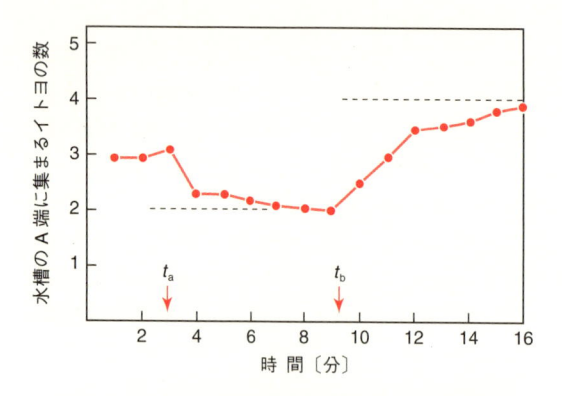

図8・2 イトヨのえさ場選択実験で示された理想自由分布 はじめ水槽の両端に等しい量のえさが供給されるようにし，t_a の時点では，端BのほうがAの2倍のえさが供給されるようにした．さらに t_b の時点でその比率を逆転した．全部で6匹のイトヨが水槽に入れてある．点線は理想自由分布のもとでAに集まる魚の数を示す〔M. Milinski, *Z. Tiepsychol.*, **51**, 36 (1979)を改変〕

8・2・2 縄張りと親による子の保護

えさや生息場所をめぐって同種の個体どうしが競争（種内競争）する場合，ある範囲の空間を防衛する動物がいる．個体・つがい・群れなどが，他個体ないし他の群れと地域を分割して生息し，侵入されたとき防衛する空間のことを**縄張り**という．これは，個体が行動する範囲すべてをさす**行動圏**とは異なる．行動圏は同種個体間で大きく重なっているが，縄張りは原則的に重ならず，侵入者に対して積極的に**防衛行動**を示す．防衛には直接の戦いだけでなく，**誇示行動**で相手を威嚇することや，尿や体表のいろいろな腺から出るフェロモンをあちこちに擦りつけて縄張りを誇示することが含まれる．

a. 縄張りの機能 縄張りの機能は，採餌専用と繁殖用とに分けられる．繁殖用はさらに巣とそのまわりの狭い範囲だけを防衛するもの（カモメやツバメなど）から，求愛・交尾・造巣・大部分のえさ集めに至るまでの大きな防衛地域を示すもの（シジュウカラ，イヌワシ，ライオンなど）までさまざまである．

採餌専用は繁殖を行わずもっぱらえさ確保のためだけに用いられ，アユがその典型的な例である．アユは水中の石についた付着藻類をえさとし，初夏から晩夏にかけて早瀬に縄張りをつくってこれを防衛する．"鮎の友釣り"は縄張りアユのこの習性を利用したもので，鼻輪をつけたおとりを侵入者に仕立て，攻撃を仕掛けてくる縄張りアユを針にかけて釣る方法である．カサガイも波のかぶる岩場で直径数十cmの縄張りをつくり，その内側で岩にフィルム状に付着した藻類を摂食する．

繁殖用の縄張りについては，多くの鳥類や哺乳類が巣周辺の地域を防衛することはよく知られている．ほかに，魚類ではトゲウオが水草に付着した巣をつくり，これを防衛する．巣はつくらないものの，雌を引寄せるためにある特定の場所に縄張りをつくる動物もいて，両生類ではウシガエルなど，昆虫ではカワトンボやヤンマの類がよく知られている．

b. 縄張りの最適な広さ 縄張りは資源の占有を可能にするものではあるが，では広ければ広いほどよいのであろうか？ 縄張りが広すぎると，侵入者からの防衛にかかりきりになり，とてもえさを採っている暇などなくなってしまう．縄張りの最適な広さを図8・3のような最適化モデルで説明してみよう．最適な広さは，所有者が縄張り内の資源から得る利益と，防衛に費やすためのコストの差引きが最大となる広さとして求められる．利益曲線は縄張りが大きくなるに従って徐々に頭打ちとなるのに対し，コスト曲線はパトロールに費やす労力が急増するのに合わせて，急激に立上がる曲線となっている．

では最適となる広さが存在するのならば，現実にどの縄張りも同じような大きさになっているのだろうか？ 実際，オクスフォード大学のグループによって

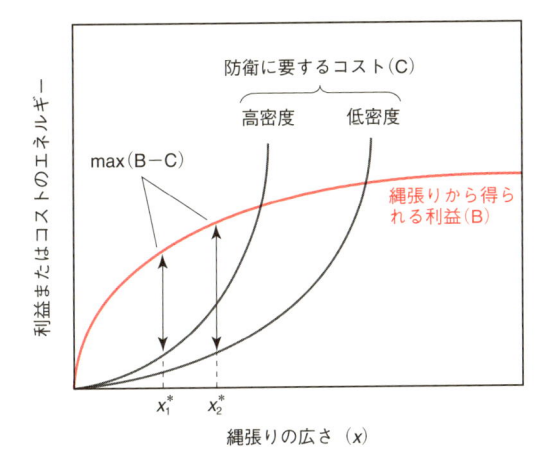

図8・3 縄張りの最適な広さ x^* を表すモデルの例
縄張りから得られる利益(B)と,縄張り防衛に要するコスト(C)の差(B−C)が最大になるところが最適の広さ x^* となる.競争相手の多い高密度のときの x_1^* は,低密度のときの x_2^* よりも小さくなることに注意.

研究されたワイタムの森でのシジュウカラの縄張りは,多少の違いはあるもののどれも似たような大きさである(図8・4).そのため,縄張り所有者の数はこの森全体である一定数に限られることに注意してほしい.実際,実験的に6つがいを取除いたところ(左図),3日後には四つの縄張りが周辺部からの侵入者によって埋められた(右図).撹乱を受けても迅速に

ほぼ一定数のつがい数(縄張り数)に戻って,それが保たれていることがわかる.一定数の縄張り所有者のみが繁殖できるので,縄張りをもつことは結果的にその生物の個体数を安定化させる効果を示す.

c. 親による子の保護 繁殖用の縄張りをもつ場合,縄張り所有者は何らかの形で親が子を世話することになる.その場合,水中や葉の表面に産みっぱなしにする動物に比べて,はるかに少ない数の子や卵しか世話できないであろう.親にとって造巣や防衛・給餌のコストが余分にかかるからである.そのため,大きな卵や子を少数産んで確実に成長できるように世話をするという方向に適応する傾向がある(p.186,表8・1も参照).

縄張りに付随して生じる**親による子の保護**は,社会性への進化の重要な出発点としてとらえられる.広範な動物で産卵数の減少が幼生の初期死亡率の低下と関係していることも示されている.つまり,少数の卵や子を産むこと(そしてそれを世話すること)は,子が成長するまでのすべての期間の死亡率を下げるのではなく,特に幼生期の死亡率を減少させるのである.

親が子を世話している間は家族が一緒に生活している.やがて十分に成長した子は巣から出ていき,それに伴って,縄張りが解消されることが多い.しかし,これが発展して縄張りが継続的に保持され,さらに成長した子がそのまま巣にとどまって親と一緒に共同営巣すれば,世代が重複し血縁集団が形成されていく.これがつぎに説明する社会性の進化である.

8・2・3 動物における社会性の進化

動物における社会性の進化は,まず20世紀前半にハチやアリなど社会性昆虫を対象に研究され,後半に入って霊長類やその他の哺乳類,鳥類,両生類,魚類などの研究も盛んになった.E. O. Wilson の"**社会生物学**"(1975)が契機となり,動物の社会性を血縁者間における**利他行動の進化**として体系だってとらえるようになってきた.

a. 昆虫やクモ,ダニの社会性 昆虫の社会性の段階は,おおまかには前社会性,亜社会性,真社会性に区別される.**前社会性**(単独性ともいう)とは親が卵を産みっぱなしにするもので,親子世代の重複や子の養育などいっさいみられない.チョウやガ,単独性のハバチやキバチ,トンボ,カブトムシなどが典型例である.**亜社会性**とは親が一定期間産んだ子や卵のも

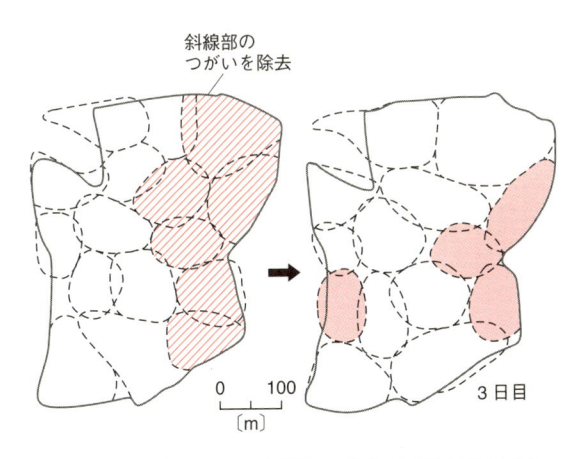

図8・4 シジュウカラの縄張りの分布(左図)と置き換え実験の結果(右図) 実線は森の縁.破線で囲まれたおのおのの地域が縄張りである.左図の斜線部の縄張りつがいを人為的に除去したところ,3日目には右図のように他のつがいが縄張りの位置を少し変えるとともに,周辺部から新たに4つがいが入って縄張りを得た(色アミの部分) [J. R. Krebs, *Ecology*, **52**, 2 (1971) より]

とにとどまり世話をするもので，つぎの真社会性にみられるようなカースト分化は生じていない段階である．朽ち木食性の昆虫に多くの例があり（クロツヤムシ，クチキゴキブリ），いずれも親と子（幼虫や若虫）はともに朽ち木に掘った孔道の中で生活し，親は捕食者のムカデなどから子を防衛する．また子は親からセルロースを分解する微生物の混じった吐戻しやふんを受けている．朽ち木は窒素源の摂取という点では著しく効率の悪いえさで，朽ち木食性の昆虫では成虫になるのに数年を要することがしばしばである．そのため子が親とともに生活する期間が長く，ときには発育段階の異なる子どうしが親と一緒に生活していることもあり，兄弟姉妹関係も生じている．また朽ち木は閉鎖的で，いったん木が倒れたのちは長期間利用可能な資源であるため，このように親子がともに生活する方が有利となる条件が整っている．

亜社会性の昆虫としては，他にもカメムシ類で，背中に卵を背負って孵化するまで世話をするコオイムシや，水面近くの茎に卵塊を産みつけ，かえるまで母親が防衛するタガメなどが該当する．また，最近では共同で巣をつくり集団生活（その集団を**コロニー**という）をするハダニやクモなどが発見されて注目を浴びている．この場合，餌不足などで生殖巣が十分に発達していない成虫が混じっており，繁殖せずにコロニーの他個体の世話をして一生を過ごすものもある．このような**繁殖力の偏り**は，これが常態化すると，やがて以下のような真社会性の階級分化につながっていく可能性が考えられる．

亜社会性の発展した段階が**真社会性**とよばれるもので，これは親子世代が重複し，生殖虫と不妊虫とに**カースト（階級）分化**がみられ，子が親を世話するようになったものである．典型例はミツバチやアリで，その社会は一部の生殖虫（女王）と不妊カーストである働きアリ，働きバチ（ワーカー）そしてアリの場合はさらに兵隊（ソルジャー）から構成される（図8・5）．他にスズメバチ，アシナガバチなどのカリバチ系統のハチ，マルハナバチ，コハナバチなどハナバチ系統のハチ，シロアリなどが真社会性である．いずれの場合もコロニーは血縁者（親子，兄弟姉妹）の集団から成る．また，アブラムシにも兵隊を生じるものがあるが，アブラムシの場合は単為生殖によって子が生まれるので，親子は同一の遺伝子セットをもっている．

b. 脊椎動物の社会性 親が巣をつくって卵や子を養育することは，鳥類や哺乳類では一般的である．魚類でもイトヨなど巣をつくって卵をかえす種がいる．大型の哺乳類は繁殖のために特定の巣をつくることは少なく，代わりに群れで生活する．

群れの血縁関係という点ではどうなっているのか？ライオンとチンパンジーの社会を例にあげてみよう．ライオンの群れは数頭の雄親と10頭前後の雌親，そしてその子どもから成るが，雄親どうしは兄弟関係にある．兄弟は成長すると群れを出て，放浪の旅のあ

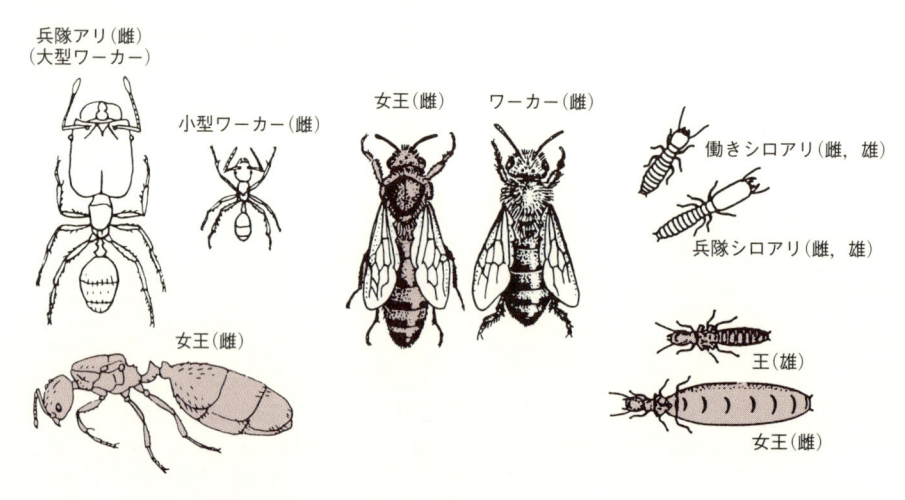

図8・5 **真社会性昆虫の各カーストに属する個体** 左：オオヅアカアリの一種．中：ミツバチ．右：ヤマトシロアリの一種．アリ，ハチでは不妊カーストはすべて雌だが，シロアリの不妊カーストには雄・雌両方いる　［嶋田正和ほか著，"動物生態学"，p. 168，海游舎（2005）より］

と，協力して他の群れを乗っ取る．他人の子はすべて殺し，新たにそこの雌と繁殖するのである．産まれてくる子は従兄弟どうしの関係になる．それに対してチンパンジーの場合は，兄弟が群れに残り雌が出ていく．兄弟は協力して群れを守り，そこにやってくる雌と繁殖し新たに子をもうける．やはり群れ内の子は従兄弟どうしになる．

一定のメンバーを恒常的に保つ群れにおいて，個体間に強弱の差があると，優位な個体と劣位の個体の間に順位が生じる．これにより群れが秩序づけられている場合を**順位制**という．セイウチでは，体の大きな少数の高順位の雄が雌を得て繁殖でき，大多数の順位の低い雄は繁殖できない．ライチョウやクジャクの類でも，雄どうしがある場所に集まって雌をめぐり誇示行動で競い合う（これを**レック**という）結果，少数の高順位の雄が数多くの雌と繁殖できる．

群れ内に生殖個体と不妊ワーカーのカースト分化がはっきりとみられ，その点で哺乳類における真社会性の例として最近注目を集めているのが，ハダカデバネズミである（図8・6）．アフリカに生息するこのネズ

図8・6 ハダカデバネズミ ［A. Cockburn, "An Introduction to Evolutionary Ecology", p.69, Blackwell(1991)より許可を得て転載］

ミは，地面に穴を掘って生活し，群れ内に1匹の生殖個体（女王）と穴掘などの労働専門の多数の不妊ワーカーとに分かれている．女王の分泌する化学物質によって，他個体の性的成熟が抑えられているようである．

8・2・4 血縁関係と社会行動の進化

以上見てきたように，まず親子関係が基本となって繁殖のために親が縄張りを示し，その中で卵の世話や子を養育して，これが親子世代の重複へと発展する．では，なぜ血縁者どうしのコロニーではワーカーやソルジャーのような繁殖個体の世話に一生を費やす"利他的な"不妊個体が生じたのであろうか？そして，な

ぜ不妊個体は子を残さないのに，不妊で利他的であるという性質が子孫に伝わるのであろうか？これはカースト分化とよばれる真社会性への重要なステップで，長く生物学者を悩ませてきた難問であった．以前には，真社会性コロニーは繁殖専門の生殖虫と労役に徹する不妊カースト虫とが役割を分担しあって，これで1個体に相当する超個体的存在となっているなどという説も出されたりした．しかし，つぎに述べる W. D. Hamilton (1964)の**血縁選択説**が出るに及んで，現在ではこの説を基礎に，血縁関係からみた社会性の進化学説が体系だてられている．

a. 血縁選択説と血縁者扶助の進化条件 Hamilton の血縁選択説を一言でいうなら"血縁関係の濃い集団では相手を扶助する利他行動が進化しやすい"ということである．これを説明するには，以下の述語の理解が必要となる．

- 適応度：次世代に残すと期待される子の数，すなわち残せると期待される自分の遺伝子セット数．
- 血縁度：同一遺伝子を共有する率．二倍体生物の場合，親と子，兄弟間なら1/2，叔父叔母と甥姪の間なら1/4，いとこ間なら1/8など．もちろん自分自身に対しては1である．

血縁者どうしは遺伝子を共有している．自分自身は独立に繁殖することもできるが，相手と共同繁殖することも可能であるとする．もし自分が自らの繁殖力を減らしても相手の繁殖を世話し，その適応度を上げてやると，その増加分の何割かは自分の適応度の見返りとなるであろう．なぜなら血縁者の子は自分と何割かの遺伝子を共有しているからである．このような自分の適応度の減少分と血縁者の子を通しての適応度の見返りの差引きを考慮するため，Hamilton は**包括適応度**(inclusive fitness)という概念を次の式で定義した．

包括適応度＝
（他者を世話しないときの適応度）
－（血縁者を世話することによる自己適応度の減少分）
＋（血縁者の適応度の増加分）×（両者間の血縁度）

各項をそのまま順に数式に書き換えると，
$$W_A = W_0 - C + B \times r$$
この式から $rB > C$ ならば，自己の適応度を犠牲にしてでも血縁者を世話する方が，独立生活よりも包括適応度がより高くなり（$W_A > W_0$），有利になる．これが血縁者扶助の進化条件である．そして血縁度 r の高い集団ほど，この不等式は満たされやすくなることが

理解できよう．

b. 血縁者間の社会行動の実例　アリやミツバチなどでは，女王とそれが産んだワーカーは母親と娘の関係にあり，またワーカーと新しく羽化してくる新女王とは姉妹どうしである．ハチとアリを総称して膜翅目というが，膜翅目のワーカーはすべて雌である．膜翅目では雄は未受精卵から発生するので一倍体，雌が受精卵由来で二倍体なので，姉妹間の血縁度が 3/4 となり，雌雄ともに二倍体の生物の姉妹間の血縁度 1/2 よりも高くなる．当初 Hamilton は，これが膜翅目昆虫で真社会性が多くみられる最も重要な理由と考えた（"3/4 仮説"）．しかし，等翅目のシロアリ（雌雄ともに二倍体）などでも真社会性がみられることなどを考慮すると，むしろ世代重複の起こりやすい生息場所の特性などの要因も重要である．いずれにしても，血縁関係の高い集団で真社会性がみられる傾向が強いことは疑いない．しかも血縁関係を識別できることも，いくつかの生物種で確認された．図 8・7 の例は，コハ

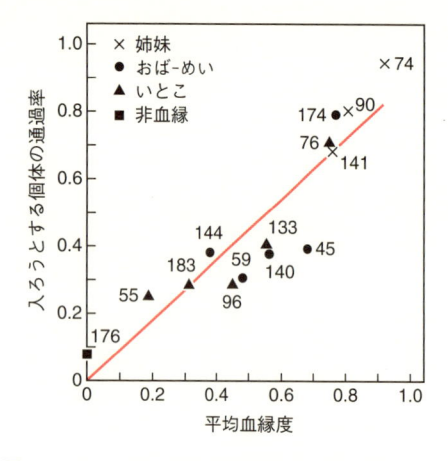

図 8・7　コハナバチの一種の巣穴の防衛と血縁者の通過率を調べた実験　入口の防衛度と入ろうとする個体の血縁度が高いと，通過できる確率が高くなる．図中の数字は相互作用の回数で，その数で各プロットを重みづけした回帰直線が引いてある［嶋田正和ほか著，"動物生態学"，p. 175，海游舎 (2005) より］．

ナバチの巣の入口にいる防衛係のワーカーが，どのような血縁関係にある個体を通過させるか実験的に調べたものである．姉妹は非常に通りやすく，叔母・姪，従姉妹もある程度通れるが，非血縁者が来た場合はめったに通ることができない．このように，血縁関係

は社会性の進化においてきわめて重要である．今後，コロニーをつくるクモやハダニ，単為生殖するアブラムシなど，血縁関係の高い個体が集団で生活している種で，真社会性の種が続々見つかる可能性がある．

脊椎動物で興味深いのは，鳥や哺乳類の**ヘルパー**の存在である．ルリカケスやジャッカルでは子供が成長し巣立ったのちも親の近辺に残り，つぎに産まれてくる弟妹の世話をする．このような個体をヘルパーという．巣立って親元を離れても，新たに巣を設ける適当な場所がすべて埋め尽くされていて，巣場所を得るのが難しい環境では，親元にとどまり弟妹の世話をしながら，親からその巣場所を譲り受けるのを待つのが有利となるだろう．そのためヘルパーが進化したと考えられている．ここでは，弟や妹の世話をすることによる包括適応度の増加も一因となっているだろう．

以上見てきたように，生物の社会行動は縄張りをつくるところから始まり，その縄張りの中で血縁集団が長期にわたって維持され，やがて長年の間にそこから高度に組織化された社会性へと進化したのである．

8・3　個体群の成り立ちと個体数変動

ここからは，コロニーや群れよりも少し上のレベルの生物集団である個体群について説明する．**個体群**は群れやあるいは種とはどのように区別されるのだろう？　**種**とは，同じ遺伝的性質（ゲノム情報）をもち，交配したときに繁殖可能な子孫を生産しうる個体の全集合をさす（E. Mayr の**生物的種概念**）．同じ種に属する生物は，どの個体も生活場所，えさや養分のとり方，繁殖期などが共通しており，個体どうしは密接な関係をもちながら生活している．ある地域にすむこのような同種の生物集団を個体群とよぶ．生活の中で相互作用の及ぶ範囲の同種個体の集合である．同種であっても，山脈や大きな河，あるいは生活に適さない場所などによって往来なく隔てられた地域にすむ個体どうしは，生活上の直接の関係はないので別々の個体群に属する．図 8・8 は中国山地から近畿地方にかけてのツキノワグマの四つの個体群の分布を示し，これらはミトコンドリアの遺伝子を標識として区分されている．二つの大きな河川によって遺伝的に分化している実態が見てとれる．

個体群は，自然界においてその生活に必要な環境条件（気温や降水量などの無機的条件だけでなく，生息

8・3 個体群の成り立ちと個体数変動

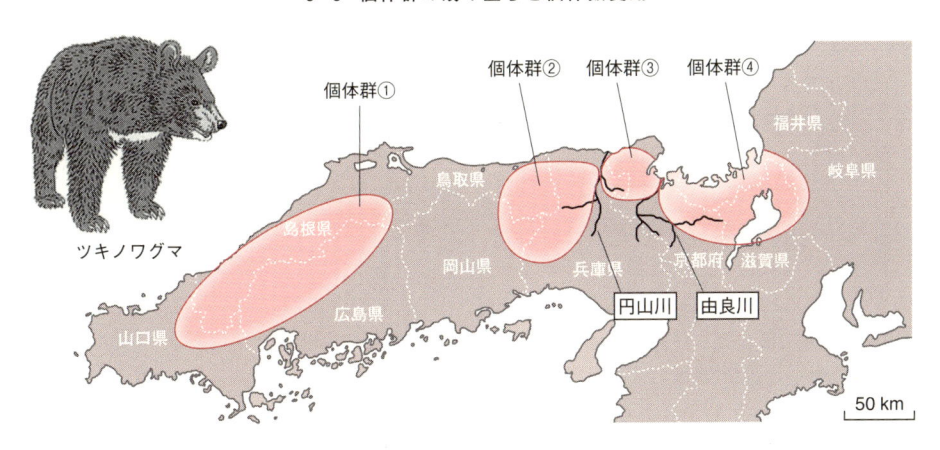

図 8・8 中国地方から近畿地方にかけてのツキノワグマの個体群の分布 DNA の分析により遺伝子の交流がほとんどない四つの個体群が確認された．個体群②と③は円山川で，個体群③と④は由良川で，それぞれ分けられている［Saitoh et al., *Popul. Ecol.*, **43**, 221～227 (2001) をもとに図を改変］

場所やえさなども含めて）の分布に依存して存在する．そこで，個体群の性質を調べるときは，ある範囲の区画や地域を設定し，その中にいる同種個体の集まりを，操作的に一つの個体群と見なすことが多い．設定する調査区域の大きさは，その中の集団がその種の個体群の特性（資源の利用の仕方，個体の分布，年齢構成，密度など）を反映したものでなければならない．これは種によって異なり，また調査の目的によっても異なってくる．一般的には，大きく移動性の高い動物ほど広い調査区域を設定する．また，実験室で維持される飼育容器の中の集団も実験個体群とよばれている．

8・3・1 個体群の成長と密度効果

個体群を成長させる直接の要因は出生であり，個体群の大きさ（個体数密度で表す）は，1 個体が産む子の数や出生後の個体の死亡，他地域との移出入などによって決まる．1 個体の産める卵や子がすべてつぎの世代の親まで生き残るとしたら，個体群は無限に大きくなると想像されるが，現実にはそうではない．個体数密度が高まるにつれ資源が不足してくるので，出生が抑制されたり，個体の死亡率が増加する．これによって，個体群の増加には歯止めがかかる．一般に個体群の成長は，時間とともに資源量と個体の要求量の関係から定まるところの一定の飽和値に近づく．

たとえば，一定量の培地を入れた容器にショウジョウバエを少数入れ，定期的に同じ量の培地と取替えて飼育し続けると，個体数はどんどん増えるがやがて増え方が鈍り，ついにはほぼ一定の個体数に到達する（図 8・9）．これが個体数密度の飽和値で，**環境収容力**とよばれる．個体数の時間的増加を個体群の成長とよび，環境の無機的条件が変化せず資源の量が一定なら，斜めに傾いた S 字形の曲線（**ロジスティック曲線**）とよく適合する．

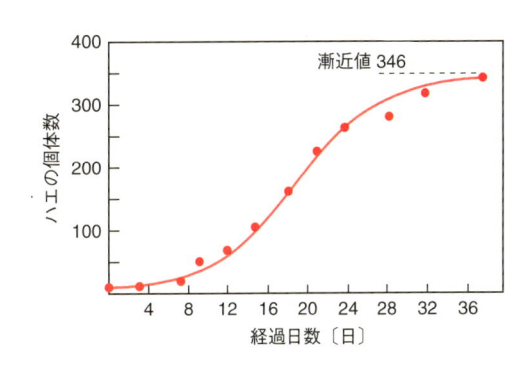

図 8・9 瓶内のショウジョウバエの個体数の時間変化

個体群の成長を示すロジスティック式は，以下のように与えられる．

$$\frac{dN}{dt} = rN(1 - \frac{N}{K})$$

ここで N は個体群密度，r は個体群の増加率，K は環境収容力である．このロジスティック式が基本となって，個体群密度の調節などの研究が発展した．

a. 動物の密度効果と個体群の調節　アズキゾウムシは，アズキを与えると年に 15 世代ほど世代を繰返す小昆虫で，個体群の研究によく使われてきた．一定量のアズキにアズキゾウムシのつがい数を変えて導入し産卵させ，つぎの世代の個体数を調べると，つがい数が多くなるほど 1 雌当たりの平均次世代生産数は減少する．高密度になると 1 匹の雌が利用できる資源が減少するからである．

一般に個体群密度が高まると，食物や生活空間などの取合いが激しくなり，これが個体の成長の低下，出生率の低下と死亡率の増加，移出する個体の増加につながる．つまり，個体群密度の増加そのものが原因となって，それ以上の増加が抑制される．これを**密度効果**という．過密状態では，強い密度効果により増殖が抑制されて個体群は減少に向かい，低密度では密度効果も弱いので個体群は増加する．こうして食物や生活空間の利用可能な量に応じた個体群の大きさが一定レベルに定まる（図 8・10）．これを密度に依存した作用による**個体群の調節**という．ただし，食物などの資源量が気候変動などで大きく変化する環境では，個体群の大きさもそれに応じて大きく変動し，この場合は個体群の調節がきかない（§8・4・3 参照）．

b. 植物の密度効果と収量一定則　一定面積の区画に密度を変えてダイズをまき，日を追って成長を観察してみよう．芽生えて間もないころは個体重は密度にかかわらず一定である．しかし，日がたつにつれ，高密度でまいた区画で密度効果が現れ始め，個体重が低密度区に比べて小さくなり始める（図 8・11a）．収量（総重量＝1 個体の乾燥重量×個体数）ははじめ高密度区で大きくても，やがてどの区画も一定の収量に達する（図 8・11b）．最終的な個体重を量ってみると，低密度でまいた区画は大きく育っているが，高密度でまいた区画ほど生育が悪くなっている．これは生長を抑制する密度効果である．図 8・11(a) のグラフで最終的な（119 日後の）個体重とダイズの密度とを両対数グラフで表すと，傾き -1 の直線になる．これはなぜだろうか？

植物の場合，競争の対象となるのはおもに光を受ける空間と土壌中の養分である．光を十分に受けるために葉を繁らすだけの空間が得られないような過密な環境では，個体重が低下してしまう．単位面積当たりの一定資源量が利用し尽くされた場合は，低密度でも高密度でも単位面積当たりの収量はほぼ一定となる（**収量一定則**）．その関係を数式に表すと，

$$W = kE = wN$$
$$\therefore w = kE/N \text{ よって，} \log w = \log(kE) - \log N$$

ここで E は資源量，k は資源の利用効率，収量が W で，個体重が w である．この式で個体重は栽植密度に対して，両対数グラフで傾き -1 になる関係が表されている．

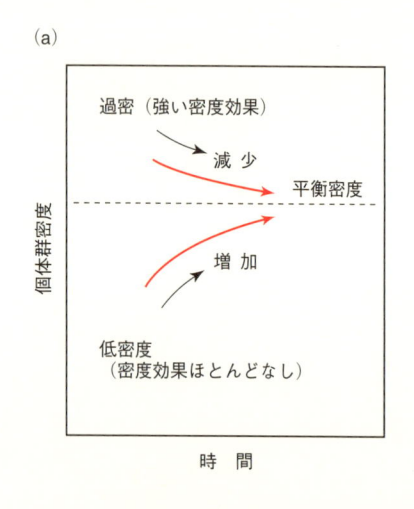

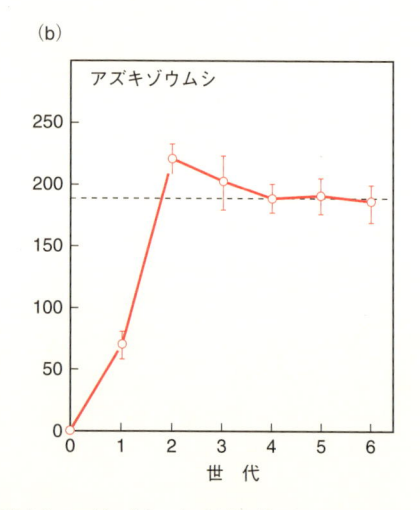

図 8・10　密度効果による個体群の調節の模式図 (a) とアズキゾウムシ実験個体群での平衡密度へ収束する様子 (b)　五つの実験個体群を低密度からスタートさせ，毎世代 5 g のアズキを与えて累代飼育した．各世代において平均値（○）と標準誤差とが示してある［M. Shimada, *Ecol. Res.*, **4**, 145 (1989) より］

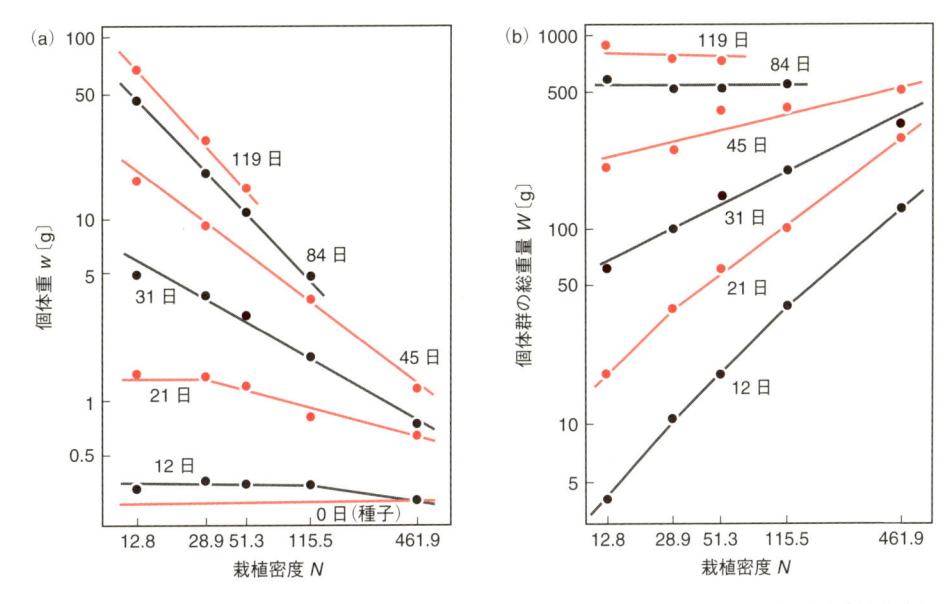

図 8・11 ダイズの成長に及ぼす密度効果 (a) ダイズの栽植密度 N と個体重 w の関係, (b) 栽植密度と個体群総重量 W との関係, をそれぞれ日を追って表したもの. (b) において収量一定則が最終的に示された [T. Kira, F. Ogawa, N. Sakazaki, *J. Inst. Polytechnics*, Osaka City Univ., Ser. D4, 1 (1953) より]

8・3・2 個体群の齢構成と生活史スケジュール

生物集団は，通常いろいろな発育段階や年齢にある個体から成り立っている．昆虫であれば，卵を産む成虫もいれば，餌を食べて成長中の幼虫もいる．鳥類や哺乳類であれば，親もいれば若い個体もいるし，生まれたばかりのヒナや子もいる．個体群における各発育段階や年齢の個体数分布を**齢構成**という．齢構成は，出生率や死亡率に大きく関係し，個体群が将来増大するか減少するかを左右する重要な要因である．

a. 生命表と生存曲線 産まれた卵や子のうち，成体まで生き残るのは少ない．多くの個体が気候の変化や天敵による捕食のため途中で死亡する．出生した卵や子が時間とともに死亡によって減少していく様子を表したものが**生命表**である．出生数をある一定数 (1000 など) に置き換え，時間の経過ごとに齢別死亡数，齢別死亡率，出生からその齢期までの生存数などを表す．

生命表の中から生存数の時間的変化だけを抜き出してグラフにしたものが生存曲線である．生存曲線の形は，対数グラフにするとおおよそ L 字形，右下がり直線，逆 L 字形の 3 種類に分かれる (図 8・12)．この違いは，どの時期に死亡率が高いかという生物の生活史の特性と関係しており，一般に魚や両生類など産んだ卵を保護しない種では，子どものときの死亡率が高い L 字形，哺乳類など親が子を保護する種では，子どもの死亡率が低く老年になるまで生存する割合の高い逆 L 字形，鳥などではその中間のパターンを示し，一定率で死亡する右下がり直線になる．

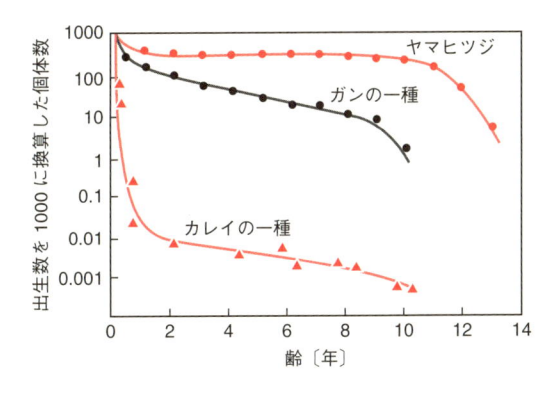

図 8・12 魚 (カレイの一種), 鳥 (ガンの一種), 大型哺乳類 (ヤマヒツジ) に代表される生存曲線の三つの型 魚では卵から稚魚にかけての死亡率が高い L 字形，大型哺乳類では老齢になるまでほとんどが死なない逆 L 字 (⌐) 形，鳥類は一定率で直線的に減少する中間の型を示す [伊藤嘉昭, "動物生態学", p. 45, 古今書院 (1976) より]

b. 繁殖のコストと生活史スケジュール 出生し

表8・1 生息環境の条件が大きく変動する環境と，安定または周期性のある環境とで比較した，個体群の変動パターンと進化する形質[†]

	変動の大きな環境	安定または周期性のある環境
個体群の変動	平衡レベルを示さず，低密度に減少したり，大発生したり，大きく変動する	平衡レベル付近でほぼ一定した個体数を示す．あるいは緩やかな周期性を示すが，変動幅は小さい．
進化する形質	・早い発育 ・高い内的自然増加率 ・繁殖開始齢が早い ・小さい体 ・1回の繁殖で全部の卵を産み尽くす性質 ・小さい卵や種子を多産する（小卵多産型） ・卵は産みっぱなし	・ゆっくりした発育 ・高い競争能力 ・繁殖開始齢が遅い ・大きい体 ・何回も繁殖する性質 ・大きい卵や種子，子を少し産む（大卵少産型） ・親が卵や子を保護する傾向がある

[†] E. R. Pianka, "Evolutionary Ecology", 2nd Ed., p. 122, Harper & Row (1978) より．

た個体が，繁殖し死に至るまでの過程を生活史という．生物は摂取した限られた栄養分を個体維持（生存）と繁殖とに配分している．そのため，片方に多くまわればもう片方は減らざるをえなくなり，このような関係を**トレード・オフ**（trade-off，拮抗関係）という．若い時期に卵や子を多く産んだ個体は，それ以降の生存率が低下することがいろいろな生物で知られており，これが**繁殖のコスト**とよばれるトレード・オフである．よって，どの齢でどれだけの数の卵や子を産むかという生活史スケジュールは生物にとって重要な形質であり，雌1個体がそれぞれの年齢で1回の繁殖期に産む卵や子の数は，種ごとに大体決まっている．

 c. 環境に応じた生活史特性の進化 1回の産卵（子）数にみられる生物種間の相違は，それらがどのような環境に生息するかに関連する．環境変動と個体群密度により進化する特性は，ロジスティック式の二つのパラメータである増加率(r)と環境収容力(K)にちなんで，**r/K戦略**とよばれている．一般に，気候やえさ量などの変動が激しく幼生期の死亡率の高い環境では，1個の卵や1匹の子を小さくする代わりにたくさん産んで広く分散させる**小卵多産型**が進化し，どれかが生き残る確率は高くなり有利となる．このタイプの生物は，たとえばイエバエやモンシロチョウなど害虫の小昆虫や，海洋性の浮き魚（イワシやサンマ）などのように，成長速度が速く，1回ないしは2回程度繁殖して死ぬなどの形質をセットでもつ（**r戦略**）．

 反対に，気候や餌量，生息場所が安定している環境にすむ種では，子が生き残る確率は高いので，餌やすみ場所の需要と供給の比は1に近くなり，それをめぐる競争が厳しくなる．その場合は，少数でもよいから大きな卵や子を産み，大きな個体に育て，資源を確実に獲得できるように競争力をもたせた**大卵少産型**が進化する．子の生存や成長をより確実にするため，親が繁殖のための縄張りを張り，その中で卵や子を保護すること（**親による子の保護**）もあわせて進化する（**K戦略**）．これが社会性の進化との関連でいかに重要かは§8・2で述べた．このタイプは，大型の鳥類や哺乳類のように，毎年少しずつの子を何年にもわたって産み続ける傾向がある（表8・1）．

表8・2 米国北部に分布するガマの一種 *Typha angustifolia*（ノースダコタ産）と南部に分布する近縁種 *T. domingensis*（テキサス産）の，元の生息地の環境特性と同一条件下で生育させたときの2種の生活史形質の相違[†] 北方の種の方が小さい地下茎や穂をたくさんつけて，変動する環境に対応している．

生息地の環境特性	ノースダコタ(北方)	テキサス(南方)
生長に適した日数	短 い	長 い
霜のない日数の変動係数	大きい	小さい
生息地の株密度	低 い	高 い

形 質	*T. angustifolia*	*T. domingensis*
開花までの日数	44	70
平均茎高 [cm]	162	186
株当たりの平均地下茎数	3.14	1.17
地下茎1本の平均重量 [g]	4.02	12.41
株当りの平均穂数	41	8
穂の平均重量 [g]	11.8	21.4
1株の穂の総重量 [g]	483	171

[†] S. J. McNaughton, *Am, Nat.*, **109**, 251 (1975) より．

このような r/K 戦略の進化の例として, 米国に生息する2種の近縁なガマ（ガマ科植物）の例がある. 北方のカナダ国境（ノースダコダ州）に生息する T. angustifolia の自生地では, 1年のうち生育に適した日数（霜の降りない日数）が短く, その年次変動も大きく, 株密度も低い. 一方, 南方のメキシコ国境（テキサス州）に生息する T. domingensis の自生地は, その特性がちょうど反対である. 両種をニューヨーク州の同じ圃場に移植して成長させると, 表8・2のように, T. angustifolia は草丈が低く, 開花までの日数が短く, 小さな地下茎や穂を多数つける. T. domingensis はその正反対である.

8・4 異種間の相互作用

異種間の相互作用には, 似た資源をめぐる**競争**（**種間競争**）, 食う-食われる関係の**捕食**, 搾取し搾取される関係の**寄生**, そして共に相手に利益を与え合って一緒に生活する**共生**がある.

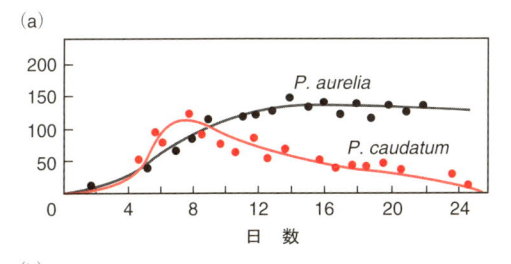

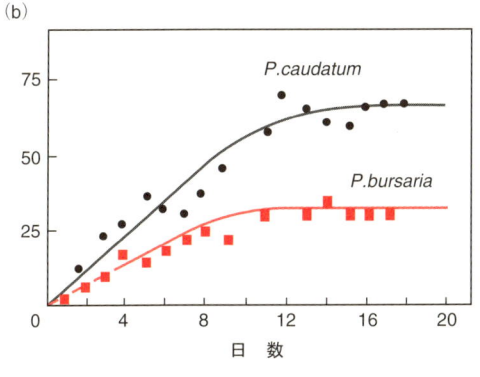

図8・13 **ゾウリムシ**（*Paramecium*）**を使った種間競争実験** (a) *P. caudatum* と *P. aurelia* を一緒に飼育すると *P. caudatum* が消滅する. (b) *P. caudatum* と *P. bursaria* を一緒に飼育すると共存が続く [M. Begon, J. L. Harper, C. R. Townsend, "Ecology: Indivisuals, Populations, Communities", 2nd Ed., p. 243, Blackwell (1990) より]

8・4・1 種間競争とニッチ

容器に2種のゾウリムシ *Paramecium caudatum* と *P. aurelia* を入れ, えさとして細菌の入った培地を与えて飼育すると, まもなく *P. caudatum* の個体数が減って滅びてしまう（図8・13a）. これは, 生息環境におけるえさや生活場所の利用の仕方（これを専門用語で**ニッチ**という）が似ている異種の個体間に, 同種個体間のときと同じように競争（この場合は種間競争）が働くからである. 必要とする資源が似ているほどニッチの重複は大きくなり, 種間競争は厳しくなって2種の共存は難しくなる. どちらかの個体群が競争により消滅することを**競争排他**（または競争排除）という.

しかし, ニッチがある程度異なる種どうしであれば共存可能となる. 培養液の底の方を好む *P. bursaria* というゾウリムシと *P. caudatum* を一緒に飼育すると, 前者は底の方で酵母を食べて生活し, 後者は浮遊している細菌を捕らえて共存が続く（図8・13b）. このように競争する種どうしが, 生活場所やえさを微妙に分けあって共存することをすみ分けや食い分けといい, それらを総称して**ニッチの分化**とよぶ.

野外でのニッチの分化による競争種の共存例は, 多くの近縁種間にみられる. 北アメリカの近縁のザリガニ *Orconectes virilis* と *O. immunis* は, 前者が川の下流, 後者が上流に多く分布する. 両種とも単独のときには石底の場所を好むが, 中流域で2種が一緒に分布する地域では, 闘争に弱い *O. immunis* が本来の好みの石底から泥地に生活場所を変えて共存している.

また, タニシと近縁の北欧の淡水産巻貝 *Hydrobia ulvae* と *H. ventrosa* は, 別々にすんでいる（異所的な）地域では両種とも似た大きさで, 同じような大きさのえさを食べている. しかし2種一緒にすんでいる（同所的な）地域では *H. ulvae* が大きく *H. ventrosa* が小さくなり（この現象を**形質置換**という）, えさの大きさに関するニッチも分化して共存している（図8・14）.

植物では光を受けるための葉を伸ばす場所をめぐる競争が厳しいので, 他種よりも葉を上につける種は有利となる. 地上部の葉による競争と, 地下部の根による競争の効果を分けて調べた実験を紹介しよう. クローバーとキク科のタンポポに近い植物 *Chondrilla juncea* とを図8・15上段のように鉢植えにして, 地上部または地下部, あるいはその両方ともが競争状態にあるように設定する. いずれの場合もクローバーは *C. juncea* からは何の抑制効果も受けなかった. しかし *C.*

juncea はクローバーと一緒にすると成長が抑制され，単独のときに比べて，地下部で競争するときは 65 % の成長度，地上部で競争するときは 47 % の成長度，そして両方で競争するときは 31 % の成長度（0.65 × 0.47 = 0.31 となって実験値と一致する）となった（図 8・15 下段）．明らかに植物には葉を伸ばすための場所の取合いに厳しい競争がみられ，サイズの大きな植物の方が圧倒的に有利である．

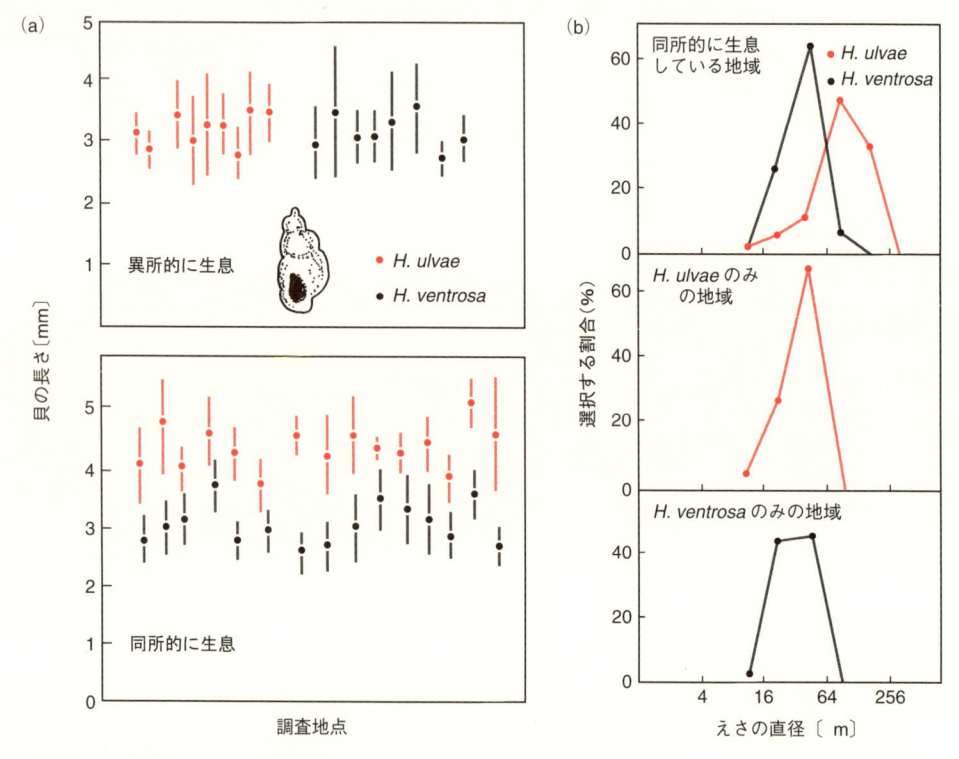

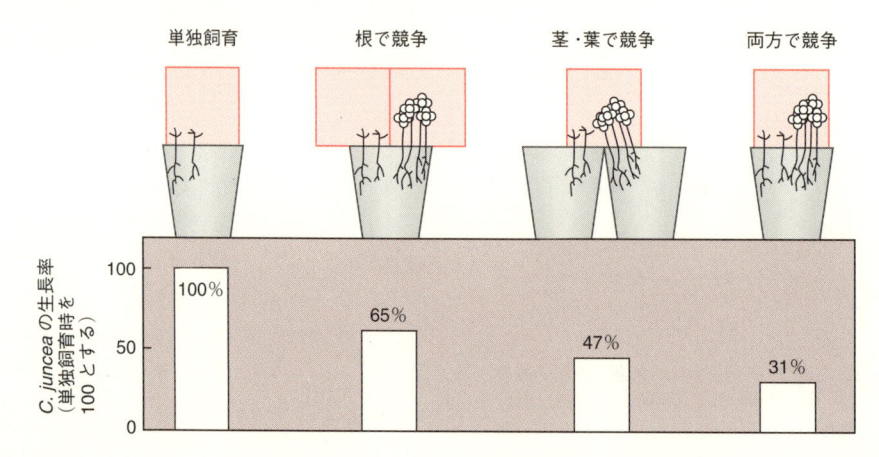

図 8・14　北欧のタニシに近縁の巻き貝 *Hydrobia ulvae* と *H. ventrosa* にみられる同所的生息地での形質置換の例(a)と，それに対応して生じたえさサイズの分化(b)　(a)では，各調査地点での貝長の平均値と標準偏差が示してある〔T. Fenchel, *Oecologia*, **20**, 19 (1975) より〕

図 8・15　クローバーと *C. juncea* の地上部（茎, 葉）と地下部（根）での種間競争が *C. juncea* の生長に及ぼす影響　*C. juncea* の生長率は単独飼育時を 100 として表してある〔R. H. Groves, J. D. Williams, *Aust. J. Agric. Res.*, **26**, 975 (1975) より〕

8・4・2 捕食作用

動物が，他の動物をえさとすることを**捕食**という．捕食者と被食者の個体数の関係は，興味深い**周期的振動**をもたらすのでよく研究されてきた．被食者が増えるとやがて捕食者も増加し，捕食者の増加は被食者の減少をもたらす．被食者の不足により捕食者も減少するので，これは再び被食者の増加を導き，両者の個体数は周期的に振動するのである．実際の生物では，アズキゾウムシとその捕食寄生バチを使った実験により，捕食者-被食者の周期的振動が確かめられた（図8・16）．

8・4・3 生物の周期的大発生

個体群密度の時間的な増減を個体数変動という．生物種の中には，周期的に個体群密度の増減を繰返すものがいる．ヨーロッパでカラマツの害虫であるガの一種カラマツアミメハマキは，約9年周期で個体数を大きく変動させる．大発生のときはカラマツの葉を食いつくすほどにまで増加し，大被害をもたらす．天敵の寄生バチもガの増加につれ個体数を増すが，これらの天敵にはガの密度増加を止める効果はない．過密になったガの個体群は幼虫が早々と死に，密度は一挙に減少する．やがてカラマツの葉が回復すると，ガの密度は再び増加に向かうという周期を繰返す．

他に個体数の周期的大発生を示す種として，北欧のタビネズミが有名である．彼らは3〜4年周期で増減を繰返し，その密度差は数百倍にも上る（図8・17）．生物によっては，このように密度効果が密度を一定のレベルに保つようには働かず，えさとなる植物を食い尽くすほどまで増えた後になって，はじめて生存率が急激に低下したり，繁殖が極端に抑制されるために，個体数が一挙に減ることを繰返す種がいる．このような生物は害虫・害獣として防除の対象となることが多い．

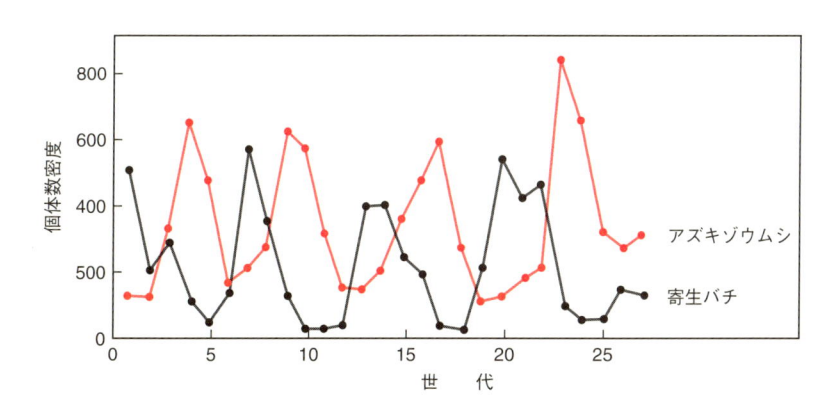

図8・16 アズキゾウムシとその捕食寄生バチの共存した実験個体群でみられた持続的な**個体数振動**［S. Utida, *Ecology*, **38**, 445 (1975) より］

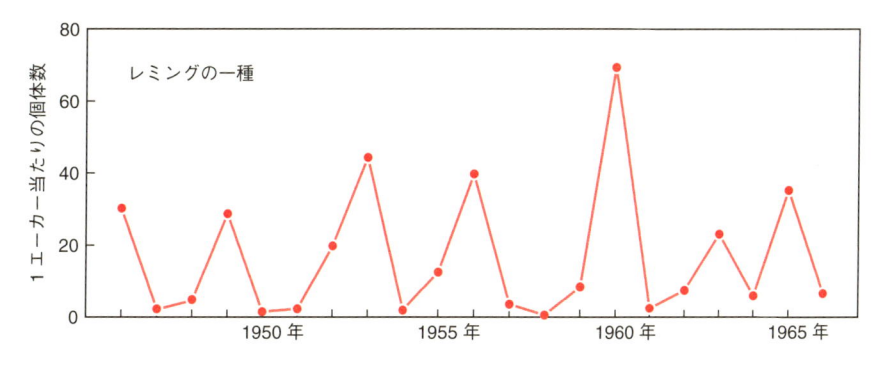

図8・17 **アラスカのチャイロタビネズミ（レミングの一種）の個体数変動** ある区域を車で走りながら目視した個体数の記録結果［A. M. Schultz, "The Ecosystem Concept in Natural Resource Management", ed. by G. Van Dyne, p. 77, Academic Press (1969)］

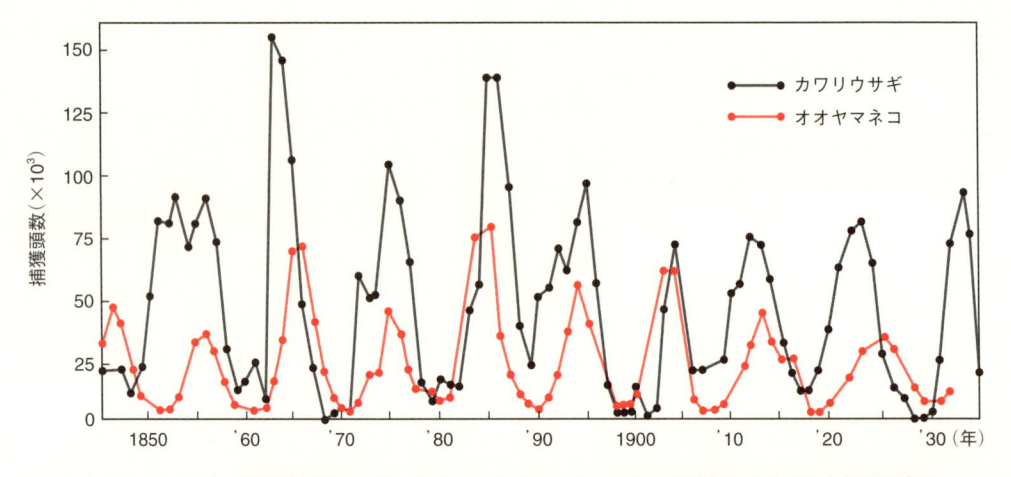

図8・18 カナダの針葉樹林帯におけるカワリウサギとオオヤマネコの捕獲毛皮数でみた個体数変動
[D. A. MacLulick, *Univ. Toronto Studies*, Biological Series, 43, 1 (1937)を改変]

ある種の生物が，このように周期的に大発生を繰返す原因についてはいくつもの説が出されてきたが，単一で決定的な作用をもたらすものは見つかっていない．どうやら，いくつもの要因が複合的に絡んでいるようだ．代表的なものをいくつかあげる．まず個体群の外からの要因として，

- **気候説**：太陽の黒点が11年周期で増減し，これが気候の周期的変動をもたらして，生物集団に影響する．
- **食物説**：えさの植物を食い尽くして植生が回復するまでの間は密度減少期．植生が回復すると高密度へと増加する．
- **捕食説**：天敵による捕食-被食の関係が，個体数の周期的変動をもたらす（§8・4・2参照）．

つぎに，個体群内部の要因として，

- **ストレス説**：過密になって種内競争が激化すると，そのストレスにより副腎皮質が肥大し，低血糖で攻撃的になり，病気がちになって，個体数は一挙に減少する．野ネズミ類に適用された説．
- **血縁行動説**：野ネズミ類で最近注目されている．低密度期には，血縁者が小さな群れをつくって生活しているので，相互に穏和な行動を示しよく増える．高密度期になると，赤の他人との遭遇頻度が増して攻撃的になり，減少に向かう（ネズミ類は尿の匂いで血縁者を識別する）．

などさまざまである．諸説の論争の有名な例として，カワリウサギとオオヤマネコの10年周期の個体数変動がある（図8・18）．古くは捕食-被食の周期的個体数変動とされてきたが，オオヤマネコのいない地域でもカワリウサギの個体数変動がみられ，カワリウサギと植物との食う-食われる関係による食物説が正しいと変わってきた．しかし，1980〜90年代にカナダで大規模な野外実験系（100 haの方形区）が10年以上にわたって繰広げられた．オオヤマネコが通り抜けられない網（ウサギは通過できる）で方形区を覆っても，あるいは方形区でウサギに給餌しても，単一の効果ではウサギの個体数は増減が止まなかった．両方を合わせた方形区で初めて増減が止まったので，食物と捕食者の両方の効果が効いていると有力視されている．

8・4・4 寄生と共生

寄生と共生は，異種の個体どうしが密接に結びついて生活する異種間相互作用である．一方（宿主）が害を受け他方（寄生者）が利益を受けることを**寄生**，片方の種のみが利益を受け他方は害も利益も受けないことを**片利共生**，および互いに相手の種から利益を受けることを**相利共生**という．

寄生は，ヒル・ダニや植物のヤドリギ・ナンバンギセルなどのように，宿主の体表面から養分を取る**外部寄生**と，カイチュウやサナダムシ，多くの細菌のように，体内で寄生する**内部寄生**とに分けられる．一般に，宿主は寄生者よりもはるかに大きいので，捕食と違って寄生されても直ちには死なないが，寄生が病害をもたらすときには，宿主も死ぬことがある．

相利共生は，両方の種が密接に一体となって生活する相手の存在が必須なものから，相互に利益を受ける

こともある）まで，いろいろある．たとえば，シロアリと木の繊維質を分解する腸内細菌，ウシとセルロースを分解する胃内の細菌，マメ科植物と根粒菌などは，両方の生物が一体となって生活している．これに対し，アリとアリマキ，クマノミとイソギンチャクは，密接な関係をもち互いに利益は受けているが，相手の存在が生存に必須というわけではない．

図8・19は，下等シロアリの消化器系と後腸に生息する原生動物である．ただシロアリに寄生しているだけのものもいるが，中にはセルロース分解酵素を出してシロアリのセルロース消化を助けている共生者もいる．そしてシロアリの体内は彼らに生息場所を提供しているのである．

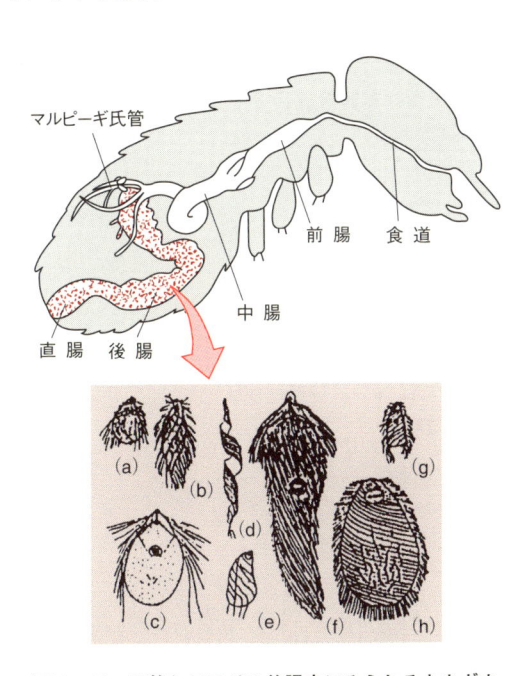

図8・19 下等シロアリの後腸内にみられるさまざまな原生生物 (a)〜(e)がヤマトシロアリ，(f)〜(h)がイエシロアリにみられるもの［松本忠夫，"社会性昆虫の進化生態学"，松本忠夫，東 正剛編，p.253，海游舎(1993)より］

8・5 生物群集の構成と多様な種の共存

8・5・1 生物群集の成り立ち

自然界においてはたくさんの種が一つの生息場所に共存している．生物種間の相互作用によって結ばれた関係の総体を**生物群集**とよぶ．生物群集では，植物が光合成によって無機物から有機物を合成し，さらにその植物は一部の動物にえさとして食べられる．植物を食べる動物は植食性動物とよばれ，さらにそれを食べる肉食性動物がある．このような食う-食われるの関係がある一方で，同じようなえさや生活場所を必要とする生物種どうしの間には種間競争が生じる．よって，生物群集内の相互作用を関係する種ごとに結んでみると複雑な網目状の構造を示す．

研究する際には，同じ地域に生息するすべての生物種を対象とするよりも，似たようなえさや生活場所を利用する一群の生物種（**ギルド**という）と，それらと密接に関係しあう被食者や捕食者に対象を絞って，それを群集とよぶことが多い．アブラナ科の植物とそれを利用するシロチョウ属3種のチョウ，そして天敵としてそれらを食べる捕食寄生者（ハチとハエ2種）のコンパクトな生物群集を図8・20に示した．

8・5・2 群集を構成する多様な種の共存

多様な種が群集内に共存していることの説明には，大きく分けると二つの考え方がある．一方はニッチの分化を基礎におく**群集理論**とよばれるもので，自然界の生物群集を形づくっている主たる要因は種間競争で

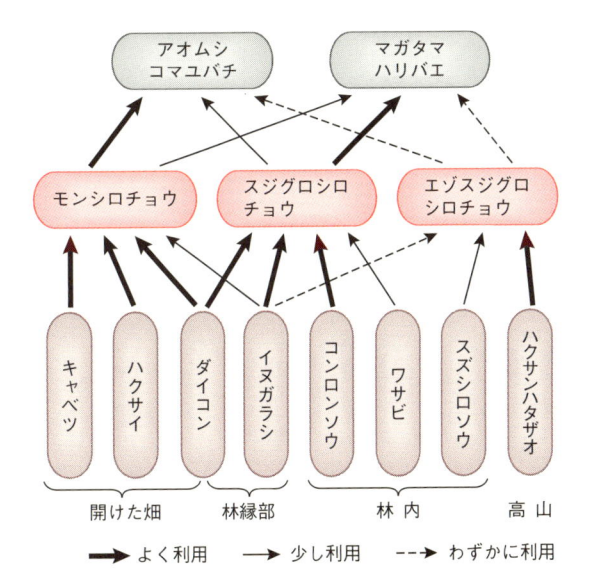

図8・20 アブラナ科植物上のシロチョウ属3種とその捕食寄生者から成る群集 矢印は利用する程度を表す．アブラナ科植物は左から，開けた畑，林縁部，林内，高山の順に並べてある［大崎直太，佐藤芳文，"動物と植物の利用しあう関係"，川那部浩哉監修，p.68〜84，平凡社(1993)を参考に作成］

あると考える．自然界は資源の需要と供給がほぼ釣合った平衡状態にあるので，えさや生息場所の利用の仕方，つまりニッチを微妙に分けあい，その結果競争排除が避けられて多様な種の共存が可能になっていると主張する．

もう一方の見方は，自然界において各種の個体群は，気候の変動や天敵による捕食作用によって，種間競争が強い効果を発揮するよりもずっと低い密度に抑えられていると考える．資源の需要/供給の比は1よりもずっと低い状態にあり，競争排除が起こるほど高密度レベルに達することはまれである．そのためにニッチを分けあわなくても，各種個体群が非平衡状態で変動を続けるために多種が共存可能であると考える学説である．これを**非平衡共存説**という．

まず両方の説の支持例をあげ，つぎに地球上で最も種多様性の高い熱帯雨林の多様な樹種が共存する機構を考えよう．

a．群集理論を支持する例 種間競争が強く働き，近縁種がニッチを分けあって共存している実例としては，§8・4・1であげた例のほかにつぎのようなものがある．2種のマルハナバチ Bombus flavifrons と B. appositus は，共存している地域では前者がヨウシュトリカブト，後者がヒエンソウというように別々の花から採蜜しているが，実験的に一方を除去すると，もう片方のハチは直ちに両方の花から採蜜するようになる．両種とも本来は両方の花から蜜を集められるが，相手の存在下では，それぞれのハチは口吻の形態に応じて効率良く蜜を集められる花にのみ専門化して，ニッチを分けあっているのである．

米国の砂漠にすむトビネズミは種子食性だが，体の大きさに比例して食べる種子の大きさが明瞭に異なっている．二つの砂漠において，それぞれ，小さなものは10g以下の体重から大きなものは100g以上まで，同じような体重比で大きくなるパターンがみられ，一つの砂漠に5～6種ものトビネズミが種子を分け合って生息している（図8・21）．

b．非平衡共存説を支持する例 ニッチの分化なしに多種の共存がみられる例としては，バショウの一種ヘリコニアの若い巻いた葉の中にすむハムシの研究がある．各調査地点ごとに，見られたハムシの合計種

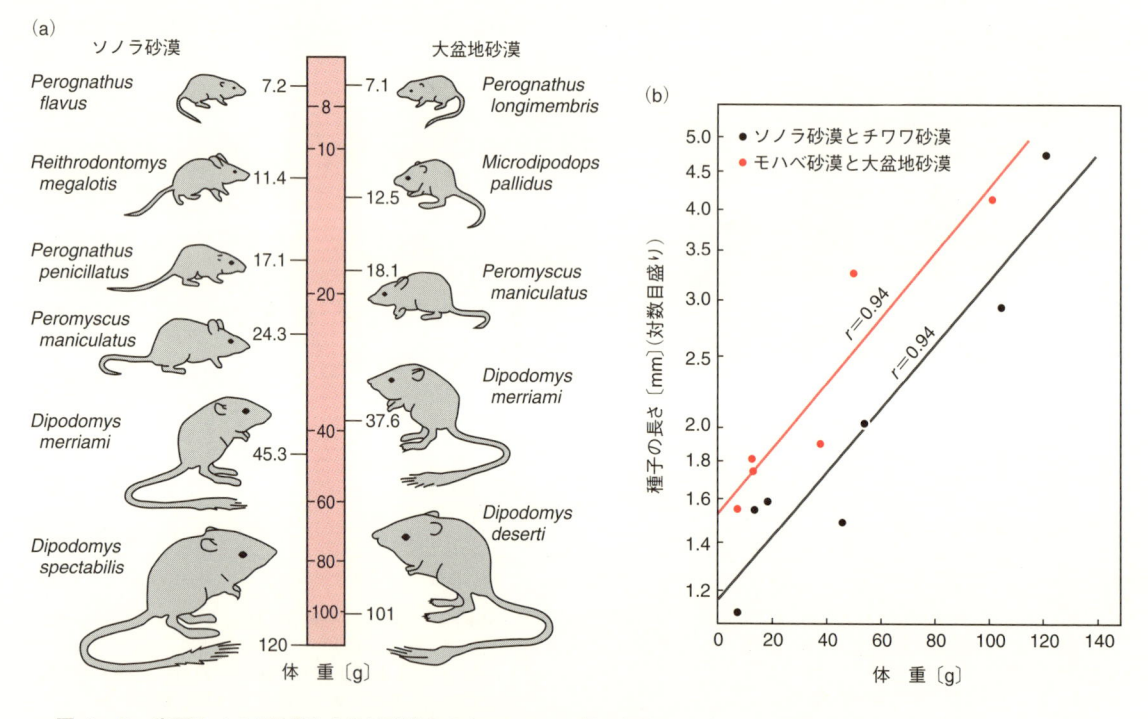

図8・21 米国のソノラ砂漠と大盆地砂漠の双方にみられる種子食性のトビネズミ群集の体の大きさの分布(a)と，体重と食べる種子の大きさの関係(b)　砂漠が異なっても同じような体重比のパターンがみられる（特にソノラ砂漠が典型）．体重は対数表示になっていることに注意　[(a) J. Brown, "Community Ecology", ed. by J. Diamond, Harvard University Press (1975) より]

数と，それらが葉を分けているか共有しているかの傾向を，ある指数を用いて解析した．結果は，調査地当たりの種数が多いからといってすみ分ける傾向は認められず，むしろ葉を共有している傾向の調査地の方が多いくらいであった．ニッチの分化なしに共存できる理由としては，天敵の捕食寄生バチによる寄生率が高いので，ハムシの摂食量を合計しても微々たるものにしかならず，資源が余剰にあり種間競争が働かないためと考えられている（**捕食説**）．

捕食者が競争排除を妨げているとする別の例は，潮間帯群集での R. T. Paine の有名な研究によっても得られている．はじめこの群集ではヒトデを最上位捕食者とする多様な種から成る生物群集がみられた（図 8・22）．調査区画から人為的にヒトデを除去し続けたところ，3 カ月目でフジツボが岩場の大半を占め，1 年後には今度はムラサキイガイが急速に岩表面を独占して，ところどころにフジツボと捕食者のイボニシが散在するだけの状態になった．岩表面を利用できなくなった藻類は激減し，それをえさとしていたヒザラガイやカサガイ，カメノテは消失した．潮間帯では岩表面の場所をめぐる競争がとても厳しく，ヒトデは競争力の高いムラサキイガイやフジツボを多く捕食することにより，それらの種が岩場を独占するのを妨げていたのである．

天候の変化による撹乱も，その程度によっては多種共存を促進することがある．オーストラリアのサンゴ礁で，台風の波風でサンゴが被害を受けやすい北側斜面と被害を受けない南側斜面とで，サンゴの種数を比べた研究例が図 8・23 である．生きたサンゴの被度は，波風による被害の程度と逆の関係にある．この図では生きたサンゴの被度が 30% くらいの場所が最も種数が多く，それより波風の影響を受けすぎてもあるいは受けなさすぎても，共存する種数は減少してしまう傾向が現れている．このことから中程度の撹乱は平衡状態に達して競争排除が生じるのを妨げる作用があり，多種共存をもたらすと考えられている（**中規模撹乱説**）．

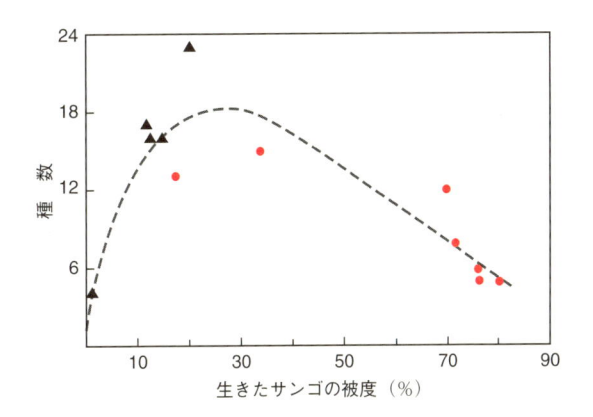

図 8・23 グレートバリアリーフ，ヘロン島のサンゴ礁外側斜面の調査（20 m の調査線上の種を記録）によるサンゴの種類と生きたサンゴの被度　台風の被害を受けやすい北側斜面（▲）では生きたサンゴの被度が低く，被害を受けない南側斜面（●）では生きたサンゴの被度が高い［J. H. Connell, *Science*, **199**, 1302（1979）より］

c. 熱帯雨林はなぜ樹種が豊富か　熱帯雨林とは，赤道を挟んで ±20℃ の緯度にあり，年間降水量 2500～4500 mm，気温 20～30℃ の地域に発達する森林で，地球上で最も豊富な種がみられる場所である．その程度は，たとえば，マレーシアの熱帯雨林では 10 ha に高木だけで 276 種（総本数 1174 本）という観察がある．10 ha に 1 種平均 4.25 本しか現れない計算になる．冷温帯の落葉広葉樹林の 10 ha ではみられる高木種数はせいぜい 20 種なので，熱帯雨林は桁違いに種が多い．また，動物の方も同様で，ペルーの熱帯雨林において 1 本のマメ科の木から 26 属 43 種ものアリが見つかっているが，これは英国のアリの全種数に匹敵するほどである．

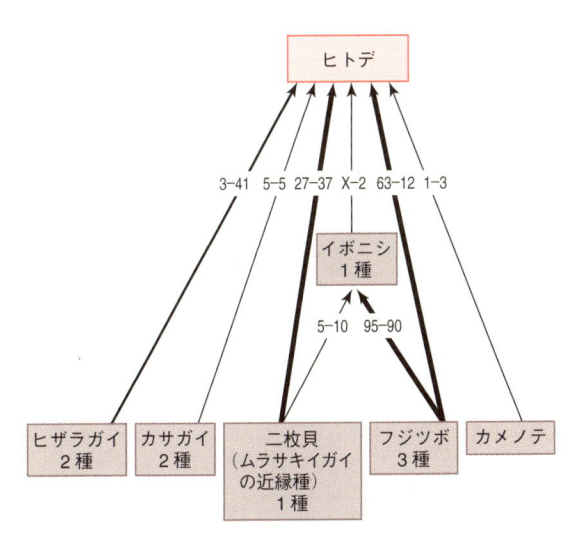

図 8・22 ヒトデがさまざまな生物をどのような割合で捕食するかを示した模式図　ハイフンで結んだ数字は，捕食者が採餌したすべてのえさの中に占めるその種の割合（%）を示しており，左側が個体数でみた割合，右側がカロリーでみた割合［R. T. Paine, *Am. Nat.*, **100**, 65（1966）より］

一般に生物群集の種多様性を高める説は三つにまとめられる。これを熱帯雨林の豊富な種の共存の説明に適用してみよう。

1) **資源分割説**: 個々の種がそれぞれ資源を微妙に分けあって生活するようにニッチ分化が進み, これによって多種が共存できる. たとえば, 個々の樹種に必要な微量要素が少しずつ異なるので, 親木から離れたところにその種の幼樹が育つ（親木の根もとでは親木によってその微量元素は使い尽くされているから）. それによって個々の種はまばらに散在すると考えられる. "栄養モザイク説"などがこれである.

2) **交互平衡説**: その場に多い種よりも, 少ない種の方が増えやすいという少数者有利の頻度依存的な作用が働くと, どの1種も資源を独占できないので多種が共存できる. たとえば, 親木の側にはたくさんの種子が落ちて, その種子をえさとする種子捕食者が集まり, 種子の死亡率が高い. そのため, むしろ親木から離れた種子密度の高くないところで種子捕食者から逃れた実生がまばらに生えると考えられ, "種子捕食説"がこれに当てはまる.

3) **非平衡説**: 中程度の撹乱や天敵による捕食作用などにより, どの種も資源を独占することができず, 競争排除に至らずに多種が共存できる. 熱帯雨林でも**ギャップ**（林冠部を構成する高木が老化などで倒れた跡に光が差込む場所）などのランダムな撹乱はいつも生じている. ギャップには成長の早いギャップ特有の種（ギャップ種）がみられ, 林冠を構成する種が成長してくるまでに種子を生産し, 広範に散布して地中に埋土種子を残すのである. このような穏やかな撹乱によって, 多様な樹種が森林の中で維持されている.

現在のところ, 1) や2) の説を支持する例はそれほどなく, 3) の非平衡説が最近では有利である. しかし, これとて温帯極相林にもギャップはつねに生じているが, なぜ温帯では熱帯よりはるかに種が少ないのかという疑問には答えていない. 緯度が高まるほど冬が長くて生長に適した季節が短いので樹種の生活史が同調しやすく, このため, ギャップが生じたとしても競争の効果が現れやすいという説が最近注目されている. 熱帯雨林の研究は, ようやく始まったばかりといえよう.

8・5・3 生物群集の遷移

生物は環境から作用を受けるだけでなく, 環境を変化させる**環境形成作用**(反作用)を環境に対して与える. このため, 生物群集内の環境は構成種の存在によってどんどん変化し, これが新たな種の加入に適した条件を生み出していく. そのようにして種構成が移り変わることを群集の**遷移**という. ここでは, 植物群集を中心に遷移を説明し, それとともに土壌動物群集がどのように変わっていくかを述べる.

陸上植物群集の遷移には, 火山の跡の溶岩台地のように基質中に植物の種子や茎がまったくなく, 植物の生育できる土壌すらまったくない状態から始まる**一次遷移**と, 森林の伐採地や放置された耕作地などから遷

裸地 (溶岩の台地)	草本	低木	陽樹	陽樹と陰樹	陰樹(極相)
植物：コケ植物類 　　　地衣類	イタドリ ススキ	オオバヤシャブシ ニオイウツギ ガクアジサイ カジイチゴ ヒサカキ 海洋 シャリンバイ ヒサカキ	アカマツ ヤマザクラ オオバヤシャブシ カラスザンショウ ハチジョウキブシ エゴノキ ハチジョウイボタ アカメガシワ	アカメガシワ アカマツ ハチジョウイボタ エゴノキ スダジイ タブ	スダジイ タブ カクレミノ ヤブツバキ ギャップ種 アカメガシワ カラスザンショウ

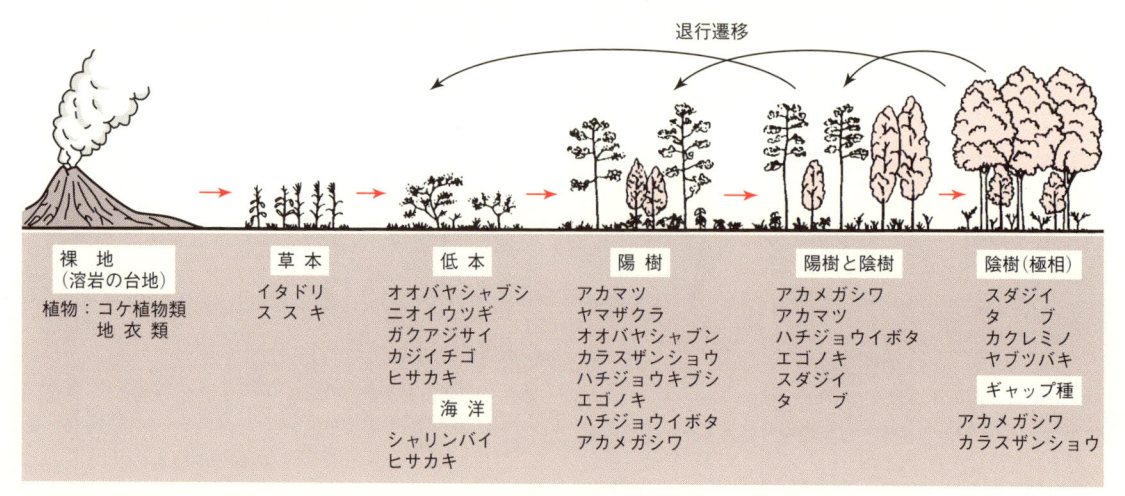

図8・24 三宅島においてみられる火山による溶岩台地の跡の植生遷移 溶岩台地の古さの異なる（よって, 遷移の段階の異なる）複数の調査地を一つの図にまとめたもの [嶋田正和, 未発表データ]

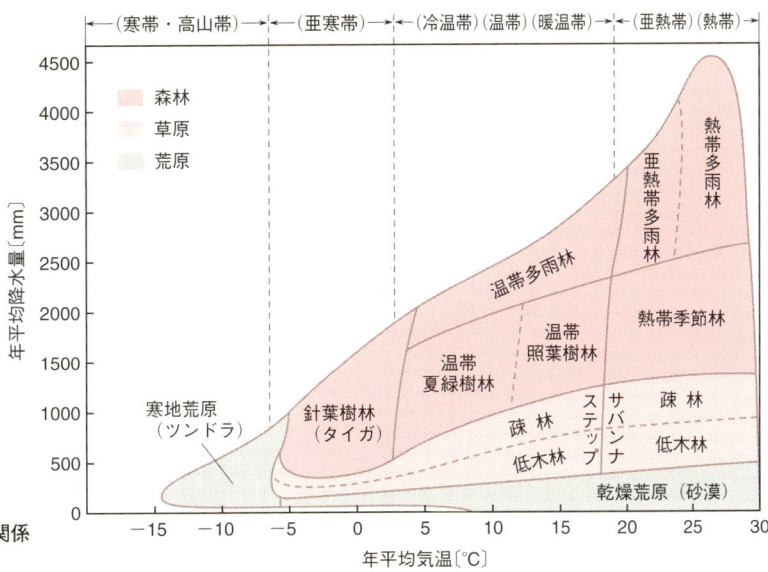

8·5 生物群集の構成と多様な種の共存

図8·25 世界の群系と気候との関係
[R. H. Whittaker (1975) による]

移が進む**二次遷移**とがある。一次遷移の場合で説明すると（三宅島の例，図8·24），溶岩台地では母岩の風化が進むにつれて，やがて乾燥に強い地衣類やコケ植物が侵入する。それらの遺骸と風化した土壌の混合物が溶岩のくぼみにわずかに積もった場所を利用して，イタドリやススキなどの多年草の株が定着し，やがてそれらの茂みが点在するようになる。草本が侵入すると枯草が分解されて土壌に有機物が増え，栄養塩も増加して養分に富んだ土壌がどんどん形成されていく。このころになると周囲から生長の早いアカマツやオオバヤシャブシなどの**陽樹**が侵入を始め，やがて陽樹の林になっていく。

しかしその林床はしだいに暗くなるので，生長は遅くてもそのような条件でも生育できるスダジイなど**陰樹**が侵入し，やがて陰樹が優占する森林になる（**極相**）。しかしスダジイの老木が台風などで倒れた間隙（**ギャップ**）には，アカメガシワやカラスザンショウなどギャップ特有の陽樹が侵入して一時的に茂る。ギャップはやがて陰樹で被われるが，これはあちこちに発生するので，優占する陰樹に混じって陽樹が生えるモザイク状の森林になる。三宅島は約20年周期で噴火し火山礫や灰が降るので，遷移は進んでは戻る（**退行遷移**）を繰返す。

世界の群系（植生からみた大地域の景観のまとまり）は気温と降水量でまとめられている（図8·25）。地球上の気温はまず赤道から極北への緯度勾配によって大まかに規定され，気温に依存して海面からの蒸発量（すなわち降水量）が決まる。年平均気温25℃のゾーンでは降水量は年間降水量が最大4500 mmにも達する地帯があり，そこには熱帯多雨林が広がる。降水量の低下に従って熱帯季節林，熱帯草原（サバンナ）と移行し，500 mm以下では砂漠となる。一方，年間平均気温−6℃のゾーンでは降水量は最高でも1000 mmまでで，そこは針葉樹林（タイガ）と草原，寒地荒原（ツンドラ）の移行地帯である。日本は温暖な地域であり，図8·25の中央に位置している。

動物は，基本的にその生活場所やえさを植物に依存

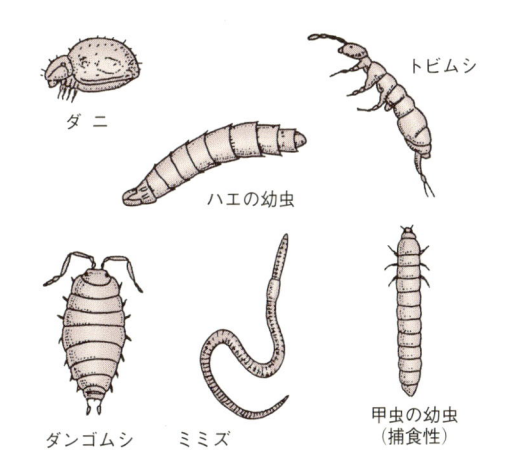

図8·26 いろいろな土壌動物 捕食性の昆虫の幼虫やミミズは，土壌化が進んでからみられるようになる［青木淳一，"土壌動物の生態と観察"，築地書館 (1974) より］

表 8・3　生物圏の一次総生産速度（年間）の推定および主要な生態系における分布[†]

生態系		面積 〔10^6 km²〕	一次総生産速度 〔kcal/m²/年〕	一次総生産量 〔10^{16} kcal/年〕
海	外洋	326.0	1,000	32.6
	沿岸帯	34.0	2,000	6.8
	湧昇帯	0.4	6,000	0.2
	河口，さんご礁	2.0	20,000	4.0
	小計	362.4	—	43.6
陸	砂漠，ツンドラ	40.0	200	0.8
	草原，放牧地	42.0	2,500	10.5
	乾性林	9.4	2,500	2.4
	寒帯針葉樹林	10.0	3,000	3.0
	集約化されていない耕地	10.0	3,000	3.0
	湿潤な温帯林	4.9	8,000	3.9
	集約的な農業が行われている耕地	4.0	12,000	4.8
	熱帯，亜熱帯（常緑広葉樹）林	14.7	20,000	29.0
	小計	135.0	—	57.4
生物圏の総計（概数，氷冠を含まない）		500.0	2,000	100.0

[†] E. P. Odum, "Fundamentals of Ecology", 3rd Ed., p. 51, W. B. Saunders (1971) より.

しているので，植物群集の遷移が起これば，それに応じてそこにすむ動物群集も変化することになる．植物群集の遷移に伴って土壌の状態は大きく変化するため，これが著しく現れるのは土壌動物群集である（図8・26）．まず，遷移のごく初期に登場するのは，ササラダニやトビムシなどごく少数の種類である．遷移が少し進むと落葉や枯枝などが微生物やカビなどによって分解され，腐植となって風化された母岩と一緒に土壌を形成するようになる．これに伴い，これらのダニやトビムシの種数・個体群密度ともに増え，腐植の分解もいっそう促進される．さらに遷移が進んで植物群落が発達すると，落葉が飛躍的に増加し，腐植質の多いじめじめした土壌となる．この段階になるとさまざまなダニ，トビムシに加えて，ゴミムシ，ナガコムシ，ダンゴムシ，ヨコエビ，ユスリカやハエの幼虫，さらに捕食者であるハネカクシ，コメツキムシの幼虫，ムカデ，アリなども現れる．また，線虫やミミズなど節足動物以外のさまざまな動物も登場し，種類の豊富な土壌動物群集が形成されていく．

8・6　食物網と生態系

8・6・1　栄養段階と食物網

　生物群集とは各種の個体群を構成要素とし，互いに相互作用によって網目状に結ばれた総体としてとらえ

てきた．それに対し，生態系とは生物群集とそれを取巻く無機的環境をひとまとめにして，物質循環とエネルギー流の面からとらえたものである．生態系の構成要素である各種は，おのおのの栄養段階に配置される（図8・27）．栄養段階は，太陽からの光を受けて光合成によって無機物から有機物を合成する**生産者**（おもに植物），それを食べる植食性動物を**一次消費者**，一次消費者を食べる肉食動物を**二次消費者**，それを食べ

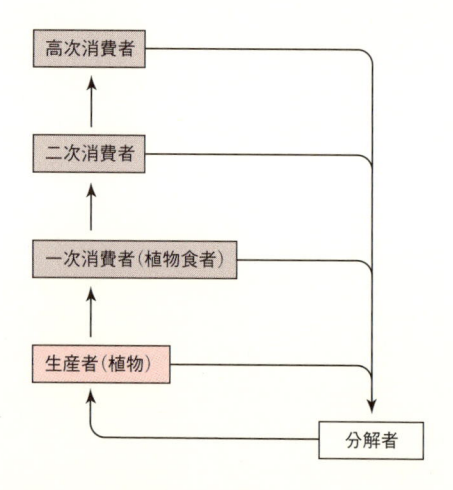

図8・27　栄養段階（☐で囲んだもの）と食物連鎖（下から上へ行く矢印）　すべての栄養段階の生物の遺骸や排出物は分解者によって分解され，それを再び生産者が利用する．

るさらに上の段階の高次の消費者に分けられ，そのつながりを**食物連鎖**という．一般に，捕食者は何種類もの生物を捕食し，そのえさも複数の栄養段階にわたっている場合もあるので，被食と物質循環の関係は1本の直線的なものではなく，複雑な網目状になる．これを**食物網**という．

また，生物の遺骸や排出物，その細屑（**デトリタス**）などを，再び生産者が利用できる無機物にまで分解する細菌，菌類，土壌動物などを**分解者**という．分解者は生態系の物質循環に大きな役割を果たしている．

8・6・2 生態系の物質循環

生態系内の生物群集はさまざまな物質を取込んで利用し，かつ排出しているが，これらの物質は食物連鎖によって生態系内を循環する．

生物体を構成している主要な物質の一つである炭素の源は，大気中や水中の二酸化炭素（CO_2）であり，生産者はこれを取込んで光合成によってショ糖を生産し，デンプンとして蓄積する．これを植食性動物や肉食動物が摂食することによって，炭素は順に高次の栄養段階へと移動し，またそのつど呼吸や遺骸の分解によって二酸化炭素となり，再び大気中や水中に戻される（図8・28）．近年，人間社会で石炭・石油など化石燃料を燃やすことによって生じる大気中の二酸化炭素濃度増加が問題になっている．これは大気中の二酸化炭素濃度が増えると，地球から大気圏外へ放射されるはずの熱が大気中にこもるという**温室効果**が生じて，大気温度の上昇（**地球温暖化**）をもたらすからである．

生態系において生産者が二酸化炭素を有機物として固定する速度を，生態系の**一次生産速度**という（単位は kJ/面積/時間）．これには**総生産速度**と**純生産速度**があり，前者は生産者によってエネルギーが固定される速度，後者は総生産速度から呼吸速度を引いた残りの生産速度で，これが新たな生長，物質の貯蔵，種子生産にまわる．表8・3にさまざまな生態系の一次総生産速度をあげておいた．海洋は単位面積当たりの一次総生産速度は小さいが，面積が膨大であるため海洋全体の一次総生産量は大きい．陸上では熱帯林が一次総生産速度・量ともに大きい．

窒素は生体物質を構成するタンパク質や核酸，ATP，クロロフィルに含まれているが，ほとんどの生物は窒素（N_2，窒素ガス）を直接利用することができず，わずかに窒素固定細菌や根粒菌などによって固定されるだけである．窒素は土壌中でアンモニア塩，亜硝酸塩，硝酸塩に変化し，植物に取込まれるとアンモニア塩になり，窒素同化によってアミノ酸が合成され，これからタンパク質がつくられる．これが食物連

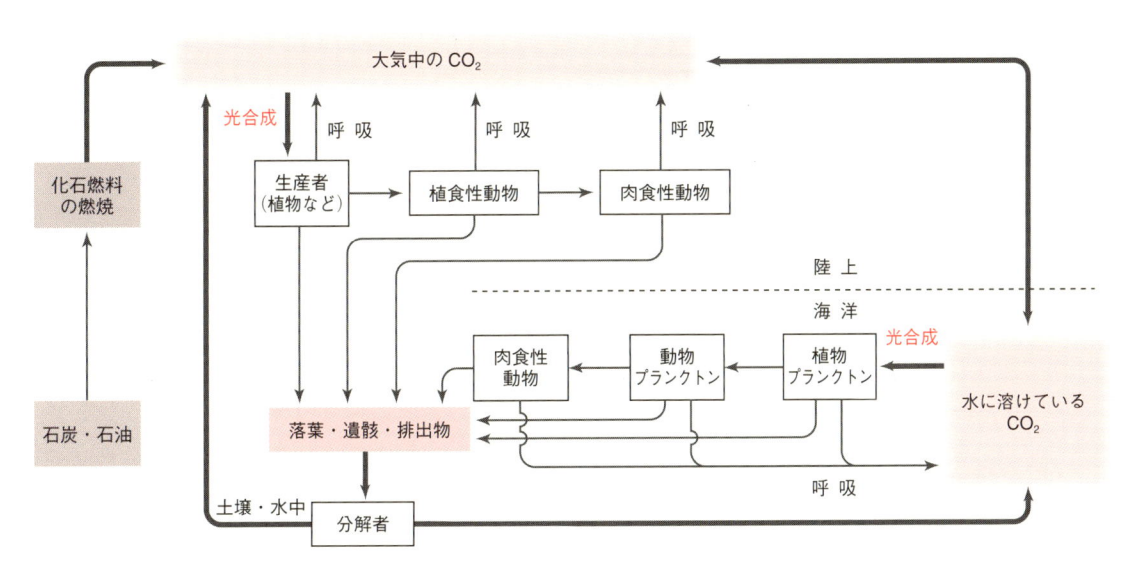

図8・28 地球上の炭素の循環の模式図 矢印の太さは転移する量を大まかに示している．炭素の最も大きなプールは大気中と水に溶けている二酸化炭素の二つである．近年，化石燃料の燃焼により大気中の二酸化炭素濃度の増加が問題になっている．

(a) 窒素循環

鎖により高次の栄養段階へ移動したり，あるいは遺骸や排出物となって分解され，再び生産者に利用される**栄養塩類**となる（図8・29a）．このような内部サイクルと，大気中の窒素プールと窒素固定や脱窒で直接結ばれる外部サイクルが連結している．

リンも生物の核酸を構成する重要な元素であるが，窒素と同様に，溶解性のリン酸塩から食物網を通じて循環するサイクルと，火成岩性のリン灰石や，化石骨・グアノ堆積物（魚類を餌とする海鳥のコロニーの崖下にその糞が堆積し，海の波で有機物が流れてリン酸塩だけが結晶化されたもの）などの過去の生物の遺骸や排出物由来のリン酸塩を含んだ岩石から，リン酸塩が浸食してはまた堆積するサイクルが連結している（図8・29b）．

8・6・3　生態系のエネルギー流と生態ピラミッド

生態系のエネルギー源は地表に降り注ぐ太陽光のエネルギーであり，光エネルギーは光合成によって化学エネルギーに転換され，有機物中に蓄えられる．生態系のすべての生物は，この有機物中の化学エネルギーを利用して生活している．化学エネルギーは物質と違って生態系内を循環するのではなく，食物連鎖によって上の栄養段階へ移行する過程で，おのおのの段階で一部が代謝や運動などの生命活動に利用されたのち，エネルギーは最終的に熱となって生態系外へ発散される（図8・30）．

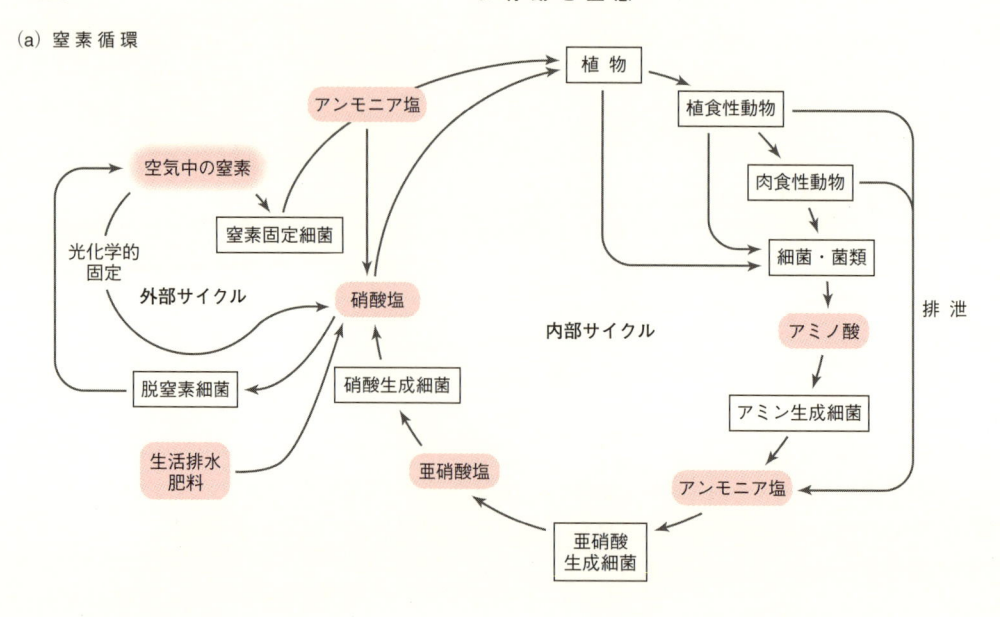

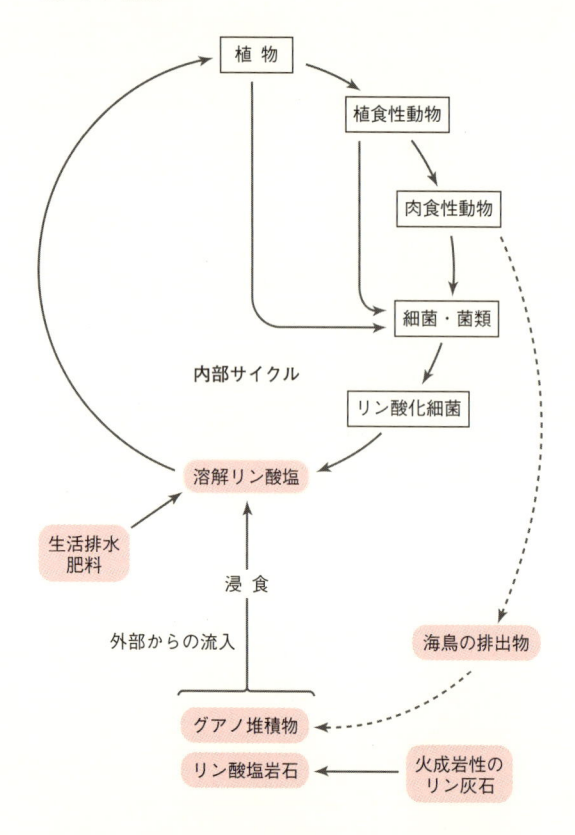

(b) リン循環

図8・29　生態系における窒素循環（a）とリン循環（b）
関係する生物は□で囲み，またそれぞれの化合物は▢で囲んで表してある［E. P. Odum, "Fundamentals of Ecology", 3rd Ed., p. 88, W. B. Saunders（1971）より］

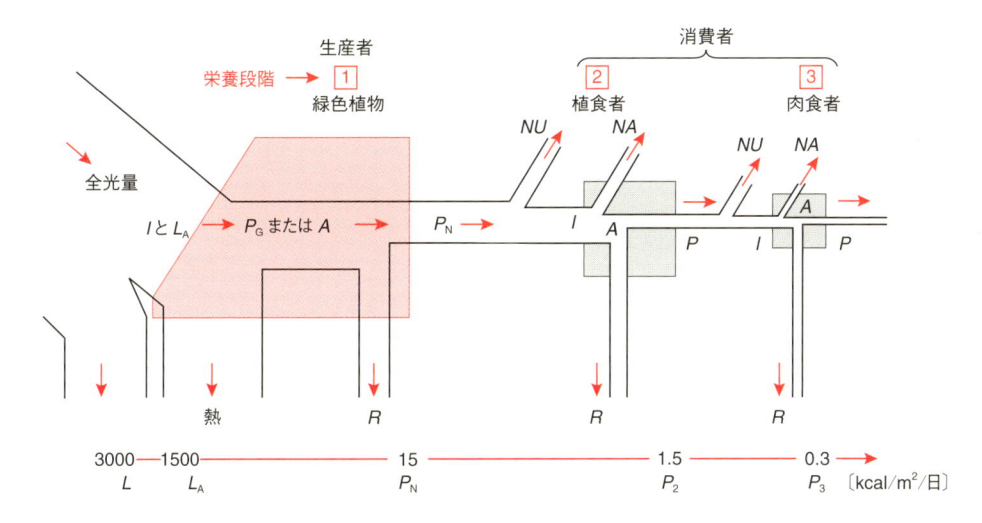

図 8・30 食物連鎖によって結ばれた 3 栄養段階を通るエネルギー流 I: その栄養段階への全エネルギー流入量, L_A: 植物に吸収されたエネルギー量, P_G: 一次総生産, A: 同化量, P_N: 一次純生産, P: 二次生産 (消費者による純生産), R: 呼吸による排出, NU: 未利用エネルギー量 (蓄積または移出), NA: 消費者に取込まれたけれど同化されなかったエネルギー量. 図中の下の線で結ばれた数値は, $L = 3000\,\mathrm{kcal/m^2/日}$ の太陽光線から出発し, どれだけの値として転移されていくかを示したもの [E. P. Odum, "Fundamentals of Ecology", 3rd Ed., p. 64. © 1971 by Saunders College Publishing. 出版社の許可を得て転載]

この場合, 各栄養段階を経るごとに, 10～15%程度のエネルギーが上の栄養段階に取込まれるに過ぎないことに注意してほしい (**10%の法則**). そのため, 単位期間に利用するエネルギー量を尺度に各栄養段階をまとめるとピラミッド構造になり, これを**生態ピラミッド**とよぶ. 10%の法則により, 栄養段階を数段階経ただけで, はじめに植物が固定した化学エネルギーは相当に減少する (10%とすれば, 4段階で 1/10,000). さらに, 上位の栄養段階にあるものは下位の者を捕食するので, 体も大型になる傾向がある. そうすると, 一つの地域で維持される大型肉食者の個体数はかなり少数にならざるをえないことが理解できるだろう. あまりに少なすぎると, 近交弱勢などによる遺伝的劣化が生じたり, 適正な社会性を維持できなかったりして, その個体群がその地域から絶滅してしまう (図 8・34 参照). そのため, 陸上ではたかだか 5 栄養段階くらいまでしかみられず, 栄養段階数には限りがある.

8・7 生物多様性の保全

8・7・1 生態系のバランスと環境保全

一般に, 自然生態系や生物群集における栄養段階の構成や各種の個体数は, ある程度変動しながらも, それが一定の範囲内に保たれていることが多い. これを**生態系のバランス**(持続性 persistence)といい, バランスが保たれるのは, 生態系には元の状態に戻ろうとする**復元力**(resilience)があり, 全体として系を持続し保つ働きがあるからである.

極相林は, 動植物の種構成も多様で, 物質循環やエネルギーの移動など, バランスが保たれている生態系である. ところが, 森林の伐採, 山野への放牧, 宅地やゴルフ場開発などの過度の人間活動は, 多くの種で構成されている生物群集を単純化し, 自然の生態系内で行われていたさまざまな調節作用を弱める. その結果, 生態系が変化してしまうこともある.

a. 森林生態系の保全 日本人は, 森林を古くから身近な自然として, また重要な資源として利用してきた. 樹木を一方的に伐採せずに, 伐採した跡地には植林し, 薪や炭を燃料とし, 下草を刈るなどして森林を保ってきた. いわゆる**里山**の使われ方である. 里山は二次生態系であるが, このような生態系にも特有の動植物は存在する. たとえば, 秋の七草のフジバカマなどである. 人間がときどき手を入れる程度の穏やかな撹乱があることで, 極相林にまで進まない, 二次遷移状態の明るい林に生息する生物種は多い. 近年, このような里山は放置されたり, 土地の開発などにより急速に失われつつあり, 保全対策が急がれている.

また，人間の手があまり加わっていない原初自然生態系の森林については，一部は国立公園などの自然公園に指定し，無許可で開発が行われないような保全対策が立てられている．

b. 水界生態系の保全 干潟は微生物の働きが盛んで，ゴカイや二枚貝・カニなどのように海水中や泥に含まれる細屑（デトリタス）や微生物を食べる分解者の動物が多く生活しており，海水の浄化作用が働く生態系である．内湾に面した干潟は漁村の活動には欠かせない場であった．しかし，最近の護岸工事により干潟がどんどん消失している．また，家庭からの生活排水や工場排水・農業排水などが海に大量に流れ込むと，自然の浄化作用を上回ってしまう．そうなると，内湾では有機物のほか窒素やリンなどの濃度が急速に高まって**富栄養化**し，特定のプランクトンが高密度で異常発生する**赤潮**が起こることもある（図8・31）．赤潮が起こると，それらのプランクトンが大量に死滅して分解されるときに，海水中の酸素を大量に消費して低酸素状態になったり，ある種のプランクトンからは魚類などに有害な物質が分泌されたりするので，生態系に大きな影響が出る．

c. 外来生物 原産地などから人間によって意図的または偶然に運ばれて，新たな地域に定着した生物のことを**外来生物**，または**帰化生物**という．セイヨウタンポポやセイタカアワダチソウ，ウシガエル，アメリカザリガニ，アオマツムシ，新しいところでは，ブラックバスやブルーギルなどがその典型例である（図8・32）．おもに人工的な環境からなる都市やその近郊の湖水では，ニッチに空きができていたり，天敵がいなかったりすると，外来生物がニッチの空きに入り込み，しだいに高密度化し，広く蔓延する可能性がある．

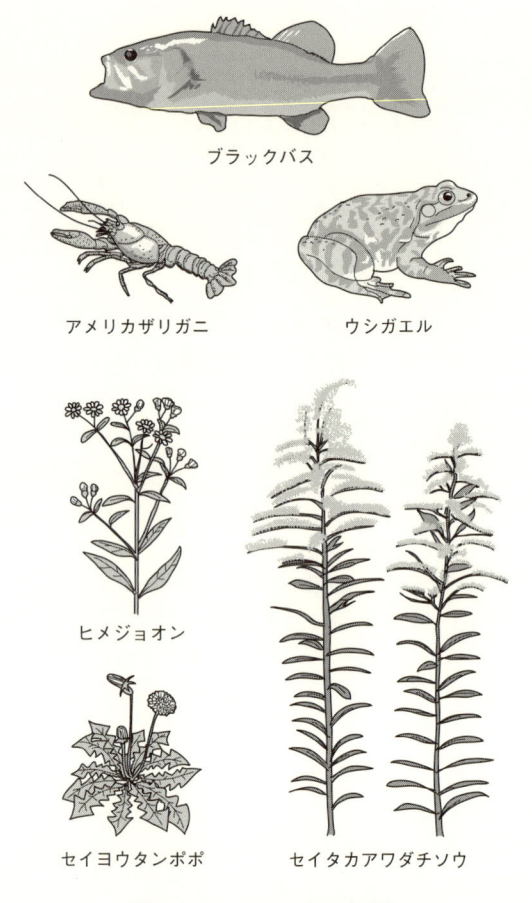

図8・32 いろいろな外来生物

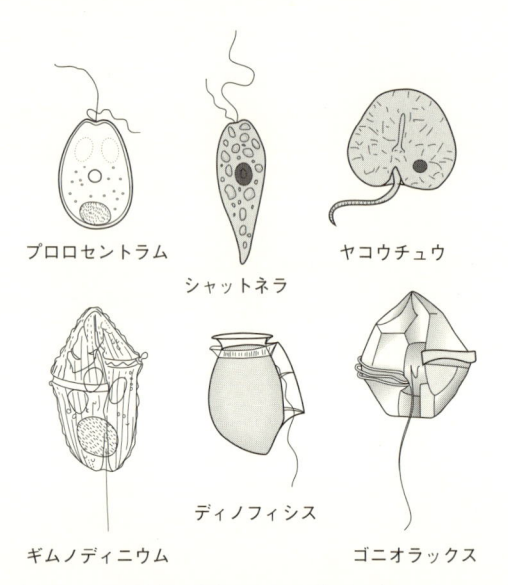

図8・31 赤潮をひき起こすさまざまなプランクトン

湖沼の**アオコ**も同様の現象で，シアノバクテリアの大発生によってひき起こされる．湖水が低酸素状態になったり，分泌された毒（シアノトキシン）によって水が異臭を放つことで，生態系に大きな影響が出る．

アメリカシロヒトリは，1945年頃，北アメリカから東京付近に偶然に運ばれて，その後，日本各地に分布を広げた帰化昆虫である．幼虫は，都市環境で大発生して街路樹などの葉を食害するが，自然の山野にまでは分布は拡大しない．これは，生態系を構成してい

る種が多様であれば，その捕食者が存在して，個体数を抑制する機構が働くからである（図8・33）．これは，都市の生態系が単純で捕食者や競争相手が少ないために，都会の食物資源を十分利用できているためである．植物でも，北アメリカ原産のキク科の多年生草本セイダカアワダチソウが，現在では日本各地の道ばたや空き地に繁殖しており，1930年頃から急増している．日本では，2005年6月に外来生物防止法が施行され，これ以降，在来生物に多大な影響を与える一部の外来生物は駆除の対象となっている．

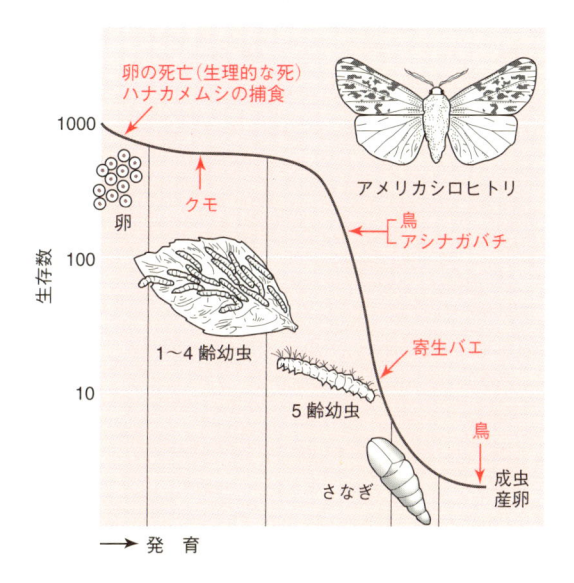

図8・33 アメリカシロヒトリの発育に伴う死亡要因
産下された卵1000個に換算して描いた生存曲線．各発育段階での死亡要因が添えてある［伊藤嘉昭，桐谷圭治著，"動物の数は何で決まるか"，NHKブックス(1971), p.231, 第Ⅳ-11図を改変］

d. 生物多様性国家戦略 このような生物多様性の保全に対して，2002年3月に新・生物多様性国家戦略が閣議決定され，これによって日本の国土計画の新しいグランドデザインが発表された．この国家戦略では，以下の"三つの危機"をあげている．

① 人間の活動や開発が，生物種の減少・絶滅，生態系の破壊・分断化，森林の開発，埋め立てによる海浜生態系の破壊などをもたらす危機．
② 自然に対する人間の働きかけが減っていくことによる危機，すなわち里山・里海として利用されてきた二次生態系が，社会情勢の変化によって放棄されたことによる生態系劣化の危機．
③ 移入種や化学物質による危機，すなわち外来生物による日本の生物多様性が損なわれる危機，あるいは，PCBやDDT，ダイオキシンなどの環境負荷による危機．

地球規模で生態系の破壊が進行している現状に対して，生物多様性の保全の視点から国土開発や公共事業に明確な指針をもつのは重要なことである．

8・7・2 生息地の分断化と個体群の絶滅リスク

自然生態系に道路がつくられ環境が開発されると，それまで，ある生物個体群の生息地だった連続した大きな森林などがいくつかに区切られ，しだいに孤立した小さな林の集まりに変わっていく．このような空間構造をもつ個体群のことを**メタ個体群**という．幅の広い道路などがいくつもできると，道路によって小形の野生動物は行き来がかなり妨げられる．このような状態を**分断化**（fragmentation）といい，それぞれの局所個体群が隔離された状態になることを孤立化という．

分断化された局所生息地はサイズが小さくなっているので，維持される局所個体群も個体数の少ない小集団となる．孤立した小集団は，早晩，消滅する危険性（**絶滅リスク**）が高くなる．個体数が少ないと，つぎのようないくつかの要因が連動して作用するからである．

a. 人口学的確率性 局所個体群が消滅する要因の一つに，個体群内部での人口学的確率性（一腹の出生数や性比の偏り）がある．十分に個体数の多い大きな個体群では，通常，1匹の雌が産む一腹出生数はその動物本来の期待値に近づき，雄と雌の性比も1：1に近くなるのがふつうである．しかし，小さな局所個体群では，親が健康であっても，確率的に子が産まれなかったり，どちらかの性にかたよる傾向がしばしばみられる．これによって，小さな集団では繁殖力が低下することが多く，絶滅リスクが増大する．

b. 近交弱勢 2番目は近親交配が関係する．大きな個体群では，有害な形質をもたらす劣性対立遺伝子が突然変異で出現しても，優性の正常な対立遺伝子とヘテロ接合になっている限り，表現型として現れてくることはない．しかし，局所個体群では，交配する相手が他の個体群から来ることはまれである．そのため，少数の親から産まれた血縁者どうしで近親交配する場合が多くなり，有害な対立遺伝子が子世代でホ

モ接合となる可能性が高くなる．すると，遺伝的な悪い影響が表現型として現れる個体が出現することになる．

c. 絶滅促進要因の連動効果 このほかにも，局所個体群を絶滅に向かわせる要因はいくつか知られている．そして，それぞれの要因は単独で作用するものではなく，たまたまある地域の自然生態系の何割かが人為による環境開発によって損なわれると，それが引き金となって他の絶滅促進要因が作用し始める．さらに個体数が減少すると，もっと別の要因も一緒に働き出すという，連動した効果がみられる（図8・34）．

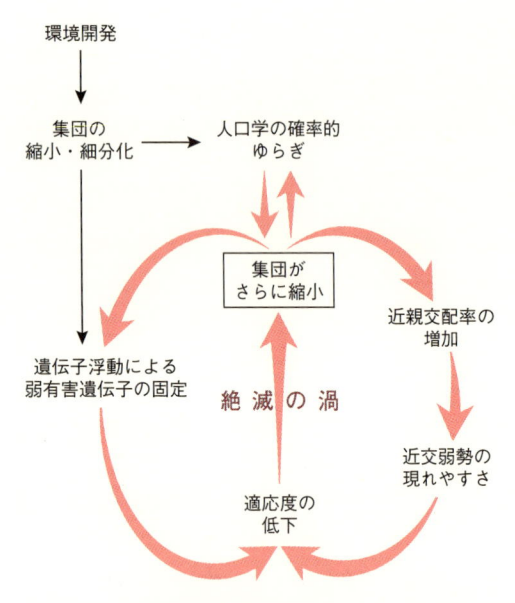

図8・34 絶滅促進要因の連動効果による"絶滅の渦"の概念図 最初は環境開発などでたまたま集団が縮小したとき，それがきっかけとなって，やがてさまざまな絶滅促進効果が連動してかかり始める．矢印の向きを見れば，このサイクルは正のフィードバックをもたらすように作用することに注意．

メタ個体群全体の絶滅リスクは，局所個体群の孤立化と関連している．動物の場合は移動力や飛翔力，植物では花粉や種子などの分散能力に依存して，どれだけ孤立化が進行するかが決まる．道路の下に小さなトンネルをつくって，野生動物が行き来できるようにしたり，開発された住宅地の道端にかん木の生垣などを設けて，局所個体群間の移動を可能にすることによって，局所個体群の孤立化を防ぐ試みがなされている．

8・7・3 熱帯林の保全

赤道を中心に広がる熱帯には，熱帯多雨林，熱帯季節林，熱帯サバンナ林のほか，河口や海岸に発達するマングローブ林など，さまざまな熱帯林が分布している．熱帯林は陸上の森林面積の半分近く（約1700万 km^2）を占めている．特に，熱帯多雨林には膨大なまでの生物種が生息していると推定されている．近年，熱帯林の消失は進んでおり，たとえば1980年からの15年間で消失した熱帯林の面積は約181.4万 km^2 にのぼる（表8・4）．これは日本の国土面積（約37万 km^2）の約5倍にも相当する．熱帯林が消失したおもな原因は，ラワン材などの伐採や伝統を無視した焼畑耕作があげられる．従来の伝統的な焼畑耕作では，焼畑を行った土地は20年ほど休耕させていた．しかし，近年行われている焼畑耕作では，休耕期間を設けず，森林は回復せずにそのまま荒れ地となる．

表8・4 熱帯林の面積の減少[†]（数字は万 km^2） 年間平均減少面積は，1980年〜1990年までは15.43万 km^2／年，1990年〜1995年は5.42万 km^2／年である．

年　度	1980	1990	1995
熱帯アフリカ	568.6	527.6	504.9
熱帯アジア	354.6	315.4	321.7
中南米・カリブ海	992.2	918.1	907.4
合　計	1915.4	1761.1	1734.0

[†] FAO(1995), "Forest Resources Assessment 1990-Global Synthesis"およびFAO(1997), "State of the World's Forests 1997"をもとに作成．

熱帯の土壌では微生物の働きが盛んで，有機物は分解されて栄養塩はすぐに樹木に吸収されるため，土壌中にはむしろ希薄である．したがって，いったん腐葉土が流出すると，土壌は基質だけが残る状態になる．そうなると，植物がほとんど生えない裸地になり，熱帯林はなかなか回復しない．さらに，伐採後の露出した地面に多量の強い雨が降ると，土壌が流失してサンゴ礁などの海洋生態系に大きな影響が及んだり，洪水や斜面の崩壊などの災害が起こりやすくなる．

熱帯林は，樹木などの生物量が最も多い森林であり，地球規模での炭素の貯蔵庫となっている．また，熱帯林では活発な蒸散が起こっており，水の循環や気温に対する影響も大きい．したがって，広大な面積の熱帯林が消失すると，その分の CO_2 吸収量は減少し，おまけにそれが焼失されるとその分だけ CO_2 排出量

が増加する．このように，地球規模で気候が変化する可能性がある．

8・7・4 生物多様性の保全

生物多様性を保全する際には絶滅の危険性の高い象徴的な種を指定して保全する場合と，ある地域に特有の生態系や生物群集をそっくり保全する場合がある．絶滅の危険性の度合いをいくつかに区分し，ある地域に生息する野生生物に対して，その区分に該当する種，亜種，および個体群を一覧にしたものをレッドリストとよび，それを掲載した本を**レッドデータブック**とよぶ．国際自然保護連合(IUCN)では，世界中の絶滅危惧種の情報をまとめたレッドデータブックを数年おきに発行している．

絶滅リスクの度合いは，個体数の減少速度，生息面積の広さ，全個体数と繁殖個体の分布，成熟個体数，絶滅確率などの量的基準によって，危機的絶滅寸前(CR, critical)，絶滅寸前(EN, endamaged)，危急(VU, vulnerable)の三つに区分されている*．IUCN が 2003 年に発表したレッドリストでは，12,357 種の動植物が**絶滅危惧種**として分類されている（表 8・5）．IUCN の最近の報告書では，ゴリラやオランウータンなど世界の霊長類約 3 割が，絶滅の危機に直面していると記されている．IUCN 種の保存委員会などがまとめたとろによると，現在確認されている霊長類 394 種のうち 114 種が，深刻な森林破壊，違法な狩猟，ペット目的の捕獲，地球温暖化などによって絶滅の恐れがあると

絶滅危惧種のユキヒョウ

---

* 日本では環境省が独自のランクを設けており，国際自然保護連合の基準とは下記のように対応している．
　絶滅危惧 I 類 = CR + EN
　絶滅危惧 IA 類 = CR
　絶滅危惧 IB 類 = EN
　絶滅危惧 II 類 = VU

表 8・5　世界のレッドリスト動植物種 ［IUCN 2003 より］

分類群	絶滅種[†1]	野生絶滅種[†2]	危機的絶滅寸前種(CR)	絶滅寸前種(EN)	危急種(VU)	絶滅危惧種合計
脊椎動物						
哺乳類	74	4	184	337	609	1,130
鳥類	129	3	182	331	681	1,194
爬虫類	21	1	57	78	158	293
両生類	7	0	30	37	90	157
魚類	80	11	162	144	444	750
無脊椎動物	369	14	357	437	1,165	1,959
動物合計	680	33	972	1,364	3,147	5,483
蘚苔類	3	0	22	32	26	80
シダ植物	2	0	27	24	60	111
裸子植物	0	2	63	83	158	304
被子植物						
双子葉類	74	21	1,061	1,335	3,372	5,768
単子葉類	2	2	103	160	248	511
陸上植物合計	81	25	1,276	1,634	3,864	6,774
合計	761	58	2,248	2,998	7,011	12,257

[†1] 過去 50 年間にわたって生存が確認されることのなかった種．
[†2] 飼育下や栽培下でのみ残っていて野外個体群のない種．

指摘している．熱帯雨林の破壊などを食い止めるのが危急の課題になっている．

　生物多様性の三つの要素は，**種多様性・遺伝的多様性・生態系多様性**といわれている．よって，生物多様性を保全するには，保護する生物種が生活する実態のある生態系そのものを，できるだけ広い保護区として残すことが望ましい．保護区の設計に関する論争として **SLOSS**（single large or several small）がある．これは，保護区設立の予算の面から，必ずしも十分な面積を保護区として確保できない場合に，単一の大きな保護区が望ましいのか，あるいは複数の小さな保護区に分割して管理するのがよいか，の悩ましい問題である．肉食性の大型哺乳類の場合は大きな縄張りを必要とするので，小さな保護区をいくつも設けてもすべてが手狭になる可能性がある．一方，飛翔できる小動物（鳥や昆虫）の場合には，一つ一つの保護区を小さくしてもその代わり複数設ければ，その間を移動分散できる．どこかの保護区で山火事が起こっても，他の保護区までは類焼を免れるので，大部分は無事であろう．このように，保護する対象の生物の移動分散力を考えてベストな保護区を考案する必要がある．

　また，個体数が著しく減少したり，生活場所が極端に悪化している場合には，人工的な繁殖・飼育を行って種として保護する必要がある．絶滅リスクの高い野生動植物については，保護区を設けるとともに，給餌や人工的な飼育・繁殖，保育が試みられ，うまく増えた場合には自然界に戻すことになる．さらに，種子バンクや遺伝子バンクなどを設けて，そこで種や系統の維持・管理を行う必要がある．一方，保全すべき種の個体数や分布などの実態調査も重要であり，現在，IUCN の定めた基準により，日本でも全国や各地域ごとで，絶滅危惧種の生物リストづくりが行われている．

9 変わりゆく生物

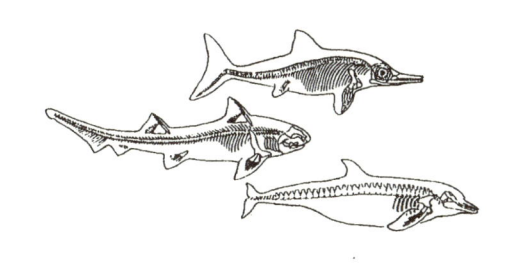

9・1 進化の要因

ハーディ・ワインベルグの法則によれば，1遺伝子座-2対立遺伝子の組合わせの頻度は，遺伝子頻度を変える作用が働かない限り，毎世代一定である．しかし，自然界では遺伝子頻度の変化をもたらす何らかの要因がつねに働いているため，一定の遺伝子頻度がいつまでも集団中に保たれることは現実にはありえない．遺伝子頻度の変化をもたらす要因こそが進化の要因であり，その作用によって生物は進化するのである．

9・1・1 遺伝子頻度を変える要因

a. 突然変異 突然変異は，細胞周期の合成期における遺伝子の複製ミスとして生じる．誤った塩基はDNAポリメラーゼによって除去されるが，ごくまれに誤った塩基が置き換わったまま残る．1遺伝子座当たり1世代平均の塩基置換率は遺伝子によって大きく異なり，およそ$10^{-3} \sim 10^{-9}$の値を示す．突然変異には点突然変異，欠失，挿入などがある．点突然変異とは，ある1箇所の塩基対だけが別のものと置き換わったものである．欠失や挿入があると，遺伝子内に一つまたはそれ以上の塩基対の増減が起こるから，部分的にアミノ酸が変わるだけでなく，3塩基対ずつのコドンの読み枠がずれてしまい（フレームシフト変異），変異の起こった部位以降のアミノ酸配列が大きく変わる．

動物の体細胞に生じた突然変異は子孫に伝わらないので進化の要因とはならない．しかし，生殖細胞に生じた突然変異は次世代に伝わり，もととは違った対立遺伝子を新たに生じさせるので，遺伝子頻度の変化をもたらす．また，植物では体細胞と生殖細胞の分化があいまいなので，体細胞に生じた突然変異でもその細胞から新たな株ができた場合には，子孫に伝わる．

b. 自然選択 自然選択は，適応度の違いによって，ある遺伝的形質をつかさどる遺伝子の頻度を変えるので，適応進化をもたらす重要な要因である．これについては，§9・2で詳しく解説する．

c. 遺伝的浮動 個体数の少ない小さな集団には，遺伝的浮動が強く働く．遺伝的浮動とは，つぎのような模式図で説明される確率的な過程である．いま図9・1のように，赤玉と白玉5個ずつから成る集団を仮想する．これらは遺伝する形質であるとする．1世代ごとに5個ずつ子（同じ色の玉）を産むとすると，つぎの世代の子の集団は赤玉・白玉それぞれ25

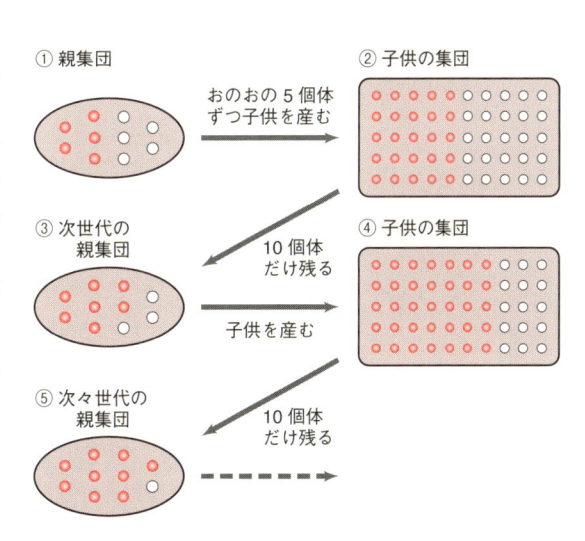

図9・1 遺伝する形質と仮定した赤玉●と白玉○から成る集団での遺伝的浮動の過程

個となる．さて，ここからランダムに10個の玉を取出し，これを次世代の親集団とする．次世代の親は，平均的には赤白5個ずつと期待されるが，集団の個体数が少ないので赤白4：6になったり7：3になったり振れるであろう．いま赤7個白3個が偶然取出されたとする．つぎに，再び各玉も5個ずつ子を産むと，子の集団は赤白35：15となる．ここからまたランダムに10個の玉を取出す．今度は平均赤白7：3になると期待されるが，6：4に戻ったり，8：2や9：1になったりすることもあるだろう．このような処理を繰返していくと，10個体の親の集団における赤白の比率はランダムな変動（**浮動** drift という）を繰返しながら，やがてどちらかが集団を100％占めるようになる．突然変異による新たな対立遺伝子の供給がなければ，やがては必ず有限時間内にどれか一つの対立遺伝子が集団中のすべてを占めることになる．これを**固定**という．注意してほしいのは，赤と白には適応度（産子数や親になるまでの生存率）の差は何もなく，ランダムな変動だけで遺伝子頻度は変化し，いずれかがやがて集団中に固定することである．固定するのに要する時間は，集団が小さいほど短い．つまり小集団ほど遺伝的浮動は強い効果を示すのである．

遺伝的浮動により，集団中の対立遺伝子の頻度がどのように変化するかをみたのが，図9・2(a)である．ここでは，集団サイズ（個体数）$N=10$，一つの対立遺伝子 A_1 の頻度が0.5の初期状態から出発して，毎世代の遺伝子頻度の変化をみている．（このような計算は，モンテカルロ法という乱数を発生させて計算に用いる簡単なシミュレーションで実行できる．この方法では計算を繰返すたびに集団は異なる遺伝子頻度の変化をたどるので，何度も繰返してその挙動の規則性をみる必要がある．）世代とともに A_1 の頻度が0（消失）か1（固定）になる結果がしだいに多く現れてくる．図9・2(a)の6回の実行結果では10世代までに2回が0か1になり，30世代までには合計4回が0か1になっている．このように，小集団では遺伝的浮動により対立遺伝子の頻度はフラフラと上下に漂いながら，やがて消失（頻度0）か固定（頻度1）する集団の割合が増えていき，有限時間内にすべてがどちらかに分岐していく．これを**ランダムウォーク**という．

突然変異によって集団中に新たに生じた対立遺伝子が，消失または固定するプロセスを模式的に表したのが図9・2(b)で，要する時間は集団の個体数 N によって異なり，平均 $4N$ 世代かかる．個体数が N の集団では，ある遺伝子座の対立遺伝子の合計数は（2倍体の生物であれば）$2N$ 個ある．これらの適応度に差がないと仮定すると，任意の1個の対立遺伝子がランダムに選ばれて集団中に固定される確率は $1/(2N)$ なので，ある対立遺伝子 A_i がランダムに選ばれて固定される確率は，その遺伝子がはじめに集団中に占めていた頻度 p_i に等しい〔$2N \times p_i \times 1/(2N) = p_i$〕．

実際には絶えず突然変異によって新しい対立遺伝子が供給されているので，突然変異による供給と遺伝的浮動による消失とが反対の効果をもつことになる．この両者の作用によってDNAレベルの変異量が決定されるという考え方が，§9・5で説明する分子進化の

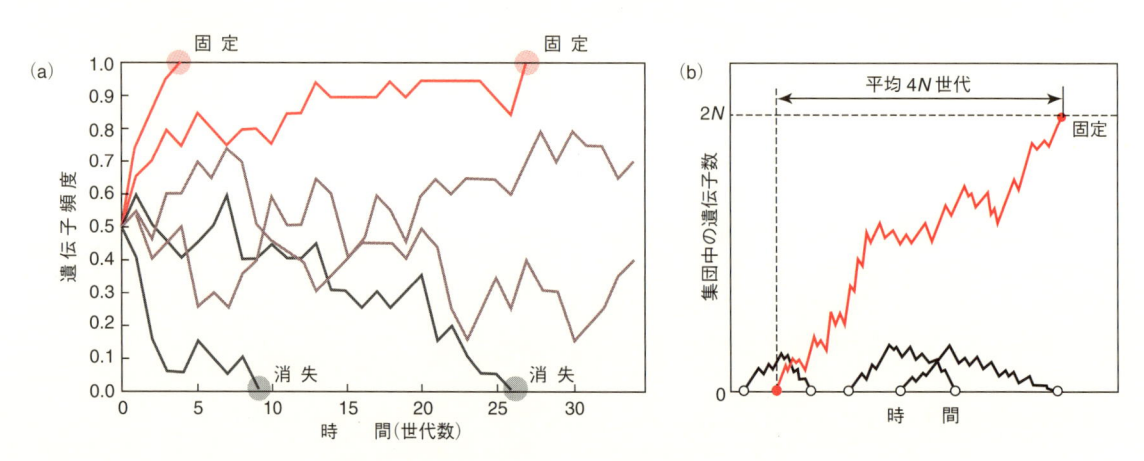

図9・2　ランダムウォークによる対立遺伝子の固定と消失　(a) 集団サイズ $N=10$ で，遺伝子頻度 $p=0.5$ からスタートした場合．有限時間内に必ず0（消失）か1.0（固定）のいずれかに行き着く．(b) 出現してから固定するまで平均 $4N$ 世代かかる［木村資生，"分子進化の中立説"，紀伊國屋書店(1986)より］

中立説である.

9・2 自然選択による生物の適応

9・2・1 自然選択のかかり方

適応とは，生物のもつ形態，生態，行動などの諸性質が，その環境のもとで生活するのに都合よくできていることである．適応は進化の諸要因（突然変異，自然選択，遺伝的浮動など）のうち**自然選択**によって生じる．自然選択のかかり方は3種類に分けられる.

1) **方向性選択**: 対立遺伝子の示す形質の変化に対して方向性をもって有利さが生じるような自然選択で，適応度が直接向上する作用をもつ.
2) **平衡選択**: 集団中に多型をもたらす自然選択の総称であり，以下に代表的な二つをあげておく．**超優性選択**ではヘテロ接合体がいずれのホモ接合体よりも有利になるために複数の対立遺伝子が集団中で多型を維持する．**頻度依存的自然選択**では，少数者有利の場合にどの対立遺伝子も集団を席巻することができずに多型が維持される.
3) **純化選択または安定化選択**: 突然変異を生じた対立遺伝子は，野生型遺伝子に比べて機能上どれくらい有害かによって，集団から排除される度合いが決まってくる．これを**純化選択**という．量的な形質（手や脚の長さなど形態形質，産子数などの生活史形質など）の場合は**安定化選択**とよび，集団の形質平均値から外れる個体ほど適応度が低くなる.

自然界には生物が生活していくうえで，合目的とも見える機能を備えている事例が多数みられる（§8・1・2参照）．ここでは適応が生じる過程を詳しくみていこう.

適応は自然選択によって生じる．自然選択とは，つぎの条件が満たされる場合は，必然的に生じるプロセスである.

① 個体間で形質に変異がある.
② その変異は遺伝する性質である.
③ その変異に応じて，繁殖や生存に有利・不利が生じる（つまり個体間に適応度の差異が生じる．適応度＝個体ごとの繁殖成功率．§8・2・4参照）.

これは図9・3のような模式図で説明するとわかりやすい．図9・3(a)で，集団中の個体間で遺伝的変異がみられる．突然変異によりその形質をわずかに異ならせて発現するさまざまな対立遺伝子が，供給されるからである．ある遺伝形質について対立遺伝子Aをもつ個体の方が適応度が高いとする．初期の集団では，対立遺伝子AとBをもった個体が半数ずついるとする．Aをもった個体の方が次世代に残す子の数が平均して多いので，世代を経るに従ってAの頻度が集団中に増加していくだろう.

(a) 遺伝する形質の場合

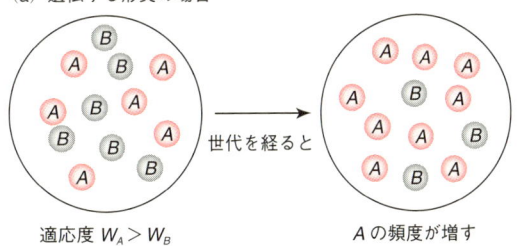

適応度 $W_A > W_B$ → 世代を経ると → Aの頻度が増す

(b) 遺伝しない形質の場合

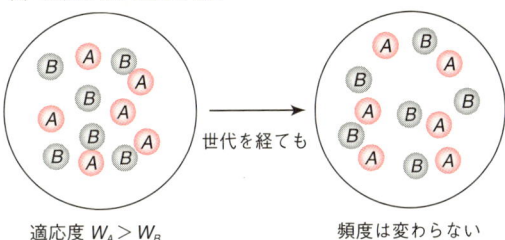

適応度 $W_A > W_B$ → 世代を経ても → 頻度は変わらない

図9・3　自然選択により適応が起こるプロセスの模式図　(a) 遺伝する形質AとBが適応度に差をもたらす場合（$W_A > W_B$），適応度の高い形質Aをもった個体が世代を経るごとに増えると期待される．(b) 形質が遺伝しない場合には，適応は生じない.

では，遺伝しない形質の場合はどうなるだろう．たまたまえさを多く食べて太った個体が子を多く残せたとする．しかしそれが次世代に遺伝する形質でなければ，次世代の子には太った個体もいればやせた個体も生じるので，結局"太る"という性質が集団中に広まることはない（図9・3b）.

9・2・2 方向性選択による適応の増進

自然界では適応の事例はたくさんみられる．ここでは上述の自然選択が作用する三つの条件がすべてわかっているものを中心に説明しよう.

a. 害虫による殺虫剤抵抗性の増進　殺虫剤抵抗性に関する遺伝子はアカイエカ（*Culex pipiens*）を中心によく研究されてきた．たとえば，有機リン剤系殺

虫剤への抵抗性はエステラーゼB1の遺伝子産物の増幅（調節領域の遺伝的変異）でもたらされる．集団中に殺虫剤抵抗性にかかわる対立遺伝子（もともとは突然変異で生じたもの）が潜在的に低頻度で存在するとき，殺虫剤を散布するとあたかも害虫集団は全滅したように見える．しかし，実は抵抗性の対立遺伝子を保有するごく少数が集団中に生き残っており，やがて数世代で爆発的に増加し，こうなるともはや同じ殺虫剤は効かなくなる．

b. ヒマラヤ山脈を越えて渡りをするインドガン
インドガン（*Anser indicus*）は8000 mものヒマラヤ山脈を越えてインド平原とチベット高原とを渡りする．夏には北のチベット高原で繁殖して雛を育て，冬になると南の暖かいインド平原に渡って来る．インドガンのヘモグロビンは α 鎖119番アミノ酸のプロリンがアラニンに置換し，その結果，β 鎖55番目のロイシンとの間で隙間が生じてギャップ構造をつくるため，酸素親和力が高い．高度8000 mに相当する酸素分圧（50 Torr，ちなみに平地では約150 Torr）でも赤血球の酸素飽和度は70％以上を維持しており，平地で生息する近縁のシジュウカラガンなどの約50％と比べて大きな差がある（図9・4）．また，ヘモグロビンが酸素を放す末端の細胞レベルでの酸素分圧は20 Torrくらいで，このときの酸素飽和度はインドガンと平地のガンとでほぼ同じ10％前後となっている．おそらくインド平原で生活していた祖先のガン集団のうち，突然変異を保持するようになった一群が超高度を飛翔できるようになり，そのため，夏季の繁殖地がもとの集団から離れてチベット高原で繁殖するようになったのだろう．遺伝的交流が途絶える生殖的隔離を経て，インドガンが種分化したのではないかと考えられる．

c. 昆虫における工業暗化　図9・5は，オオシモフリエダシャクというガの体色の変化を示している．イギリスの自然の林では木の幹には地衣類がびっしり生えており，白地にまだら模様のこのガの野生型がとまると，背景の地衣類が保護色の役目を果たして天敵の鳥に見つかりにくい．ところが19世紀後半になって産業革命が起こり，ロンドンやバーミンガムなどの都市部で工業化が進むと，やがて都市近郊の林で黒化型の個体がだんだん増えてきた．この現象は**工業暗化**とよばれる．

このガの体色は1遺伝子座-2対立遺伝子で決められており，優性対立遺伝子 C（カーボナリア）を一つでももつ個体は黒化型になる．劣性対立遺伝子 c（ティピカ）をホモでもつ場合に野生型体色となる．ガの収集家であった H.B.D. Kettlewell は，黒化型が増えた理由として，工業化の進んだ地域では野生型は

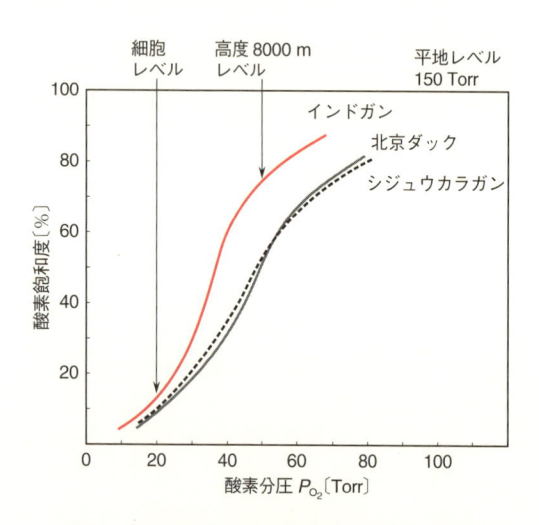

図9・4　酸素分圧と酸素飽和度でみたインドガンと平地のガンとの比較　［C.P.Black, *et al.*, *Respir. Physiol.*, **36**, 217-239（1980）より］

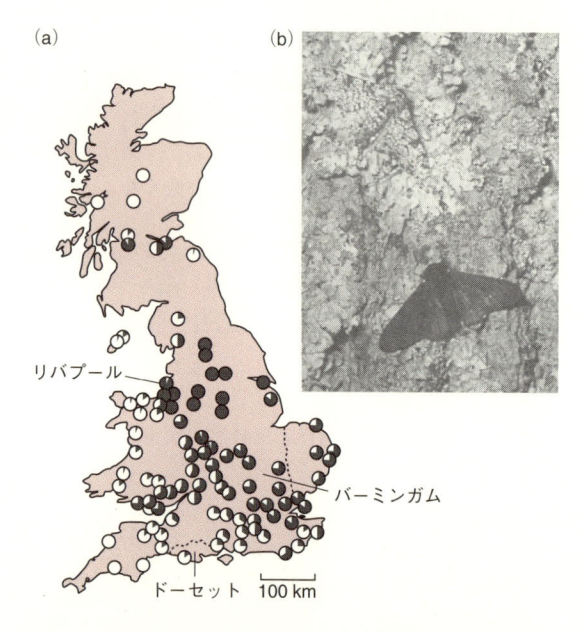

図9・5　オオシモフリエダシャクの工業暗化　(a) イギリスのさまざまな地域で調べた野生型（円グラフの白）と黒化型（円グラフの黒）の割合．(b) 野生型と黒化型のオオシモフリエダシャクの成虫標本を，地位類の生えた木の幹に置いた写真 ［D.R. Lees, "Genetic Consequences of Man Made Change," p.126, Academic Press（1971）より］

黒っぽい木の地肌の上では目立ってしまうので, むしろ黒化型の方が天敵に見つかりにくく有利だからではないかと考えた. そこで, 彼は両方の型のガを集め, 大都市リバプール近郊と南イングランドの田舎村ドーセットの林で放して一定期間の後に回収し, 果たしてどのくらいの割合で鳥に捕食されるかを実験した (表9・1). 明らかに, 地衣類の生えている田舎村ドーセットの林では白地にまだら模様の野生型が捕食されにくく, リバプール近郊の林の黒い地肌の幹では黒化型の方が捕食されにくい. 鳥による捕食率の差が, 確かに両型の適応度の差をもたらし, 地衣類が消滅した工業地域では黒い体色のガの頻度が増す方向へ自然選択が働いていたのである.

表 9・1 Kettlewell の実験[†] ドーセットの林は地衣類がついており, バーミンガムではついていない. 両方の林で, 標識をつけて放したガ (線の下の数字) のうち, 一定期間後に再捕獲された数 (線の上の数字) とその割合を表す.

場所 (年)	野生型	黒化型
ドーセット (1955年)	$\frac{62}{496}$ (13%)	$\frac{30}{473}$ (6%)
バーミンガム (1953年)	$\frac{18}{137}$ (13%)	$\frac{123}{447}$ (28%)
バーミンガム (1955年)	$\frac{16}{64}$ (25%)	$\frac{82}{154}$ (52%)

[†] M. E. Majerus, "Melanism: Evolution in Action", Oxford (1997)を改変.

時を同じくして1953年にイギリスで大気浄化法が施行され, 都市の大気が清浄になるにつれ, しだいに都市近郊の林にも地衣類が戻ってくるようになった. それにつれて, 1970年頃からは逆に野生型が頻度を盛り返している. さらには, このような体色の野生型と黒化型の数十年にわたる増加・減少の大きな傾向はヨーロッパ大陸でもみられ, しかもガだけでなくテントウムシなどの甲虫でも観測された.

9・2・3 平衡選択と遺伝的多型の維持

自然選択や遺伝的浮動により, 集団中の対立遺伝子はつねに集団から消失する可能性を秘めている. しかしときには, 複数の対立遺伝子がどれか一つに固定することなく, 長期的な進化の時間の中で保持されている場合がある. 頻度の低い方の対立遺伝子が集団中に1%以上の頻度で存在する場合に, この遺伝子座は遺伝的に**多型** (polymorphism) であるという.

ヒトの血液型遺伝子

遺伝的多型の最も身近な例はヒトのABO式血液型である. 血液型は赤血球の細胞表面の抗原タンパク質の糖鎖を決定する三つの対立遺伝子 I^A, I^B, i の組合わせによって決まる. I^A, I^B は i に対して優性であるが, I^A と I^B の間には優劣はない. A型は $I^A I^A$ か $I^A i$, B型は $I^B I^B$ か $I^B i$, AB型は $I^A I^B$, そしてO型は ii である. 血清中の抗体はA型が抗体B, B型が抗体A, O型が抗体AとBの両方をもち, AB型は抗体をもたない. A型の血液中にB型の赤血球が入ると血清中の抗体と凝集反応を起こすので, B型のヒトからA型のヒトへは輸血できない. B型の血液中にA型の赤血球が入ったときや, O型の血液中にA型やB型の赤血球が入ったときも同様である. 血液型の決まる生理的機構はこのようによくわかっているのだが, なぜこの3種類の遺伝子がどれか一つに固定されずに, 維持されているのかについては, 超優性選択が有力視されている.

一般に, 遺伝的多型の維持としては,

① 突然変異による変異供給と自然選択による変異減少の釣合い.
② ヘテロ接合体の遺伝子型がホモ接合体より高い適応度をもつ超優性選択や, 少数者有利の頻度依存選択が働く状況.
③ 突然変異による変異供給と遺伝的浮動による変異減少の釣合い.

の三つの機構が考えられており, それぞれ古典学説, 平衡学説, 中立説 (§9・5で解説) の基礎をなす. 一つの遺伝子座についてみたとき, 野生型でないマイナーな対立遺伝子が1%以上で維持されるということは, ①による突然変異と自然選択との釣合いで決まる平衡頻度よりは一般にずっと高い値である. また③によれば新たに出現した突然変異遺伝子は有害突然変異遺伝子である場合が多く, 純化選択によりほとんどのものが早々に消失していくので, 長期間は集団中に維持されない. そのような理由から, 顕著な遺伝的多型が維持されているいくつかの現象においては, ②の平衡選択 (超優性選択や少数者有利の頻度依存選択) が有力視されている. そのような例をあげてみよう.

a. 鎌状赤血球遺伝子 超優性選択はあまり聞

きなれないかもしれないので，高校生物の教科書でもよく登場する鎌状赤血球症を例にあげたい．この突然変異では，ヘモグロビンβ鎖遺伝子の6番アミノ酸がGlu から Val に置き換わっている．この変異した対立遺伝子と野生型対立遺伝子をヘテロ接合体としてもつと，マラリヤ蔓延地域のアフリカでは抵抗性を発揮して有利になり，現地人の40%がこの対立遺伝子を保有すると言われる（図9・6）．ホモ接合体は重度の貧血を発症して死亡率が高いが，マラリヤ抵抗性によるヘテロ接合体の有利さがあるため，この突然変異遺伝子はいつまでも集団中に残るのである．

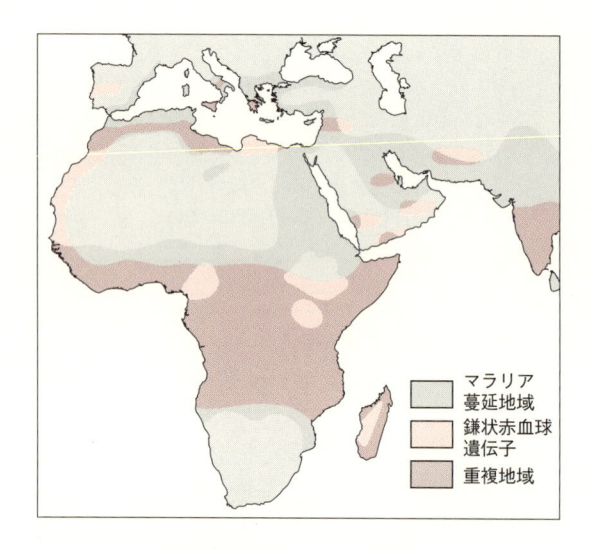

図9・6 1930年以前のマラリア（*P. falciparum* による寄生病）蔓延地域と鎌状赤血球遺伝子の分布［D. Voet, J. Voet, "Biochemistry", 3rd ed., John Wiley & Sons Inc. (2004)，〔邦訳〕田宮信雄ほか訳，"ヴォート生化学（第3版）"，東京化学同人(2005)の図7・20を改変］

b. 主要組織適合性複合体(MHC)遺伝子　MHC抗原は抗原提示細胞の表面に発現される糖タンパク質である．生体防御反応（免疫）にかかわる重要な分子で，侵入してきた細菌やウイルスなどの異物の分解物を結合して，T細胞グループに抗原提示する役割をもつ．T細胞はMHC上に提示された抗原が自己か非自己かを認識し，攻撃排除作用を働かせる．

ヒトのMHCは**HLA領域**（ヒト白血球抗原）とよばれ，第6染色体に固まって多重遺伝子族（ある遺伝子が何回も複製されてできた遺伝子群）を形成している．その遺伝子領域は膨大なまでの多様な対立遺伝子を保有して，著しい多型を示す．自然界には人体に侵入して感染症をひき起こす細菌やウイルスがきわめて多様にあり，その一つ一つに生体防御反応として対抗する必要があるので，多様な対立遺伝子をもつことは有利に働くのである．

MHCは大きくクラスI（すべての有核細胞にみられ，細胞障害性T細胞によって認識される）とクラスII（樹状細胞やマクロファージなどで生成され，ヘルパーT細胞によって認識される）に分けられ，クラスIにはA, B, Cの3遺伝子座，クラスIIにはDP, DQ, DRの3遺伝子座がある．これらの遺伝子座にはそれぞれ5〜60種類もの変異型対立遺伝子があり，両親から異なる対立遺伝子を受継ぐことも考えると，組合わせの数がいかに膨大かわかるだろう．他人どうしはまったく異なる組合わせのMHC対立遺伝子をもつことになり，たとえ兄弟でも同一のMHCの型をもつ可能性はかなり低い．

HLA領域において対立遺伝子の数が多いことや分岐時間が長いことが，MHC遺伝子座に働く平衡選択の集団遺伝学理論でわかってきた．ここで平衡選択の強度は，異なる遺伝子型をもつヘテロ接合体とホモ接合体とを比較したときに，ヘテロ接合体がどの程度次世代に遺伝子を残す確率が高いかで推定している．HLA領域での各遺伝子座での生存力の差（ヘテロ接合体の生存力=1としたときのホモ接合体での低下の割合）は0.1〜4.2%と推定されている．

c. 植物の自家不和合性遺伝子　植物では，雄しべと雌しべを併わせもつ両性花が多い．同じ花どうしで受粉しない**自家不和合性**には，Sリボヌクレアーゼ酵素遺伝子が関係し，多様な対立遺伝子を集団中にもつ．自家不和合性には**配偶体型**と**接合体型**の二つの型があり，花粉を受取る株が花粉親の株を配偶体（1倍体）で選別するか，接合体（2倍体）で選別するかが違う（図9・7）．

配偶体型はアブラナ科 *Brassica* 属でわかってきた．この場合は，花粉を受取る株の遺伝子型（2倍体の対立遺伝子ペアのこと．図9・7の例ではS_2S_3）のいずれかと共通の対立遺伝子(S_2)の花粉であれば花粉管は伸びず，それ以外の花粉(S_1)ならば伸びる（図9・7a）．一方，接合体型の場合（タバコなど）は，花粉を受取る株(遺伝子型 S_2S_3)に対して花粉親の株(遺伝子型 S_1S_2)が一つでも共通の対立遺伝子をもっていれば，それだけで両方の花粉とも花粉管が伸びない（図9・7b）．つまり，より厳密な自家不和合性をもたらす．

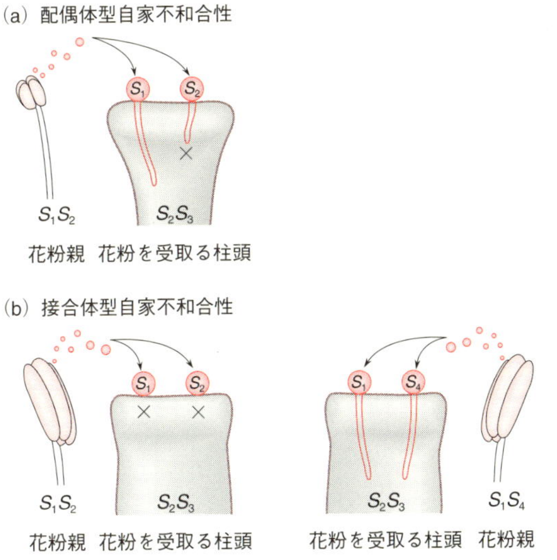

図9・8(a)のように，突然変異によって遺伝的変異が絶えず集団中に供給される中で，形質値が大きい個体ほど高い適応度をもつ場合は，形質値が大きい個体が頻度を増すことになる．世代を重ねるに従い，形質の集団平均値はしだいに大きな値の方へ向かう．これを**方向性選択**という．それに対し図9・8(b)は，平均的な値の形質をもった個体ほど適応度が高いタイプの自然選択である．集団平均から隔たった個体が排除されることにより，集団の平均値は一定のままである．このような自然選択を**安定化選択**という．

一般には，突然変異によりさまざまな形質値の遺伝子が絶えず供給されるので，方向性選択は一定方向へ絶えず集団平均値を動かし，また安定化選択においては，分布の端を排除する安定化選択と突然変異による遺伝的変異の供給とが釣合うところで，形質の変異は一定に維持される．方向性選択により選択のかかる方向への変異が早々と枯渇したり，あるいは安定化選択によって変異が消失し，どの個体も同じ形質状態をもつようになるのは，よほど強い選択がかかった場合に

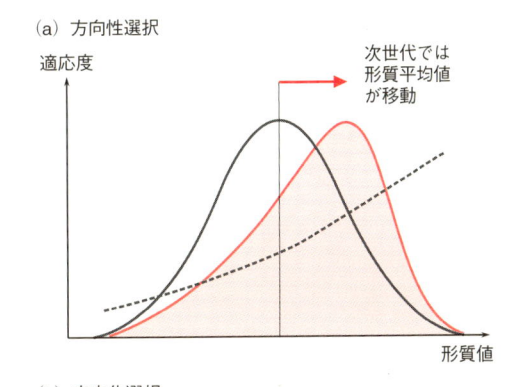

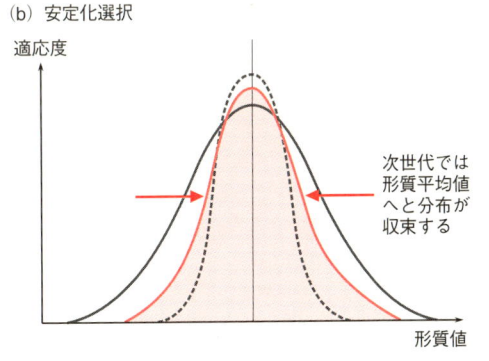

図9・7 **自家不和合性の2タイプ（配偶体型と接合体型）**
(a) 配偶体型の場合は，花粉を受取る株(遺伝子型 S_2S_3)のいずれかと共通の対立遺伝子(S_2)であれば花粉管は伸びず，それ以外(S_1)ならば伸びる．(b) 接合体型の場合は，花粉を受取る株(遺伝子型 S_2S_3)に対して花粉親の株(遺伝子型 S_1S_2)がどちらか一方の共通の対立遺伝子をもっていれば，それだけで花粉管は両方とも伸びない．

どちらの自家不和合性型であっても，どの対立遺伝子も集団中に圧倒的に広まることはありえない．この仕組みによって，受精後にできる種子はつねにヘテロ接合体になっているので，ホモ接合体が不利になる超優性選択が働いていることになる．頻度の少ない対立遺伝子ほど雌しべ上で拒絶される確率が低く，その遺伝子をもった個体は子孫を残しやすい．このような少数者有利の頻度依存的自然選択が超優勢選択と共同して働く場合は，遺伝的多型は維持されやすいのである．

9・3 量的形質の進化

9・3・1 量的形質にかかる自然選択

自然選択による進化の提唱者C.R. Darwinは，集団をある方向に変化させる作用として適応の過程を考えていた．それに対し自然選択には，最も適応した形質を保持し，集団内の変異を一定レベルに維持する作用もあることがわかってきた．この二つの違いを模式図で表すと，図9・8のようになる．この図では，ある集団中の遺伝的な形質変異を山形の頻度分布で表し，ある値の形質をもった個体が発揮する適応度の値を示す曲線を，重ねて描いてある．

図9・8 **方向性選択(a)と安定化選択(b)による形質の頻度分布の変化**（── 親世代の形質分布，── 次世代の形質分布，----- 適応度）

9・3・2 自然界での自然淘汰圧の測定

自然選択の強さ，すなわち有利または不利な自然選択圧を野外で測定する研究は1980年代前半からスタートした．これには二つの測定法がある．一つは**選択勾配**（形質値に対する相対適応度の回帰係数）の推定法であり，もう一つは**選択差**の推定法である．

選択勾配の推定法はR. Landeらが提唱したもので，これを適用した研究が1980年代半ば〜90年代にたくさん報告された．その事例として，ウシガエルの雄の体サイズにかかる自然選択圧を推定した研究を紹介する（図9・9）．ウシガエルの雄は池に縄張りをはり，夜になると低い鳴き声で雌を呼ぶ．雌は雄の縄張りに誘引され，そこで交接し産卵する．ウシガエルの研究者らは，雄の体サイズに自然選択圧がかかる理由として三つの可能性を考えていた．

① 大きな雄は多くの雌を自分の縄張りに誘引するから交尾回数の面で有利である．
② 大きな雌は大きな雄を選り好みするという可能性があれば（同類交配という），1回の交尾でも大きな雌は産卵数が多いために大きな雄はオタマジャクシの生産数でみると有利である．
③ 大きな雄は質の良い縄張りを早々と占有するので孵化率が高くなり有利となる．

そこで選択勾配法をウシガエルのデータに適用したところ，図9・9のようになった．つまり，①の多くの雌と交尾する有利さで自然選択圧が強くかかっており，残りの二つの側面には有意な自然選択圧はかかっていないことがわかった．

選択差による推定の事例として，Grant夫妻によるダーウィン・フィンチのくちばしの研究を紹介しよう（図9・8）．選択差とは，自然選択がかかる前の集団全体としての平均値と，自然選択のかかった後で生き延びた集団の平均値の差をいう．

ガラパゴス諸島のダフネ島では例年の年間降水量は100〜200 mm程度でしかない．わずかな雨が降る雨

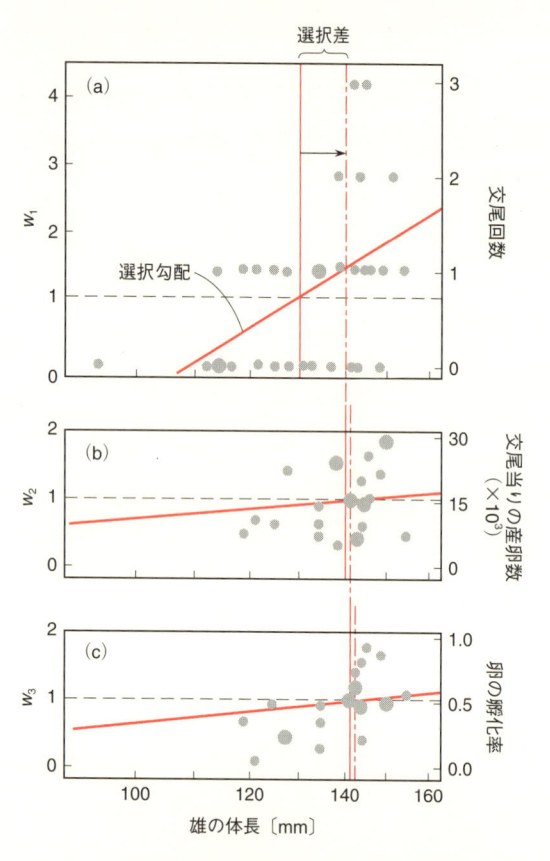

図9・9 選択勾配の分割法による自然選択の強さの測定 ウシガエルの雄の体サイズにかかる自然選択の強さを回帰係数で推定した．(a) 交尾回数(w_1)，(b) 交尾あたりの産卵数(w_2)，(c) 卵の孵化率(w_3)，のおのおのの生活史区分での回帰直線．横軸はすべて雄の体長 [S. J. Arnold, M. J. Wade, *Evolution*, **38**, 719〜734 (1984) より]

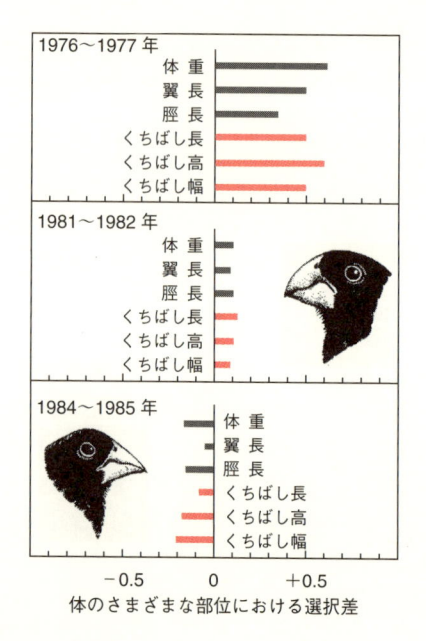

図9・10 ガラパゴス・フィンチの形態にかかる自然選択の強さ [H.L. Gibbs, P.R. Grant, *Nature*, **327**, 511 (1986) より]

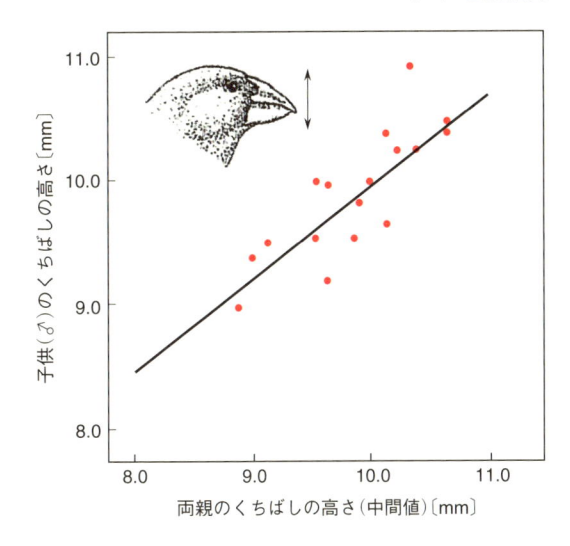

図9・11 くちばしの高さは遺伝する［P.T. Boag & P.R. Grant *Nature*, **274**, 793〜794 (1978) より］

季（12月〜2月ころ）に乏しい植生はいっせいに花を咲かせ，雨季が終わるころには果実・種子をつくる．ダーウィン・フィンチの一種であるガラパゴス・フィンチ（*Geospiza fortis*）は種子を食べる鳥である．例年のように乾燥した年ではクロトンなど柔らかい種子はすぐに食べられてしまい，その年の12月まで続く長い乾季を生き延びるためには，硬く乾燥したハマビシの種子を食べられるかどうかが生死を分けることになる．乾燥した1976年〜1977年には，くちばしを分厚く大きくする方向に選択差がかかっている（図9・10上段）．太いくちばしをもつことは，同時にあご周辺の頑丈な筋肉と大きな体を要求するので，体長や脚・翼長も大きくなる方に選択差が生じている．1981〜1982年も同様である（図9・10中段）．

ところが，1982年12月〜1983年2月の雨季にはエルニーニョが観測史上最大とも言える1100 mmもの雨量をもたらした．そのため柔らかい種子はふんだんにでき，一方，伸びたつる草に覆われたハマビシは種子をあまり生産できなかった．つぎの年（1984年）にも柔らかい小さな種子はまだ十分に残っていたので，この2年間で選択差は逆転した．1984年〜1985年ではスリムなくちばし・小さな体形の方へ選択差が生じている（図9・10下段）．分厚い大きなくちばしは小さく柔らかい種子には不要であるだけでなく，大型の体はその分よけいに種子を食べる必要があるので，大雨の直後の年（1983年）とその翌年（1984年）に

はそういう形質は不利だったのである．

以上のように，野外で年ごとに変化する自然選択圧を推定する手法は今では常套手段になっている．ちなみに，自然選択による進化が起きるのに重要なもう一つの条件である"変異が遺伝する"ことについては，ガラパゴス・フィンチに関しては親と子の形質値の相関をとる方法で高い遺伝性が示されている（図9・11）．このような高い遺伝性をもつ形態の場合は，自然選択圧さえ十分に大きければ，その形態は迅速に進化する可能性が高い．さらには，ガラパゴス諸島のダーウィン・フィンチ類の顎形成に関与する遺伝子*BMP4*の発現を分析したところ，分厚いくちばしをもつ種では特に*BMP4*が強く発現していた．エボ・デボ（evolutionary developmental biology 進化発生学）の遺伝子発現の理解も，今後急速に進むであろう．

9・4 生物種間の相互作用と共進化

生物種間の相互作用も相互に適応をもたらす．これを**共進化**（または**共適応**）という．たとえば，中米のマメ科木本アカシアの一種では，葉柄が膨らんで空洞になり，その中をナガフシアリの一種が巣として利用する．さらにアカシアは葉の先から蜜を分泌し，アリがそれを採餌する（図9・12）．このアリはかまれると

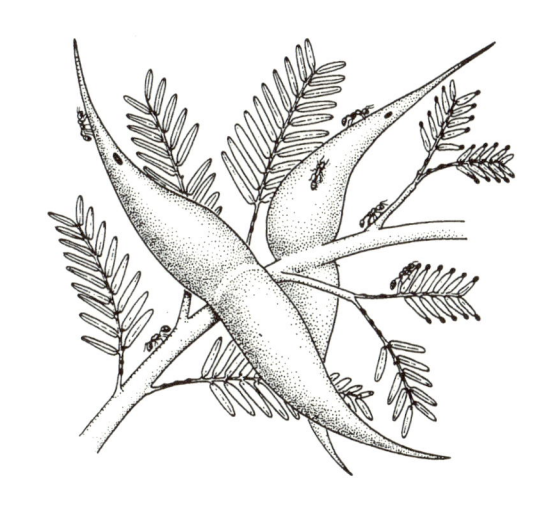

図9・12 とげが角状に膨らんだアカシアの一種
Acacia cornigera 中にナガフシアリの一種 *Pseudomyrmex ferruginea* が巣をつくる．アカシアは葉の先端から蜜を分泌する［D. J. Futuyma, "Evolutionary Biology", 2nd Ed, p. 499, Sinauer Associates (1986) より許可を得て転載］

大変痛いことで知られており，他の草食性動物や昆虫を近づけないため，アカシアは植物食者による食害を免れている．このようにアリとともに生活したり，アリを利用して生活している植物はアリ植物とよばれ，多くの例が知られている．

また，花粉を媒介する昆虫（送粉者）とその植物の間には，種特異的な関係にあるものがいる．たとえば，ある種のランは花筒が長く伸び，奥の方に花の蜜がたまる．そのランに適応した口吻のきわめて長いガがいて，その種だけが蜜を吸うことができる（図9・13）．口吻の長いガほど花にとまって長時間蜜を吸うので，受粉率が良いという結果が得られている．

さらには，宿主植物（クワ科イヌビワ類）とそれに共生するハチ（イヌビワコバチ類）では，種分化と系統分岐の面からたいへん興味深い現象もみられる．イチジク類は，花全体が花嚢という袋状の形で内側についており，雄花と雌花が一つの花嚢の中に分かれて位置する（図9・14）．イチジクコバチの雌は他の花嚢から花粉を後脚につけて飛来する．花嚢の上部に開いた隙間から内部に侵入し，たくさんある雌花のめしべの柱頭に花粉をつけて回る．イチジクの雌花にはめしべの短いものと長いものの2型が存在し，雌蜂は短いめしべの子房には産卵管が届くので卵を産みつける．めしべが長いとその子房には産卵できず，柱頭に受粉するだけである．卵から孵化した幼虫は成長する胚珠を食べて育つ．やがて，翅も複眼もなく体色も白い雄が先に羽化し，花嚢の中を徘徊して，遅れて羽化する雌蜂（妹）を見つけて交尾する．交尾がすんだ雌蜂は，花嚢が成熟して上の隙間はもうふさがっているので，

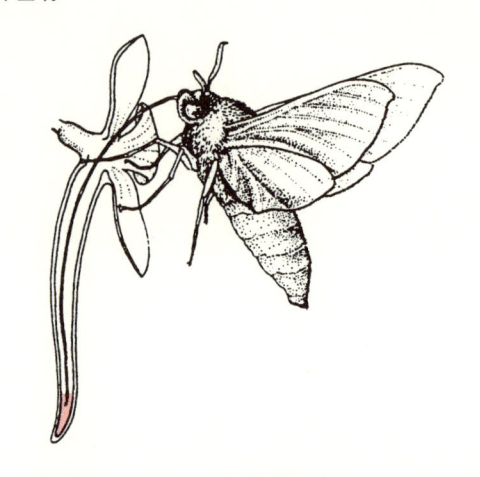

図9・13 長く伸びた花筒の底に蜜をためるランの一種 *Angraecum sesquipedale* と，長い口吻をもつためその種だけが蜜を吸うことができ，花粉を運ぶスズメガの一種 ［L. A. Nilsson, *Nature*, 334, 147（1988）より］

雄蜂が花嚢の壁に開けた穴から外に出る．そのとき成熟している雄花の花粉を後脚の花粉ポケットにつけて外界に飛んでいく．雄蜂は花嚢の中で一生を終える．このような生活環を，遅れて咲く別の花嚢で繰返すのである．

イチジクは，雌花の何割かでめしべを短くすることにより，イチジクコバチの餌となる胚珠を提供し，その代わりに，イチジクコバチに別の花へと花粉を運んでもらう．一方，イチジクコバチは，イチジクの雌花を受粉しないことには幼虫の餌となる熟した胚珠が得られない．そのため，ある特定の種から羽化してきたイチジクコバチは，それと同種のイチジク類の花嚢に

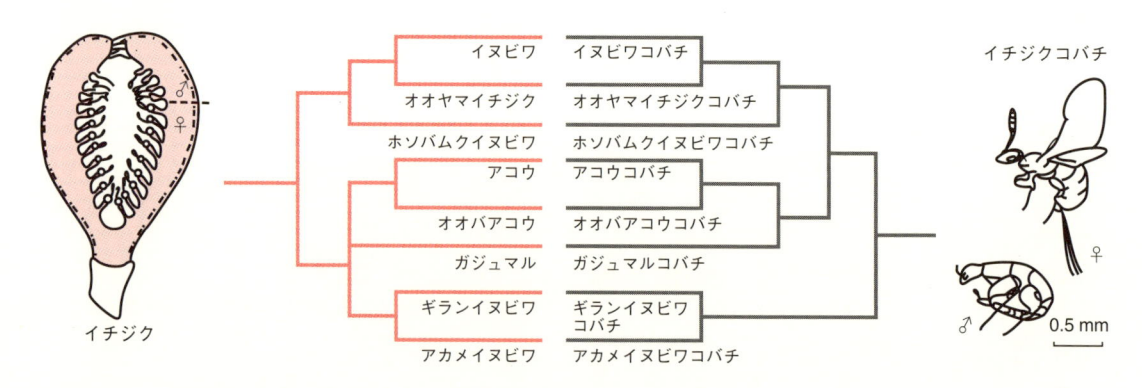

図9・14 イチジクとイチジクコバチ，および日本産クワ科イチジク属イヌビワ類とイヌビワコバチ類の分子系統樹の対応関係（系統樹マッチング）［J. Yokoyama, "Biodiversity and Evolution", ed. by R. Arai *et al.*, p.113, National Science Museum（1995）より］

入らないと，子孫を残すことができない仕組みになっている．こうして，イチジクコバチ類はそれぞれの種のイチジク類に専門化するようになっている．実際，双方の分子系統樹を対応させてみると，両者の系統分岐の順序関係はほとんど一致している（図9・14）．このように，利用し利用される関係の中で同形の系統樹になるよう系統分岐が進むことを，共種分化による**系統樹マッチング**という．

9・5 分子進化と分子系統

9・5・1 分子進化の中立説

遺伝的浮動は，集団中の対立遺伝子をどれか一つに固定させる効果をもつ．これに対抗する何の要因も働かなければ，遺伝的浮動はやがて一つの遺伝子座を一つの対立遺伝子で固定してしまう．

木村資生による**分子進化の中立説**は，この突然変異と遺伝的浮動の作用を基礎に置いた学説である．DNA配列やそれが発現したアミノ酸配列に生じる突然変異には，適応度の点で有利でも不利でもない中立な変異が多いと考えられる．その場合には自然選択は何ら効果を示さないので，突然変異による新たな対立遺伝子の供給と，遺伝的浮動による対立遺伝子の消失の，両方の作用によって，DNA配列における塩基対の置換（遺伝子の進化）が起こる．

ある中立な遺伝子座において，対立遺伝子が集団中に固定される確率はその頻度に等しい（§9・1・1）．これは中立な遺伝子の置換速度を求める際に重要である．いま新たな対立遺伝子1個が突然変異によって個体数Nの集団に出現したとすると，その運命は遺伝的浮動によって$1-1/(2N)$の確率で集団から消えるか，あるいは$1/(2N)$の確率で集団中に固定するか，いずれかである．突然変異は単位時間当たりμの率で供給されるので，出現した$2N\mu$個の中立な突然変異遺伝子が単位時間当たりに集団中に固定する率は$2N\mu \times 1/(2N) = \mu$となって，突然変異率に等しくなる．すなわち，適応度の面で中立な遺伝子の進化速度（対立遺伝子が置き換わる単位時間当たりの確率）は，突然変異率に等しいことになる．これが木村の中立説の基幹をなす考え方である．

中立な突然変異の起こる速度は，分類群間での化石による分岐年代とDNA配列の比較から，1塩基対当たり，年当たり10^{-9}という率がおおよそのオーダーとして知られている．

ここでDNAの塩基配列の置換率を説明する前に，必要な述語として"**同義置換**"と"**非同義置換**"を説明しておく．アミノ酸とmRNA上のコドンの対応表（図5・20）から明らかなように，いくつかのコドンが同じアミノ酸に対応している場合がある．たとえば，CUUもCUCも同じロイシンに対応する．この場合，3番目の位置（3'末端側）の塩基対がUからCに変わってもアミノ酸はロイシンのままなので，タンパク質には何の変更も生じない．このような塩基置換を同義置換という．それに対して，CUUからAUUへは同じ一つの塩基対の置換でも，アミノ酸はイソロイシンに置き換わりタンパク質の構造に若干の変更が生じてしまう．このような置換を非同義置換という．

いろいろな生物間で，特定の遺伝子ごとにDNA配列の塩基対の置換速度を比較すると，ある傾向がみられる．

a. 分子進化の速度一定性　系統の異なる生物種間で，同一の遺伝子の塩基置換数や同一タンパク質のアミノ酸置換数を比べると，分岐してからの年数に比例して置換数が増える．図9・15(a)はヘモグロビンα鎖について，さまざまな脊椎動物でアミノ酸配列を比べると，ヒトから見て系統が離れる方向にアミノ酸置換数も増えていき，そのアミノ酸置換数は二つの系統群が分岐してからの年数に正比例することを示している．

b. 機能の重要性に応じた置換速度の差異　ヒストンH4やアクチンαなどの重要な遺伝子は，アミノ酸配列の変化を伴うDNA塩基対の非同義置換速度が非常に遅い（表9・2）．それに対して，表にはあげていないが，酵素としての機能をもたないプレプロインスリンのCペプチド（インスリンを合成する過程でプレプロインスリンから外れて捨て去られる）の置換速度はきわめて大きく，非同義置換速度で約3.9×10^{-9}である．このように，さまざまな機能のタンパク質でその遺伝子の塩基置換速度を比べると，機能的に重要なものほど塩基置換速度は低く，機能的に重要でないものは置換速度が高いことがわかる．たとえば，目の水晶体をつくっているクリスタリンというタンパク質は，視覚に頼って生活している動物では保存性の高いアミノ酸配列になっており，置換速度が低い．これは，アミノ酸配列が変化すると水晶体としての機能が損なわれるため，強い純化選択が常に作用しているからで

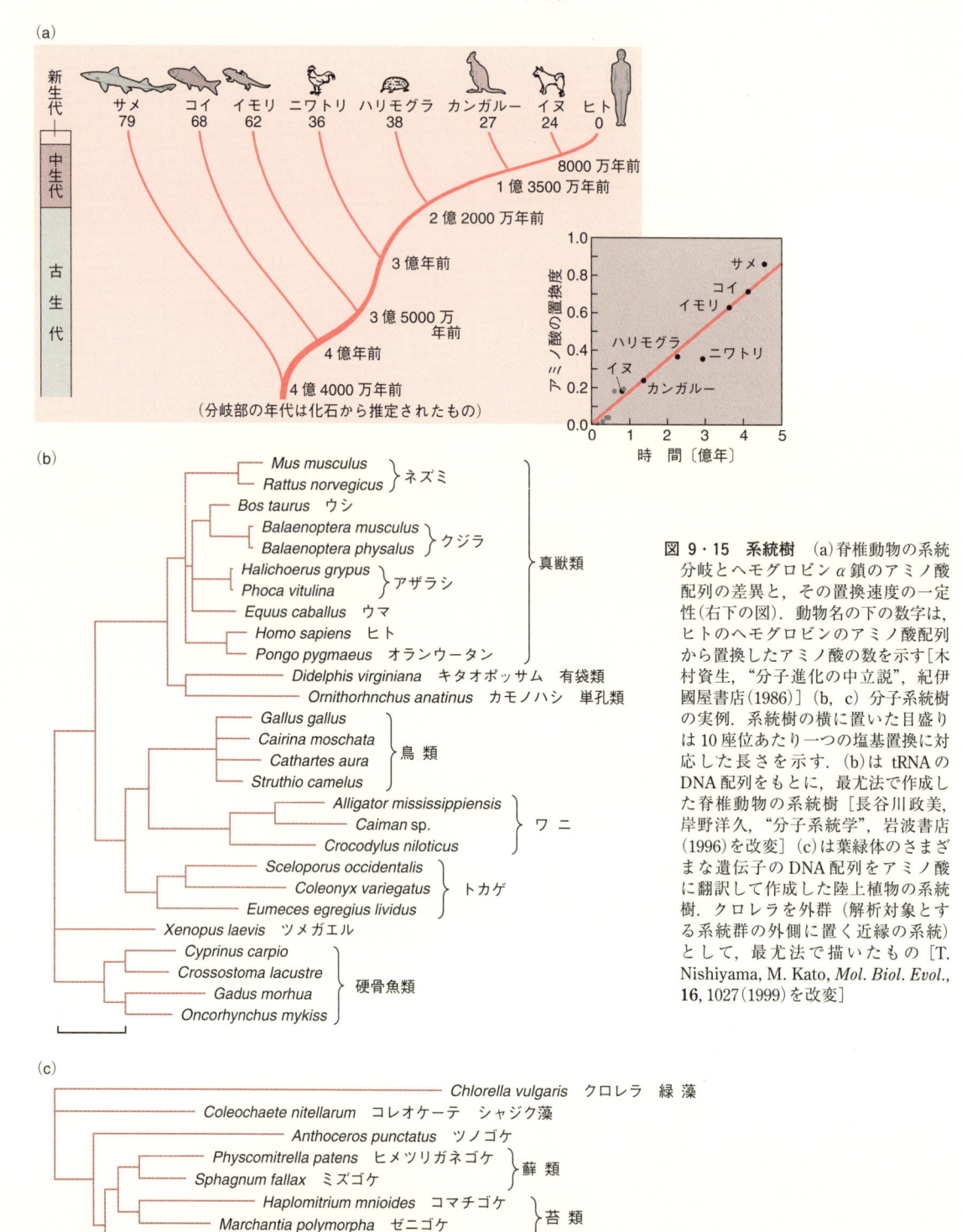

図 9・15 系統樹 (a)脊椎動物の系統分岐とヘモグロビン α 鎖のアミノ酸配列の差異と，その置換速度の一定性(右下の図)．動物名の下の数字は，ヒトのヘモグロビンのアミノ酸配列から置換したアミノ酸の数を示す[木村資生，"分子進化の中立説"，紀伊國屋書店(1986)]．(b, c) 分子系統樹の実例．系統樹の横に置いた目盛りは 10 座位あたり一つの塩基置換に対応した長さを示す．(b)は tRNA の DNA 配列をもとに，最尤法で作成した脊椎動物の系統樹[長谷川政美，岸野洋久，"分子系統学"，岩波書店(1996)を改変] (c)は葉緑体のさまざまな遺伝子の DNA 配列をアミノ酸に翻訳して作成した陸上植物の系統樹．クロレラを外群（解析対象とする系統群の外側に置く近縁の系統）として，最尤法で描いたもの[T. Nishiyama, M. Kato, *Mol. Biol. Evol.*, **16**, 1027(1999)を改変]

表 9・2 真核生物遺伝子における同義置換速度と非同義置換速度[†] ほとんどは、8000万年前に分岐したと考えられる哺乳類の目間の比較から得られた。速度はすべて、年当たり塩基対当たり 10^{-9} の単位で示されている。

遺伝子	コドン数	非同義置換速度	同義置換速度
ヒストン H4	101	0.004	1.43
アクチン α	376	0.014	3.67
ガストリン	82	0.15	3.52
インスリン	51	0.16	5.41
副甲状腺ホルモン	90	0.44	1.72
糖タンパク質ホルモン α	92	0.67	6.23
成長ホルモン	189	0.95	4.37
プロラクチン	195	1.29	5.59
α-グロビン	141	0.56	3.94
β-グロビン	144	0.87	2.96
免疫グロブリン V_H	100	1.07	5.67
β2 ミクログロブリン	99	1.21	11.77
インターフェロン α1	166	1.41	3.53
フィブリノーゲン γ	411	0.55	5.82
アルブミン	590	0.92	6.72
α-フェトプロテイン	586	1.21	4.90
42個の遺伝子にわたる平均[††]		0.88	4.65

[†] W.H. Li, et al., Mol. Biol. Evol., 2, 150 (1985) より.
[††] 上記の16個の遺伝子とその他26個の遺伝子から計算された.

ある。ところが、洞穴性の動物で視力を失った種では、もはや水晶体の機能はどうでもよくなっているので、クリスタリンに多数のアミノ酸置換が生じている。進化の途上で機能をもたなくなったタンパク質では置換速度が高いことがここでも証明された。

c. 同義置換は非同義置換よりも進化速度が速い

アミノ酸の置換をまったくもたらさない同義コドンへの置き換わりの場合には、非同義置換の場合と比べて置換速度が格段に速い（表9・2）。さらに、同義置換の速度はどの遺伝子でも大差なく、ほとんど同じオーダーの範囲内におさまっている。

d. 機能をもたない DNA 領域の高い進化速度

偽遺伝子やイントロンなど、タンパク質として発現しない DNA 領域（したがって、純化選択の網目にかからない）では、完全に中立な DNA 領域として高い速度で塩基置換が起こっている。

中立説の予測するところをまとめると、特定のタンパク質ごとに、機能の重要性に応じて DNA 配列の置換速度が一定に決まっており、それはそのタンパク質の遺伝子に中立的な突然変異が起こる速度に等しい。

そのため、この塩基対置換を**分子時計**ともよぶ。重要な機能を果たすタンパク質ほど置換速度が遅いのは、純化選択が強く働くため、アミノ酸の変化が受入れられにくいからである。この場合、配列の保存性が高いという。それに対して、重要な機能を果たしていないタンパク質ではこの純化選択が弱く、アミノ酸が置き換わっても適応度にさほど影響しない中立に近い変異が多くなる。そして発現しない遺伝子では突然変異は完全に中立となるものがほとんどなので、置換速度が最も速くなるのである。

遺伝子の DNA 配列やタンパク質のアミノ酸配列のデータを用いて、さまざまな生物の分岐年代を推定し系統樹（分子系統樹）を構築するのが、分子系統学とよばれる研究分野である。

9・5・2 分子系統解析

分子進化の中立説が契機となって、生物の系統関係を解析する大きな分野が新しく生まれた。遺伝子の DNA 配列やタンパク質のアミノ酸配列のデータを用いて、さまざまな生物の分岐順序を推定し系統樹（**分子系統樹**）を構築する"**分子系統学**"とよばれる研究分野である。

従来、形態の情報から系統樹を作成するにあたっては難点があった。細かい形態の変化を判別するには"名人芸"や"心眼"が必要である。形態情報を正確に読取るには、各形態部位がどのような構造になっているかについて正確な知識を必要とする。しかし、専門家の間でも往々にして、ある形態的特性を新しい派生的なものとみなすか、古い祖先的なものとするかで意見の分かれることがある。また、対象とする生物の分類群が変われば、まったく異なる知識による名人芸が要求されるに違いない。一方、分子の配列情報は、どのような生物でもほとんど同じ手順で配列データを取得でき、名人芸は必要としない。手順さえ間違わなければ、学部の卒業研究生でも正確なデータを何度でも取れるのである。

分子系統樹の利点はもう一つある。形態による系統樹では、**収斂**(しゅうれん)による誤りが起こりやすい。収斂とは、系統の異なる生物が同じ環境に適応した結果、似た形質を独自に進化させることである。（たとえばマグロとイルカの紡錘形の体はともに水中での高速遊泳を可能にする収斂である。）DNA 分子上の一つの塩基部位は4種類（A, G, T, C）しかないので収斂しやすいが、

分子系統樹を作成するには一般に2～3000もの塩基配列を使うので，配列全体がそっくり収斂することはない．

最初は，分子進化の中立説が予測したように，異なる2種間で同一の遺伝子の塩基置換数や同一タンパク質のアミノ酸置換数を比べると，分岐してからの年数に比例して置換数が増えるパターンが予測されていたので，まず"分子進化速度の一定性"を基礎に置いた系統樹作成法が生まれた（非加重平均距離法，略してUPGMA法）．その後，分子進化速度の一定性が満足されなくても，分岐順序をちゃんと系統樹に組上げる方法が相ついで提唱された．最大節約法，近隣結合法，最尤法などである．

代表的な方法の原理を簡単に紹介*すると，**最大節約法**は"派生形質の共有"を規則としてDNA塩基配列やアミノ酸配列の置き換わりを最も少ない置換数で説明するという基準(最節約原理)の集合論を土台としている．**近隣結合法**は距離法の代表的なもので，計算量が少なく，推定も確かと評価されている．星状形のノード(結節点)から出発して，ノードを一つずつ増やしながら，枝の総長が最小になるように近隣のノードどうしを結合していく方法である．**最尤法**は，塩基置換において塩基対のトランジッション〔プリン(A・G)どうしやピリミジン(C・T)どうしの置換〕とトランスバージョン(プリンとピリミジンの間の置換)の生起確率はわかっているので，その確率に基づくマルコフ過程から最も起こりそうな系統樹を推定する方法である．系統樹候補の尤度を比較して，最大尤度をもつものを採択する．最も信頼がおけるが，計算量が膨大である．

分子系統樹の例を示す．図9・15(a)はヘモグロビンを構成するヘモグロビンα鎖のアミノ酸置換（塩基対置換の反映されたもの）をもとに構成した脊椎動物の系統樹である．この例では，アミノ酸置換数と分岐年代推定値（化石情報に基づく）が示されている．図9・15(b)は，tRNA遺伝子のDNA情報をもとに作成した脊椎動物の系統樹である．鳥類はワニとの共通祖先（恐竜）から出現したこと，クジラは偶蹄目（カバが近い）から派生して海に降りた動物であること，また，有袋類と単孔類(カモノハシ)は真獣類とは離れた系統であることが読み取れる．さらに，図9・15(c)

---

* 興味ある読者は，斎藤成也 著，"ゲノム進化学入門"，共立出版（2007）などを参照されたい．

は葉緑体のさまざまなDNA領域をアミノ酸情報に転換して作成した陸上植物の系統樹を示す．コケ-シダ-裸子植物-被子植物の系統群の分岐順序がよく現れている．陸上植物の直接の祖先はシャジク藻類であり，コケ類はツノゴケ，蘚類，苔類の三つの系統は，単一の祖先系統から系統分岐した系統群（これを単系統という）ではなく，多系統となっている．被子植物は単系統である．

このように，最初に分子進化の中立説から出発した分子系統学は，今では多様な生物の系統と進化の歴史性を分析する際の重要な学問となっている．

9・6 生物界の変遷

9・6・1 地質時代と生物の歴史

地球が今から46億年前に誕生したのち現在までの期間を，**地質時代**とよばれる時代区分で表すのが一般的である．地質時代は，発見される生物の化石に著しい区分が認められるところを境にして，先カンブリア時代，古生代，中生代，新生代に大別され，さらにその中がいくつかの紀に分けられている．以下に，簡単に各地質時代の化石から見られる生物相の特徴を述べる（図9・16参照）．なお，化石を含む地層の年代推定は^{40}Kなどの同位体元素を用い，これが13億年の半減期で^{40}Arに変化することを利用して，現在の生物体の比率と化石に含まれる比率を比較することによって，岩石に固定された年代を推定する．

a. 先カンブリア時代　地球の誕生した46億年前から約40億年の長い時代を先カンブリア時代とよぶ．この時代の生物は微小で化石に残らないものが多く，DNAやRNAの生体高分子がいつごろできたのかなど不明な点が多い．それでも地球が誕生してから約10億年たった35億年前の地層から原始的な単細胞の細菌の化石が見つかっており，DNA，RNA，タンパク質などは38億年前にはできていたと考えられている．他にもラン藻類や細菌の化石が発見されている．そして先カンブリア時代の終わりごろ，6億年前には原生動物や多細胞動物のクラゲやカイメンなどが出現した．

b. 古生代（約5億7000万年～2億4000万年前）
古生代に入ると水中の藻類が大いに栄え，それにより水中や大気中の酸素が増加し気候も温暖になったため，**カンブリア紀**には急激に生物の種類が増加した

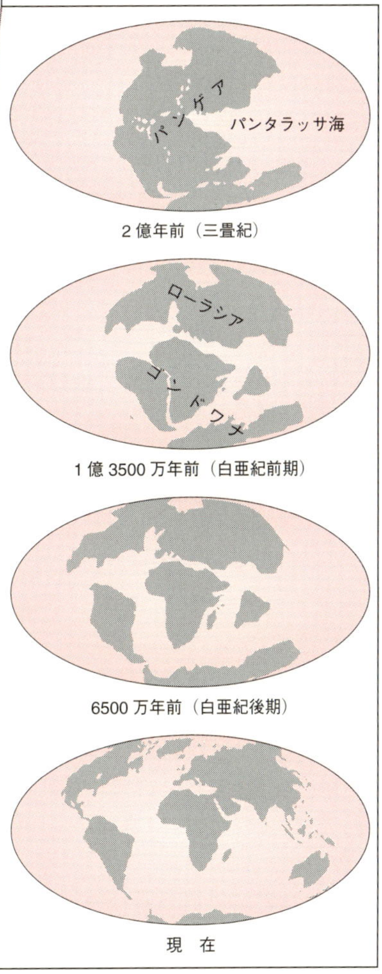

図 9·16 地質年代表と生物の消長, 環境の変化　中生代における大陸塊の配置を右下に示す. オーストラリアが他の大陸と早くから離れている点に注意 [D. J. Futuyma, "Evolutionary Biology", 2nd Ed, p. 321, Sinauer Associates (1986) より]

代と紀世（数字は100万年前）		生物の消長	環境の変化
先カンブリア時代		40億年前における生命の起原；原核生物, 後には真核生物が誕生 この時代の終わり近くに, 動物のいくつかの門が出現	
古生代	570 カンブリア紀	この時期に海産無脊椎動物のほとんどの門が出現. これらの多くは現世までつながる 多様な藻類の出現	大気中の酸素の増加 気候の温暖化
	505 オルドビス紀	棘皮動物や他の無脊椎動物の門, および脊椎動物の無顎類（甲冑魚類の一部）が多様化 大量絶滅	
	438 シルル紀	無顎類の多様化 板皮類（甲冑魚類の一部）が誕生 維管束植物と節足動物が陸上に進出	
	408 デボン紀	硬骨魚類と軟骨魚類の誕生 三葉虫の分岐と多様化 アンモナイト, 両生類, 昆虫類の誕生 大量絶滅	
	360 石炭紀	初期の維管束植物, 特にヒカゲノカズラ類, トクサ類, シダ類から成る大森林の出現 両生類の多様化 最初の爬虫類の出現 昆虫の初期の目が放散	
	286 ペルム紀	哺乳類的なものを含む爬虫類の放散 両生類の衰退 多様な昆虫の目の出現 大量絶滅　特に海生生物の大量絶滅	大陸はパンゲアとして合体 氷期
中生代	248 三畳紀	初期の恐竜, 最初の哺乳類, 裸子植物が優勢となる 海産無脊椎動物の多様化 大量絶滅	高温で乾燥した気候
	213 ジュラ紀	多様な恐竜の出現 最初の鳥類, 原始的哺乳類, 裸子植物の優勢 アンモナイトの放散	
	144 白亜紀	恐竜の放散つづく 被子植物と哺乳類の多様化が始まる 大量絶滅　恐竜が消滅	大陸が移動を開始 白亜紀の末期にはほとんどの大陸が分離
新生代	65 第三紀[†1]	哺乳類, 鳥類, 被子植物, 花粉媒介昆虫の放散	大陸が現在の位置に近づく, 第三紀中ごろに乾燥化傾向
	2 第四紀[†2]	マンモスなど大型哺乳類の絶滅 ヒト属の進化（文明の興隆）	氷期の繰返し

2億年前（三畳紀）　パンゲア　パンタラッサ海

1億3500万年前（白亜紀前期）　ローラシア　ゴンドワナ

6500万年前（白亜紀後期）

現在

†1　第三紀は古い順に暁新世, 始新世, 漸新世, 中新世, 鮮新世に分けられる.
†2　第四紀はさらに更新世, 現世（完新世）に分けられる.

(これをカンブリア爆発とよぶ). この時代には多くの動物の門が生じている. また, 大気中の酸素からオゾンが生じ, これが紫外線を遮る効果をもつため, 陸上で生物が生活できる環境が徐々に整っていった. **オルドビス紀**には海産の藻類が多くみられ, 最初の脊椎動物である原始的な魚類も現れた. そしてこの紀の終わりには**大量絶滅**が起こっている. **シルル紀**には初めての陸上生物であるシダの仲間(リニア)の植物が出現した. また水中には節足動物の三葉虫やサンゴ類, 甲冑魚が栄え, その一部は陸上に進出した. **デボン紀**には, 陸上に昆虫類・両生類などが出現し, シダ植物が栄え, また最初の裸子植物も現れた. この後期には大量絶滅が起こっている. **石炭紀**にはリンボクやフウインボクなど巨大な木生シダの森林が出現し, 動物では両生類が多様に分化し, また最初の爬虫類が現れた. **ペルム紀**(二畳紀)には, 爬虫類が多様に分化し始め, 昆虫類は多様に分化し栄えた. この紀の終わりには海産動物を中心に大量絶滅があり, 三葉虫などが消滅した.

c. 中生代(2億4000万年〜6400万年前)　中生代に入ると, 最初の**三畳紀**は高温で乾燥した時期であったらしい. そのため, 植物ではシダ植物が衰退して, ソテツやメタセコイアなど裸子植物が森林を形成し, 動物では爬虫類が徐々に大型化し始め, 哺乳類が現れた. このころ, 大陸は**パンゲア**とよばれる大きな一つの大陸にまとまっていた. **ジュラ紀**になると裸子植物の森林が発達し, 最初の被子植物が現れた. 動物では爬虫類が巨大化し, 最初の鳥類である始祖鳥が現れた. **白亜紀**には, カシなどの被子植物が多様に分化し森林を形成し, 動物では爬虫類の大型化が頂点に達し, 哺乳類が多様に分化した. 白亜紀の初期には大陸は動き出し(図9・16右下), 南のゴンドワナと北側のローラシアに分かれ, 末期には現在の5大陸への分散が生じ始めた. そして, 白亜紀末期には気候の変化によってまたしても大量絶滅が生じ, 陸上では大型爬虫類, 海中ではアンモナイトが絶滅し, 針葉樹が衰退した.

d. 新生代(6400万年前〜有史以前)　新生代では, **第三紀**に入ると被子植物がますます栄え, それにつれて花粉を媒介する昆虫類も多様化し, 裸子植物は衰退した. 幾度かの氷河期を経て動物では寒冷に適した哺乳類や鳥類など恒温動物が栄え, この傾向は**第四紀**にも続いて, 現在のような生物相ができ上がり, 第四紀末期に現在の人類が出現した.

9・6・2　生物界の多様性の変遷

化石の種類から生物の多様性の変遷を調べようとすると, いくつかの難問に直面する. たとえば, 化石として残りやすい硬い殻をもった生物の多くみられた時代と, そうでない柔らかい組織から成る生物の多く生息していた時代をどう比較するか, 古い地層の岩は時間の荒波によって保存されにくいので, 当然新しい地層の化石が見つかりやすく古い化石は見つかりにくいという偏りなどは方法論の問題である. さらに化石における "種" の定義の概念的な問題がある. つまり, 微妙に形の違う二つの化石が時代の違う地層から出た場合は, たとえこれらが同じ系統の同一種の変化した姿であったとしても, 先の種が絶滅して後の種が出現したという扱いを受ける. この場合は絶滅率を過剰に推定してしまうことになる. このような影響をできるだけ避けるため, 化石による生物相の多様性の変遷を比較する場合は, 科などの上位のレベル*で扱うこと

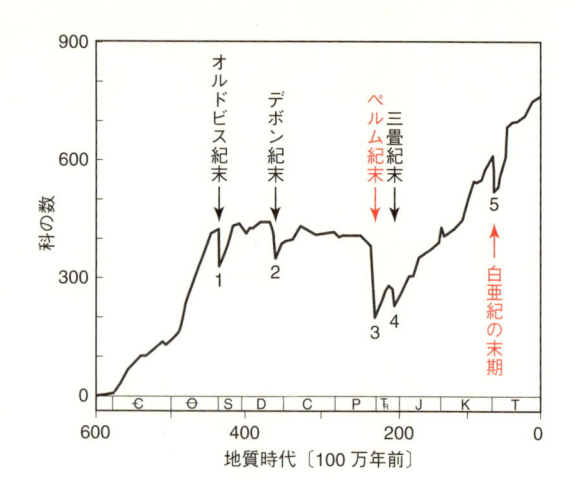

図9・17　地質年代における五つのおもな大量絶滅　科レベルの数でどれだけ絶滅したかがグラフで表されている. ペルム紀末期では海産無脊椎動物の95%の科が絶滅したと言われている. 白亜紀末期の大量絶滅では, 恐竜, アンモナイトなどが消滅した. (地質時代の記号は, 図9・18参照) [D.M. Raup, J.J. Sepkoski, Jr., *Science*, **215**, 1501 (1982) より]

---

*　生物の分類体系は上位のレベルから順に,
　　門(phylum) − 綱(class) − 目(order)
　　　− 科(family) − 属(genus) − 種(species)
となっている. ちなみに, 遺伝学によく使われるキイロショウジョウバエは, 節足動物門 − 昆虫綱 − 双翅目(ハエ目) − ショウジョウバエ科 − *Drosophila* 属 − 種小名 *melanogaster* となる (属と種小名の二名法で *Dorosophila melanogaster* キイロショウジョウバエ).

9・6 生物界の変遷

が一般的である．それでも完全に偏りが解消できているわけではない．

それらを念頭においたうえで，科レベルでの100万年当たりの絶滅率を示したのが図9・17である．これによるとオルドビス紀・ペルム紀・白亜紀に大量の科が絶滅したことがわかる．そのほか，デボン紀と三畳紀にやや小さな絶滅のピークがみられる．これらの5回の大量絶滅の原因はよくわかってはいないが，いずれにしてもそれまでの生物にとって代わって新たに出現した生物が栄えるようになったため，地球上の生物相はそれらを境に大きな変化を示すことになる．

比較的保存されやすい海産動物の化石だけで動物相の変遷をみたのが図9・18である．この図は右下からカンブリア紀に登場した動物，古生代に登場した動物，そして現代まで系統が残っている動物である．カンブリア紀に登場した動物はオルドビス紀とデボン紀に起こった2度の大量絶滅で一挙に科数が減り，ペルム紀の大量絶滅を期に滅んでいった．それに代わってオルドビス紀から一挙に科の数を増し栄えたのが，図9・18(b)に示した動物である．しかしこれとてペルム紀の大量絶滅を期に数を減らし，現生の科はあまり多くない．それに対し，図9・18(a)の生物は，オルド

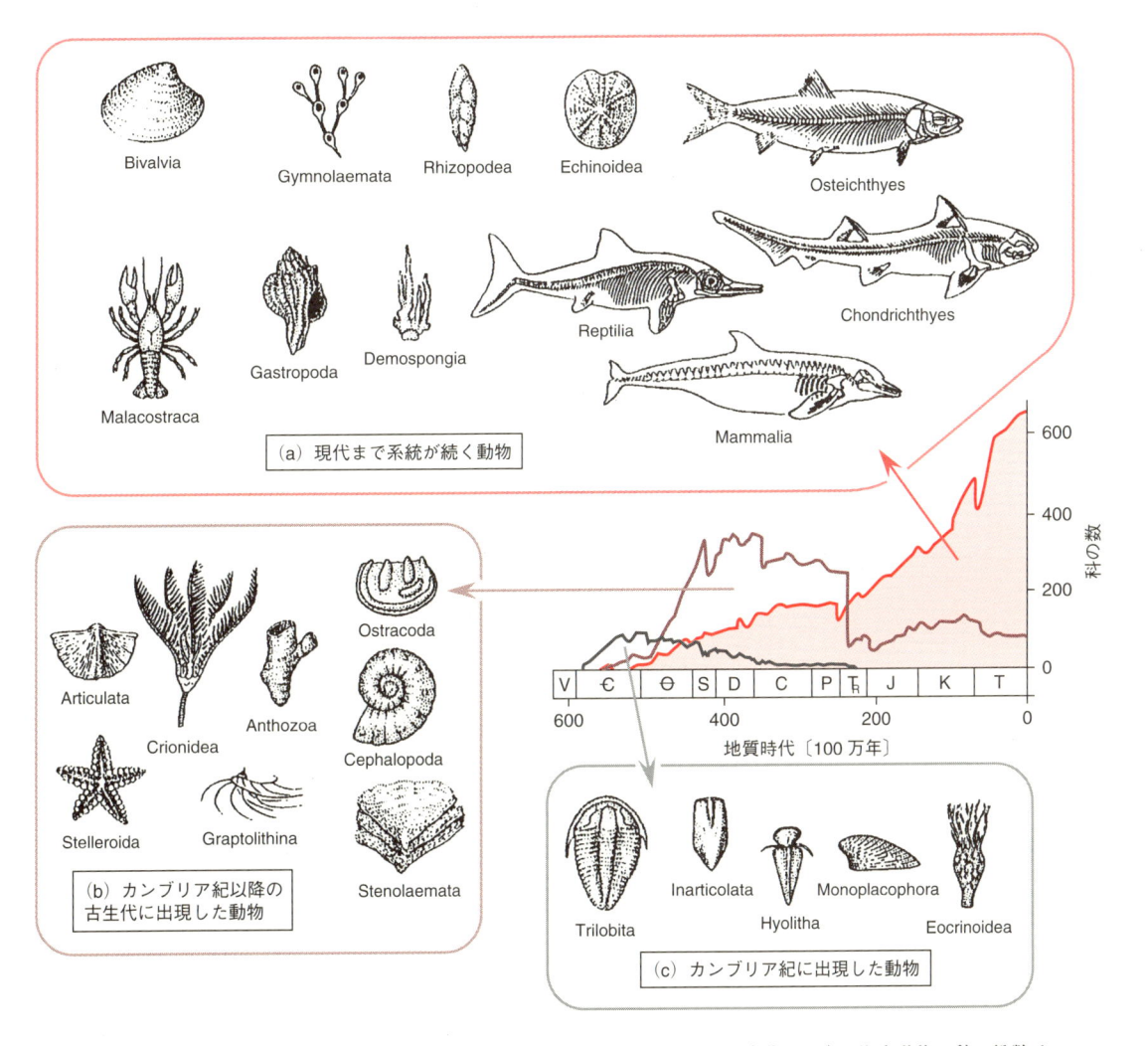

図 9・18 **比較的化石に残りやすい海産動物の科数の地質時代を通して見た変化** 現在の海産動物の科の総数は，化石に残りにくい柔らかい組織の生物を含めて1900といわれている．(横軸の地質時代記号は，V：先カンブリア紀，€：カンブリア紀，Ө：オルドビス紀，S：シルル紀，D：デボン紀，C：石炭紀，P：ペルム紀，T̄：三畳紀，J：ジュラ紀，K：白亜紀，T：第三紀を示す)［J.J. Sepkoski, Jr., *Paleobiology*, **10**, 246 (1984) より］

ビス紀から現れて徐々に数を増やし，ペルム紀の大量絶滅からもあまり影響を受けずに中生代に一挙に多様性を増し，白亜紀の大量絶滅以後の新生代も着実に数を増している．

現在の海産動物は，化石に残りにくい柔らかい組織の動物を含めて1900科と推定されている．その数字からみると，第三紀の合計で900に満たない図9・18は，完全なものとはいえないかもしれない．しかし，化石からうかがい知る限りでは，生物の多様性の変遷を理解するうえで非常に興味深い知見を提供してくれている．

生物界の多様性は，生物学者だけでなく一般の人々にも果てしない興味をかきたてる．一体，どのようにしてこのような生物界の多様性は生じ，かつ維持されているのだろう？　なぜある種の生物は滅びてしまったのだろうか？　現生の動物界に対応する門がまったく見当たらないほどの分類学上不思議な動物もかつては生息していたという証が，有名なバージェス頁岩の不思議な形態の化石群である（図9・19）．なぜ彼らはその末えいを現世に残し得ず，跡形もなく消え失せたのか？　その異形の形態は，現在まで栄えている生物に比べて何か不都合なことでもあったのだろうか？

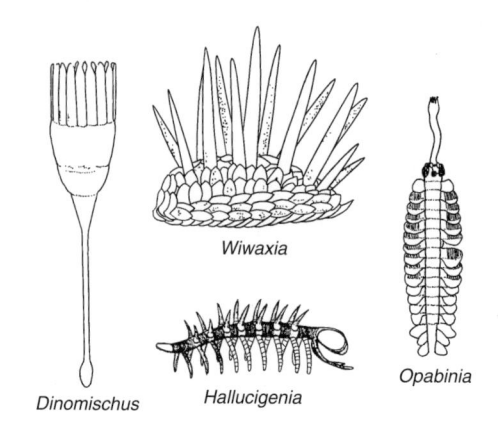

図9・19　バージェス頁岩中に見つかった化石群
これらは現在のどの門にも対応しない生物である〔C. Morris, *Paleontology*, **20**, 623 (1979)；*Annu. Rev. Ecol. Syst.*, **10**, 327 (1979)；*Phil. Trans. R. Soc. London, Ser. B*, **307**, 507 (1985) より〕

現在百数十万種といわれている生物界は，地球が続く限り栄枯盛衰を繰返しながら，どこまでも多様性を増していくのだろうか？　遠い未来にこの地上を見ることができたら，果たしてどんな生物が見られるのであろう？

索　引

あ

IES（internal eliminating sequence）　69
IAA（インドール酢酸）　168
iPS 細胞　132
アオコ　200
アカイエカ　207
赤　潮　200
アクソネーム　31
アクチノマイシン D　15
アクチビン　132, 136
アクチベーター　89
アクチン　56
アクチンフィラメント　30
亜社会性　179
亜硝酸　78
亜硝酸レダクターゼ　52
アズキゾウムシ　184, 189
アスパラギン　2
アスパラギン酸　2
アセチルコリン　143
アセチル CoA　48
圧　覚　147
アテニュエーター　90
アデニル酸シクラーゼ活性化系　154
アデニル酸シクラーゼ抑制系　155
アデニン　5
アデノシン一リン酸→AMP
アデノシン三リン酸→ATP
アデノシン二リン酸→ADP
アドレナリン　158
アドレナリン作動性神経　143
アニソマイシン　15
アニマルキャップ　131
亜熱帯多雨林　195
アフィニティークロマトグラフィー
　　　　　105
アブシジン酸　168
アブラムシの生活環　115
アベナ屈曲試験法（アベナテスト）
　　　　　167
アミノアシル-tRNA　85
アミノアシル-tRNA 合成酵素　85
アミノアシル部位　87
アミノ基　1
アミノ酸　1, 2
　──置換数を用いた系統解析
　　　　　215, 217
アミロース　7

アミロペクチン　7
アメリカシロヒトリ　200
ア　ユ　178
アラタ体　165
アラニン　2
ア　リ　180
アリ植物　214
rRNA　20, 80, 85
　──の種類　16
rRNA 前駆体　20
RecA　80
RNA　5, 81
　──のプロセシング　98
RNAi（RNA 干渉）　112
RNA 干渉（RNAi）　112
RNA 合成阻害剤　15
RNA 酵素　100
RNA 編集　100
RNA ポリメラーゼ　81, 82, 93
RNA ワールド　13
アルギニン　2
アルキル化剤　78
r/K 戦略　186
アルコール発酵　51
r 戦略　186
アルツハイマー病　152
R 点　25
アルドース　6
Rb タンパク質　25
α-アマニチン　15
α ヘリックス　3
Alu ファミリー　93
アロステリック効果　37
アロステリック酵素　38, 57
アロラクトース　57
アンギオテンシノーゲン　161
アンギオテンシン I, II　161
アンチコドン　84
安定化選択　207, 211
アンテナペディア　127
アンドロゲン　155, 159, 163
アンモナイト　220
アンモニア
　──の同化　52

い

ER（endoplasmic reticulum）→小胞体　21
ES 細胞　132

EN（endamaged）　203
イオンチャネル型　155
異化型硝酸還元　52
閾　値　142
異型接合体　62
異質染色質　19
異種間の相互作用　187
異所的な　187
異所的発現　112
イソロイシン　2
1 遺伝子座-2 対立遺伝子　205, 208
一次間充織細胞　120
一次構造
　　タンパク質の──　3
一次細胞壁　18
一次消費者　196
一次生産速度　197
一次遷移　194
一次リソソーム　23
一次リンパ器官　169
一倍体　68
胃・腸・膵内分泌系　163
一酸化窒素（NO）　154
逸脱コドン　84
遺伝子　65, 75
　──の再編集　69
遺伝子型　62
遺伝子座　62
遺伝子頻度　205
遺伝的多型　209
遺伝的多様性　204
遺伝的浮動　205, 209, 215
遺伝的変異　211
移動期　30
イトヨ　180
　──のえさ場選択　177
イヌビワコバチ類　214
イヌビワ類　214
イノシトール脂質　135
イノシトールリン脂質　155
イノシン　84
イモリ胚　131
in situ ハイブリダイゼーション　107
飲細胞活動　23
陰　樹　195
インスリン　152, 158
インターフェロン　172
インターロイキン 1　152, 171
インターロイキン 2, 3, 6　172
インターロイキン 4　170
インテグリン　137

索引

い
インドガン 208
インドール酢酸（IAA） 168
イントロン 92, 99
隠蔽色 176

う, え
ウイルスベクター法 110
ウシガエル 200, 212
うずまき管 146
ウニの発生 120
ウマカイチュウ 69
ウラシル 5
運動神経 141

ARS（自律複製配列） 77
エイコサノイド類 153
栄養塩類 198
栄養芽層 122
栄養段階 196
栄養モザイク説 194
AMP 38
液性支配 152
エキソン 92
エクジソン 165
A細胞 158
えさ場選択 177
SRP 101
snRNA 99
snRNP 99
SLOSS（single large or several small） 204
S期 24
Sサイクリン 24
エストロゲン 135, 155, 159, 163
エチレン 168
XO型 66
X染色体不分離 67
XY型 66
HLA領域 210
ADP 38
ATP 38
——の加水分解 38
——の合成 49
ATP合成酵素 20, 21
NAD 54
NADP 54
N末端 3, 86
エネルギー充足率 58
エネルギー流
　生態系の—— 196, 199
Fアクチン 31
A部位 87
FEN1（flap endonuclease） 77
エフェクター 57
FAD 54
エボ・デボ 213
mRNA 80
——のスプライシング 100

MHC 171, 210
Mos 25
M期 24
Mサイクリン 24
MTOC（microtubule organizing center） 28
MPF（M phase promoting factor） 25
MPF活性 25
エメチン 15
エリトルロース 6
エリトロース 6
エレクトロポレーション法 110
塩基
　核酸の—— 5
塩基置換率 205
塩基配列決定 107
塩基類似体 78
エンケファリン 164
延髄 140
エンテロガストロン 164
エンドウ 61
エンドルフィン 164
エンハンサー 93

お
黄体 163
黄体形成ホルモン 163
横紋筋 55
おおい膜 146
オオシモフリエダシャク 208
オオヤマネコ 190
岡崎フラグメント 76
オーガナイザー 121, 132
オキシダーゼ 24
オーキシン 167
オクターマー 94
オシロイバナ 69
オピオイドペプチド 152
オプシン 145
オペレーター 89
オペロン 81
親による子の保護 178, 179, 186
オリゴ糖 7
オルガネラ 17
オルドビス紀 220, 221
オルニチン回路 53
オレイン酸 9
温覚 149
温室効果 197
温帯夏緑樹林 195
温帯照葉樹林 195
温帯多雨林 195

か
階級分化 180
開口分泌 143

外呼吸 45
外耳 145
開始コドン 83
外耳道 145
開始複合体 100
解糖系 46
カイネチン 168
外胚葉 120
外部寄生 190
外来生物 200
カエル
　——の初期発生 120
　——の嚢胚形成 121
可逆阻害 37
蝸牛管 146
蝸牛窓 146
核 17, 18
核移行配列 19, 101
核基質 78
核酸 5
学習 151, 178
核小体 20
核小体形成部位 20
獲得形質 61
核内低分子RNA 99
核膜 18
核膜孔複合体 19
核マトリックス 78
核様体 16
核ラミナ 18
加工偽遺伝子 93
かご形神経系 139
加水分解酵素 23
カースト分化 180
ガストリン 164
化石 218
可塑性 151
カタボライト遺伝子活性化タンパク質 90
カタラーゼ 24
褐色脂肪組織 157
活性部位 36, 57
活動電位 141, 142
滑面小胞体 17, 21
カドヘリン 137
カナマイシン 15
可変領域 102
鎌状赤血球遺伝子 209
CAM植物 45
ガラクトース 6
カリウムチャネル 142
顆粒球 169
顆粒球マクロファージコロニー刺激因子 172
カルシウムイオン 56
カルシウムチャネル 150, 154
カルシトニン 162
カルス 167
カルバモイルリン酸 53
カルバモイルリン酸シンテターゼ 53

カルビン回路　41
カルボキシ基　1
β-カロテン　11
カワリウサギ　190
感覚記憶　151
感覚受容器　140
感覚神経　140
間　期　24, 28
環　境　175
環境形成作用　175, 194
環境収容力　183
還　元　54
幹細胞　132
管状神経系　139
乾燥荒原　195
桿体細胞　145
寒地荒原　195
間　脳　140
眼　杯　134
カンブリア紀　218, 221
カンブリア爆発　220
γ-アミノ酪酸　143
寛　容　173

き

キアズマ　30
偽遺伝子　93, 217
記　憶　151
　　免疫系の――　173
記憶細胞　170
記憶T細胞　171
帰化生物　200
危機的絶滅寸前種（CR）　203
危急種（VU）　203
気候説　190
キサンチン　79
基　質　36
基質特異性　36
寄　生　190
擬　態　176
基底小体　31
キナーゼ　135
キニン　172
基本転写因子　94
逆　位　69
逆説睡眠　151
逆転写酵素　80, 105
キャップ　98
ギャップ　194, 195
ギャップ遺伝子　123, 126
GABA　143
嗅　覚　148, 149
球形嚢　147
嗅細胞　149
嗅小胞　149
嗅小毛　149
急速眼球運動睡眠　151
休　眠　176

休眠芽　176
休眠ホルモン　165
橋　140
競合阻害　37
共進化　213
共　生　190
共生的窒素固定　52
強制発現　112
胸　腺　169
競　争　187
競争排除　187
競争排他　187
共適応　213
協　同　191
共優性　64
極　相　195
極相林　199
極　体　117
巨大染色体　65
キラーT細胞　171
ギルド　191
筋原繊維　31
近交弱勢　201
筋収縮　31, 55
筋小胞体　21
筋繊維　31
近隣結合法　218

く

グアニル酸シクラーゼ系　155
グアニン　5
食い分け　187
クエン酸回路　48
組換え　65
組換え修復　80
組換え小節　30
組換えタンパク質　109
組換え率　65
クライマックス　195
クラインフェルター症候群　68
グラナ　21, 39
クラミドモナス　68
グラム陰性菌　15
グラム陽性菌　15
グリコーゲン　7
グリシン　2
クリステ　20, 49
グリセルアルデヒド　6
グリセロ糖脂質　10
グルカゴン　157
グルケン　125
グルココルチコイド　156
グルコース　6
グルコース輸送タンパク質　158
グルタミン　2
グルタミン酸　2
グルタミン酸回路　52
グルタミン酸デヒドロゲナーゼ　52

クレブス回路　48
クロストーク　136
クローニング　103
　　cDNAの――　106
クロマチン　19, 75
クロモメア　66
クロラムフェニコール　15
クロロフィル　39
クロロプラスト　21, 39
クローン　170
クローン選択説　102, 173
クローン動物　133
群　系　195
群集理論　191

け

警戒色　176
警告反応　166
軽　鎖　102
形　質　61
形質細胞　170
形質置換　187
形質転換　71, 105
形成体　121
系統樹　217
系統樹マッチング　215
K戦略　186
血縁行動説　190
血縁者扶助　181
血縁選択説　181
欠　失
　　染色体の――　69
血　糖　157
血糖量調節中枢　158
ケトース　6
ゲノムサイズ　74
ゲノムライブラリー　108
ケラチン　33
原核細胞　16
嫌気的代謝経路　46
原形質膜　17
原　口　120
原口背唇部　133
減数分裂　29, 116
減数分裂前S期　30
原生動物　69, 218
原　腸　120
原腸胚形成　120
検定交雑　65
検定交配　65

こ

コアセルベート　12
コアヒストン　75
高エネルギーリン酸結合　38
好塩基球　170

光化学系Ⅰ 40
光化学系Ⅱ 40
交感神経 141
後 期 28
工業暗化 208
抗 原 169
抗原抗体反応 169
光合成 39
　　C₄── 43
光合成炭酸固定回路 41
交互平衡説 194
好酸球 170
鉱質コルチコイド 156, 160
恒常性 139, 152
甲状腺刺激ホルモン 153, 156
甲状腺刺激ホルモン放出ホルモン 156
甲状腺ホルモン 153, 159
後生細菌 16
構成ヘテロクロマチン 19
酵 素 35
　　──活性の調節 37
　　──の反応速度 36
構造遺伝子 81
抗 体 169
　　──の構造 102
好中球 170
行動圏 178
高度好塩細菌 16
好熱性細菌 16
興奮性シナプス 143
興奮性シナプス後膜電位 143
酵母人工染色体 108
抗利尿ホルモン 156
光リン酸化反応 41
呼 吸 45
呼吸器官 45
古細菌 16
誇示行動 178
鼓 室 146
鼓室階 146
古生代 218
個体群 182
　　──の調節 184
個体数変動 182
骨芽細胞 162
骨細胞 162
骨 髄 169
骨半規管 146
骨迷路 146
固 定
　　遺伝子の── 206
コドン 83, 205
コドン暗号表 83
鼓 膜 145
コラーゲン 137
コリニアリティー 129
コリン作動性神経 143
ゴルジ体 17, 22
コルチ器官 146
コレシストキニン 152, 164

コレステロール 11
コロニー 180
ゴンドワナ 220
コンパクション 122
コンピテント細胞 105
根粒菌 197

さ

細菌人工染色体 108
サイクリック AMP → cAMP
サイクリン 24
サイクリン依存性プロテインキナーゼ 24
採餌行動 176
最大節約法 218
最適温度 35
最適化モデル 177
最適採餌行動 176
最適 pH 36
サイトカイニン 168
サイトカイン 171
サイトカラシン 31
細 胞 15
細胞外基質 137
細胞外被 18
細胞間相互作用 129
細胞呼吸 45
細胞骨格 17, 30, 141
細胞質遺伝 67
細胞質決定因子 123
細胞周期 24
細胞小器官 17
細胞性胞胚 124
細胞性免疫 169
細胞接着分子 137
細胞増殖因子 25
細胞体 139
細胞内共生説 26
細胞認識 136
細胞分裂と DNA 量の変化 71
細胞壁 18
細胞膜 17
最尤法 218
サイレンサー 93
サザン分析 107
雑種第一代 62
雑種第二代 62
殺虫剤抵抗性 207
里 山 199
砂 漠 195
サバンナ 195, 202
サブスタンス P 174
サブユニット 4
　　酵素タンパク質の── 35
サプレッサー T 細胞 171
作 用 175
サルコメア 31
酸 化 54

酸化還元電位 54
酸化還元補酵素 54
酸化的リン酸化 49, 50
サンゴ 193
散在神経系 139
三次構造 4
三畳紀 220
酸性ホスファターゼ 23
三点検定交雑 65
三倍体 68

し

G アクチン 31
シアノバクテリア 16, 26, 52, 200
CR (critical) 203
CAAT ボックス 94
CAM 植物 45
cAMP 90, 155
CAP（カタボライト遺伝子活性化タンパク質） 90
GABA 143
紫外線 79
視 覚 144
自家不和合性 210
自家不和合性遺伝子 210
耳 管 146
G_0 期, G_1 期, G_2 期 24
閾 値 142
G_1 期チェックポイント 25
シークエンシング 107
軸 索 139
軸索輸送 141
軸 糸 31
軸柱骨 146
シグナル伝達系 134
シグナル認識粒子（SRP） 101
シグナルペプチダーゼ 88, 101
シグナルペプチド 88, 101
σ 因子 82
シクロヘキシミド 15
始原生殖細胞 116
資源分割説 194
自 己 169
視 紅 145
視交叉 145
自己分泌 152
自己免疫疾患 173
G_1 サイクリン 24
視索上核 160
C_3 植物 43
脂 質 8
GC ボックス 94
シジュウカラ 178, 179
視 床 140
視床下部 140
耳小骨 146
シスエレメント 94
システイン 2

シス・トランステスト 64
シス配置 64
シス扁平嚢 22
雌性前核 119
耳石 147
自然選択 175, 176, 205, 207, 209
自然選択圧 213
シダ植物 220
Gタンパク質 154
実測値 62
室傍核 160
GT-AG則 99
cDNAライブラリー 104
Cdk (cyclin-dependent kinase) 24
Cdc25ホスファターゼ 25
シトクロム 49
シトクロムオキシダーゼ 49
シトシン 5
シナプス 141
シナプス間隙 143
シナプス後膜 143
シナプス小頭 143
シナプス小胞 143
シナプス前膜 143
シナプス遅延 150
シナプトネマ構造 30
ジヒドロキシアセトン 6
ジヒドロテストステロン 166
GVBD(卵核胞崩壊) 117
ジフェニルエーテル系 154
ジベレリン 168
脂肪酸 8
脂肪動員ホルモン 165
C末端 3, 86
社会性
　――の進化 176, 179
社会生物学 179
種 182
自由エネルギー変化 38
終期 28
周期的振動 189
終結因子 87
重鎖 102
終止コドン 83
収縮環 28
従属栄養 176
終板 150
終板電位 150
重複
　染色体の―― 69
周辺小管 31
収斂 217
種間競争 187
樹状突起 139
受精 115, 118
受精膜 119
種多様性 204
10%の法則 199
シュペーマンオーガナイザー 132
主要組織適合性複合体 171, 210

受容体 154
ジュラ紀 220
順位制 181
純化選択 207
循環的電子の流れ 41
純系 61
純生産速度 197
小核 69
松果体 144
条件反射 144
硝酸還元 52
硝酸レダクターゼ 52
消失 206
ショウジョウバエ 97
　――の初期発生 123
　――の唾腺染色体 97
少数者有利 207, 209
常染色体 66
小脳 140
小胞体 17, 21
小卵多産型 186
小リンパ球 169
除去修復 79
食細胞 170
食細胞活動 23
触受容器 147
植生遷移 194
植物極 117
植物細胞の構造 17
植物半球 117
植物ホルモン 167
食物説 190
食物網 197
食物連鎖 197
女性ホルモン 155
触覚 147
ショ糖 7
徐波睡眠 151
C_4光合成 43
C_4植物 44
自律神経系 140
自律複製配列 77
シルル紀 220
シロアリ 180, 191
心黄卵 120
進化
　――の要因 205
真核細胞
　――の構造 17
　――の進化 26
シングレット微小管 31
神経筋接合部 150
神経系 139
神経細胞 139
神経成長因子 159
神経節 139
神経繊維→軸索
神経分泌現象 152, 153
神経分泌細胞 152
真社会性 180

親水性アミノ酸 2
真正細菌 16
真正染色質 19
新生代 220
腎臓 160
ジーンターゲティング 112
浸透圧 160
浸透圧受容器 160
心房性ナトリウム利尿ペプチド 161
針葉樹林 195
森林生態系 199

す

随意運動 150
随意筋 55
随意ヘテロクロマチン 19
水界生態系 200
髄鞘 141
水素結合 1, 73
錐体外路 150
錐体細胞 145
錐体路 150
スクリーニング
　cDNAライブラリーの―― 107
スクロース 7
スタイロニキア 69
ステアリン酸 9
ステップ 195
ステロイド 11
ステロイド系 153
ステロイドホルモン 154
ストレス 166
ストレス説 190
ストレプトマイシン 15
ストロマ 21, 39
ストロマラメラ 21
スーパーコイル構造 75
スフィンゴ糖脂質 10
スプライシング 92, 99
滑り説 32
スポーク 31
すみ分け 187

せ

ゼアチン 168
性
　――の決定 66
正円窓 146
制限酵素 104
精原細胞 116
精細胞 116
生産者 196
精子 115
性指数 66
静止電位 141
精子誘引物質 117

索引

性周期 163
星状体 28
生殖 162
生殖細胞 62
生殖細胞核 69
生殖腺刺激ホルモン 163
生殖腺刺激ホルモン放出ホルモン 149
生殖虫 180
生殖的隔離 208
性染色質 19
性染色体 66, 165
精巣 116
精巣決定遺伝子 165
生態系
　――のバランス 199
　――の物質循環 197
生態系多様性 204
生体触媒 35
生態ピラミッド 199
セイタカアワダチソウ 201
成長ホルモン 159
正の干渉 65
生物群集 191
生物多様性国家戦略 201
生物的種概念 182
精母細胞 116
生命
　――の起原 12
生命表 185
脊髄 140
石炭紀 220
赤道板 28
セグメントポラリティー遺伝子
　　　　　　　　　123, 127
セクレチン 152, 164
接合 68, 115
接合部電位 150
Znフィンガー 95
Z線 32
絶滅危惧I類 203
絶滅危惧IA類 203
絶滅危惧IB類 203
絶滅危惧種 203
絶滅危惧II類 203
絶滅種 203
絶滅寸前種（EN） 203
絶滅促進要因 202
絶滅の渦 202
絶滅リスク 201
背腹軸 117
セリン 2
セルトリ細胞 116, 166
セルフスプライシング 100
セルロース 7
セロトニン 164
遷移 194
全割 120
全か無かの法則 142
先カンブリア時代 218
前期 28

前胸腺刺激ホルモン 165
前胸腺ホルモン 165
線形動物 69
前後軸 117
前社会性 179
染色質→クロマチン
染色小粒 66
染色体 74
染色体異常 68
染色体削減 69
染色体地図 65
染色分体 28
先体 117
先体反応 118
先体誘起因子 118
選択勾配 212
選択差 212
選択的スプライシング 92
選択的利用 176
前庭 146
前庭階 146
前庭窓 146
セントラルエレメント 30
セントラルドグマ 80
セントロメア 28
繊毛虫類 69

そ

総生産速度 197
相同染色体 62
送粉者 214
相補性 65, 73
相補性テスト 64
造雄腺ホルモン 165
相利共生 190
ゾウリムシ 69, 187
組織幹細胞 132
疎水性アミノ酸 2
ソマトスタチン 158, 164
ソマトメジン 159
粗面小胞体 17, 21
疎林 195
ソルジャー 180

た

帯域 121
体液性免疫 169
体温調節中枢 156
タイガ 195
大核 69
対合期 30
対合期DNA 30
退行遷移 195
体細胞核 69
体細胞クローン 133
体細胞分裂 28
第三紀 220

体軸 117
代謝 35
体色黒化ホルモン 165
体性神経系 140
体節 127
ダイニン 31
大脳 140
大脳髄質 140
大脳皮質 140
大脳辺縁系 140
第四紀 220
大卵少産型 186
大陸
　――の移動 219
対立遺伝子 62, 206, 208, 210, 215
大量絶滅 220
ダーウィン・フィンチ 212
ダウン症候群 68
唾液腺細胞 65
多核球 169
多型 209
多系統 218
多糸染色体 65, 97
多精拒否機構 118
唾腺染色体 65, 97
TATAボックス 94
脱分極 142
多糖 7
ターナー症候群 69
タビネズミ 189
ダブレット微小管 31
多分化能 130
ターミネーター 82
単位膜 17
端黄卵 120
短期記憶 151
単球 169
単系統 218
炭酸固定 41
炭水化物 6
単性雑種 63
男性ホルモン 155
炭素循環 197
単糖 6
単独性 179
タンパク質 1, 215, 217
タンパク質合成阻害剤 15

ち

地衣類 209
置換速度 215, 217
地球温暖化 197
地質時代 218
地質年代表 219
窒素 51
窒素固定 51
窒素固定細菌 197
窒素固定生物 51

索引

窒素循環　53, 198
窒素代謝　51
窒素同化　197
チミン　5
チミン二量体　79
チミン類似体　78
中間径フィラメント　17, 30, 32
中間扁平囊　22
中　期　28
中期胚胞変移　121
中規模攪乱説　193
中　耳　145
中心鞘　31
中心体　28
中枢神経系　139
中性アミノ酸　2
中性脂質　9
中生代　220
中　脳　140
中胚葉　120
中胚葉誘導　132
中立説　215, 218
チューブリン　30
聴　覚　145
潮間帯　193
長期記憶　151
聴細胞　146
聴神経　146
調節遺伝子　81
調節酵素　57
聴　毛　146
跳躍伝導　141
超優性選択　207, 209, 211
チラコイド　15, 21, 39
チロキシン　165
チロシン　2
チロシンキナーゼ　135, 155
チンパンジー　180

つ, て

痛　覚　147
ツキノワグマ　182
ツンドラ　195

低圧受容器　156, 161
tRNA　16, 80, 84, 85
Taq ポリメラーゼ　109
TATA 結合タンパク質　94
TATA ボックス　94
DN アーゼ I 高感受性領域　97
DNA　5
　——の構造　72
　——の修復　78
　——の複製　75
　——の変異　78
DNA 結合ドメイン　95
DNA 配列　217

DNA ポリメラーゼ　75
　—— α, δ　77
　—— γ　21
　—— I, III　76
　——の反応　76
DNA メチルトランスフェラーゼ　98
DNA リガーゼ　104, 76
DNA ワールド　13
低血糖昏睡　159
T 細胞　170, 172
D 細胞　158
TGF-β　136
定常領域　102
低木林　195
デオキシリボ核酸　5
デオキシリボース　5
適　応　175, 176, 207
適応度　207
テストステロン　166
テタニー症状　162
テトラサイクリン　15
テトラソミー　68
テトラヒメナ　69
デトリタス　197
デボン紀　220
テルペノイド　11
テロメア　69
転移 RNA → tRNA
転　座　69
電子伝達系　40
転　写　81
転写開始　82
転写開始複合体　94
転写活性化ドメイン　95, 96
転写終結　82
転写調節因子　94
転写調節ドメイン　95
転写調節領域　93
転写抑制ドメイン　96
デンスボディー　23
点突然変異　205
デンプン　7

と

同位体元素　218
同化型硝酸還元　52
同義コドン　83
同義置換　215
同義置換速度　217
同型接合体　62
動原体　19, 28
動原体微小管　28
糖脂質　10
糖　質　6
糖質コルチコイド　156, 159
動植物軸　117
同所的な　187
頭頂眼　144

糖尿病　158
動物極　117
動物細胞の構造　17
動物半球　117
冬　眠　157
独　立　63
独立栄養　176
独立の法則　63
ドーサル　125
土壌動物　196
ドッキングタンパク質　101
突然変異　64, 205, 206, 215
ドーパミン　143
トビネズミ　176, 192
ドミナントネガティブ法　112
トランスクリプトーム　113
トランススプライシング　100
トランス配置　64
トランス扁平囊　22
トランスポゾン　79
トリアシルグリセロール　9
トリグリセリド　9
ドリコールリン酸　22
トリソミー　68
トリプトファン　2
トリプトファンオペロン　90
トリプレット　83
トリプレット微小管　31
トリヨードチロニン　165
トレオニン　2
トレード・オフ　186

な 行

内　耳　145
内胚葉　120
内部寄生　190
内部細胞塊　122
内部除去配列　69
内分泌　152
ナチュラルキラー細胞　171
Na^+, K^+-ポンプ　18
ナトリウム説　142
ナトリウムチャネル　142
ナトリウムポンプ　56, 142
ナノス　124
縄張り　178

二価染色体　30
ニコチンアミドアデニンジヌクレオチド　54
ニコチンアミドアデニンジヌクレオチドリン酸　54
二酸化炭素　197
二次間充織細胞　120
二次構造　3
二次細胞壁　18
二次消費者　196
二次遷移　195

二重らせん　73
二畳紀（ペルム紀）　220
二次リソソーム　23
二次リンパ器官　169
ニッチ　187, 200
　　――の分化　187
ニトロゲナーゼ　52
ニトロソアミン　78
乳酸発酵　51
ニューロン　139
尿素回路　53

ヌクレオイド　16
ヌクレオシド　5
ヌクレオソーム　75
ヌクレオソーム構造　74
ヌクレオチド　5
ヌリソミー　68

ネクシン　31
熱帯雨林　193
熱帯季節林　195, 202
熱帯多雨林　195, 202
熱帯林
　　――の面積の減少　202

脳　139
脳幹　140
脳腸ペプチド　152
脳腸ペプチドホルモン　163
能動輸送　18, 56
囊胚形成　120
ノーザン分析　107
ノックアウトマウス　112
乗換え　65
乗換え率　65
ノルアドレナリン　143, 157
ノルエピネフリン　143
ノンレム睡眠　151

は

灰色三日月環　121
肺炎双球菌　71
バイオインフォマティクス　113
配偶子　29, 62, 115
配偶子形成　29
胚盤胞　122
バインディン　118
白亜紀　220
バクテリオファージ　105, 72
バージェス頁岩　222
はしご形神経系　139
バージコン　165
バー小体　19
バソプレシン　156, 160
ハダカデバネズミ　181
白血球　169
ハチ　180

発酵　51
発光　56
発生　115
パーティクルガン法　110
ハーディ・ワインベルグの法則　69, 205
パフ　66, 97
パラ分泌　152
バリン　2
盤割　120
半規管　146
パンゲア　220
反作用　175
反射　140
反射弓　144
反射中枢　144
繁殖
　　――のコスト　186
繁殖期　163
繁殖力の偏り　180
伴性遺伝　67
汎適応症候群　166
半保存的複製　75

ひ

BAC（bacterial artificial chromosome）
　　108
BMP　136
P/O比　50
干潟　200
光回復　79
光回復酵素　79
光呼吸　43
非競合阻害　37
非共生的窒素固定　52
ビコイド　124
B細胞　102
　　ランゲルハンス島の――　158
PCR（ポリメラーゼ連鎖反応）　108
非自己　169
被子植物　218
皮質延髄路　150
皮質脊髄路　150
非循環的電子の流れ　41
微小管　17, 30
微小管形成中心　28
ヒスタグ　110
ヒスタミン　152, 172
ヒスチジン　2
ヒストン　19
　　――のアセチル化　97
　　――のメチル化　98
ヒストンアセチル化酵素　97
ヒストン脱アセチル化酵素　97
ビタミンD　162
非同義置換　215
非同義置換速度　217
ヒトデ　193

1,25-ヒドロキシビタミンD　162
ヒドロゲノソーム　27
非ヒストンタンパク質　19
P部位　87
非平衡共存説　192
非平衡説　194
ヒポキサンチン　79
非メンデル性遺伝　67
ピューロマイシン　15
表割　120
表現型　61
標準酸化還元電位　54
表層回転　120
ピラノース　6
ピリ繊毛　15
ピリミジン塩基　5, 79
ピルビン酸　47
頻度依存選択　209
頻度依存的自然選択　207, 211

ふ

ファージ　72, 105
　　――の複製　72
ファージベクター　105, 108
ファーター・パチーニ小体　147
ファロイジン　31
VIP（血管作用性腸ペプチド）　164
フィードバック阻害　57
フィブロネクチン　137
VU（vulnerable）　203
富栄養化　200
フェニルアラニン　2, 83
不可逆阻害　37
復元力　199
副交感神経　141
複合脂質　10
副甲状腺　162
副甲状腺ホルモン　162
複糸期　30
副腎皮質　161
副腎皮質刺激ホルモン放出ホルモン
　　166
複製
　　DNAの――　75
複製起点　76
複製終点　77
複製フォーク　75
複対立遺伝子　64
不随意運動　150
不随意筋　55
物質循環
　　生態系の――　197
太糸期　30
浮動　206
不妊カースト　180
負の干渉　65
負のフィードバック機構　162
負のフィードバック調節　161

部分割 120
不飽和脂肪酸 8
プライマー 76
プライマーゼ 76
フラジェリン 15
プラズマ細胞 170
プラスミド 105
プラスミドDNA 16
プラスミドベクター 105
ブラックバス 200
フラノース 6
フラビンアデニンジヌクレオチド 54
プランクトン 200
プリブナウ (Pribnow) 配列 82
プリン塩基 5
ブルーギル 200
フルクトース 6
不連続的複製 76
プロゲステロン 163
プロスタグランジン 152
プロセシング 92
　　RNAの―― 98
プロテインキナーゼ 155
プロテインキナーゼC 119
プロテオグリカン 138
プロテオバクテリア 26
プロテオーム 113
プロトフィラメント 30
プロトン勾配 49
プローブ 106
ブロモウラシル 78
プロモーター 82, 93
プロリン 2
分解者 197
分子系統樹 217
分子進化 215
分子進化速度 218
分染 69
分断化 201
分離の法則 62
分離比 62
分類体系
　　生物の―― 220

へ

ヘアピンループ 74
ペアルール遺伝子 123, 126
平滑筋 55
平衡覚 147
平衡石 147
平衡選択 207
平衡斑 147
ヘキソース 6
ベクター 104
β-ガラクトシダーゼ 57
β-カロテン 11
β シート 3
ヘテロクロマチン 19

ヘテロ接合体 62, 209
ペプチジル部位 87
ペプチド・アミン系 153
ペプチド結合 3
ペプチドホルモン 154
ヘモグロビン 45, 208
　　――のアミノ酸置換数を用いた
　　　　系統解析 215, 218
　　――の酸素解離曲線 46
　　――の四次構造 4
　　インドガンの―― 208
　　鎌状赤血球症の―― 210
ヘリカーゼ 76
ペリクル 18
ヘリックス・ターン・ヘリックス 95
ヘリックス・ループ・ヘリックス 96
ペルオキシソーム 17, 23
ヘルパー 182
ヘルパーT細胞 170, 171
ペルム紀 220, 221
変異原 78
変態 165
ペントース 6
ペントースリン酸経路 51
鞭毛 15
片利共生 190

ほ

哺育細胞 123
防衛行動 178
包括適応度 181
方向性選択 207, 211
棒細胞 145
傍糸球体装置 161
放射線 79
紡錘糸 28
紡錘体 28
胞胚 120
傍分泌 152
飽和脂肪酸 8
補酵素A 48
保護区 204
保護色 176
捕食 189
捕食説 190, 193
ホスホリパーゼC 155
母性遺伝 67
母性mRNA 117
母性効果遺伝子 123, 124
母性タンパク質 117
細糸期 30
補体系 169
ホックスクラスター 127
ホメオスタシス 139, 152
ホメオティック遺伝子 123, 127
ホモ接合体 62, 209
ポリ(A) 98
ポリソーム 88, 101
ポリヌクレオチド 5

ポリペプチド 3
ポリメラーゼ連鎖反応 108
ホルミルメチオニン 87
ホルモン 152
ホルモン応答配列 135
ホルモン受容体 154
翻訳 83
翻訳開始 86
翻訳開始因子 87

ま 行

マイコプラズマ 15
マイスナー小体 147
マイトソーム 27
膜電位 141
膜迷路 146
マクロファージ 170
末梢神経系 140
末端オキシダーゼ 49
マラリヤ 210
マルトース 7
マルハナバチ 192
マングローブ林 202
マンノース 6
ミエリン鞘 141
ミオグロビン 4
ミオシン 32
ミカエリス定数 36
ミカエリス・メンテンの式 36
味覚 148
ミクロフィラメント 17, 30
水 1
ミセル 9
三つの危機 201
密度効果 184
ミツバチ 180
ミトコンドリア 17, 20, 182
　　――の起原 26
ミトコンドリアタンパク質 68
ミトコンドリアDNA 21, 68
ミトコンドリア病 68
ミネラルコルチコイド 156
耳 146
ミュラー管抑制ホルモン 166
味蕾 148
Millerの装置 12

無髄神経 141
無性生殖 115

眼 145
　　――の形成 134
メソソーム 15
メタ個体群 201
メタン細菌 16
メチオニン 2
メチル化維持酵素 98

メチル化新生酵素　98
メッセンジャー RNA → mRNA
メラトニン　152
メルケル細胞　147
免疫グロブリン　170
免疫グロブリン遺伝子　102
免疫系　168
メンデルの法則　61

網　膜　144
モチリン　164
モノクローナル抗体　103
モノソミー　68
モルガン単位　65
モルフォリノアンチセンスオリゴヌク
　　　　　レオチド　112

や　行

夜行性　176
野生型　64
野生絶滅種　203

融解温度
　　DNA の――　73
有髄神経　141
優　性　62
優性遺伝子　62
有性生殖　115
雄性前核　119
誘　導　130
誘導酵素　57
優劣の法則　62
ユークロマチン　19
ユスリカ　97
ユビキチン　25
夢見睡眠　151

予定運命　130
幼若ホルモン　165
陽　樹　195
ヨウ素-デンプン反応　7
葉緑体　17, 21, 39
　　――の起原　26
葉緑体 DNA　21, 68
抑　制　57
抑制性シナプス　143
抑制性シナプス後膜電位　143
四次構造　4
3/4 仮説　182

ら

ライオン　180

ライディヒ細胞　159
ライブラリー　105
ラギング鎖　76
ラクトース　7
ラクトースオペロン　57, 89
裸子植物　220
lac オペレーター　109
lac オペロン　89
ラテラルエレメント　30
ラミニン　138
ラミン A, B, C　18
ラメラ　39
卵　115
卵円窓　146
卵黄栓　121
卵核胞　26, 117
卵核胞崩壊（GVBD）　117
卵　割　119
卵形嚢　147
ランゲルハンス島　158
卵原細胞　117
卵成熟　26
ラン藻類　16, 26, 52, 218
卵　巣　116
ランダムウォーク　206
ランビエ絞輪　141
卵胞刺激ホルモン　163
卵母細胞　117

り

リケッチア　15
リシン　2
理想自由分布　178
リソソーム　17, 23
利他行動の進化　179
リーディング鎖　76
リノール酸　9
リファンピシン　15
リプレッサー　57, 88
リブロース　6
リブロースビスリン酸カルボキシラー
　　　　　ゼ／オキシゲナーゼ　43
リボ核酸　5
リボ核タンパク質　99
リボザイム　100
リボース　6
リボソーム　85
　　――の合成　20
　　――の構造　16
リボソーム RNA → rRNA
リポーター遺伝子　110
リポフェクション法　110
流動モザイクモデル　17

両性遺伝　67
両性雑種　63
両性電解質　2
理論値　62
リ　ン　198
リンケージ　65
リンケージグループ　65
リン酸塩　198
リン酸カルシウム法　110
リン脂質　10
リン循環　198
リンパ球　169
リンパ組織　169

る～ろ

ルシフェラーゼ　110, 56
ルシフェリン　56
RuBisCO　43

冷　覚　149
齢構成　185
レクチン　174
レチノール　11
レック　181
RecA　80
劣　性　62
劣性遺伝子　62
レッドデータブック　203
レッドリスト　203
レトロポゾン　93
レニン　161
レニン基質　161
レプリコン　77
レム睡眠　151
連　鎖　63, 65
連鎖群　65
レンズ形成　134
ロイシン　2
ロイシンジッパー　96
ろ　う　10
ロジスティック曲線　183
ロドプシン　145
戸胞細胞　123
ローラシア　220

わ

YAC（yeast artificial chromosome）
　　　　　108
ワーカー　180, 182
渡　り　176
ワタリガニ　177

石川　統 (1940〜2005)
　1940年　東京都に生まれる
　1968年　東京大学大学院
　　　　　理学系研究科博士課程 修了
　元 東京大学理学部 教授, 放送大学 教授
　専攻 細胞生理化学, 細胞進化学
　理 学 博 士

大森正之*
　1943年　東京都に生まれる
　1968年　東京大学大学院
　　　　　理学系研究科修士課程 修了
　東京大学名誉教授
　専攻 植物生理学
　理 学 博 士

赤坂甲治
　1951年　東京都に生まれる
　1981年　東京大学大学院
　　　　　理学系研究科博士課程 修了
　現 東京大学大学院理学系研究科
　　　マリンフロンティアサイエンスプロジェクト推進室長
　東京大学名誉教授
　専攻 進化発生学・分子生物学
　理 学 博 士

守　隆夫
　1941年　東京都に生まれる
　1968年　東京大学大学院
　　　　　理学系研究科修士課程 修了
　東京大学名誉教授
　専攻 内分泌学
　理 学 博 士

藤島政博
　1950年　岩手県に生まれる
　1978年　東北大学大学院
　　　　　理学研究科博士課程 修了
　現 山口大学大学院創成科学研究科 教授(特命)
　山口大学名誉教授
　専攻 細胞生物学
　理 学 博 士

嶋田正和*
　1953年　福井県に生まれる
　1985年　筑波大学大学院
　　　　　生物科学研究科博士課程 修了
　東京大学名誉教授
　専攻 動物生態学
　理 学 博 士

(＊編集幹事)

第1版 第1刷 1994年11月22日 発行
第2版 第1刷 2008年 2月25日 発行
　　　第7刷 2019年 6月20日 発行

生 物 学 (第2版)

© 2008

編　集　石 川　統

発 行 者　小 澤 美 奈 子

発　行　株式会社東京化学同人
東京都文京区千石3-36-7 (〒112-0011)
電話 03-3946-5311・FAX 03-3946-5317
URL：http://www.tkd-pbl.com/

印　刷　中央印刷株式会社
製　本　株式会社松岳社

ISBN978-4-8079-0674-1
Printed in Japan
無断転載および複製物 (コピー, 電子データなど) の配布,配信を禁じます.